BLUE BOOK

权威·前沿·原创

中国地理信息应用报告（2010）

REPORT ON
APPLICATION OF GEOSPATIAL INFORMATION IN CHINA
(2010)

主　编／徐德明

社会科学文献出版社
SOCIAL SCIENCES ACADEMIC PRESS (CHINA)

法律声明

测绘蓝皮书编委会

中文摘要

为系统和全面地反映我国的地理信息应用情况，推进测绘事业科学发展，扩大测绘工作的影响力，国家测绘局测绘发展研究中心组织编辑、出版了《中国地理信息应用报告2010》一书。本书由国家测绘局徐德明局长主编，是社会科学文献出版社皮书系列之“测绘蓝皮书”的第二本，以地理信息应用为主题，邀请有关领导、专家和企业家撰文，对近年来我国地理信息应用的进展、取得的成果，以及存在的问题等进行系统整理和深入分析，同时介绍国际地理信息应用的有关情况。

本书的前言分析了地理信息在服务经济建设、社会发展中的特点，深刻指出，提高地理信息应用是加快转变经济发展方式的必然要求，提出了国家测绘局今后推动地理信息应用科学发展的重要举措。

主报告对近年来我国地理信息应用的现状、特点进行了全面系统梳理，研究分析了我国地理信息应用领域目前面临的机遇和存在的主要问题，提出了进一步提高我国地理信息应用水平的有关对策与建议。

余下由管理决策篇、经济建设篇、社会发展篇、基础支撑篇、应急救灾篇、大众生活篇和国际动态篇组成，从不同方面介绍了我国地理信息应用近年来尤其是2009年取得的重要进展。

关键词： 测绘　地理信息　应用

Abstract

In order to systematically and comprehensively review geographic information application in China, to promote development of surveying and mapping affairs, and to expand implication of surveying and mapping work, the Development Research Centre of Surveying and Mapping of State Bureau of Surveying and Mapping edited this blue book "Reports on Geographic Information Application 2010". The book is the second one of the "Bluebook of Surveying and Mapping" in the Social Sciences Academic Press series. Deming Xu, the director of the National Bureau of Surveying and Mapping, is the chief editor of this book. Officals, experts and entrepreneurs are invited to write articles about the geographic information application. In these papers, developments, achievements and problems of geographic information application in China in recent years are analyzed, and geographic information applications aborad are introduced.

The book's preface reviews features of geographic information on serving economic construction and social development. It is pointed out that, improving geographic information application is the necessity of speeding up economic development mode transformation. Major measurements which will be carried out by the National Bureau of Surveying and Mapping to propel scientific development of geographic information application are proposed.

In the keynote article, the status and features about geographic information application in China in recent years are systematically analyzed, opportunities and problems in geographic information applications are studied, and measurements and suggestions to facilitate geographic information application are proposed.

The rest of the book are classified into decision making, economic construction, social development, foundation support, emergency response, public life and international trends. These reports illustrate the great achievements of geographic information application in China in recent years, especially in 2009, from different aspects and sights.

Key Words: surveying and mapping; geospatial information; application

目　录

前言　按照加快转变经济发展方式要求　大力提高地理信息应用水平
…………………………………………………………………… 徐德明 / 001

主　报　告

挑战与应对
——中国地理信息应用研究 ………………………………… 徐永清　乔朝飞 / 001

管理决策篇

从数字地球到智慧地球 ……………………………… 李德仁　龚健雅　邵振峰 / 024
地理信息在政府管理决策中的应用研究 …… 刘纪平　徐胜华　王　亮 等 / 042
浙江省空间规划与重大项目选址辅助决策系统
建设实践与思考 ……………………………………………………… 陈建国 / 054
地理信息在北京市政府管理决策中的应用 ………………………… 王金坡 / 064
吉林省主体功能区规划地理信息数据库技术平台建设与应用 …… 张凤赞 / 069
江苏省经济社会空间数据库系统建设情况介绍 …………………… 史照良 / 075
地理信息在青海省主体功能区规划编制中的应用
……………………………………………… 刘海平　郗利华　王　苑 等 / 081

经济建设篇

提高测绘保障服务能力　服务海西经济社会发展 ………………… 何清和 / 088

测绘服务新农村建设的战略研究 …………………………………… 白贵霞 / 096
新一代城市规划管理系统和数字城市地理空间框架
…………………………………………………… 王 华 陈晓茜 祁信舒 / 106
我国农林水领域地理信息产业发展与应用 ……………… 赵修莉 冯仲科 / 114
统计地理信息系统的设计与实现 …………………………………… 杨宽宽 / 120
镇江市三维可视化快速建模与浏览系统的研究与建设 …………… 谢刚生 / 125
南水北调中线工程施工测量控制网系统研究与实践 ……………… 杨爱明 / 131
构建大桥“第一网” ………………………………………… 王新光 肖学年 / 136

社会发展篇

落实科学发展观 建设国家地理信息公共服务平台 ……………… 李志刚 / 140
全国地理信息公共服务平台调查 ………………………………… 3sNews 公司 / 147
重庆市地理信息公共服务平台建设及应用 ……………………… 张 远 / 166
地理信息在广播影视事业领域的应用 …………………………… 王效杰 / 173
测绘助推海南国际旅游岛建设的思考 …………………………… 王保立 / 188
测绘服务武汉城市圈“两型社会”建设探讨 ……………………… 张建仁 / 195
中越陆地边界测绘保障及测绘高科技应用 ……………………… 武晓淦 / 202
明长城测量综述 ……………………………… 陈 军 金舒平 廖安平 等 / 208
基础地理信息为上海世博会提供全方位服务保障 ……… 孙红春 陈方敏 / 219
地理信息系统在北京奥运会的应用 ……………………………… 彭 凯 / 227
南极测绘 ……………………………………………………………… 鲍英华 / 232
地理信息在数字社区中的应用 …………………………………… 储征伟 / 238

基础支撑篇

国产 SWDC 航空数码相机及其应用研究 ………………………… 刘先林 / 244
我国首颗民用立体测绘卫星资源三号建设进展 ………………… 李朋德 / 258
海岛（礁）测绘工程 ………………………………………………… 张全德 / 265
航空遥感影像数据库建设 ………………………… 曹天景 黄 勇 孙晓鹏 等 / 274

应急救灾篇

关于新疆测绘应急服务建设的思考 …………………………………… 刘戈青 / 280
遥感技术支撑测绘应急保障体系 ………………………………………… 李吉平 / 289
河南省遥感影像三维地理空间信息应急指挥系统研建综述 ……… 禄丰年 / 294
高分辨率影像在抗震救灾中的应用 ……………………… 关鸿亮 向 宇 / 301

大众生活篇

发展地图文化产业，服务百姓生活 …………………………………… 赵晓明 / 311
导航电子地图发展现状与趋势研究 …………………………………… 姜德荣 / 321
服务公众的浙江地理信息应用工程 …………………………………… 马建平 / 335
丁丁网：旅游生活好伴侣 ……………………………………………… 徐匡时 / 340
车载导航市场发展向好 创新应用引领科技生活
——车载导航产品应用于百姓生活方式的调查报告
………………………………………………………… 凯立德技术有限公司 / 345

国际动态篇

国际车载导航应用的现状及趋势 ……………………………………… 丁 芳 / 351
国外地理信息技术应用调查 …………………………………………… 贾 丹 / 359
国产测绘仪器在国外的推广与应用 …………………………………… 胡晓霞 / 366
SuperMap GIS 在日本的应用 ………………………………………… 林秋博 / 372

皮书数据库阅读使用指南

CONTENTS 

Preface Development of Geospatial Information Application According to the Requirements of Speeding Up Economic Development Mode Transformation *Xu Deming* / 001

Keynote Article

Challenges and Solutions : Study on Geospatial Information Application in China *Xu Yongqing, Qiao Chaofei* / 001

Management and Decision Making

From Digital Earth to Smart Earth *Li Deren, Gong Jianya and Shao Zhenfeng* / 024

Geospatial Information Application on Government Decision Making Management *Liu Jiping, Xu Shenghua, Wangliang, et al.* / 042

Analysis of Space Planning and Major Projects Location Decision Support System in Zhejiang Province *Chen Jianguo* / 054

Geospatial Information Application on Government Decision Making Management in Beijing *Wang Jinpo* / 064

Construction and Application on the Platform of Geospatial Information Database for Principal Function Area Planning in Jilin Province *Zhang Fengzan* / 069

Economic and Social Spatial Database Systems Construction in Jiangsu Province *Shi Zhaoliang* / 075

Application of Geospatial Information in Principal Function Area Planning in Qinghai Province *Liu Haiping, Xi Lihua, Wang Yuan, et al.* / 081

Economic Construction

Improving Surveying Service in the Economic Zone on the Western Coast of the Taiwan Straits *He Qinghe* / 088

Study of Strategy of Surveying Serving New Socialist Countryside Construction *Bai Guixia* / 096

Building New Generation Urban Planning and Management System and Digital Cities Geospatial Framework *Wang Hua, Chen Xiaoqian and Qi Xinshu* / 106

Geospatial Industry Development and Application in Agriculture,Forestry and Hydrology *Zhao Xiuli, Feng Zhongke* / 114

Design and Implementation of Statistics Geospatial Information System *Yang Kuankuan* / 120

Research and Development on Rapid Visualization Modeling and Browsing System in Zhenjiang *Xie Gangsheng* / 125

Study on Control Network System of the Middle Route *Yang Aiming* / 131

Control Network Building of Hong Kong-Zhuhai-Macao Bridge *Wang Xinguang, Xiao Xuenian* / 136

Social Development

Construction of National Geospatial Information Public Service Platform *Li Zhigang* / 140

Survey of National Geospatial Information Public Service Platform *3sNews* / 147

Construction and Application of Geospatial Information Public Service Platform in Chongqing *Zhang Yuan* / 166

Geospatial Information Application in the Field of Radio and Television *Wang Xiaojie* / 173

Surveying and Mapping Boost International Tourism in Hainan Island Construction *Wang Baoli* / 188

Analysis of Surveying Serving Wuhan City Circle Construction *Zhang Jianren* / 195

Sino-Vietnamese Land Border Surveying and Mapping *Wu Xiaogan* / 202

Surveying of Ming Great Wall *Chen Jun, Jin Shuping, Liao Anping, et al.* / 208

Geospatial Information Provide Support for Shanghai World Expo *Sun Hongchun, Chen Fangmin* / 219

GIS Application in the Beijing Olympic Games *Peng Kai* / 227

Surveying in Antarctic *Bao Yinghua* / 232

Geospatial Information Application on Digital Community *Chu Zhengwei* / 238

Foundation Support

Study on SWDC Digital Aerial Camera Application *Liu Xianlin* / 244

Progress of China's First Civil Photogrammetric Satellite Construction *Li Pengde* / 258

Island Surveying and Mapping *Zhang Quande* / 265

Construction of Remote Sensing Image Database *Cao Tianjing, Huang Yong, Sun Xiaopeng, et al.* / 274

Emergency Response

Thinking on Surveying Emergency Services in Xinjiang Province *Liu Geqing* / 280

Remote Sensing Technology Support for Emergency Response System *Li Jiping* / 289

Analysis of the Research and Establishment of Three-Dimensional Remote Sensing Image Geospatial Information Emergency Systems in Henan Province *Lu Fengnian* / 294

High-Resolution Images Application in Earthquake Relief *Guan Hongliang, Xiang Yu* / 301

Public Life

Developing Map Cultural Industry to Service Public Life *Zhao Xiaoming* / 311

Current Situation and Trend of Navigation Electronic Map *Jiang Derong* / 321

Geospatial Information Application Project Services to Public *Ma Jianping* / 335

Ddmap.com: Our Partner for Travel Lives *Xu Kuangshi* / 340

GPS Vehicle Navigation Develops with Advancing and Creative Application of Technology *Careland Co., Ltd.* / 345

International Trends

Current Situation and Trend of International Application of GPS Vehicle Navigation *Ding Fang* / 351

A Research Report on Application of Geospatial Information Technology Overseas *Jia Dan* / 359

Report on the Promotion and Application of the National Mapping and Surveying Instruments Overseas *Hu Xiaoxia* / 366

Report on the Application of SuperMap GIS in Japan *Lin Qiubo* / 372

前　言

按照加快转变经济发展方式要求 大力提高地理信息应用水平

徐德明*

地理信息资源的开发与应用，近些年愈来愈受到人们的重视。人类活动的信息中80%与地理位置有关，地理信息就是那些与地理位置直接或间接相关的信息。20世纪中期至今，随着地理信息产业在世界范围的蓬勃兴起，地理信息应用逐渐扩展到全球经济社会发展的各个领域。

改革开放尤其是21世纪以来，随着我国经济社会发展的突飞猛进，地理信息越来越广泛地应用于各行业、各领域，在经济增长、社会进步和国防建设中发挥着越来越重要的作用。随着转变发展方式、调整经济结构、建设小康社会政策的深入推进，各界对地理信息的需求更为旺盛。地理信息服务已经成为管理决策的辅助者、工程建设的先行者、安全稳定的保障者、应急救急的支撑者、百姓生活的相关者、信息社会的推动者、科学发展的促进者，总之，成为全社会不可或缺的信息资源服务。2005～2008年，我国基础地理信息数据提供总量每年以20%以上的速度增长。2009年，测绘系统共提供大地成果31.9万点、航空摄影成果64.1万片、数字地图55.6万幅，提供各种比例尺地形图48.1万张，为全国第二次土地调查、新农村建设等91项国家重大工程项目和高速公路、基础设施建设等217项地方重大工程项目提供了测绘保障服务。国家测绘局着手建设国家地理信息公共服务平台，以分布式地理空间框架数据库为基础，以国家电子政务内、外网和互联网为依托，以网络化地理信息服务为表现形式，到2015年，将实现1个主节点、31个分节点及333个市级信息基地的互联互通。我国的数

* 徐德明，国土资源部副部长，国家测绘局局长、党组书记。

字城市建设近几年进展很快，目前全国已有100多个城市开展数字城市建设的试点与推广。

21世纪以来，我国地理信息产业呈现蓬勃发展态势。产值多年平均年增长率超过20%，产业规模不断扩大，产品日益丰富，市场快速繁荣，特别是在国际金融危机中逆势增长，为扩大就业、带动内需发挥了积极作用，正在成为现代服务业新的经济增长点。2009年，我国地理信息产业从业单位超过1.8万家，从业人员超过40万，产值规模达750亿元，比2006年分别增长了80%、21%和88%。

近年来，测绘部门针对各级领导机关的工作需要，提供了大量测绘与地理信息服务，开发了一系列基于地理信息的业务辅助管理与决策支持系统，为各级地方政府研究开发了基于地理信息的辅助决策系统，为西部大开发等重大战略的实施提供了决策依据。测绘成果和地理信息系统等技术在重大工程建设，土地、森林、海洋、矿产等资源的调查、监测、开发利用，信息化管理，以及新农村建设等领域的应用越来越广泛；在教育、科研、文化、体育、卫生、新闻宣传等社会公共事业中，地理信息服务发挥着重要辅助支持作用；测绘高新技术和测绘成果是国防建设、边境管理、反恐维稳、社会治安综合治理的重要支撑。在2008年初的抗击雨雪冰冻灾害的战斗中、2008年汶川特大地震救灾中，以及2010年玉树大地震抗震救灾中，测绘部门充分利用先进的地理信息技术，及时提供灾区的各种地理信息，提供了及时有效的地理信息综合服务。现在普通百姓既可以通过网络地图服务，寻找日常工作学习、休闲娱乐、投资消费等方面的位置信息，也可以进行多种形式的交通路线查询，获得日常交通出行服务。

地理信息资源是国力国情的要素，加快发展测绘和地理信息高新技术，及时提供满足发展需求的地理信息服务，是加快转变经济发展方式的内在要求和重要内容。地理信息技术与服务又是转变经济发展方式、提高管理决策水平的重要手段。科学发展，测绘先行。测绘成果是国情国力的重要反映。不同比例尺的地形图等测绘成果，承载了地形地貌、交通、水系、土地覆盖等多种地理要素信息，是各级政府和有关部门在制定国家和区域发展战略与规划、进行经济发展空间布局、应对突发紧急事件时必不可少的重要依据。借助现代测绘技术手段，可以智能地发现地理信息中隐含的经济社会发展变化的诱因、规律、趋势等，大大提高管理决策的科学性；可以全面准确地监测、分析和预报各种灾情，支持政府防灾

救灾决策，提高应急救灾能力和水平。加快发展测绘事业，在宏观调控等工作中更多地运用地理空间的思维方式，对于提高决策的科学性大有裨益。

地理信息产业是典型的现代服务业，加快发展地理信息产业是转变经济发展方式的重要举措。地理信息产业是以地理信息资源开发利用为核心的高新技术产业，具有智力要素密集度高、产出附加值高、资源消耗少、无环境污染等特点。作为新兴的朝阳产业，地理信息产业服务面广、市场前景广阔、带动系数大、就业机会多、综合效益好，极具发展潜力和空间。加快发展地理信息产业，是我们在后国际金融危机时期的国际竞争中抢占制高点、争创新优势、努力构建现代产业体系的必然要求。

科学发展是地理信息应用广泛深入推进的唯一源泉、不竭动力。国家测绘局要充分发挥优势，切实履行国家测绘行政主管部门的各项职能，按照加快转变经济发展方式的要求，大力推动我国地理信息应用的科学发展。

我们要把构建数字中国作为推动地理信息应用的抓手，进一步加快国家地理信息公共服务平台建设，建立起较为完善的基础地理信息数据体系和“一站式”在线地理信息协同服务机制。加快推进西部测图工程、1∶5 万数据库更新工程，扎实推进海岛（礁）测绘一期工程实施，全面启动国家现代测绘基准体系基础设施建设项目，全面推进数字城市地理空间框架建设与应用。

我们要进一步优化地理信息应用发展环境，继续培育和促进地理信息产业大发展大繁荣。要把推动地理信息应用作为测绘管理工作的重点来抓，着力加强管理，形成既保障地理信息成果安全和工程质量，又有利于企业做大做强的良好市场环境。

我们要进一步加大对地理信息企业的扶持力度。加强基础地理信息资源建设，不断加大投入，丰富地理信息资源。设立促进地理信息产业发展的专项资金，设置相关示范推广和产业化推进项目，发挥财政资金的杠杆和引导作用。改善地理信息企业投融资环境，引导各类商业金融机构支持地理信息企业自主创新。将地理信息自主创新产品纳入政府采购技术标准和产品目录，在政府采购中优先选择中小企业产品，扶持中小企业的成长。引导和支持企业“走出去”，积极拓展国际市场。要加快地理信息产业基地建设。充分利用国家和地区促进产业发展的优惠政策，建设地理信息产业基地，为企业创新创业搭建更好的平台。

我们要强化自主创新能力，提升地理信息应用水平。要充分发挥地理信息企业在科技自主创新中的主体作用，充分发挥市场配置相关科技资源的基础作用，按照地理信息获取实时化、处理自动化、服务网络化、应用社会化的要求，切实加强相关领域的前沿和关键技术攻关，大力发展综合导航定位、移动测量、虚拟现实、网格地理信息系统，以及地理信息安全处理等方面的核心技术。要加强现代化测绘装备建设，大力发展航天、航空对地观测数据快速获取技术装备与设施，发展地理信息自动化处理、网络化分发服务技术装备与设施，形成一批具有自主知识产权的重大技术装备和重要基础设施。要加强地理信息应用商业模式创新。要在继续为政府管理决策提供及时有效的服务的同时，更加注重为社会和公众提供服务，大力创新和丰富地理信息产品种类，紧密结合实际需求，按需测绘，开发各类便捷、灵活、实用的地理信息产品，大力开发民生产品，同时通过开发新产品引导需求、培育市场。要不断推动地理信息服务升级、上水平，提高服务的人性化、灵性化程度。要适应地理信息服务新的趋势，大力推广互联网地理信息服务。

为了坚决贯彻、落实党中央国务院战略决策，加快转变经济发展方式，大力提高地理信息应用水平，较为全面地反映我国地理信息应用近年来的发展情况，我们编辑、出版这部《中国地理信息应用报告（2010）》，期望能够引起社会各界对我国地理信息应用更多的关注、了解和支持。

2010 年 6 月

主 报 告

KEYNOTE ARTICLE

挑战与应对

——中国地理信息应用研究

徐永清　乔朝飞*

摘　要：本文对近年来我国地理信息应用的现状、特点进行了全面系统梳理，研究分析了我国地理信息应用领域目前面临的机遇和存在的主要问题，提出了进一步提高我国地理信息应用水平的有关对策与建议。

关键词：地理信息应用　现状特点　对策措施

一　我国地理信息应用现状

地理信息是有关自然地理要素或者地表人工设施的形状、大小、空间位置

* 徐永清，国家测绘局测绘发展研究中心副主任，高级记者；乔朝飞，国家测绘局测绘发展研究中心规划与项目研究室副主任，博士。

及其属性的信息。改革开放尤其是21世纪以来，随着我国经济社会发展的突飞猛进，地理信息越来越广泛地应用于各行业、各领域，在经济增长、社会进步和国防建设中发挥着越来越重要的作用。地理信息应用领域不断拓展，应用水平显著提高。近年来，蓬勃兴起的我国地理信息产业需求广、发展快、效益好、贡献大，在国家信息化建设中作用明显，在国家经济活动中成为新的经济增长点。

（一）近年地理信息资源应用概况

1. 测绘保障服务

近几年来，测绘系统完成服务总值保持较高增长速度，基础地理信息数据提供总量大幅提高。据统计，2009年，测绘系统完成测绘服务总值45.07亿元，比上年增加8.30亿元，创历史最高水平。测绘行业经济继续保持快速增长态势，各单位共完成服务总值294.12亿元，同比增长33.3%，增幅较大。

2009年，测绘系统提供的“4D”成果图幅总量为64.11万幅，同比增长63.2%；提供的“4D”成果总数据量为16.68TB，同比减少64.7%，主要原因是2008年国家基础地理信息中心提供的“4D”成果数据中绝大部分是为汶川特大地震提供应急测绘服务的，若剔除2008年突发事件的因素影响，2009年“4D”成果数据量提供总体仍呈增长态势。测绘系统全年共提供航空摄影成果70.4万片、大地成果28.3万点，同比分别增长52.7%和59.0%；提供各种比例尺地形图46.54万张，同比减少11.1%。

2009年，测绘系统地图出版单位积极应对转制和地图出版市场的严峻形势，坚持研究市场，开拓创新，挖掘资源，开发新品种，延伸老品种，地图、图书出版品种保持了小幅增长，全年共出版地图、图书2519种，同比增长近10.0%；总印数14626万幅/万册，同比增长2.3%。

测绘行业各单位积极参与国家和地方重大工程项目建设，据初步统计，2009年先后为全国第二次土地调查、新农村建设等91项国家重大工程项目和高速公路、基础设施建设等217项地方重大工程项目提供了测绘保障服务。

为顺应经济社会发展新要求，国家测绘局着手建设国家地理信息公共服务平台。该平台以分布式地理空间框架数据库为基础，以国家电子政务内、外网和互联网为依托，以网络化地理信息服务为表现形式，实现国家、省、市三级地理信息资源互联互通，为政府部门、企业和公众提供便捷高效的网络化地理信息服务。到2015年，将建立较为完善的基础地理信息数据体系，实现1个主节点、31个分节点，以及333个市级信息基地的互联互通，形成与土地、交通、林业、水利、民政、公安等部门互联互通的地理信息资源共建共享机制，建立起较为完善的“一站式”在线地理信息协同服务机制，为政府宏观决策、国家应急管理、社会公益服务提供在线地理信息服务，使我国基础地理信息的传统服务方式发生根本性改变，全面提升信息化条件下国家地理信息公共服务的能力和水平。

城市是经济社会发展最活跃、最快，信息最丰富的区域。我国数字城市建设近几年进展很快，截至2010年8月，国家测绘局已组织开展了112个城市的数字城市地理空间框架建设工作，各方总计投入近12亿元。加强城市地理信息资源建设，一批大中城市的大比例尺基础地理信息数据集已经建成并初步实现了按需更新。建成了一批交通管理、市政服务、地下管网、公安消防等方面基于地理信息的管理系统，扭转了城市管理与信息化建设中地理信息资源匮乏的局面。数字城市建设成果的应用使政府部门的决策、管理和服务更加科学、准确、及时，极大地促进了政府部门社会管理和公共服务水平的提高。力争通过国家、省、市的协同努力，到2015年基本完成全国地级以上城市地理空间框架建设，使城市信息化水平得到明显提升。

2. 部门地理信息资源开发利用

近年来，国土资源、交通、水利、铁道、民政、农业、建设、环境保护、林业等部门相继建设了部门地理信息数据库和应用系统。如国土资源部门建立了1∶50万、1∶20万、1∶5万数字地质图，以及1∶600万、1∶20万数字水文地质图等空间数据库，完成了全国、省级和重点城市土地利用规划数据库，全国1∶50万土地利用数据库管理地理信息系统；农业部门建立了全国1∶100万草地资源数据库、海洋专属经济区渔业资源数据库和农业资源地理信息服务系统；林业部门建立了林业地理信息数据库，并经过综合分析生成多种类型信息产品。

3. 地理信息资源社会化应用

地理信息已经广泛应用于位置搜索、车载导航、移动目标监控、便携式移动导航、智能交通、智能通信、游戏等诸多方面。据艾瑞咨询集团调查显示，2008年全国有近8000万用户通过互联网使用地图。地理信息已经成为互联网、手机、汽车等多方面社会大众用户进行位置查询、交通出行、导航定位的重要信息，已经走进社会大众衣、食、住、行、玩等日常生活。

（二）地理信息产业的发展

1. 产值规模迅猛增长

据有关方面的统计，2009 年我国地理信息产业从业单位已近 2 万家，从业人员超过 40 万人，产值超过 750 亿元。2006 年以来，全国地理信息产业规模以每年超过 20% 的速度快速增长。

2. 单位数量快速扩大

2009 年底，我国测绘资质单位总数 11657 个，比上年底的 11269 个净增加 388 个，增长 3.4%。测绘资质单位中甲级单位 577 个、乙级单位 1803 个、丙级单位 3757 个、丁级单位 5520 个，与上年相比分别增加 25 个、82 个、168 个、113 个；各等级单位数占单位总数的比重分别为 4.9%、15.5%、32.2%、47.4%，与上年基本相当。

3. 从业人员大幅增加

据不完全统计，2009 年底，我国地理信息产业从业人员约 40 万人，其中，测绘行业持证单位共有测绘从业人员 26.59 万人，比上年底净增加 0.53 万人，增长 2.0%。测绘行业持证单位中民营企业有超过 6 万人，其中建设系统 4.53 万人，水电、测绘、土地、地矿、交通等系统超过 1.5 万人；北京、河北、辽宁、江苏、山东、河南、湖北、湖南、广东、四川、云南 11 省（直辖市）测绘从业人员超过 1 万人，其中湖北最多，达到 1.77 万人，北京以 1.66 万人居次。

4. 基地建设扎实推进

2003 年，黑龙江省开始建设全国首家地理信息产业园，现已有 32 家企业入驻，2008 年园区实现服务总值 1.6 亿元。园区二期建设已经正式启动，总体规模将扩大一倍以上。2007 年，西安导航产业基地开始建设，成为我国首个国家级导航企业孵化器和工程技术中心。在武汉葛店开发区建设的国家地球空间信息产业基地，总投资 50 亿元人民币，占地 1500 亩，一期工程已有国内外几十家企业入驻，二期工程 2008 年奠基。此外，贵州、江苏、浙江、广东、广西等地正在筹划或建设地理信息产业基地。国家测绘局还积极筹建国家地理信息产业园，旨在为推动地理信息产业发展搭好台、引好路，力求把国家地理信息产业园建成科研、技术、生产、服务、居住一体化的高科技园区，打造成为生态化、现代化、人性化、功能化、可持续发展的、具有先进水平的产业园区。

（三）快速发展的地理信息应用市场

1. 测量市场

2009 年，测绘行业服务总值中工程测量所占比重最高，达到 49.0%，其次是地籍测绘，达到 13.5%。工程测量是为各项基础设施建设提供基础保障性服务的工作，随着国家为“扩内需、保增长”加大对基础设施建设投资政策的逐步落实，全年共完成工程测量服务总值 144.08 亿元，比 2008 年增加 37.33 亿元，增长 35.0%。随着新农村建设等项目对测绘保障服务需求的不断增大，全年共完成地籍测绘服务总值 39.75 亿元，比 2008 年增加 8.41 亿元，增长 26.8%。

近年来，我国测绘仪器制造业快速发展，目前已经成为大地测量和工程测量仪器的生产大国。国产低端仪器不仅完全满足国内的需求，而且大量出口国际市场。在中高端仪器领域，国产 GPS 在国内的销量已经超过进口产品，基本形成了以南方、苏一光、博飞、欧波、中海达和华测为代表的主流品牌。其中，南方测绘公司的产品出口到 100 多个国家和地区。同时，我国测量仪器市场的先进高端仪器目前仍以国外品牌为主。

2. 地图市场

我国地图出版单位主要包括测绘系统、军队系统及国家相关部门的专业地图出版社。2008 年，全国出版地图的主要出版社地图出版总产值约为 20 亿元。根据测绘统计年报，2009 年，测绘系统出版社全年共出版地图、图书 2519 种，同比增长近 10.0%；总印数 14626 万幅/万册，同比增长 2.3%。

2008 年，在线地图与地理信息服务市场规模为 10.5 亿元。其中，互联网在线地图服务开发运营市场规模为 3 亿元，用户规模达 7250 万人。我国从事互联网地图和地理信息服务的网站已经超过 900 个，相关企业超过 1000 家。主要互联网地图服务运营商有图吧、搜狗地图、百度地图、谷歌地图、丁丁等。目前，互联网地图服务的赢利模式主要是企业标注和定制地图服务。

3. 导航定位市场

导航定位产业是地理信息产业中的龙头产业，这一产业发展动力强劲，近年来的表现令人瞩目。2009 年导航定位产业总值约 480 亿元左右，占据地理信息产业年总产值的半壁江山。导航地图产业的骨干企业已经形成，并通过创新拥有了导航地图的核心技术，建成了较大规模的现代化生产基地，为我国卫星导航产业的发展奠定了基础，车载导航成为我国卫星导航市场发展的重要领域。

我国导航定位产业的崛起和发展，得益于快速增长的汽车产销市场和移动通信市场。据调研机构统计，我国涉足导航定位产业的厂商机构多达 3000 家，专业从事这一产业的企业约 800 家，从业人员不少于 20 万人，投资规模 80 亿～100 亿元。电子地图市场规模在整个导航产业链中占的市场份额为 10%～15%。目前，我国共有 11 家导航电子地图生产资质单位，初步建立了较为完善的导航产品营销和服务网络，形成了一批具有较强市场竞争力的电子地图产品和拥有核心技术的骨干企业，如四维图新、高德、凯立德、北京长地、灵图、易图通、城际高科等。目前导航电子地图已覆盖全国公路里程 97% 以上。导航地图可以在嵌入式汽车导航中应用，还可以应用在 GPS 手机及 PND（便携式自动导航系统）之中，在 LBS（基于位置的服务）中也有广阔的应用前景。电子地图还可以应用在互联网上，供网友随时查询。中国现在已经有 6 亿手机用户、3 亿互联网用户和 5600 万汽车用户，这为导航定位市场的发展提供了广阔的空间。

4. 遥感市场

我国遥感产业近年来发展迅速，目前已有专业遥感机构（企业和事业单位）200 多家。2008 年遥感市场总体规模约为 30 亿元。目前约有 35 家可从事航空遥感的单位，包括通航、军队、科研等部门的单位，以及相关企业。遥感技术不断进步，航空数字摄影测量、三维激光雷达技术等都有极大的发展，形成了较大的生产能力，自主产权的数字摄影测量处理软件占领 90% 的国内市场。目前，国内有十多家企业从事国外卫星遥感影像代理及增值服务，包括北京东方道迩信息技术有限责任公司、北京天目创新科技有限公司、北京视宝图像有限公司、北京国遥新天地信息技术有限公司等。

5. 地理信息系统市场

20 世纪 90 年代以来，我国地理信息系统软件产品从无到有，到国内市场份额过半，再到部分产品出口海外，实现了 GIS 软件产业的跨越式发展。我国现有从事 GIS 的专业企业数百家，大量 IT 企业也介入这一产业，从事系统集成和应用开发。2009 年，中地数码集团和北京超图软件股份有限公司两家 GIS 企业的产值在 2008 年超过了 1 亿元人民币后，继续保持 1 亿元以上。

（四）地理信息应用领域不断拓展

随着科技的不断进步和服务保障实践的全方位开拓，地理信息应用的领域渗透到我国经济社会发展的方方面面。

1. 在管理决策中的应用

地理信息是各级政府和有关部门在进行宏观调控、制定国家和区域发展战略与规划、进行经济发展空间规划、应对突发紧急事件时必不可少的重要依据。近年来，测绘部门针对各级领导机关的工作需要，提供了大量测绘与地理信息服务，开发了一系列基于地理信息的业务辅助管理与决策支持系统，中央领导机关和国务院 30 多个部门使用了电子政务地理信息应用系统和系列地理信息业务辅助管理与决策支持系统。国家测绘局先后为党中央、国务院、全国政协等开发了面向政府管理与决策的综合国情、防汛气象信息服务和电子政务空间辅助决策等地理信息应用系统；为国务院综合国情信息系统建设搭建地理信息基础平台，提供了大量重要的地图与地理信息服务，有力地促进了管理和决策的科学化；为各级地方政府研究开发了基于地理信息的辅助决策系统，为西部大开发、振兴东北等老工业基地、中部崛起、全国主体功能区规划等重大战略的实施提供了决策依据。

2. 在经济建设中的应用

在经济建设的各个领域，地理信息是必不可少的基础保障。在南水北调、西气东输、西电东送等重大工程以及秦山、大亚湾等核电站的方案论证、工程勘测、规划设计和建设施工中，广泛应用各类工程规划图、地形图等地理信息成果。在三峡、小浪底等水利水电工程建设中，地理信息是库区建设、移民安置、地质灾害监测和生态环境监测等的必要数据。青藏、京九、京广、粤海、沪宁、陇海、京津城际铁路、上海磁悬浮列车运营线等铁路的建设和改造，地理信息获取是先行工作。遥感影像等测绘成果和地理信息系统等技术在土地、森林、海洋、矿产等资源的调查、监测、开发利用，以及信息化管理中被大量应用。在新农村建设中，农村规划、基础设施建设、农业信息化建设等离不开各类测绘成果和测绘技术的支持。

3. 在社会发展中的应用

在教育、科研、文化、体育、卫生、新闻宣传等社会公共事业中，地理信息服务发挥着重要辅助支持作用。各类地图在中小学生国情教育中广泛使用。地球科学研究中，地理信息技术和成果是重要手段。考古发掘和文物保护中，测绘技术为文物复原和存档提供支持。在北京奥运会和上海世博会的场馆规划选址、施工建设、交通出行、公众安全等工作中，各类测绘成果和现代测绘技术广泛应用。整合各类卫生资源的卫生地理信息平台，为公共卫生决策提供了科学依据，提高了政府对突发公共卫生事件的快速反应能力。地理信息和虚拟现实等技术在国庆60周年庆典，央视《故宫》、《再说长江》等电视专题片中的使用，使人们如身临其境，大大提高了节目的观赏性。

4. 在国家安全中的应用

测绘高新技术和测绘成果是国防建设、边境管理、反恐维稳、社会治安综合治理的重要支撑，在保障国家安全、维护社会稳定等方面发挥着越来越重要的作用。现代测绘技术和数字测绘成果在军事领域的广泛应用，推动了军队信息化建设。基于地理信息的国民经济动员系统，实现了现代信息化战争中对各类信息的空间化管理。公安警用地理信息系统增强了公安部门统一指挥、快速反应、协同作战及应对各类突发事件的能力，提高了警务处理工作效率。公安边防边境管理地理信息系统对科学部署兵力、迅速指挥决策、及时有效处理突发事件等具有重要作用。

改革开放以来，军地测绘部门与外交部合作，完成了10条陆地国界线的勘界测绘。国家测绘局与外交部共同组织完成了1∶100万国界线画法标准图的编制工作，与民政部合作完成了68条省级界线和6300多条县级界线的测绘工作，在与有关国家的陆地边界的划界谈判、勘界和边界联合检查中提供了有效的测绘技术保障，发挥了重要作用。2009年8月，历时9年的中越陆地边界联合勘界测绘技术保障外业工作全部结束，共埋设了1537座界碑，勘定1347公里边界线。测绘人员使用中越陆地边界勘界信息系统，应用数字技术辅助勘界，取得了显著效果。1978年、1988年、2005年，先后三次开展了中国——尼泊尔边界联合检查。

5. 在应急救灾中的应用

测绘是自然灾害监测与分析的重要手段。利用现代测绘技术和测绘成果，可以全面准确地监测、预报、分析各种灾情，支持政府防灾减灾的宏观决策，提高灾害治理工程的规划设计和实施水平。在2008年汶川特大地震救灾中，测绘部门充分利用先进的地理信息技术，及时发现了可能会造成巨大损失的堰塞湖，快速获取和集成灾后最新影像数据，建设和提供专用地理信息系统，提供了及时有效的地理信息综合服务。2010年4月14日青海省玉树县发生7.1级地震，以及8月8日甘肃舟曲发生特大泥石流灾害后，国家测绘局立即启动应急测绘保障预案，第一时间开通测绘成果提供绿色通道，组织所属单位快速提供灾区测绘成果，紧急调集航空摄影飞机赴灾区实施航摄，赶制灾区三维地理信息系统，为科学救灾、灾情评估提供了科学依据。

6. 在大众生活中的应用

经济发展和技术进步使地理信息应用不断深入，地理信息服务已成为广大人民群众生活的必然要求。城市中与百姓生活密切相关的110报警指挥系统、120急救指挥系统、自来水管网管理系统等的建设，都建立在地理信息服务的基础之上。地籍测绘、房产测绘等为保障人民群众的切身利益提供了技术支持。普通百姓既可以通过网络地图服务，寻找日常工作学习、休闲娱乐、投资消费等方面的位置信息，如酒店、学校、加油站、超市、旅游点、房产楼盘、银行网点的位置，还可以进行多种形式的交通路线查询，获得日常交通出行服务。越来越多的人使用车载导航、手机定位等产品和服务。全国每年出版超过1.5亿册（幅）形式多样、内容丰富的地图和图书，包括置业地图、生活地图册、语音地图、城市多媒体电子地图、城市三维模拟现实、网上三维虚拟旅游可视化平台等多种新型地图产品，为百姓日常出行、购物旅游、购房置业等带来了便利，进一步丰富了人民群众的物质文化生活。

测绘部门组织编制了大量供社会各界免费使用的网络地图，建成了一批公益性地图网站并积极提供信息服务。国家测绘局网站登载了888幅网络版中华人民共和国地图和世界地图，供社会免费浏览、下载和使用。2009年2月，全国测绘成果目录服务系统网站（http：//data. sbsm. gov. cn/）正式开通。此举标志着新中国成立以来全国范围的测绘成果目录第一次以一个完整的体系，通过互联网向社会公众发布，实现了跨地域、大范围测绘成果资源目录共享。

二　当前我国地理信息应用的特点

（一）服务内容和手段不断更新

1. 产品升级换代

在提供的产品方面，从提供单一的纸质地图发展到提供多样化数字测绘产品。20 世纪 60 年代地理信息系统出现之前，测绘提供的产品主要是各类纸质的地形图，品种较为单一。地理信息系统和计算机制图技术的出现，使得人们可以在计算机中表达、存储和处理各类地理信息，测绘产品的种类也变得日益丰富。当前，基础测绘 4D 产品（数字线划图 DLG、数字高程模型 DEM、数字正射影像 DOM、数字栅格图 DRG）、电子地图、三维仿真地图、多媒体地图等各类测绘产品层出不穷，较好地满足了对地理信息的不同需求。

2. 服务内容嬗变

在服务的内容方面，从提供数据服务发展到提供信息服务。以往，测绘部门提供服务的内容主要是各类地图、遥感影像等地理信息数据。随着技术的进步和经济社会发展各方面对地理信息的旺盛需求，各类地理信息服务层出不穷。政府部门利用测绘提供的地理信息数据和技术支持，能够智能地发现地理信息中隐含的经济社会发展变化的诱因、规律、趋势等，提高管理决策的科学性。各类基于地理位置的信息系统和电子政务系统等在各行业的信息化工作中是重要的硬件支撑。各类专题地图、导航电子地图、位置服务等地理信息服务在公众日常生活、休闲娱乐、旅游出行等中广泛应用。

3. 网络服务方式

在服务的方式方面，从单机服务发展到互联网地理信息服务。地理信息系统出现之初，提供的服务主要是单机模式，数据量较少、功能较简单。随着互联网和计算机技术的进步，网络地理信息服务得到快速发展。伴随各地数字城市建设的推进，地理信息公共服务平台建设扎实推进；提供地理信息服务的各类商业网站如雨后春笋，为人们生产生活提供了诸多便利。

（二）科技水平大幅提高

随着空间技术、计算机技术、信息技术及通信技术的发展，及其在各行各业中的不断渗透和融合，传统的测绘技术发展为以“3S”技术为代表的现代测绘科学技术，地理信息应用的科技水平也随之大幅提高。

1. 测绘基准向现代化迈进

我国积极开展大地基准现代化建设，完成了我国地心坐标系统 CGCS2000 的建立、启动和维护，全国平面控制网、高程控制网和国家重力基本网，以及高精度卫星定位网的建立等工作，困难或特种地区定位、组合定位导航、精密单点定位技术（PPP）、卫星测高等理论与技术取得了一系列成果，有力地促进了测绘基准体系从二维向三维、静态向动态、参心坐标系向地心坐标系的转变，实现了从地面大地测量到卫星大地测量、从地面水准测量到空间 GPS 高程测量、从地面重力测量到航空重力测量的跨越。

2. 地理信息数据获取实现天空地立体化

我国自主研发的北斗卫星导航系统的第二代正在建设中，跻身全球四大卫星导航系统之列。2011 年我国首颗高分辨率民用测绘卫星资源三号卫星即将发射。我国自主研制了 SWDC 系列数字航摄仪、大面阵大重叠度航空数码相机、机载激光雷达系统、机载合成孔径雷达系统等仪器，部分研究成果填补了国内空白，优于国外同类产品。自主研发的 LD2000 – R 型系列移动道路测量系统是世界先进水平的车载移动道路测量产品。

3. 地理信息数据处理自动化水平提高

开发了空间信息三维虚拟现实系统、遥感图像处理系统、机载激光雷达数据处理软件、数字摄影测量网格系统（DPGrid）、高分辨率遥感影像数据一体化测图系统（PixelGrid），形成了从空间数据获取到输出全数字化的技术体系。GeoImage、IMAGEINFO 等国产系列遥感软件的诞生，为国家重大工程的顺利实施提供了软件平台和技术服务，标志着我国遥感信息处理有了可靠的自主技术保障。国产 GIS 软件占据国内市场半壁江山。

（三）优质成果层出不穷

2009 年以来，我国地理信息应用服务领域涌现出不少高质量的服务成果。

1. 政府决策管理

在服务管理决策方面，先后建立了陕西省重要地理信息统计分析系统、安徽省水利工程移民管理地理信息系统、浙江省水利地理空间数据平台等，为推动政府管理和决策的科学化发挥了重要作用；重庆一小时经济圈规划地理信息平台整合了国民经济和社会发展规划、城乡总体规划、土地利用总体规划和环境容量规划，为重庆一小时经济圈的科学发展和“十二五”规划的编制提供了基础服务；常州市市政公用地理信息集成系统、山东聊城规划管理三维辅助决策虚拟城市系统、石家庄市数字化城市管理系统、海口市数字城管万米网格系统等的建成，为城市规划和管理提供了有力支撑。

2. 经济建设

在服务经济建设方面，华北电网输电线路三维全景系统、河北南部电网规划设计数字化信息系统相继投入运行；南沙渔船船位监控指挥管理系统、陕西省公路路况信息服务系统先后启用；福建、河北等地综合利用3S技术，助果农增收、小麦优质生长；南宁、黑河等地建立了多个森林防火地理信息系统，实现林火管理信息化；武汉环保地理信息系统、常州环境地理信息系统、江苏太湖蓝藻水华遥感动态监测预警系统在当地环境保护中发挥重要作用，潍坊市建立安全生产综合监管与应急救援系统监控重大危险源，南水北调工程借助测绘技术完成区域生物影响调查；重庆和云南曲靖建设的烟草物流地理信息系统，扬州、徐州建设的税收征管地理信息系统，济南建立的房地产管理信息系统、山东高密市建设的土地储备交易信息管理系统、重庆开发的三维金融地理信息系统等，将各种复杂的经济信息按照地理单元进行管理，为经济决策提供了重要依据。

3. 社会发展

在服务社会发展方面，云南建设的中小学校舍GIS管理系统直观地反映校舍的信息情况，提供多种统计、访问和分析功能，实现对校舍单体建筑的定量管理；天津和平区搭建城区卫生地理信息平台，浙江开发疾病防控地理信息平台；上海市测绘院向世博局提供了基础地理数据支持，为实现世博会园区运营指挥系统与上海市应急指挥平台、市公安局指挥平台的顺利对接作出重要贡献。全运会地理信息专题服务系统、济南交通模拟信息系统为十一届全运会的成功举办和道路顺畅立功；在新中国成立60周年盛大庆典上，由国家基础地理信息中心研发的专门用于庆典直播的三维地理信息辅助系统发挥了重要作用，为观众提供了更加直观的视觉效果。

4. 国家安全

在服务国家安全方面，沈阳军区配备的三维地理信息系统实现了战场可视化，海军装备了新一代海洋地理信息系统以提高打击精度。在服务应急救灾方面，福建南安电信警用地理信息平台、河北警用地理信息系统建成，广州在社区进行 GPS 监控案情试点。

此外，在服务大众生活方面，数字武夷三维旅游服务平台提升了武夷山品牌形象，中国移动营业厅电子地图让用户办理业务更加方便快捷。

（四）效益增加、影响彰显

地理信息及现代测绘技术在各行各业得到广泛应用，取得了良好的经济和社会效益，对国民经济和社会发展的促进作用日益彰显。

1. 助力政府管理

地理信息的应用有效提高了政府管理决策和城市管理水平。浙江省水利地理空间数据平台（一期）为浙江省相关部门的领导提供了直观准确的信息，提高了防汛组织指挥的科学性和时效性。常州市市政公用地理信息集成系统，降低了城市市政基础设施建设与维护成本，提高了市政部门的服务水平。苏州高新区地下管线信息系统的应用能够协调各管线单位的工作，综合安排道路开挖，以降低管线事故，缓解交通拥堵，改善居民出行条件，营造整洁畅通的建设环境，并避免和减少多次开挖和多次管线敷设的费用，同时还为更加科学合理地利用城市地下空间提供了基础信息保障。

2. 助力应急救灾

地理信息的应用为应急救灾提供了有力支撑。河南省测绘局开发的“遥感影像三维地理空间信息应急指挥系统”能够为灾前预警分析、灾中紧急救助指挥调度、灾情评估、灾后重建提供辅助决策支持，加快对突发事件的了解和应急处理过程。南沙渔船船位监控指挥管理系统在试运行的两年多里，据不完全统计，共收到并处理海上渔船越界报警和紧急报警事件 200 多起。特别是在抗击“海贝思”、“黑格比”等强台风时，利用系统掌握渔船分布情况，指挥渔船撤离台风海域，调动在南沙生产渔船协助进行海上搜救，提供及时、可靠的通信保障，发挥了千里眼、顺风耳的作用。南宁市林业局建立了广西第一个森林防火地理信息系统，实现了林火管理信息化，系统投入使用至今查清和反馈卫星热点 3200 多次，发现林火 125 次。

3. 助力节约增效

地理信息的应用在提高经济建设效率、节约投资方面发挥了重要作用。江西九江城区10千伏配电网络地理信息系统的投运大大提高了配电网络管理水平，提高了运行维护人员线路操作准确率。河北南网规划设计数字化信息系统不仅提高了电网生产管理的效率，还产生了显著的经济效益。利用该系统设计的1000千伏锡盟——上海特高压输变电工程，节约投资约890万元。在2009年开年渝烟物流的峰值旺季，使用重庆烟草物流地理信息系统，使得物流车辆装载率提高了35%，与未启用该系统的配送区域相比，送货趟次降低了67%，避免了不满载出行的现象，极大地提高了工作效率。济南市房地产地理信息系统建成后，实现了“以图管房，以图管证”，有效地克服了过去仅依靠房屋坐落和产权人名称进行管理的弊端，杜绝了同一套房屋重复登记的现象。河北省晋州市利用测绘技术对小麦生产过程进行监测，帮助小麦优质生长。项目首期示范5万亩，预计总产达2.5万吨，可带动农民和涉农企业增收150万元。扬州市邗江地税局在全市独家开发了税收征管地理信息系统，为打击涉税违章行为提供了强有力的技术支撑，系统全面上线至今已补征各类税款320万元。徐州市地税局自行研发的GIS税源管理系统，对地籍、户籍、税源监控等进行可视化信息管理，保障了地方税收收入的稳定增长。

三　我国地理信息应用面临的机遇

（一）党和国家的高度重视

党中央、国务院对测绘事业高度重视，为全面促进地理信息的应用提供了有力的政治保障。2009年4月，胡锦涛总书记在山东考察期间，亲自到地理信息企业东方道迩数字数据技术（北京）有限公司济南分公司考察并作重要讲话，强调“在信息数据处理领域里，在世界上应有我们的一席之地”。2006年，温家宝总理强调指出：“测绘与地理信息产业关系到经济社会发展和国防建设，测绘局是国家不可缺少的要害部门，在信息化时代越来越重要，不可小看。”2009年7月，李克强副总理参观了全国地理信息应用成果及地图展览会并作重要讲话，强调“地理信息是战略性资源，基础地理信息是全社会宝贵的财富，要深入贯彻落实科学发展观，加快国民经济和社会信息化进程，开拓创新，强化基础，推动地理信息资源开发利用，促进全面协调可持续发展”。

（二）各级政府的大力支持

2006 年，国务院转发的《全国基础测绘中长期规划纲要》提出“加强测绘基础设施建设，丰富和开发利用基础地理信息资源，发展地理信息产业”。2007 年，国务院印发了《关于加强测绘工作的意见》，进一步明确了促进我国地理信息产业发展的政策措施。2008 年、2009 年连续两年，加强测绘基础研究和能力建设写入国务院政府工作报告；2009 年 8 月，国务院发布《基础测绘条例》。2009 年 3 月，在国务院批准的国家测绘局“三定”规定中，进一步明确了国家测绘局“监督管理地理信息获取与应用”、“指导地理信息应用服务”等职能。2007 年，国家发展改革委、国防科工委联合印发《关于促进卫星应用产业发展的若干意见的通知》，明确提出：“促进卫星导航产业规模化发展；着力建立业务化、一体化的自主遥感卫星应用和服务体系，提高卫星遥感应用和服务的能力和水平，推动卫星遥感数据资源共享和有效利用，促进卫星遥感应用产业的形成。”近年来，一些省市还出台了促进地理信息产业发展的相关政策措施。2010 年，浙江省测绘与地理信息局和临沂市测绘与地理信息局先后挂牌成立。

（三）经济社会发展带来的契机

当前，我国正处在全面实现小康社会的关键时期，各领域各方面对测绘服务的需求越来越旺盛，为地理信息应用提供了广阔空间和美好前景。城市规划建设、资源环境管理、工程勘测设计等传统测绘保障领域对地理信息技术、产品和服务等方面的要求会更高，各行各业的信息化建设对地理信息的现实需求会更加迫切；政府决策、公共应急、节能减排等领域对测绘保障服务又提出了新的需要，特别是应对气候变化、发展低碳经济、构建低碳社会，人们生产生活方式会发生重大变化和重要进步，地理信息应用将面临巨大的发展机遇。

（四）科技提供的强力支撑

科学技术进步日新月异，为提高地理信息应用水平提供了强大动力。计算机技术向广、高、深的方向发展，性能越来越高，运行速度越来越快，智能化程度越来越高。数据挖掘、人工智能等技术的支持，使得海量的卫星遥感影像实时处理成为可能。云计算技术支持用户能够在任何地点用计算机查找所需的资料，提升了测绘数据处理能力。以 IPV6 为核心的下一代互联网及物联网的迅猛发展，有助于形成一个庞大的观测体系，能够时刻监测地表变化，使得智慧地球的理念得以实现。遥感影像获取朝着多平台、多传感器、高分辨率方向发展，逐步建立天基、空基、地基相结合的对地观测体系。遥感影像的空间、光谱、时相分辨率，以及遥感影像自动判读的精确性、可靠性都将有较大提高。卫星导航定位系统性能越来越强，系统的定位精度、可用性、连续性、完好性、抗干扰能力、安全性、后向兼容性都在不断提高。

（五）市场的旺盛需求

地理信息的应用涉及经济社会和人民生活的各个方面，地理信息走进了千家万户，一个新的地理信息时代已经到来，对经济增长、市场繁荣的拉动力强，发展空间甚大，前景广阔，前程似锦。

地理信息在百姓生活中使用的频率越来越高。目前，越来越多的人使用车载导航、手机定位等产品和服务。GPS 地图导航功能成为我国中档以上手机的基本配置。目前，我国车载 GPS 的前装率不足 10%，与日本、欧洲市场超过 60% 的前装率相比，市场空间还很大。有些城市已经开设了数字地图服务电视频道，地理信息已经成为社会大众日常生活的需要。互联网电子地图服务经过多年历练，呈现向上腾升之势。

地理信息已经成为信息产业的重要支撑。地理信息技术发展为信息社会海量信息的集成管理提供了重要基础，同时，地理信息产品本身就是信息社会中内容服务的重要组成部分。车载导航、网络地图、手机地图等正在改变信息社会人们的生活方式和行为方式。地理信息在政府管理、企业生产、资源管理、环境保护、城市规划及人民生活中得到广泛应用，正在对经济社会发展产生巨大而深刻的影响。

四　我国地理信息应用存在的问题

（一）结构性矛盾突出

当前国民经济高速发展，各方面对地理信息资源的需求日益增长和多样化，而地理信息产品、技术和服务模式比较单调，与实际应用的衔接还远远不够。地理信息产品种类少，与经济社会发展结合不够紧密，难以满足社会各界对地理信息产品的多元化需求。地理信息产品的应用模式不完备，广泛利用和深度开发不足，公共地理信息产品不够丰富。

地理信息产业结构不合理，事业单位在地理信息产业主体中所占比重过大。与企业相比，事业单位在管理、运行等方面的效率相对较低，市场敏感度不够，生产的地理信息产品与实际需求有一定距离。地理信息企业数量少、规模小。目前地理信息企业中销售收入达到10亿元的寥寥无几。从事地理信息采集、加工、处理和服务的企事业中真正上规模的很少。据统计，北京地区的企业少于40人的占到60%以上。

地理信息产业链发展不平衡。相对于中游的数据加工处理，上游数据源获取手段单一且技术相对落后，国产资源遥感卫星分辨率低，航空摄影装备不足。下游数据应用和服务在软件支持、产品开发、市场经营等方面都还跟不上经济社会多样化的需求。

（二）管理有待加强

适应社会主义市场经济体制要求的管理体系尚未健全，地理信息应用的相关法规政策不完善。对地理信息产业的政策引导和扶持不足，缺乏宏观上指导地理信息产业发展的规划和战略，缺乏引导和激励投资的财政、税收等方面的政策。

地理信息市场监管相对薄弱。一是资质监管不到位，还有相当一部分没有资质的单位在从事地理信息相关业务，已有测绘资质的单位在市场活动中还存在超资质、转借、转让、挂靠测绘资质的违法行为。二是安全监管不到位，地理信息使用过程中缺乏有效的安全监管措施，非法采集和提供地理信息等违法违规行为还比较严重。三是侵权盗版和恶性竞争现象还比较普遍。

管理部门对企业的支持力度不够。面向企业的测绘公共产品和公共服务较少。地理信息保密范围划定不科学，涉密范围偏大、密级偏高，现行保密规定针对性不强，难以适应新形势要求，实施操作也比较困难，在一定程度上限制了地理信息资源的社会化共享。对企业的技术创新缺乏有效的政策和经费支持。

缺乏科学的地理信息统计制度。对地理信息和地理信息产业的内涵和范围缺乏权威和明晰的界定。科学合理有效的地理信息产业统计制度还没有建立，缺乏权威、准确的统计数据，在相关文件和宣传报道中存在着多种统计数据并存的局面。

（三）自主创新能力有待提高

总体上看，我国地理信息应用方面的科技自主创新能力薄弱，技术储备不足，核心技术缺乏竞争力，无论是提供地理信息内容，还是提供地理信息服务，与欧美、日本等发达国家相比差距较大。测绘基准体系仍未实现现代化，基准的整体性不强、密度不够、精度不高。自主产权的测绘高精尖装备缺乏，自主的测绘卫星尚未发射，高空、中空、低空相结合的航空摄影体系仍不够健全，车载地面实景影像数据获取系统数量较少，高效、智能化的地理信息处理软件平台仍未商品化。此外，地理信息企业的商业模式创新十分不足，国际竞争力较弱。

（四）大众化应用不足

我国地理信息应用近年来发展迅猛，在各领域广泛开展，但是目前仍以政府应用为主，大众化应用明显不足。地理信息产品的设计和生产较少从用户需求角度进行，在可用性、方便性等方面距离广大用户的要求还有一定差距。我国车载导航领域近年来产值大幅攀升，然而，与连创新高的汽车保有量相比，车载导航产品在大众中应用的比例仍然很小。在大众地理信息服务的另一个重要分支——网络地理信息服务中，与国际上最具代表性的 Google Earth 相比，我国在该领域总体上仍处于发展阶段，公众使用频率和认知度还较低。

五　提高我国地理信息应用水平的对策措施

（一）政府加大支持力度

1. 制定地理信息产业发展战略和规划

按照中央领导同志的指示精神，站在经济社会需求的角度和国家信息化建设的前沿，着力推动地理信息产业发展，把握数字地球、智慧地球及国家信息化加快发展的大好机遇，针对地理信息产业发展快、效益高、贡献大，需求广、潜力足、前景好的重要特点，管理部门继续把培育和促进产业大发展大繁荣作为重点工作来抓，加快出台促进地理信息产业发展的指导意见，制定发布地理信息产业发展战略与规划，确定地理信息产业优先发展领域，提出产业发展总体目标和主要任务。科学布局产业链，继续深化上游地理信息数据采集，促进中游地理信息数据处理，壮大下游地理信息数据加工服务。

2. 将地理信息产业纳入国家战略性新兴产业规划

根据地理信息产业发展的特点、趋势和意义，将地理信息产业纳入国家战略性新兴产业规划，将地理信息企业纳入高新技术企业范畴。地理信息产业具有智力要素密集度高、产出附加值高、资源消耗少、无环境污染等特点。作为新兴的朝阳产业，地理信息产业服务面广、市场前景广阔、带动系数大、就业机会多、综合效益好，极具发展潜力和空间。地理信息产业的产业关联度大，可以带动计算机、汽车、通信设备、航空航天、测绘技术装备制造等关联产业的发展，起到经济“倍增器”的作用。

3. 科学合理调整地理信息保密政策

根据科技发展水平和社会广泛需求的现实，对现有地理信息安全保密制度和措施进行系统评估，加快制定和发布地理信息分层方案和遥感影像公开使用管理办法，建立健全地理信息安全监管机制，加强对地理信息数据生产和提供、获取和使用过程的安全管理。加快修订《测绘管理工作国家秘密范围的规定》（国测办字〔2003〕17号）和《关于对外提供我国测绘资料的若干规定》（国发〔1983〕192号）等有关地理信息保密政策，科学确定地理信息保密内容，改变单一的按比例尺划分密级的策略，代之以按要素划分密级的策略，在保障国家安全的前提下，促进地理信息的广泛应用。

4. 加大对企业的扶持力度

加大财政资金对地理信息公共服务的支持力度。安排专项资金，实施一批地理信息产业化重大专项。各级政府要增加投入，加大对地理信息高技术产业化、产业发展基础设施、产业基地及各类公共服务平台建设的支持。改善地理信息企业投融资环境。政府要利用基金、贴息、担保等方式，引导各类商业金融机构支持地理信息企业自主创新。支持符合条件的地理信息企业通过借用国外商业贷款和在股票债券市场发行证券进行融资。加大政府采购对企业自主创新的支持力度，将地理信息自主创新产品纳入政府采购技术标准和产品目录。设立促进地理信息产业发展的专项资金，通过设置相关示范推广和产业化推进项目等，对地理信息领域的品牌培育、技术创新、产学研平台搭建等进行重点支持。引导和鼓励企业兼并重组，发展知名品牌和龙头企业。

5. 加强基础地理信息资源支持

加快基础地理信息数据资源建设，进一步丰富基础地理信息资源，科学调整基础地理信息数据体系。基础地理信息资源是地理信息产业快速发展的坚实基础，目前，迫切需要国家增加对基础测绘的经费支持，加快基础地理信息资源建设与更新，提高信息现势性。将高分辨率卫星遥感影像获取、处理、服务活动纳入测绘管理范畴，支持国家测绘局统筹协调测绘卫星的建设，以及国外高分辨率卫星遥感影像的集中采购和统一分发，统筹协调国内测绘航空摄影的规划与实施，避免重复投资。

开发多样化基础地理信息产品，最大限度地向企业提供基础地理信息数据支持，鼓励企业利用地理信息公共平台进行增值开发，降低企业成本。地理信息产业发展比较好的地区，要充分利用国家和地区促进产业发展的优惠政策，建设地理信息产业基地，为地理信息企业创新创业搭建更好的平台。通过多种形式，将具有自主创新技术和产品优势的企业引入产业基地，有效发挥地理信息产业基地的孵化器作用和产业集群效应。

6. “引进来”与“走出去”相结合

在“引进来”方面，一是充分利用国外丰富的全球地理信息资源；二是加强技术交流与合作，积极吸纳国外先进的技术为我所用，增强竞争力；三是引进与借鉴国外成熟和实用的地理信息产品与服务。在“走出去”方面，支持地理信息企业参与国际市场竞争，提供相关优惠政策。一是输出具有自主知识产权的地理信息产品、技术与标准；二是鼓励企业在境外开展并购与投资，收购境外技术与品牌；三是扩大服务外包，积极开拓国际市场；四是开展全球测图工程，重点是我国周边和全球热点和敏感区域。

（二）强化企业主体地位

1. 企业应成为地理信息服务的主体

综观发达国家的地理信息应用情况，提供地理信息应用服务的主体是企业，这是市场经济环境下的必然结果。因为只有企业才能更好地了解各类用户的需求，不断创新，提供优质的地理信息产品和服务。相比之下，我国地理信息企业的数量仍然较少。2009 年底，全国民营测绘企业数量仅占测绘资质单位总数的 33.4%。政府部门要充分认识到产业在地理信息应用中的主体地位，不断加大对地理信息企业尤其是中小企业的支持力度。生产性测绘事业单位要主动顺应国家事业单位改革的要求，加快建立适应市场经济体制的运行机制，为今后的转型奠定良好基础。

2. 市场应成为地理信息应用资源配置的主渠道

市场经济发展的实践和经济学理论证明，市场是资源配置的最佳途径。在市场经济中，通过价格杠杆等的调节和引导，各类资源自动实现最佳配置，避免资源浪费和重复投入。市场机制在地理信息应用资源配置中发挥着举足轻重的作用，在市场机制的主导和调节下，地理信息企业根据市场情况自发调整营销策略，通过竞争形成优胜劣汰，企业集中度将大大提升，地理信息产业的结构将日趋合理，有限的资源将得到充分和有效利用。我国地理信息应用中，市场机制的发挥仍很不充分，企业的作用没有得到充分发挥。今后，在基础地理信息数据资源建设和测绘公共服务中，要大胆引入市场机制，探索借助市场力量提供更多、更好的服务。

（三）优化市场环境

1. 加强管理，维护良好市场秩序

各级测绘部门要按照“三定”规定要求，把推动地理信息产业发展作为测绘管理工作的重点来抓，完善规则、理顺关系、疏通障碍，优化环境、规范秩序、促进发展，营造产业发展的良好市场环境。加强地理信息产业市场环境建设，努力维护统一、竞争、有序的地理信息产业市场秩序，形成既保障地理信息成果安全和工程质量，又有利于企业做大做强的良好市场环境。加强地理信息产业市场执法监督和管理。与有关部门密切配合，加大监管力度，提高联合执法能力。强化对测绘航空摄影、工程测量、房产测绘、地图编制等活动的监督管理。严厉查处非法采集和提供地理信息、侵权盗版等行为，研究探索地理信息产权保护措施。积极推动建立地理信息产业市场信用体系，引导企业诚信经营。

2. 调整地理信息市场准入政策

继续实行适度宽松的准入政策，不断健全地理信息市场准入管理制度，吸纳更多的企业和人员参与，壮大产业队伍，满足社会需求。合理调整现有测绘资质

标准，采取更加灵活的准入政策，适当降低乙级以下测绘资质准入标准。

3. 加强对市场的信息引导

当前，我国地理信息应用市场仍不太规范，透明度不够，缺乏科学的统计指标，相关统计信息缺失，这给政府有效引导和规范地理信息产业发展，以及地理信息企业制定合理的发展策略造成了较大阻碍。测绘及有关部门应积极配合，做好地理信息应用市场的信息引导。科学制定地理信息应用有关统计指标，指导相关协会和地理信息产业主要媒体等收集、整理和分析地理信息应用有关的数据、新闻、消息，定期发布地理信息应用统计信息。

（四）着力自主创新

1. 加强地理信息应用科技创新

增强测绘科技自主创新能力。充分发挥企业在自主创新中的主体作用，充分发挥市场配置相关科技资源的基础作用，按照地理信息获取实时化、处理自动化、服务网络化、应用社会化的总体要求，切实加强相关领域的前沿和关键技术攻关，大力发展综合导航定位、移动测量、虚拟现实、网格地理信息系统及地理信息安全处理等方面的核心技术，加强现代化测绘装备建设。大力发展航天、航空对地观测数据快速获取技术装备与设施，发展地理信息自动化处理、网络化分发服务技术装备与设施，形成一批具有自主知识产权的重大技术装备和重要基础设施。完善促进测绘技术装备制造业发展的政策措施，鼓励政府在采购中优先选择具有自主知识产权的国产技术装备。

2. 加强地理信息应用商业模式创新

商业模式，简言之就是指企业获取利润的途径。地理信息应用商业模式的创新要解决三大问题：为谁服务？服务内容是什么？如何服务？首先，要在继续为政府管理决策提供及时有效服务的同时，更加注重为社会和公众提供服务。其次，要以政府和市场两个需求为导向，大力创新和丰富地理信息产品种类。紧密结合实际需求，按需测绘，开发各类便捷、灵活、实用的地理信息产品，大力开发民生产品，同时通过开发新产品引导需求、培育市场。最后，要不断推动地理信息服务升级、上水平。借鉴其他服务行业好的服务经验和服务理念，提高服务的人性化、灵性化程度；改善服务方式，适应地理信息服务新的趋势，大力推广互联网地理信息服务，制定合理的收费标准，吸引更多用户订制。

（五）强化测绘主导作用

测绘与地理信息具有天然的血缘关系，二者水乳交融，密不可分。测绘行业是古老的地理信息生产行业，当代的地理信息科技又是在现代测绘科技的基础上发展起来的。基础测绘成果是战略性的地理信息资源，是全社会宝贵的财富，是地理信息产业快速发展的坚实基础。以测绘部门为主导，大力提高测绘公共服务水平，建设活跃有序的地理信息市场，切实加强地理信息成果的开发应用，是促进地理信息产业又好又快发展的必由之路。

测绘事业与地理信息产业相互依存，共同发展。测绘部门提供的测绘公共服务是基础测绘成果转化为地理信息产品与服务的重要桥梁。测绘公共服务是指以满足经济社会和大众对地理信息的公共需求为目的，由测绘行政主管部门提供测绘公共产品和服务，以及公平、公正市场环境等的行为。国务院批准的国家测绘局新“三定”规定，突出和强化了测绘公共服务职能要求，提供测绘公共服务成为各级测绘行政主管部门的重要使命。测绘部门提供基础测绘成果，充分发挥了地理信息的基础先行作用、服务保障作用、应急救急作用、统筹协调作用、监督管理作用和维护安全作用。通过提供测绘公共服务，强化测绘成果推广应用，让已有测绘成果用活、用足，更好地满足政府、企业和社会大众对地理信息日益增长的需求。通过繁荣地理信息市场，让众多的地理信息企业提供地理信息产品与增值服务，直接满足社会大众的多层次、多方位的个性化需求。

参考文献

徐德明主编《中国测绘发展研究报告（2009）》，社会科学文献出版社，2009。

《2009 年测绘统计快报》，国家测绘局管理信息中心，2010。

管理决策篇

MANAGEMENT AND DECISION MAKING

从数字地球到智慧地球

李德仁　龚健雅　邵振峰*

摘　要：本文分析了数字地球的发展及其取得的成就，探讨了伴随着IT技术、通信技术和传感器技术的发展而出现的传感器网络和物联网这一新的基础设施，设计了基于全IP架构的物联网的平台框架和典型应用，并展望了从数字地球发展到智慧地球的趋势和美好前景。

关键词：数字地球　传感器网络　物联网　智慧地球　数据服务　功能服务

一　数字地球及其取得的成就

前美国副总统阿尔·戈尔在1998年提出数字地球概念时，为我们勾勒出一

* 李德仁，中国科学院院士，中国工程院院士，国际欧亚科学院院士，武汉大学教授、博士生导师，主要从事以遥感（RS）、全球卫星定位系统（GNSS）和地理信息系统（GIS）及其集成为代表的空间信息科学的科研和教学工作；龚健雅，博士，武汉大学教授、博士生导师，测绘遥感信息工程国家重点实验室主任；邵振峰，博士，武汉大学测绘遥感信息工程国家重点实验室3S集成研究室。

个诱人的虚拟地球景象，使真实地球作为一个虚拟地球进入了互联网，使普通老百姓，甚至一个小孩子都能方便地运用一定的科学手段了解自己所想了解的有关地球的现状和历史，既能获得自然方面的信息，如地形、地貌、地质构造、山脉河流、矿藏分布、气候气象等，也能获得人文方面的信息，如经济、文化、金融、人口、交通、风土人情等，真可谓“全部地球尽收眼底”。这个虚拟的数字地球以空间位置为关联点整合相关资源（以地理信息系统和虚拟现实技术集成各类数据资源），实现了“秀才不出门，能知天下事”（See everything on Web）。

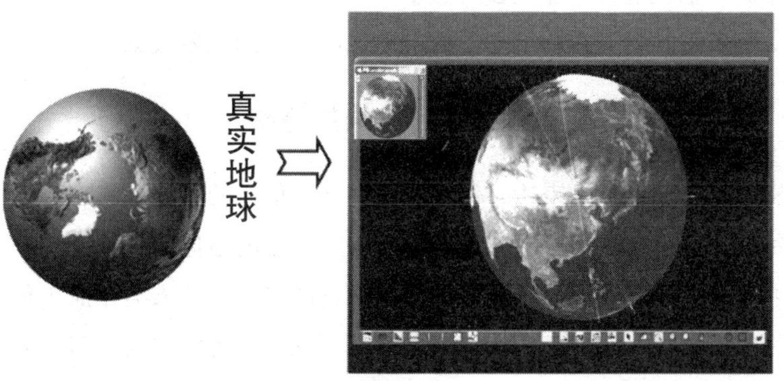

图 1　真实地球和数字地球的关系

数字地球是一个无缝的覆盖全球的地球信息模型，把分散在地球各地的从各种不同渠道获取到的信息，按地球的地理坐标组织起来，既能体现出地球上各种信息（自然的、人文的、社会的）的内在有机联系，又便于按地理坐标进行检索和利用。数字地球是信息化的地球，它包括全部地球资料的数字化、网络化、智能化和可视化的过程在内。数字地球的核心思想是用数字化手段整体性地解决地球问题并最大限度地利用信息资源。数字地球从数字化、数据构模、系统仿真、决策支持一直到虚拟现实，是一个开放的复杂巨系统，是一个全球综合信息的数据系统工程。数字地球的特点是空间性、数字性和整体性，它有自己的理论体系、技术体系、应用体系、工程体系，在这样的数字地球上，世界各国共同建立了 GEOSS（Globe Earth Observation System of Systems）系统，提出了十年行动计划，旨在从九个方面支持社会可持续发展。

（1）减少自然或人为灾害所造成的生命财产损失。

（2）了解环境因素对人类健康和生命的影响。

（3）改善对能源资源的管理。

（4）了解、评价、预测及适应气候变异与变化。

（5）了解水循环，改善水资源的管理。

（6）改善气象信息，天气预报与预警。

（7）提高对陆地、海岸、海洋生态系统的保护与管理。

（8）支持可持续农业，减少全球荒漠化。

（9）了解、监测和保护生物多样性。

下面从十多年的发展来总结一下数字地球所取得的主要成就。

（一）数字地球实现了从二维到三维的跨越

地图长期以来被认为是表达、传输和研究地理信息的最佳方式或载体，然而近年来这一观念已被打破了。数字地球作为一个三维的地球信息模型，被认为是迄今为止人类掌握地球表面信息最好的方式。它的出现，使人类在描述和分析地表空间事物的信息上，获得了一次飞跃——从二维到三维的突破。图 2 为泰州市人民公园精细真三维模型。

图 2　泰州市人民公园精细真三维模型

（二）数字地球实现了对地球多分辨率和多时态的观测与分析

数字地球是用数字方式为研究地球及其环境的科学家尤其是地学家服务的重要手段。地壳运动、地质现象、地震预报、气象预报、土地动态监测、资源调

查、灾害预测和防治、环境保护等无不需要利用数字地球。而且数据的不断积累，最终有可能使人类能够更好地认识和了解我们生存和生活的这个星球，运用海量地球信息对地球进行多分辨率、多时空和多种类的三维描述将不再是幻想。图3为北京市基于遥感影像的违章建筑动态监测示例性成果。由图中的监测成果可以看出，抓紧建立城市规划动态监测系统，基于数字地球相关技术，加强对城市规划建设情况的动态监管，具有重要的现实意义。

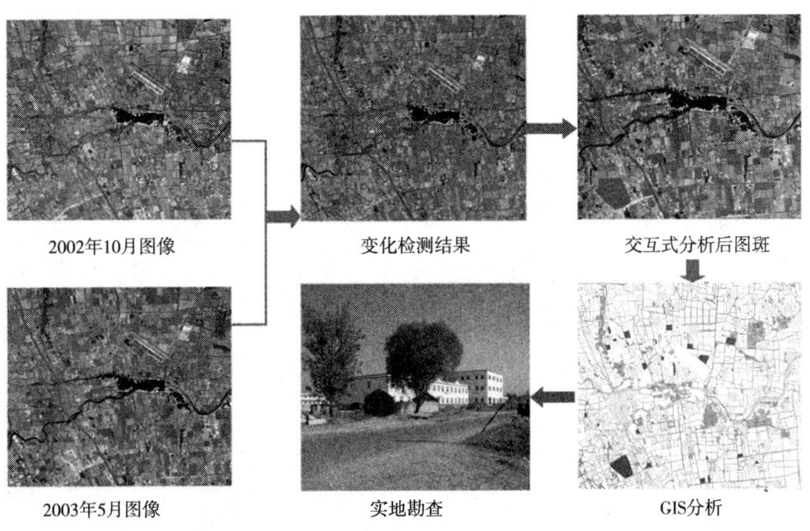

图3　北京市基于遥感影像的违章建筑动态监测

（三）数字地球实现了基于图形和基于空天地一体化实景影像的可视化和可量测

数字地球的提出推动了基于图形和基于影像的空间数据的三维可视化。基于图形的三维可视化可用于三维GIS的空间分析，如通视路径选择、噪声和污染模型分析。贴上真实纹理的三维地形和城市模型可用于景观分析、构成虚拟地理环境和数字文化遗产。基于影像的三维实景影像模型，可构成大面积无缝的立体正射影像和沿街道的实景影像，用于可视化和由用户自主实施的“按需测量”。两种方法的有机结合可弥补网络电子地图的不足，可直接向公安、市政、交通、导航、LBS等行业提供满足需要的高精度的地图数据、全要素信息，以及厘米级分

辨率的影像数据，这种“可视、可量、可挖掘”的近景影像数据即被称为可量测的实景影像，它与网络电子地图产品相结合，则可搭建一个以正射影像和实景影像为主要共享数据源的“影像地球”。可量测实景影像连同立体像对前方交会算法一起放在网上，任何终端上的用户即可按自己的需要进行量算和解译。图4为集成数字正射影像（DOM）、数字可量测影像（DMI）和数字线划图（DLG）的数字城市浏览功能。

图4　集成 DOM、DMI 和 DLG 的数字城市浏览功能

（四）数字地球实现了基于 Web Service 的空间信息共享与智能服务

Web Service 技术是当今信息领域应用最广泛的一种信息服务技术。地球空间信息领域利用 Web Service 技术可以对各种空间信息资源进行注册，并提供在线服务，包括：地球空间信息资源注册服务、传感器服务、空间信息传输服务、空间数据服务、空间信息处理服务、空间信息资源组合服务、空间信息服务质量、空间信息智能搜索服务、空间信息分发服务、空间信息可视化服务等。对各种服务资源进行组合，可以加工提取更高级的信息，提供更智能化的服务。

数字地球作为一个空间信息集成平台，可以集成整合来自网络环境下的各种与地球空间信息相关的各种社会经济信息，然后又通过 Web Service 技术向社会和专业部门提供智能服务。图 5 是通过虚拟数字地球 GeoGlobe 集成来自 NASA 的每周地震观测数据。

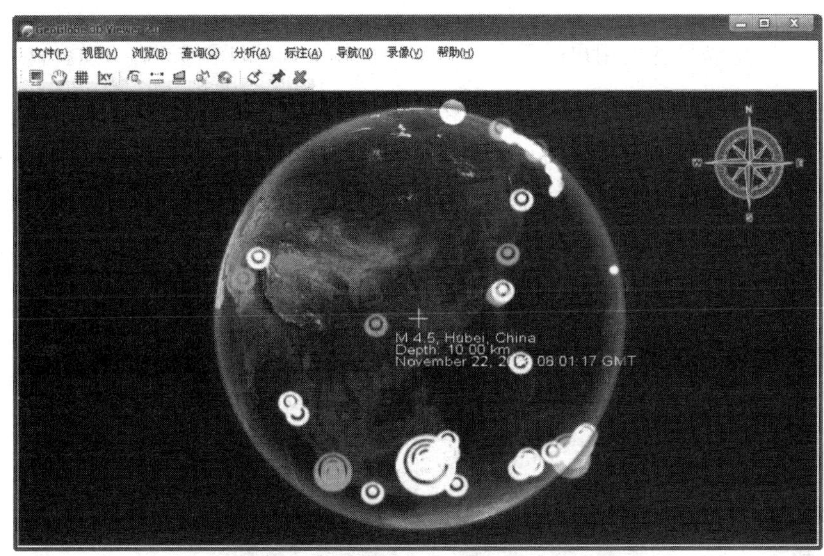

图 5　GeoGlobe 集成来自 NASA 的每周地震观测数据

采用 Web Service 技术可以将分布在全球范围内的空间数据和处理软件按照一定的工作流程聚合起来，通过远程访问和远程计算，得到用户所需要的结果，直接提供空间信息或地学知识的服务。图 6 是基于 Web Service 技术将美国 NASA

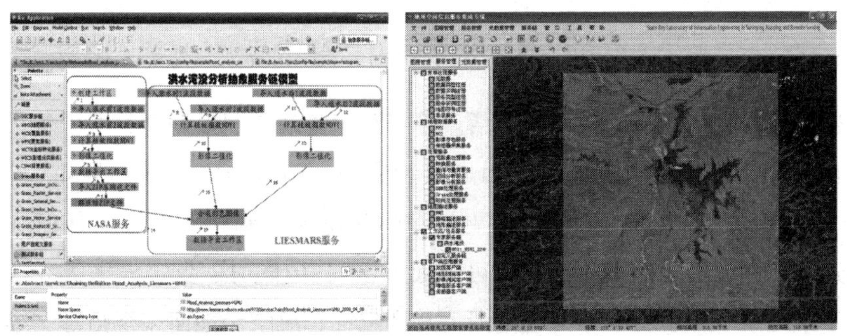

图 6　采用 Web Service 技术进行聚合服务直接得到洪水淹没范围

和测绘遥感信息工程国家重点实验室的处理软件聚合起来，得到抽象服务链，然后转化为执行链并调用相应数据进行分布式计算，得到的江西鄱阳湖地区的洪水淹没范围，直接展示在 GeoGlobe 上。

（五）数字地球通过兴趣点实现了与非空间信息的关联，以服务全民

为更好地满足各类用户的需求，充实用户的参与感和创造力，我们可以把地球上的标志性建筑等公共兴趣点标注在数字地球网站上，同时提供用户个性化参与标注的功能。可以将与人们衣食住行有关的企业的位置、图像和网站信息通过 Web 2.0 上传到网络上。只要您感兴趣，就可以查看兴趣点的卫星图像、地图、地形和 3D 建筑。你可以探索丰富的地理知识，保存你游览过的地点并与他人分享。例如，图 7 为基于实景影像标注武汉市步行街上的鲁巷广场。

图 7　基于实景影像的兴趣点标注

数字地球直接影响到我们的生活。平时我们常说的网上购物、电子货币、电子银行、电子商务等到时候已相当成熟和完善。GPS 与电子地图导航、Google Earth 和 Virtual Earth 等技术使人们更加身临其境地“到达”地球上任何一个想要到达的地方，实现“足不出户，可知天下事”！但同时，数字地球服务从最初的基于单纯的符号、文字和二维地图上升到三维、航空和地面多视角等多维位置服务，地理空间信息服务数据正朝着“大信息量”、“高精度”、“可视化”和

“可量测”方向发展，对数据的生产、加工、服务内容和更新手段提出了自动化、实时化和智能化的更高要求。

二　传感器网络和物联网的出现及其发展

传感器网络是由一定数量的传感器节点通过某种有线或无线通信协议联结而成的测控系统，这些节点由传感、数据处理和通信等功能模块构成，都安放在被测对象内部或附近，通常尺寸很小，具有低成本、低功耗、多功能等特点。传感器网络与通常的计算机网络最大的不同在于，一个传感器网络节点由它的空间位置和传感器类型来共同确定，而一个普通的计算机网络节点只由一个唯一标示符确定。而且传感器网络具有更好的容错性、实时性和对环境变化的自适应能力。与传统传感器和传统测控系统相比，传感器网络具有明显的优势。它采用点对多点的传感器总线甚至无线连接，大大减少了电缆连线，在传感器节点端即合并了模拟信号调理、数字信号处理和网络通信功能，节点具有自检功能，系统性能与可靠性明显提升而成本明显缩减。

（一）天－空－地一体化的智能传感器网络

2006 年 *Nature* 杂志发表封面论文：*2020 Vision*，认为观测网将首次大规模地实现实时的获取现实世界的数据，观测网是一个触及现实世界的计算科学，将是下一个科学前沿。

为不同应用目的而设计出的不同的遥感传感器，对城市资源管理、动态监测服务具有不同尺度的探测能力，而信息技术和传感器技术的飞速发展带来了遥感数据源的极大丰富，每天都有数量庞大的不同分辨率的遥感信息，从各种传感器上接收下来。这些高分辨率、高光谱的遥感数据为遥感定量化、动态化、网络化、实用化和产业化及利用遥感数据进行地球各种资源的管理、动态监测和服务提供了坚实的数据基础。图 8 是一个用智能手机实现城市网络化服务的例子，显示了城市管理员用手机上传图片给监督中心以实现及时清除垃圾的过程。

笔者曾提出，广义空间信息网格是指在网格技术支撑下涵括空间数据获取、更新、传输、存储、处理、分析、信息提取、知识发现到应用的新一代空间信息系统。广义空间信息网格由智能传感器网络、基于网格计算的多传感器数据—信

图 8　服务于城市精细化管理的传感器示例

息—知识智能处理系统构成。其中智能传感器网络是空间信息网格的数据输入系统，也是现代信息技术的三大基础之一。

随着传感技术，计算机硬、软件技术，网络通信（包括无线和移动通信、卫星通信等）技术的进步，在上述网格技术和网格计算环境下，未来的传感器将构成价廉、大中小型相结合、无处不在、接触或非接触的智能传感器网络。

Neil Gross 在《地球将附上一层电子皮》一文中对传感器网作了如下的描述：“在下一世纪（即 21 世纪），行星地球将附上一层电子皮。它用互联网作为骨架来支持和传输各种感知。这张皮被缝合在一起，它由上百万个嵌入式电子测量器件组成，包括恒温计、压力计、污染检测仪、摄影机、麦克风、葡萄糖传感器、各种心电图机和脑电图机等等。它们将测量和监测城市和濒危物种；大气；舰船、公路和运输车队；人们的对话、身体乃至我们的梦境。”

我们认为智能传感器网应当具有以下功能特点。

（1）它是一个无处不在的、接触或非接触的、具有数据采集和通信功能的传感器网络。

（2）它具有一定的在线数据处理功能，以满足实时用户对数据加工、信息提取的实时要求。

（3）智能传感器网络应融入全球计算机信息网格，能根据用户需求的不同级别，合理地调配其资源，实现信息传输、智能控制和灵性服务。

（二）物联网是工业化和信息化融合的产物

“物联网”的概念于1999年提出，最初的定义为“把所有物品通过射频识别等信息传感设备与互联网连接起来，实现智能化识别和管理”。2005年11月17日，在突尼斯举行的信息社会世界峰会上，国际电信联盟（ITU）发布了《ITU互联网报告2005：物联网》，正式提出了物联网的概念。物联网的定义是：通过射频识别（RFID）、红外感应器、全球定位系统、激光扫描器等信息传感设备，按约定的协议，把任何物品与互联网连接起来，进行信息交换和通信，以实现智能化识别、定位、跟踪、监控和管理的一种网络。具体地说，就是把感应器嵌入和装备到电网、铁路、桥梁、隧道、公路、建筑、供水系统、大坝、油气管道等各种物体中，并且被普遍连接，形成物联网。

20世纪80年代，以计算机技术、通信技术为代表的现代信息技术已取得突破性进展，信息技术和信息产业已成为经济增长的主导，成为世界经济和社会发展的重要推动力量，信息化成为席卷全球的新浪潮，人类社会正在走向全新的信息经济时代。而信息能力也已成为衡量国家综合国力和国际竞争力的重要标志，提高信息化水平是国家谋求发展的必经之路。

这一概念中国早在1999年就提出来了，不过，当时不叫“物联网”而叫“传感网”。中科院早在1999年就启动了传感网的研究和开发。与其他国家相比，我国的技术研发水平处于世界同一水平，具有同发优势和重大影响力。在国家大力推动工业化与信息化融合的大背景下，物联网是工业化乃至更多行业信息化过程中一个比较现实的突破口。新型工业化的本质就在于“以信息化带动工业化，以工业化促进信息化”。物联网实现了人与人、人与机器、机器与机器的互联互通。图9为当前物联网所采用的一般架构。

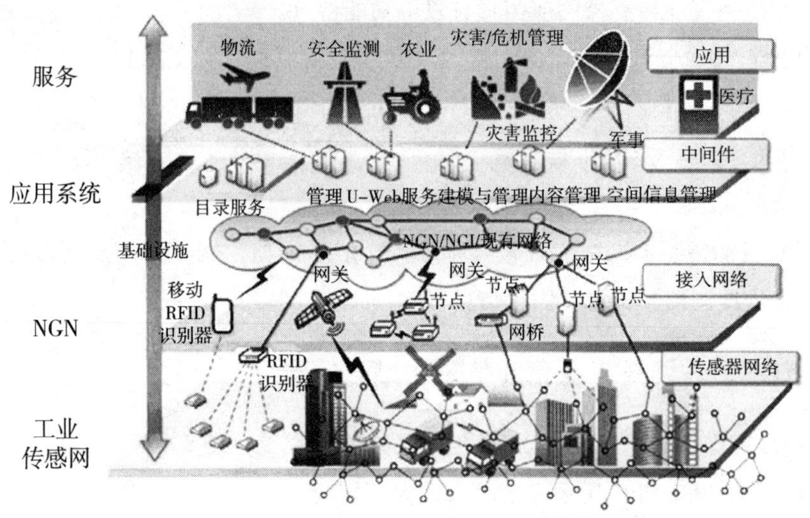

图 9　物联网的一般架构

国际电联曾预测，未来世界是无所不在的物联网的世界，到 2017 年将有 7 万亿传感器为地球上的 70 亿人口提供服务。

（三）全 IP 网络架构的物联网

IP（Internet Protocol）规定了计算机在因特网上进行通信时应当遵守的规则。任何厂家生产的计算机系统，只要遵守 IP 协议就可以与因特网互联互通。正是因为有了 IP 协议，因特网才得以迅速发展成为世界上最大的、开放的计算机通信网络。未来的网络将是全 IP 网络，全 IP 能无缝集成各种接入方式，将宽带、移动因特网和现有的无线系统都集成到 IP 层中，通过一种网络基础设施提供所有通信服务，并为运营商带来许多好处，如节省成本、增强网络的可扩展性和灵活性、提高网络运作效率、创造新的收入机会等。

物联网通过射频识别（RFID）、红外感应器、全球定位系统、激光扫描器等信息传感设备，按约定的协议，把任何物品与互联网连接起来，进行信息交换和通信，以实现智能化识别、定位、跟踪、监控和管理的一种网络。通过物联网人们可以对任何感兴趣的事物进行感知和操作。物联网由统一的编码系统、智能传感器网及信息网络系统组成。智能传感器网是物联网的数据采集和事物监督系统。它利用各种仪器设备实现对静止或移动物体的自动识别，并进行数据交换。

信息网络系统由本地网络和全球互联网组成，是实现信息管理、信息流通的功能模块。信息网络系统是在全球互联网的基础上，通过 SAVANT 管理软件系统以及对象命名解析服务（ONS）和实体标记语言（PML）实现全球“实物互联”。

全 IP 网络架构的物联网集智能传感网、智能控制网、智能安全网的特性于一体，真正做到将识别、定位、跟踪、监控、管理等智能化，将数字地球“秀才不出门，能知天下事”提高到了“秀才不出门，能做天下事”（Do everything on Web）的新高度。

要实现物联网，就需要将所有需实现远程互操作的人和物直接连到互联网上来，从而创造新的经济增长点。引发的主要挑战是如何为智能传感网和智能控制网建立一个智能的安全网。在数字地球中主要抓的是信息安全，而在物联网中要解决的是物联网管理、控制和操作的安全。这要比单纯的信息安全有更大的难度，需要加以攻关解决。

三　从数字地球到智慧地球

（一）智慧地球的出现

2009 年 1 月 28 日，奥巴马就任美国总统后，与美国工商业领袖举行了一次“圆桌会议”，作为仅有的两名代表之一，IBM 首席执行官彭明盛首次提出“智慧地球”（Smart Earth）这一概念，建议新政府投资新一代的智慧型基础设施。这一理念的主要内容是，把新一代的 IT 技术充分运用到各行各业之中，即要把传感器装备到我们生活中的各种物体当中，并且连接起来，形成“物联网”，并通过超级计算机和云计算将“物联网”整合起来，实现网上数字地球与人类社会和物理系统的整合。在此基础上，人类可以以更加精细和动态的方式管理生产和生活，从而达到“智慧”状态。在智慧的地球上，我们将看到智慧的医疗、智慧的电网、智慧的油田、智慧的城市、智慧的企业等。

2009 年 8 月 7 日，温家宝总理在中科院无锡高新微纳传感网工程技术研发中心考察时指出，传感网是一个全新的技术领域，实现了物与物的互联而被称作“物联网”。当前，世界不少发达国家正加大这方面投入，研究开发新技术，力图占据领先位置。2009 年 11 月 3 日，温家宝总理发表了题为“让科技引领中国

可持续发展”的讲话。温家宝强调，要着力突破传感网、物联网关键技术，及早部署后IP时代相关技术研发，使信息网络产业成为推动产业升级、迈向信息社会的“发动机”。目前，我国也将这项技术发展列入国家中长期科技发展规划。

“物联网”概念的问世，打破了之前的传统思维。过去的思路一直是将物理基础设施和IT基础设施分开：一方面是机场、公路、建筑物，而另一方面是数据中心、个人电脑、宽带等。物联网，将与水、电、气、路一样，成为地球上的一类新的基础设施。

（二）智慧地球的特征

数字地球把遥感技术、地球信息系统和网络技术与可持续发展等社会需要联系在一起，为全球信息化提供了一个基础框架。而物联网是通过射频识别（RFID）、红外感应器、全球定位系统、激光扫描器等信息传感设备，按约定的协议，把任何物品与互联网连接起来，进行信息交换和通信，以实现智能化识别、定位、跟踪、监控和管理的一种网络。我们将数字地球与物联网结合起来，就可以实现“智慧地球”。

把数字地球与物联网结合起来所形成的“智慧地球”将具备以下一些特征。

第一，“智慧地球”包含物联网。

物联网的核心和基础仍然是互联网，是在互联网基础上延伸和扩展的网络，其用户端延伸和扩展到了任何物品与物品之间，进行信息交换和通信。物联网应该具备三个特征。

（1）全面感知，即利用RFID、传感器、二维码等随时随地获取物体的信息。

（2）可靠传递，通过各种电信网络与互联网的融合，将物体的信息实时准确地传递出去。

（3）智能处理，利用云计算、模糊识别等各种智能计算技术，对海量的数据和信息进行分析和处理，对物体实施智能化的控制。

第二，“智慧地球”面向应用和服务。

无线传感器网络是无线网络和数据网络的结合，与以往的计算机网络相比它更多地是以数据为中心。由微型传感器节点构成的无线传感器网络则一般是为了某个特定的需要设计的，与传统网络适应广泛的应用程序不同的是，无线传感器网络通常是针对某一特定的应用，是一种基于应用的无线网络，其各个节点能够协作地实时监测、感知和采集网络分布区域内的各种环境或监测对象的信息，并对这些数据进行处理，从而获得详尽而准确的信息并将其传送给需要这些信息的用户。

第三，智慧地球与物理世界融为一体。

在无线传感器网络当中，各节点内置有不同形式的传感器，用以测量热、红外、声呐、雷达和地震波信号等，从而探测包括温度、湿度、噪声、光强度、压力、土壤成分、移动物体的大小、速度和方向等众多我们感兴趣的物质现象。传统的计算机网络以人为中心，而无线传感器网络则是以数据为中心。

第四，智慧地球能实现自主组网、自维护。

一个无线传感器网络当中可能包括成百上千或者更多的传感节点，这些节点通过随机撒播等方式进行安置。对于由大量节点构成的传感网络而言，手工配置是不可行的。因此，网络需要具有自组织和自动重新配置能力。同时，单个节点或者局部几个节点由于环境改变等原因而失效时，网络拓扑应能随时间动态变化。因此，要求网络应具备维护动态路由的功能，才能保证网络不会因为节点出现故障而瘫痪。

四　智慧地球的架构及其典型应用

（一）智慧地球架构

如图 10 所示，智慧地球可从以下四个层次来架构。

（1）天空地智能传感器网络和物联网设备层：该层是智慧地球的神经末梢，包括传感器节点、射频标签、手机、个人电脑、PDA、家电、监控探头。

（2）基础网络支撑层：包括无线传感网、P2P 网络、网格计算网、云计算网络，是泛在的融合的网络通信技术保障，体现出信息化和工业化的融合。

（3）基础设施网络层：Internet 网、无线局域网、3G 等移动通信网络。

（4）应用层：包括各类面向视频、音频、集群调度、数据采集的应用。

（二）智慧地球典型应用

“智慧地球”的目标是让世界的运转更加智能化，涉及个人、企业、组织、政府、自然和社会之间的互动，其彼此间的任何互动都将是提高性能、效率和生

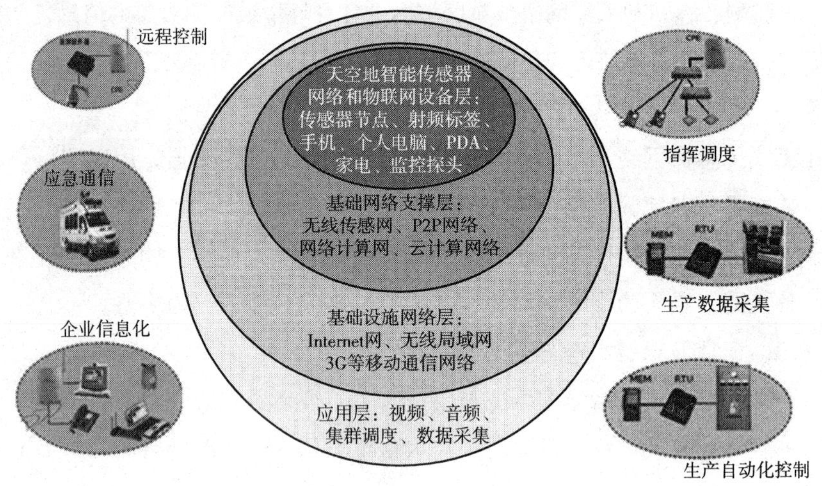

图 10　智慧地球的架构图

产率的机会。随着地球体系智能化的不断发展，也为我们提供了更有意义的、崭新的发展契机。

除了在国防和国家安全上的应用外，“智慧地球”在各行各业也将会有很广泛的应用，下面列举一些具体的典型应用。

（1）城市网格化管理与服务

“智慧的地球”可以更有效地实现城市网格化管理和服务。例如，武汉市有 200 多万个部件设施，800 多万人，每年超过 60 万件事情，我们可以通过智能采集数据、智能分析，对这些部件设施、人口、事件进行有效的管理和服务。

（2）智能交通

智能交通系统通过对传统交通系统的变革，提升交通系统的信息化、智能化、集成化和网络化，智能采集交通信息、流量、噪声、路面、交通事故、天气、温度等，从而保障人、车、路与环境之间的相互交流，进而提高交通系统的效率、机动性、安全性、可达性、经济性，达到保护环境、降低能耗的作用。图 11 为基于智慧地球的智能交通。

（3）数字家庭应用

如图 12 所示，不论我们在室内还是在户外，通过物联网和各种接入终端，可以让每个家庭都感受到智慧地球的信息化成果。

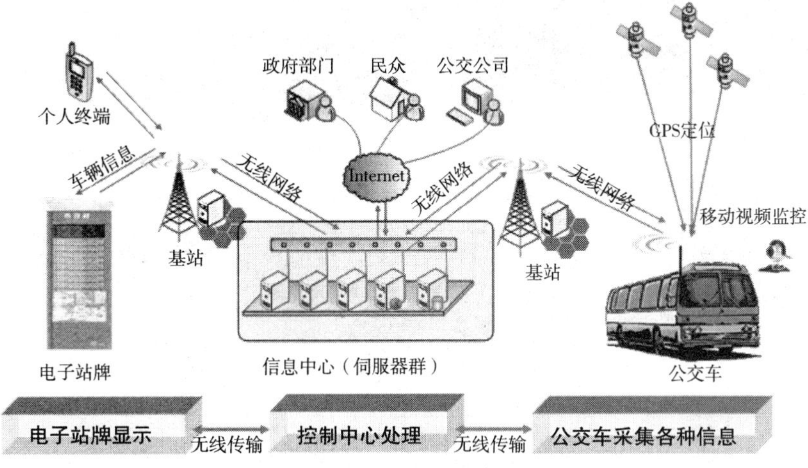

图 11　基于智慧地球的智能交通

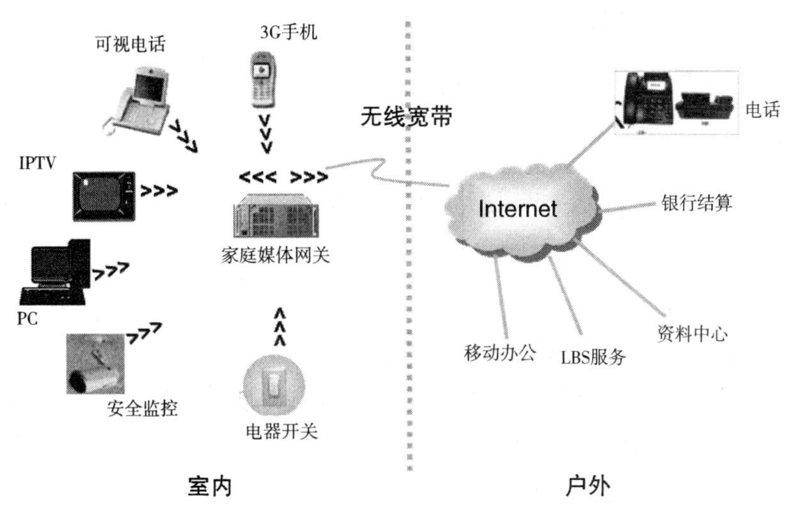

图 12　智慧地球的数字家庭应用

（4）智能医疗

基于智慧地球，提供远程诊断、培训、视频会议等视频服务，提供即时通信等短信服务，可以实时使用医学研究资料库，可以实现电子病历、影像远程处理，如图 13 所示。

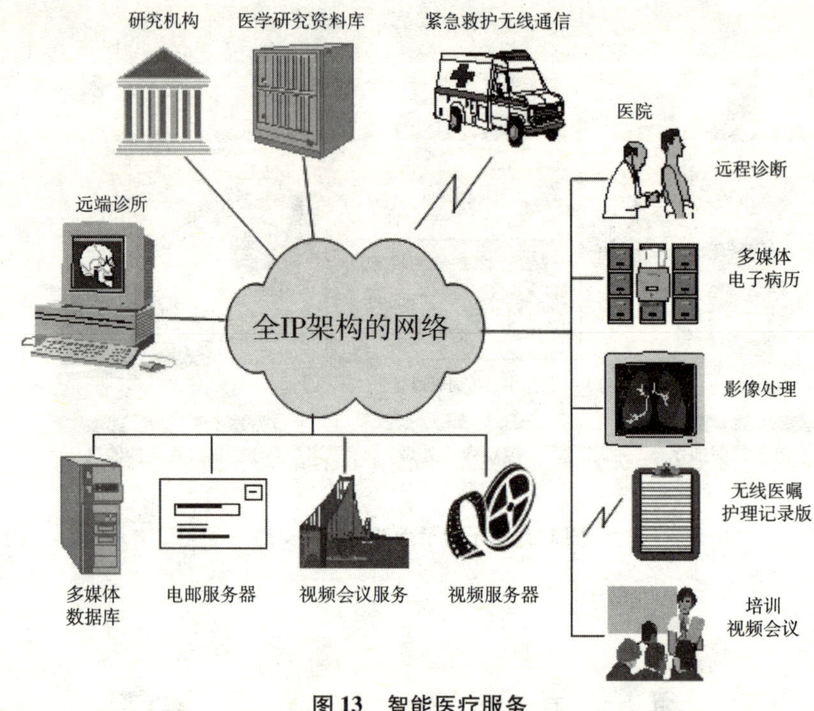

图 13　智能医疗服务

五　结论和展望

本文总结了数字地球被提出以来所取得的成就，围绕物联网这一新的基础设施，提出了从数字地球发展到智慧地球的必然趋势。笔者认为，数字地球加上物联网就可走向智慧地球。智慧地球支持人与人、人与机器、机器与机器的参与和沟通，提供面向 IP 的灵性服务。笔者设计了基于全 IP 架构的物联网的平台框架，尝试了基于智慧地球的相关行业的典型应用，并展望了从数字地球发展到智慧地球的美好前景。必须指出的是，要实现“智慧地球”，还需要我们认真解决智慧传感器网、智慧控制网和智慧安全网建设中的关键技术和非技术问题。

参考文献

李德仁、邵振峰：《论新地理信息时代》，《中国科学 F 辑：信息科学》2009 年第 6 期。

李德仁、沈欣：《论智能化对地观测系统》，《测绘科学》2005 年第 4 期。

李德仁：《论广义空间信息网格和狭义空间信息网格》，《遥感学报》2005 年第 5 期。

孙小礼：《数字地球与数字中国》，《科学学研究》2000 年第 4 期。

冯筠、黄新宇：《数字地球：知识经济时代的地球信息化载体》，《遥感技术与应用》1999 年第 3 期。

杜友文、王建冬：《信息化与工业化融合初探》，《新世纪图书馆》2009 年第 1 期。

Song Guangming and GE Yunjian. IEEE 1451：*A Survey on Smart Sensor Network.*

Vincent Tao. *The Smart Sensor Web*：*A Revolution Leap in Earth Observation System*，http：//www. geaplace. com，GEO World，2003，9.

Neil Gross. "The Earth Will Don an Electronic Skin"，*Business Week*. 1999，http：//www. week/com/1999/99 35/636644024，htm.

M. Popa，A. S. Popa and C. Patitoiu. *A Web Connected Smart Sensor.* IEEE Univ. Prof，Dr. Ing，Olfa Kanoun. *Future Prospects for Smart Sensor Systems*，2009 6th International Multi-Conference on Systems，Signals and Devices.

任丰原、黄海宁、林闯：《无线传感器网络》，《软件学报》2003 年第 7 期。

李建中、高宏：《无线传感器网络的研究进展》，《计算机研究与发展》2008 年第 1 期。

Li D. et. al：On Three-Dimensional Visualization of Geospatial Information：Graphic Based or Imagery Baded?

地理信息在政府管理决策中的应用研究

刘纪平　徐胜华　王 亮　张福浩　王 勇*

摘　要：地理信息是国家重要的基础性战略信息资源，在我国政府管理决策中应用越来越广泛并发挥着非常重要的作用。通过探讨地理信息与政府管理决策的关系，本文提出了政府管理决策地理信息服务技术体系，介绍了地理信息在政府管理决策中的应用情况，并分析了存在的主要问题。结合政府管理决策服务的发展趋势，本文最后从地理信息实时在线融合、面向服务的政务空间信息资源共享、网络化协同服务等方面提出了地理信息在政府管理决策中应用的对策与建议。

关键词：地理信息服务　政府 GIS　决策分析　地理信息

地理信息是国家重要战略信息资源，在政府管理决策、产业发展、人民生活等方面发挥着越来越重要的作用。党中央、国务院高瞻远瞩，及时作出了“政府先行，带动国民经济和社会信息化”的决定。近年来各部门按照国家统一部署，积极推进政府管理决策的信息化，电子政务发展迅速，取得了可喜的进展。政府管理决策离不开地理信息保障，确定发展战略和经济布局都要以地理信息为基础，地理信息也是推进经济社会信息化的重要基础，更是促进可持续发展的重要手段。

一　地理信息与政府管理决策的关系

信息是各级政府部门工作运行的基础，也是各类管理决策的重要依据。政府

* 刘纪平，中国测绘科学研究院政府地理信息系统研究中心主任，研究员；徐胜华、王亮、张福浩、王勇，中国测绘科学研究院。

管理与生俱来就具有空间属性，其工作内容与地理现象之间有着非常密切的关系。在长期的工作中，各级政府部门都收集了大量的数据，其中大多数又都与地理特征相关。现今，地理信息越来越多地在政府部门的决策与管理过程中发挥着重要作用，不仅是各级政府部门政府管理决策的重要信息资源，也是整合各种政务信息的基础和框架，空间信息技术是政府管理决策不可或缺的重要支撑工具。地理信息与政府管理决策之间的关系如图 1 所示，具体体现在以下几个方面。

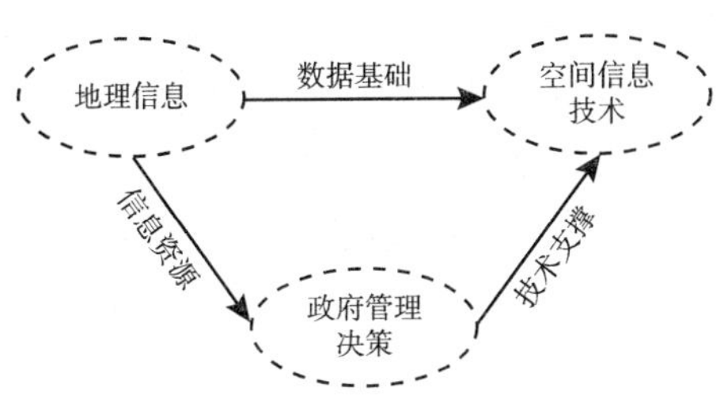

图 1　地理信息与政府管理决策的关系

1. 地理信息是各种政务信息关联整合的基础

宏观方面，资源、环境、经济、社会、军事等活动都是发生在地球上的某个地域；中观方面，政府主管的房屋土地、环保、交通、人口、商业、税务、教育、医疗、文物古迹等都有具体的空间位置；微观方面，社会服务的内容都有发生的具体地点，如金融商业网点、旅游景点、派出所、机关学校等。通过统一地理空间位置，可以将各种信息进行关联、定位，依靠坐标基准实现数据的位置关联。

2. 地理信息是政府信息化建设的重要内容

2009 年李克强副总理在参观全国地理信息应用成果及地图展览会指出，新的形势下，地理信息成为国家创新体系和信息化建设的重要组成部分。一般而言，政府信息化建设分成两个方向：一是政府内部办公管理系统，如办公自动化系统、财务管理系统、固定资产管理系统和工资管理系统等；二是政府职能部门的业务管理系统，如水文水资源管理系统、公路地理信息系统等。对于后者，地理信息服务有助于提高其对地理空间信息的管理效率；其次，测绘工作获取的地理空间信息资源既是国家信息化建设的重要内容，也是其他各种信息的空间载体和参考框架，是国民经济可持续发展、科学化决策的重要依据。

3. 地理信息是政府管理科学决策的重要依据

地理信息可为政府决策提供空间信息技术支持，其典型应用主要包括应急指挥、防灾预警等。在应急指挥方面，在整合地理信息和专业部门信息的基础上建设专业应急联动系统，如110（公安）、119（消防）、120（医疗）、122（交通）等行业的管理信息系统，以提高政府部门对突发事件的快速响应能力、科学决策能力、综合协调能力和指挥调度能力。在防灾预警方面，我国洪水灾害发生频繁，防汛防台任务艰巨，灾害造成的经济损失也愈加严重，地理信息可支撑防汛预警决策支持系统的建设，并且全面支持灾害预报/预测/预警系统、灾害经济损失评估/统计系统、减灾决策会商系统等重要辅助决策系统的开发。在规划管理方面，无论是土地规划，还是主体功能区的规划，都需要大量的空间数据的支持。

4. 地理信息是政府信息共享和业务协同的基石

政务信息资源共享及业务协同，是电子政务服务体系的一次改革和创新，也是电子政务深度发展的客观需求。当前，电子政务存在的主要问题还是重建设、轻应用，部门内部及部门之间信息共享水平不高，信息资源的利用率低，业务协同难度大，这些都成为限制电子政务深层应用的主要障碍。地理信息通过建立数据共享、交换技术标准及管理规范，促进政府部门业务协同，避免重复投资；提供支持各职能部门信息互联互通和共享交换的服务，为政府部门相关应用系统的开发、扩展与整合提供支持；同时，统一完善的地理空间框架数据为跨部门业务协同提供数据保障。

二　政府管理决策地理信息服务技术体系

政府领导高度重视耕地、粮食、资源、生态与环境等问题，利用测绘技术为政府管理决策提供科学依据与技术支撑工具显得尤其重要。政府地理信息往往涉及国家核心利益，政府管理决策地理信息服务技术体系关系到国家的安全，是构建国家创新体系的需要。

政府管理决策地理信息服务技术架构如图2所示，主要有数据服务层、功能组件层、应用服务层和用户层构成。数据服务层主要有空间地理数据库和政务信息资源数据库组成，是政府管理决策地理信息服务的基础。功能组件层主要由GIS组件、办公自动化组件等组成，包括Web组件、分析组件、管理组件、安全认证组件、可视化组件和查询组件等。应用服务层是政府管理决策地理信息服务的核心，通过对功能组件层和数据服务层的集成，实现信息服务个性化定制、智能化检索与主动服务等。用户层主要是面向政府管理决策服务的领导和政府部门。

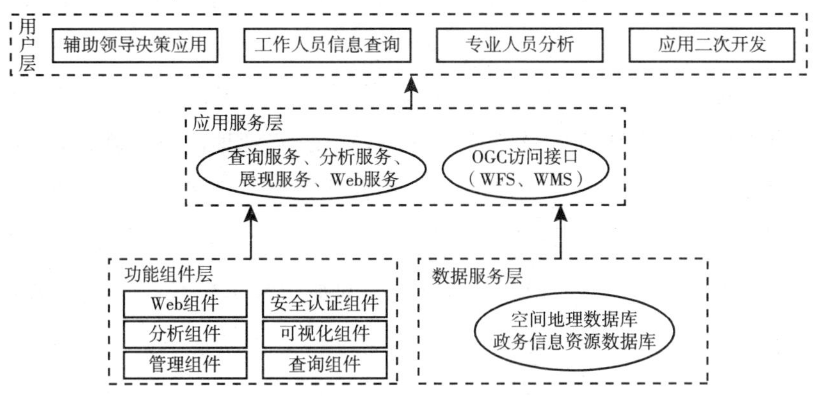

图2　政府管理决策地理信息服务技术架构

在图2中，政务信息管理体系取代GIS层级式结构体系，网站式管理与操作取代GIS专业化操作模式，GIS组件可根据实际需求作为栏目或条目组织成多级网站，实现了地理信息服务与全文检索的集成发布，通过文本提取技术与GIS技术集成，实现“文图互动”。采用网站式服务方式打破地理信息层级组织模式，实现以政务信息为载体，整合、融合地理信息，最大限度地降低地理信息系统在政府机关应用的“门槛”，能够满足政府工作人员对网站式信息服务方式的需求，便于操作和使用。

由于政府管理决策的特殊性，政府管理决策地理信息服务重点需要解决以下三个方面的关键问题。

1. 政务数据管理

政府管理决策所涉及的数据是多方面的，既需要政府办公自动化和政府管理信息系统中的大量政务数据、统计数据和专题数据，更需要空间地理基础数据。政务数据管理涉及目录服务、元数据管理、数据比对清洗、共享数据库管理、专

题数据库管理、共享库统计、常用图表存储等，要求能够实现各类基础资源和共享资源目录信息的统一管理。

2. 政务信息共享交换

政务数据、统计数据等与空间位置并不直接相关，因此，政务信息空间化、政务信息与地理信息的集成融合、政务数据在线、离线交换等是建立政府管理决策地理信息服务技术体系的基石。数据共享交换服务要求以多种数据交换模式、基于多种数据交换协议为政务信息共享交换平台的工作对象提供多种数据类型的信息资源共享交换。

3. 应用服务

政府管理决策地理信息服务技术体系要以政府管理决策的新需求为导向，突破传统的以地理信息系统为中心的应用模式，要以政务信息为载体，整合、融合地理信息，重点解决领导空间决策分析服务、政务信息协同服务、文本与地理信息关联检索、政府部门领导个性化信息服务等关键技术，以满足多层次应用需求。

三　地理信息在政府管理决策中的应用现状

目前地理信息已成功地应用到了包括资源管理、自动制图、设施管理、城市和区域的规划、人口和商业管理、运输、石油和天然气、军事等100多个领域。

在美国及其他发达国家，地理信息的应用遍及环境保护、资源保护、灾害预测、投资评价、城市规划建设等众多政府管理领域。出于政治、经济和军事方面的需要，美国最早提出了“信息高速公路”、“空间数据基础设施”和“数字地球”的发展战略。美国的政府机关几乎都采用了政府GIS。美国联邦政府的业务部门也建立了自己的专业信息系统，主要用于资源开发、环境保护、防汛抗灾、人口管理、城市规划和农业发展等，取得了明显的社会效益和经济效益。美国国防制图局地理信息实时服务，为战争需要在工作站上建立了GIS与遥感的集成系统，它能用自动影像匹配和自动目标识别技术，处理卫星和高低空侦察机实时获得的战场数字影像等地理信息，及时地将反映战场现状的正射影像叠加到数字地图上，数据直接传送到前线指挥部和五角大楼，为军事决策提供24小时的实时服务。德国政府已建成面向政府领导机关的政府GIS，其中“地形制图信息系统”、“土地利用信息系统”和“军事地形信息系统”为政府GIS的建设和应用提供了有效的空间数据支撑，其政府GIS已广泛应用于道路规划、城市治理、环境保护和热点经济问题的分析决策。丹麦开发了协调服务的政府GIS，它以高分辨率的地籍数据、遥感数据和统计数据为基础，在网络系统的支持下，建成了联结国家、省府、城市和县级政府的业务运行系统，使用效率很高。日本政府重视政府GIS的建设和应用，已建成以高分辨率空间地理数据库为支撑的分布式政府GIS。政府GIS在日本的国土规划、环境治理、防震抗灾、经济区布局等方面提供了有效的系统支持。

多年来，国家测绘局高度重视面向政府管理与决策的测绘保障工作，与多个政府部门建立了地理信息服务合作机制，面向国家电子政务建设、重大战略、重大工程先后建立了一批服务于各政府部门的地理信息系统。在政府突发事件和热点问题处理、防灾减灾、资源环境保护、重大工程管理与规划等方面发挥了重要作用。国务院办公厅和国家测绘局联合研制的“全国空间信息系统”（见图3）以国家测绘局提供的多尺度地理空间数据为基础，整合了相关政府部门的专题信息，建立了包括防灾减灾、资源环境监测、热点问题、经济发展与分析等共11个子系统、38个专题，系统通过政府专网与多个省级系统联动，实现了协同为领导提供地理信息服务的模式，系统已成为国务院办公厅各种与空间位置相关信息累计、统计、对比、分析的重要工具。此外，面向政府管理决策的需求，以提供权威、有效的电子政务地理信息服务为目的，国家测绘局为中联部、教育部（见图4）、民政部、国家广电总局（见图5）、中国地震局、国家文物局、国家

a 系统界面

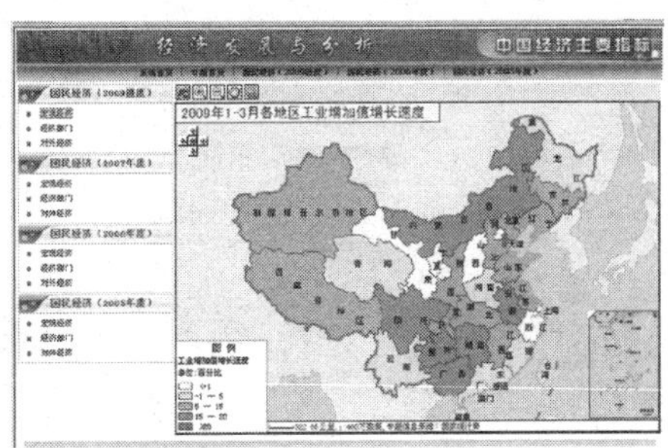

b 经济发展与分析

图3　全国空间信息系统

新闻出版总署等政府部门建成了多个电子政务空间信息应用工程，初步形成了地理信息系统、电子政务、应急管理、统计分析与数据挖掘等技术相结合的政府管理与决策空间信息技术，推进了地理信息和技术的公益性应用向深层次发展，提高了政府部门的科学决策水平和办公效率。

图 4　农家书屋工程书屋完成情况对比

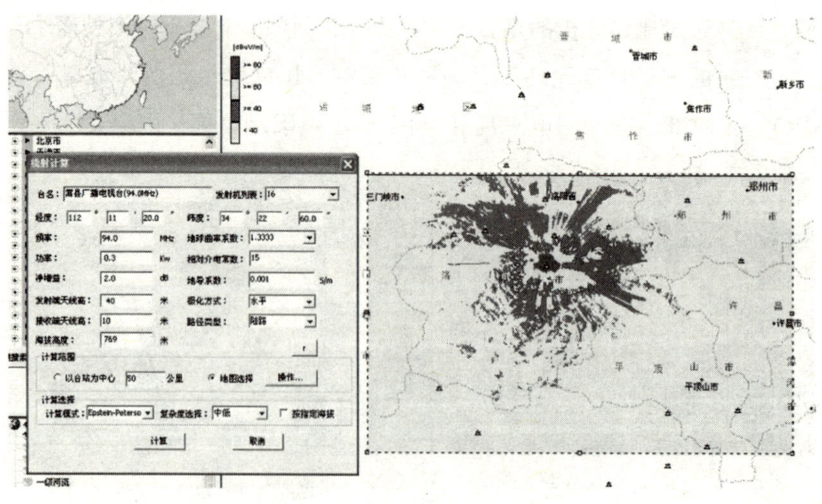

图 5　广播电视覆盖管理系统信号分级计算

国内部分政府部门基于地理信息的电子政务建设也取得了不错的效果，起到了示范作用。北京、上海、重庆、广东等省级区划单位，深圳、武汉等市级区划单位，以及中联部、民政部、广电总局、中国地震局等部门都进行了基于 GIS 的电子政务建设。《中国电子政务建设指导意见》中明确提到与地理空间信息有关的是“自然资源和空间地理基础信息库”，与地理信息密切相关的是金土工程、金盾工程、金农工程和金水工程等。“金土工程”成为 2002 年确定的国家“十二金”电子政务重点工程之外第一个正式批准立项的电子政务工程项目。“金土工程”一期建设建成在国土资源部、31 个省（市、区）和 32 个城市建立相关土地基础数据库和耕地保护业务管理应用系统，以及重要矿产的矿产资源基础数据库和管理应用系统。“金土工程”作为国土资源电子政务建设的骨干工程，对国土资源管理领域的地理空间信息产生了巨大的需求。

但是，政府管理决策测绘保障仍然存在一些制约其发展的突出问题：一是地理信息与政务信息集成与融合不够，地理信息往往只是各种政务信息资源整合的框架，地理空间数据丰富，地理信息“短缺”，尤其是地理空间数据与其他各种信息融合的地理信息和决策知识匮乏；二是受安全保密的制约，不同网络环境下政府地理资源共享存在一定困难；三是来自不同行业、部门的政务地理信息往往具有多类型、多尺度、多分辨率、多时态、多参照系等特点，结构复杂、语义差异大，造成了数据不一致、不连续等方面的严重问题，不能为深层次应用提供一致、可以相互比对和印证的信息；四是“下一代互联网”、“智慧地球”等信息技术的发展和信息传播方式对政府行政方式影响日益加深，对地理信息协同、智能、主动和业务敏捷服务提出了更高的要求。

四　政府管理决策服务的发展趋势

随着信息化测绘技术的发展，行政管理和市场化效率的提高，以及对政府管理决策服务认识和需求的变化，地理信息在政府管理决策中的应用呈现出多元化的发展趋势，主要具有以下特点。

1. 多样化的政府管理决策服务模式

随着信息化测绘体系日益完善和应用需求不断深化，政府管理决策服务对象从政府（G2G）扩展到企业（G2B）和大众（G2C），服务方式从离线应用到在线协同，产品形态从基础数据到地图产品，业务应用从浏览查询深入到专题集成与业务分析，开发模式从独立构建发展到网络化快速构建，日益丰富的地理信息将促进政府管理决策服务模式的全面创新（见图6）。

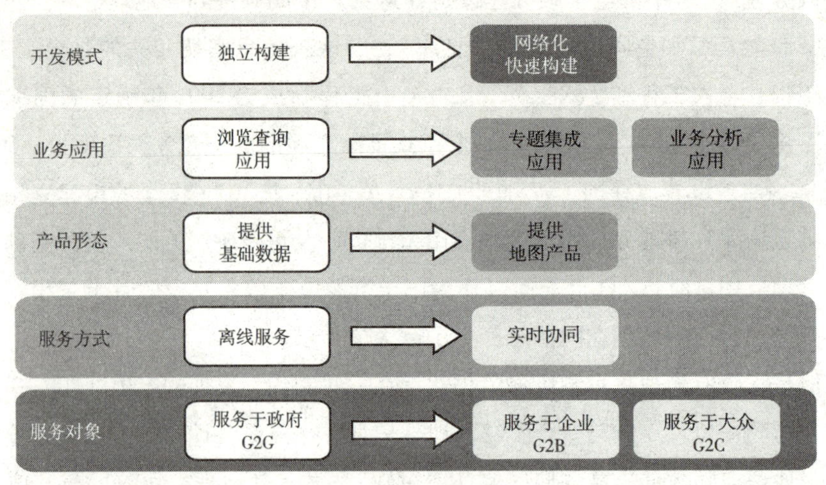

图6　政府管理决策服务模式创新

2. 日益丰富的多源、多尺度、动态空间数据资源

近几十年来，对地观测日益增多，并且随着计算机互联网技术的快速发展，对地观测数据的获取和共享变得异常便捷。这些数据主要包括历史资料数据、地面观测、卫星观测、航空观测及GPS观测等。目前全世界基本形成全球垂测网、GPS网等，还包括很多区域性观测网络。随着卫星影像和航天数据的不断积累，以及1∶500、1∶2000、1∶10000等大比例尺数字地形图数据库的建立，已经形成了从微观到宏观、从影像到矢量、从二维到三维的多尺度、多类型、多维度系列基础地理信息成果。这些基础地理信息成果在测绘公共服务领域的引入成为全球化测绘公共服务的一个显著性特点，服务领域从专业性科研领域映射至社会公益性生活服务；服务对象从专业性科研人员拓展到社会公众；测绘公共服务格式也不再拘泥于单一地图服务，而向海量多源、多尺度空间数据混合服务发展。

3. 政府管理决策服务模式主动化、智能化

目前政府管理决策服务缺乏对用户需求的自动探测功能，无法主动感知用户的需求变化，信息的获取、处理、服务等阶段的功能粒度过粗，不能进行功能扩展和多种技术集成，使得信息组合和服务难以调整。未来政府管理决策服务面越来越广，层次越来越深入，调整越来越频繁，传统的服务模式面临巨大的挑战，对政府管理决策服务提出了智能化、个性化和综合化的应用需求，要求实现信息服务的自动定制和主动提供，迫切需要实现按需服务、主动服务、智能服务和个性化服务。

4. 由数据服务向信息服务转变

随着信息整合的加快与人们需求意识的转变，地理信息数据的内涵和外延在不断丰富和发展。随着地理信息的深度应用，传统的地理信息数据分发服务已经逐步被能够进行决策分析的信息传递所取代。而政府部门对于地理信息资源的需求还将随着经济社会发展和技术进步继续深化，政府管理决策服务不仅要进行数据分发、信息传递，还要承担起实时科学决策分析的使命。由数据服务向信息服务的转化和提升，将不断开创政府管理决策服务未来发展的新局面。

五　对策与建议

根据地理信息在国内外政府管理决策中应用的现状，以及未来可能的发展趋势，对于今后一段时间，地理信息在政府管理决策中的应用，可以从以下几个方面加以考虑。

1. 分布式地理信息与政务信息在线融合

决策是政府工作的核心，信息又是决策的基础，而85%以上的决策信息与空间定位信息有关。因此，快捷高效、准确实时的地理信息服务可以保证政府工作职能的实现，提高政府工作效率，降低运行费用，为科学决策提供支持。地理信息是数字政府运作的基础信息资源，是信息时代政府工作方式变革的集中体现。而政府机关的多层次、散布式体系结构和全方位管理及服务职能又决定了政府地理信息服务系统必须具有多层次性、分布式、多信息集成、实时快速等特点。这就对政府部门的数据共享及网络上的数据分布、数据组织提出了更高的要求。开展分布式地理信息与政务信息在线融合，不仅为在线政府地理信息服务提供了数据支持，而且在技术上为实现全方位、多层次、真实、高效和实时的在线政府地理信息服务提供了保障，为进一步拓宽政府地理信息服务的广度和深度勾画出广阔的前景和宏伟的蓝图。

2. 面向服务的多源异构政务空间信息资源共享

政务空间信息资源共享是政府部门信息化建设的核心，要改变传统的、单一提供数据的政府地理信息服务方法，推进公共地理信息在政府部门的应用与整合，提升地理信息公共服务能力，实现面向服务的政务空间信息共享、数据共享与功能共享并举，支持异构 GIS 平台集成应用。面对多样化的用户需求，需要研究基于 SOA 的政务空间信息服务技术框架和政府地理信息服务的云计算模型，形成灵活、结构化的地理信息智能服务架构，需要构建多基准、多语义、多尺度、多分辨率、多时态空间数据整合与同化的模型，实现多源空间数据的语义同化与转换、多尺度矢量空间数据级联融合、多源统计数据与空间数据融合。

3. 网络化协同政府管理决策体系建设

在线政府地理信息服务要以网络化地理信息服务为手段，以一体化的地理信息资源为基础，以协同式运行维护与更新为保障，向政府提供一站式地理信息服务。要根据社会经济信息空间化整合和阅览标注等需求，对原有基础地理信息数据进行必要的内容提取与分层细化、安全保密处理、尺度协调等一系列加工处理，形成适合于在线服务的政府管理决策地理信息数据。网络互联互通广域化，保障地理信息网络化在线服务，要求具备高效稳定的地理信息在线访问能力、强大可靠的在线数据处理与管理能力，以满足用户对信息访问和应用的时效性、系统的稳定性的要求。数字资源维护协同化，对外服务接口一致，能够按照需要实现集成与装配，协同地提供满足全局一致性要求的无缝服务。

参考文献

王家耀、周海燕：《关于地理信息系统与决策支持系统的探讨》，《测绘科学》2003 年第 1 期。

李德仁、邵振峰：《论新地理信息时代》，《中国科学 F 辑：信息科学》2009 年第 6 期。

张霞：《地理信息服务组合与空间分析服务研究》，武汉大学博士论文，2004。

Birkin M.，Clarke G.，Clarke M.，Wilson A. "Intelligent GIS：Location Decisions and Strategic Planning". *International Planning Studies*，2000，5（1）.

Gewin V. "Mapping Opportunities". *Nature*，2004，427（6972）.

Leitner H.，McMaster R.，Elwood S.，McMaster S.，Sheppard E. "Models for Making

GIS Available to Community Organizations: Dimensions of Difference and Appropriateness". *Community Participation and Geographic Information Systems*, 2002.

Sisi Zlatanova, Li J. *Geospatial Information Technology for Emergency Response*. Taylor & Francis Group. 2007.

Thill J. "Spatial Multicriteria Decision Making and Analysis. A Geographic Information Science Approach". *International Planning Studies*, 2001, 6 (4).

Abbott J. "The Use of GIS in Informal Settlement Upgrading: Its Role and Impact on the Community and on Local Government". *Habitat International*, 2003, 27 (4).

Raman M. "Claremont Colleges Emergency Preparedness: An Action Research Initiative". *Systemic Practice and Action Research*, 2006, 19 (3).

韩智勇、翁文国、张维、杨列勋:《重大研究计划"非常规突发事件应急管理研究"的科学背景、目标与组织管理》,《中国科学基金》2009 年第 4 期。

郝瑞吉、汤天浩、王天真:《基于 DM 和 OLAP 的地理信息决策支持系统研究》,《复旦学报(自然科学版)》2004 年第 5 期。

王家耀:《我国地图制图学与地理信息工程学科发展研究》,《测绘通报》2007 年第 5 期。

唐桂文:《基于数字地球平台的地理信息服务》,首都师范大学博士论文,2008。

O'Looney J. *Beyond Maps: GIS and Decision Making in Local Government*. Esri Press. 2003.

刘岳峰:《地理信息服务概述》,《地理信息世界》2004 年第 6 期。

浙江省空间规划与重大项目选址辅助决策系统建设实践与思考

陈建国 *

摘　要： 随着科学发展观的深入贯彻实施，测绘与地理信息及其技术在解决经济社会科学发展、空间规划合理布局、经济社会发展和人与自然和谐的统筹协调等方面的作用日益显现。本文以浙江省空间规划与重大项目选址辅助决策系统为例，介绍了系统平台的建设内容、功能和应用，并就如何拓展地理信息及其技术在空间规划中的应用进行了探讨。

关键词： 地理信息技术　空间规划　辅助决策

测绘与地理信息及其技术是解决经济社会可持续发展问题的科学工具，这是国际社会对测绘与地理信息及其技术在解决发展问题方面作用的基本概括。随着科学发展观的深入贯彻实施，测绘与地理信息及其技术在解决经济社会科学发展、空间规划合理布局、经济社会发展和人与自然和谐的统筹协调等方面的作用日益显现，并越来越大，人们对其作用的认识也在不断提高。

一　科学发展观对空间规划布局提出了更高要求

改革开放以来，中国经济社会发展取得了举世瞩目的成绩，我国的经济总量已经位于仅次于美国的世界第二。但从总体上说，我们的发展方式没有摆脱过度依靠消耗资源和牺牲环境的状况，这种发展方式必将会带来日益突出的社会矛

---

* 陈建国，浙江省测绘与地理信息局局长。

盾，是不可持续的。加快经济发展方式转变是我国发展的唯一出路。中央领导在关于加快经济发展方式转变的重要讲话中指出，国际金融危机冲击给我们的启示，表面是发展速度的冲击，实质上是发展方式的冲击，目前的经济增长方式确实不可持续。这次金融危机冲击对我们是一次难得的机遇，关键是我们能不能抓住机遇。

经济结构调整是发展方式转变的根本举措，它包括需求结构、供给（产业）结构、要素投入结构和空间布局结构的调整。需求、供给、要素投入结构的调整都与空间布局结构调整密切相关。空间布局结构调整是经济结构调整的有效抓手，而要进行空间布局结构调整必须首先做好空间规划。为此，经济社会的科学发展对空间规划布局提出了更高的要求。国家历来重视规划的指导、引领和约束作用。新中国成立以来，国家已经制定了 11 个国民经济和社会发展规划（计划）和有关领域的中长期发展纲要，对我国的经济社会快速稳步发展起到了决定性作用。一定时期的发展规划总是受一定时期的发展指导思想支配，但不可否认，它同样受到一定发展条件下的技术手段的制约，特别是区域规划、专项规划与总体规划在规划编制的技术层面上要做到空间布局上的衔接和统筹协调。过去的规划主要采用文本和图表形式，缺少空间分析和协调的手段，规划与规划之间、局部与总体之间在空间布局上容易产生互不衔接、“一女多嫁”的情况。进入 21 世纪以来，国家对规划工作更加重视。各级政府除了编制总体规划、区域发展规划外，还编制了大量的专项规划。空间布局结构的调整对规划编制和协调提出了更高的要求。规划审批部门不可能在规定的审批时限内凭经验或通过规划与规划之间的比对来解决规划间的互相衔接和统筹协调问题。因此，利用有效的科学工具来进行规划编制和审批工作中的空间分析和协调，是做好空间规划的必要技术保障。

二　地理信息及其技术是提高空间规划布局科学性的有效手段

“十五”以来，浙江的测绘工作得到了快速发展。2000 年，浙江省在全国率先颁布实施了省政府规章《浙江省基础测绘管理办法》，省、市、县三级开始将基础测绘列入同级政府的国民经济和社会发展计划，实施经费纳入同级财政预算，财政对基础测绘的投入逐年增加。与此同时，测绘工作发挥了保障服务全省经济社会发展的重要作用，为全省经济社会的快速发展作出了贡献。

（一）地理信息及其技术在空间规划中的重要作用逐步成为政府有关部门的共识

随着基础测绘工作的加强和基础地理信息资源的日益丰富，测绘工作服务经济社会发展和政府有关部门业务工作的能力也逐渐增强。浙江省测绘与地理信息局（以下简称“省测绘局”）抓住有利时机，一方面，在继续做好基础测绘工作的同时，加快测绘基础设施建设，“浙江省基础测绘信息网上发布系统”和“浙江省省级基础地理信息系统”相继建成，进一步增强了保障服务能力；另一方面，政府部门间的地理信息资源共建共享工作逐步展开。2002 年省政府批准成立了以省发改委牵头，省测绘局负责具体日常工作，由 15 个政府部门组成的浙江省地理空间信息协调委员会及其办公室。省测绘局通过主动服务、沟通协调，与省政府有关部门签订地理信息资源共建共享协议，开展了共建共享工作。通过共建共享和项目合作，使政府有关部门进一步增加了对测绘与地理信息工作及其技术作用的了解。省发改委作为省地理空间信息协调委员会的牵头单位，在地理信息资源和空间信息基础设施建设、推进地理信息资源共建共享和开发利用方面发挥了重要作用。省发改委领导对利用地理信息及其技术解决空间规划协调的认识非常深刻，在与省测绘局领导会商沟通达成共识后，于 2005 年专门发文要求各地在编制“十一五”规划时，要积极运用地理信息及其技术，强化规划的空间指导和约束功能，提高规划编制和管理的科学性和有效性，并明确要求充分利用当时在建的“浙江省省级基础地理信息系统”的数据库资源。省发改委还专门举办了由省、市、县三级发改部门负责规划编制工作同志参加的地理信息技术培训班，由省测绘局派出专家就利用地理信息及其技术编制空间规划进行技术讲座。为了提高空间规划审批管理的质量和效率，实现经济社会发展与人口、资源、环境等要素在具体空间地域上的统筹协调，提高空间规划的科学性，省发改委和省测绘局商定利用地理信息及其技术合作建设“浙江省空间规划与重大项目选址辅助决策系统”（以下简称“系统平台”）。

（二）系统平台的主要功能和建设内容

主要功能。系统平台以为各类涉及空间位置的规划编制、协调与管理，主体功能区规划的编制与管理、重大项目选址辅助决策提供地理空间数据支撑和技术支持为建设目标。系统通过建立空间规划专题数据库和系统平台，以及运用三维仿真技术建立三维仿真场景，实现以下主要功能。（1）空间规划协调。在同一空间模型上实现各类规划的可显示、可分析，直观的发现诸如规划与规划之间、规划与现状之间的矛盾，解决空间规划的相互衔接和统筹协调。（2）主体功能区规划编制与管理。按照国家“省级主体功能区划分技术规程”，实现国土空间综合评价、指标体系计算分析与评价、功能区类型划分、综合制图、通用 GIS 实现、系统维护等主要功能。（3）重大项目选址辅助决策。通过输入重大项目拟占地空间位置的四至坐标，或者屏幕点选多边形，分析和评估重大项目拟占地范围内及周边的各种自然和社会环境条件、制约或者有利因素，实现重大项目科学选址的辅助决策和重大项目查询、统计与管理。

总体技术框架和主要建设内容。系统平台以省级基础地理信息数据库为基础，经对基础地理信息数据的标准化处理，形成全省统一的、多比例尺、多数据源的地理空间框架数据，然后在地理空间框架数据上叠加和集成整合与空间规划有关的专题地理空间数据、经济社会数据，以及涉及空间位置的各类专项规划数据，建设空间规划专题数据库。根据系统要实现的主要功能开发系统平台，并将网络化作为系统平台的基本特征，以保证系统平台的可扩展性和免维护性；系统平台以提炼用户应用模型为核心来选择软件、技术和开发工具构造系统，在保证系统整体结构、操作系统平台、软件平台、开发平台、应用功能等方面总体先进的前提下，尽可能采用实用成熟技术，从根本上保证系统平台的实用性和先进性。系统平台的总体结构如图 1 所示。

系统平台建设的主要内容包括以下几点。

1. 数据工程建设

主要包括：（1）基础地理信息数据建设。以浙江省省级基础地理信息数据库的基础地理信息数据为基础，经按统一标准处理成能够叠加、整合、集成其他相关专题数据的地理空间框架数据和能够满足空间规划编制与管理需要的统一工作底图。包括涵盖行政区划、交通路网、水系、地形地貌、居民地、管网、地名等基本框架要素的 1∶100 万、1∶25 万、1∶5 万、1∶1 万等比例尺的基础地理信息数据。（2）专题地理信息数据建设。为了满足规划编制管理与协调、国土空间综合评价、主体功能区类型划分、重大项目选址辅助决策的需要，系统需要收

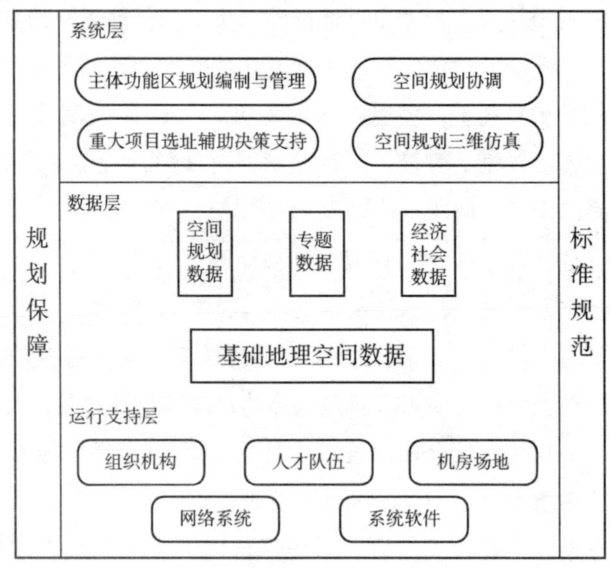

图1 系统平台的总体框架结构

集和整理对空间布局带来影响和制约的与地理空间位置有关的其他专题信息数据，并进行空间化处理。包括林业（生态公益林、森林覆盖等）、地质（地质灾害易发区、崩塌滑坡点、地质断裂带等）、地震（地震烈度带、地震分布点等）、电力（11万伏及以上电力线、变压升压站所、其他重要电力设施）、水利（大中型水库、水土流失侵蚀区等）、海岸围垦（等深线、滩涂、围垦区等）、港航（港口、航道等）、交通（交通网、交通走廊、交通设施等）、环保（污染源、自然保护区等）、土地（土地利用现状）等10大类、40余小类的专题信息数据。（3）经济社会信息数据收集整理。收集和整理相关经济社会信息数据300余份。（4）专项规划数据收集整理和空间化处理。收集整理涉及国土空间布局的“十一五”重要专项规划15大类80余个，并对这些规划数据进行空间化处理。（5）空间规划专题信息数据库建设。以经过统一处理的地理空间框架数据为基础，集成、整合经处理后的专题地理信息数据、涉及国土空间布局的规划数据、相关经济社会数据，建立起空间规划专题信息数据库。

2. 软件工程建设

系统平台开发采用目前主流的ESRI ArcGIS软件，数据库建设采用Orcle，空间数据引擎采用ArcSDE，在Microsoft. NET Framework V2.0环境下，使用C#

语言进行开发。系统平台的建设和正常运行依托于一个高性能的、稳定的网络基础。

3. “三维浙江”建设

以全省 2.5 米、城区 0.2～1.0 米高分辨率彩色影像数据为基础，融合数字高程模型（DEM）、框架矢量、行政村以上地名、专题地理信息、专项规划、相关经济社会信息等数据，运用地理信息系统、空间数据库、三维可视化等先进技术，构建仿真三维场景，建立起虚拟的“三维浙江”。三维仿真系统通过网络来访问地理信息数据库，使用 TCP/IP 协议，可通过 Internet 进行 2D/3D 数据的传输。

（三）系统平台应用的初步成效

浙江省空间规划与重大项目选址辅助决策系统于 2006 年开始建设，历时三年，于 2008 年底基本建成。项目由浙江省发改委和浙江省测绘局合作建设，具体实施由浙江省地理信息中心负责。项目采取边建设边应用的方式，建设成果的应用已经取得了初步成效。

1. 为规划编制的前期研究提供了技术支持

规划编制的前期研究是科学编制规划的重要基础。通过系统平台对规划区具体地域的自然特性、经济社会发展适宜性等综合区位条件进行分析评价，评价出具体区位的发展条件，包括资源环境承载能力、经济社会发展潜力、吸纳人口潜力等，从而可以对区域的发展功能给予合理定位。系统平台为浙江省主体功能区规划编制、低丘缓坡综合利用规划编制等多项重要规划的编制提供了前期研究技术支持，为有关指标分析评价提供了直接的科学数据，如可利用土地资源、可利用水资源、自然灾害危险性、人口集聚度、经济社会发展水平、交通通达性、生态脆弱性等。

2. 为主体功能区规划编制的功能区类型划分提供了解决方案

浙江省是国家发改委批准的省级主体功能区规划编制的试点省。根据“国家省级主体功能区划分技术规程”，系统平台在主体功能区规划编制的功能区试划中，为指标计算与评价、功能区类型划分、面积统计分析、试划方案比较、成果图件制作、成果展示等方面提供了科学的解决方案和全面的技术支持，发挥了不可替代的作用。

3. 为空间规划协调、审批提供了科学工具

由于系统平台建立了包括基础地理信息、专题地理信息、相关的经济社会信息在内的空间规划专题信息数据库，并将各项涉及空间位置和布局的专项规划叠加、整合、集成到了统一的空间平台上，利用系统平台的软件功能，就能直观明了地发现规划与规划之间、规划与现状之间是否存在矛盾，空间布局是否合理，规划项目与自然环境是否协调，是否存在自然环境与社会人文条件的制约和禁止因素等问题，从而为空间规划的协调和审批提供科学依据。浙江省在“十一五”规划的编制、协调、审批中已经部分应用了系统平台的成果和技术，取得了良好的效果。浙江省发改委要求，全省在“十二五”规划编制中，要全面利用地理信息及其技术，对所有涉及空间位置的规划必须采用统一标准的基础地理信息工作底图，并提交统一规范的电子格式规划成果，利用系统平台，做好规划审批前的协调工作。

4. 为重大项目选址提供了辅助决策依据

由于系统平台的空间规划专题信息数据库集成整合了与重大项目选址相关的各种专题信息和经济社会信息，当重大项目拟占地空间位置的四至坐标或者屏幕点选多边形在系统平台上显示后，就可以直观地分析和评估自然和社会环境条件对该重大项目选址的有利条件和不利因素，从而为重大项目选址提供辅助决策依据。浙江省在铁路和高速公路路网的规划、选线中初步应用了系统平台成果，为规划决策提供了参考。

三　拓展地理信息及其技术在空间规划中应用的思考

浙江省空间规划与重大项目选址辅助决策系统的开发建设和应用，是地理信息及其技术服务支持空间规划编制、协调、管理的有益尝试，实践证明成效显著，其作用将进一步显现。要进一步发挥地理信息及其技术和系统平台在空间规划中的作用，结合系统平台建设应用的实践，笔者有如下思考和建议。

（一）为空间规划提供统一的工作底图是拓展地理信息及其技术在空间规划中应用的基础

目前政府部门组织编制的各类发展规划，无论是总体规划、区域规划还是专项规划，几乎都涉及空间位置。为此，都需要利用地形图作为空间参照和工作底图。编制这些规划的主体是政府各个不同的部门，所使用的地理信息数据和工作底图极不统一，且有些地形图的现势性差，这是导致规划与规划之间、规划与实地之间互相矛盾和不够协调的主要原因之一。要进一步拓展地理信息及其技术在空间规划中的应用，特别是要利用系统平台使各类空间规划在统一的空间参照系下做到可显示、可分析、可协调，方便各类空间规划的成果图件入库，为各类涉及空间位置的规划提供统一的工作底图。测绘主管部门要利用掌握的丰富基础地理信息资源，通过加工处理，为编制规划的政府各部门提供不同覆盖范围、不同比例尺、不同产品形式、不同介质，但坐标系统一、数据格式统一、技术标准统一、时相统一的地理空间框架数据和工作底图。

（二）集成整合与地理空间位置有关的其他信息数据，是空间规划利用地理信息技术做到可分析、可协调的重要保障

规划编制、协调和管理不仅需要基础地理信息数据的支持，而且需要大量的与地理空间位置有关的其他信息数据的支持，特别是对空间规划布局和重大项目选址有影响和制约的与地理空间位置有关的自然和经济社会数据。为此，空间规划与重大项目选址辅助决策系统的空间规划专题信息数据库，需要利用基础地理框架数据集成整合这些与地理空间位置有关的其他自然和经济社会数据，才能充分发挥系统平台对空间规划的分析、协调功能。

（三）要积极利用地理信息及其技术为规划编制前期研究提供深层次的技术支持

地理信息及其技术在规划编制、管理和前期研究中主要的技术支持作用在于它的空间分析功能。运用地理信息及其技术的空间分析功能，在规划编制的前期研究中通过对规划区域的国土空间进行分析评价，如地势分析、坡度分析、土地资源评价、水资源评价、生态环境评价、地质灾害评价、人口现状与发展趋势评价、经济发展现状与趋势评价、交通评价、区位优势评价和城市发展变迁对自然环境的影响、建筑密度光照分析等综合分析评价，可以为规划编制前期研究提供深层次的技术支持。同时，地理信息及其技术是解决空间规划协调、空间布局的人与自然的和谐，实现经济社会可持续发展的重要手段。为此，各级测绘主管部

门要在加强基础地理信息资源建设，为规划编制部门建设和提供统一的用于规划的地理信息系统的同时，要积极宣传地理信息及其技术在规划编制工作中的重要作用，推广和深化地理信息及其技术在规划编制前期研究、规划编制、协调和管理工作中的应用。

（四）建设地理空间数据交换和共享平台是集成整合空间规划所需的，与地理空间位置有关的各类自然和经济社会数据的有效保障

浙江省测绘局与省发改委合作建设的“浙江省空间规划和重大项目选址辅助决策系统”项目，为了满足项目建设的需要，花了近一年时间和大量的人力、物力、精力才收集整理了会对空间布局带来影响和制约的、与地理空间位置有关的其他专题信息数据。因为与地理空间位置有关的其他专题信息数据是政府各有关部门和单位在履行管理职能和专项业务工作中形成的，并由这些部门和单位掌握。因此，收集工作的工作量和难度都很大。这项工作使我们联想到，这些专题信息数据不仅建设系统平台需要，各级政府及其部门编制规划、行政管理、处理公共突发事件等都需要。为此，必须建立有效的交换和共享机制及建设用于与地理空间位置有关的各类自然和经济社会信息数据交换、集成整合的地理空间数据交换和共享平台。浙江省为了建立有效的与地理空间位置有关的信息数据的交换和共享机制，省政府专门制定出台了政府规章《浙江省地理空间数据交换和共享管理办法》，并批准建设“浙江省地理空间数据交换和共享平台”。

（五）加快建设地理信息公共服务平台，为空间规划提供在线地理信息服务

加快建设地理信息公共服务平台，利用基础地理框架数据集成、整合各类与地理空间位置有关的信息数据，为空间规划搭建统一空间参考基准，包括集成、整合了基础地理信息、专题地理信息、规划信息、经济社会信息等信息数据的公共服务平台，通过在线服务的方式为规划编制部门提供地理信息及其技术的在线服务。通过地理信息公共服务平台的在线服务，包括在线提供现势性较强的动态地图和平台应用服务工具，可以为规划编制单位快速搭建服务规划编制和管理的规划专题应用系统。利用公共服务平台的动态地图生成下载功能，可以为规划编制人员快速制作规划前期研究、规划编制工作中需要的各类专题地图，减少规划

编制人员对专业制图工作的依赖。利用公共服务平台的影像比对、重点地形地物变化跟踪等功能，可以及时了解和准确掌握规划实施的整体进展情况，对规划实施实行动态监测，确保规划确定的目标任务顺利实现。

参考文献

冯存均：《“浙江省空间规划和重大项目选址辅助决策系统”建设项目》。

地理信息在北京市政府管理决策中的应用

王金坡*

摘　要： 在 GIS（地理信息系统）领域，政府应用始终走在最前列。本文重点阐述了地理信息在北京市政府管理决策中的应用，分析存在的问题并给出相关建议。

关键词： 地理信息　北京　政府管理决策

北京市经过几十年的努力，积累了丰富、权威的地理信息资源，这些信息已广泛应用于国民经济和社会发展的各行各业，服务保障于各级政府的管理决策中。据统计，“十一五”以来，我们共向近 200 个政府部门、上万家企事业单位提供了地理信息服务，有效保障了奥运会、国庆阅兵、城市规划与建设等重大工程和活动。随着经济社会及我国整体战略的发展，广大用户尤其是政府部门对地理信息的需求越来越多，要求服务的层次也越来越深。为适应在信息化和网络化环境下地理信息技术和产业的发展，完善和提升测绘服务保障能力，我们组织开展了地理信息在北京市政府管理决策中应用的调研工作。此次调研旨在摸清基础地理数据在北京市政府部门中应用与服务的现状和存在的问题，提出有关促进基础地理信息资源建设的建议，推动地理信息共建共享和产业发展，进一步完善和提升地理信息的服务能力，不断推进地理信息在政府管理决策中的应用。

一　北京市地理信息资源概述

北京市地理信息资源包括基础地理信息数据库和公共专业空间数据库两大部

* 王金坡，北京市勘察设计与测绘管理办公室副主任。

分。基础地理信息数据库由不同比例尺的多个分库构成，包括：数字线划图数据库（DLG）、矢量制图数据库（DWG）、数字正射影像数据库（DOM）、数字高程模型数据库（DEM）、数字栅格地图数据库（DRG）、地名数据库（PN）、控制测量数据库（CP），以及上述各种基础地理信息数据产品的元数据库（MD）；公共专业空间数据库由管线数据库、规划数据库和电子地图信息数据库等分库构成。基础地理信息数据根据市政府的要求，按照“05114”的机制实施定期更新，即1∶500地形图覆盖中心城、重点新城和新城区域，四环路范围内更新周期为半年；1∶2000地形图覆盖平原地区，更新周期为1年；1∶10000地形图覆盖全市行政区域，平原地区更新周期为1年，山区为4年。根据基础地理信息类型，建立定期更新和动态更新相结合的机制，对重要区域实施按需更新，满足其对不同比例地形图的需求。公共专业空间数据库中的管线数据库、规划数据库实施动态更新。

二　在政府管理决策中的应用

（一）总体情况

“十一五”以来，共向199个政府部门提供了地理信息服务。从服务对象来看，市政部门为35家，占17.59%；消防安保部门为22家，占11.06%；规划部门为21家，占10.55%；科教文体卫部门为17家，占8.54%；信息化部门为16家，占8.04%；国土和建设、水利水务部门各13家，各占6.53%；经济发展部门为12家，占6.03%；交通部门为10家，占5.03%；农村及农业部门为7家，占3.52%；环保部门为5家，占2.51%；林业部门为3家，占1.51%；地震气象和文物部门各2家，均占总用户的1%；其他部门共21家，占总用户的10.55%。

（二）政务版地理信息应用情况

为了扩大基础测绘成果和基础地理信息数据在北京市经济社会发展和政府科学决策中的应用，促进北京市电子政务和信息化建设以及地理信息产业发展，满足社会各界对基础地理信息的需要，在广泛调研、征求意见的基础上，北京市规划委员会组织编制了“北京市政务版电子地形图”并于2007年1月发布。该图对北京市各级政府机关用于宏观决策和社会公益事业的，免费提供使用。通过三年的推广工作，政务版电子地形图数据已经在北京市近百家政府单位中得到应用，取得很好的社会效益。

（三）典型应用

1. 信息化城市管理系统

信息化城市管理系统是以基础地理信息为基础，在现有行政区域上划定网格状单元，确定城市管理部件、事件种类及编码，统一城市管理号码，建立城市管理信息综合采集体系，确立信息平台以及相关政府部门的职责及运行程序，以监督评价机制为约束，实现信息化城市管理。测绘的主要工作包括划分城市管理单元网格，提供基本比例尺地形图及界线测量成果；参与单元网格划分和城市管理部件的调查统计、城市管理部件的测绘和定位，城市管理部件的实测、汇总和录入；参与行业标准制定，并对基础地理信息数据进行定期更新。正是现势性较好、要素较全的地理信息，为信息化城市管理系统建设奠定了基础。

2. 房屋全生命周期管理信息平台

房屋全生命周期管理信息平台是用于房屋信息资源管理的综合性信息化系统，为房屋测绘管理、交易及权属管理、物业管理、房屋安全及房屋拆迁管理等工作的信息化应用子系统提供标准规范的数据交换平台。平台集成地图学与地理信息系统、管理信息系统、数据库和网络等技术手段，实现房屋的图、文、数、证一体化管理、房屋分幢和分户管理。房产管理部门的相关业务系统可以通过Web访问和集成这些服务，也可以通过这些服务将各个业务系统中的数据动态更新到房屋管理数据库中，统一管理房屋普查数据、房屋测绘数据、交易及权属数据、物业管理数据等。平台的建立可以快速、准确、及时地反映城市房屋的数量、分布及产权，为城市建设和管理决策提供准确可靠的依据，对政府了解城镇居民的住房情况，确定房地产发展规模，科学利用土地资源有十分重要的作用。

3. 交通专用地理信息系统

交通专用地理信息系统是以整合交通信息资源和交通管理为内容的地理信息系统。交通地理信息系统是地理信息技术与多种交通信息分析和处理技术的集成。该系统利用计算机网络技术、地理信息系统技术、数据库技术，基于政府专网，具有可控性、灵活性、可溯性、集成性、扩展性等多项特点。该系统规范和统一了交通专题图层数据标准，制作完成了1∶2000以及1∶10000的交通专题图；设计开发了包括地图浏览、地图测量、地图选择、地图信息查询、图层控制、常用工具、特征快速定位、日志管理、查询统计、地图打印导出等系统功能；设计开发了满足不同交通类别包括城市道路、公路、客运、货运、机动车维修与检测、停车场和其他交通服务等需求的专题功能；开发了包含数据处理模块、数据编辑模块、系统管理模块、查询统计模块、打印制图模块、GIS功能模块、报表设计模块、专题图制作模块、符号管理模块的后台数据管理系统。该地理信息系统的建设，有效整合了交通信息资源，深化了交通信息资源的开发利用，为交通规划、交通管理、交通决策、运输企业管理提供决策支持，为实现交通信息化及智能交通提供技术支持，为业务管理应用系统提供空间数据支持。该系统的运行具有广泛的应用领域和广阔的市场前景，提高了交通管理效率和服务水平。

三　存在问题及有关建议

（一）存在的问题

从整体情况来看，北京市各委办局对各类地理信息的需求十分强烈。面对实际需要，反映出北京市地理信息数据服务保障还有不到位之处。主要表现在以下方面。

1. 基本比例尺地形图数据没有实现必要的覆盖

从对基础地理数据的现状调查来看，目前北京市只有1∶10000数据覆盖了全市域范围，1∶500地形图只覆盖至城区四环范围，1∶2000地形图只覆盖至平原地区。覆盖范围已不能满足各委办局的业务需求。

2. 数据更新速度较慢，现势性相对滞后

目前北京市仍然采用阶段性更新方法，进行大面积的修测和补测，1∶500、1∶2000和1∶10000数据的更新周期分别为半年、1年、1年（1∶10000平原地区）和4年（1∶10000山区），大部分用户希望主要要素如道路、建筑物等的信息能够实时更新。目前的更新机制难以快速获取和动态更新地理信息，以及时反映经济和社会快速发展所带来的频繁变化的城市地形地貌。

3. 地理信息产品不够丰富，按需变化能力差

随着用户对地理信息数据使用的逐步深入，其需求是多方面、多层次、多领域的。但我们的地理信息产品不丰富，难以满足实际需求。如交通部门对导航数据的需求量大，环保部门希望提供不涉密的但可以做背景叠加专题数据用于出图的地图产品，规划部门希望能够提供地籍数据以及相关的人文、经济地图等。

（二）有关建议

1. 建立健全地理空间信息共享机制

研究、制定和完善北京市基础地理信息共享共建的法规和政策，从地理空间信息资源共享的范围、数据标准和产权、数据交换的实现和合理利用、数据保密等方面，制定相应的规定，推进地理信息资源共享的规范化和制度化，数据的提供与汇交、使用管理、知识产权、保密管理和沟通协调等方面要形成一套切实可行的制度，保证共建共享的可操作性。

2. 加快建立与健全地理空间信息标准及规范的步伐

积极推进对地理空间信息标准化的研究，建立健全地理信息的标准和规范，统一数据采集、更新、存储、建库、分发服务和应用等方面的技术标准体系，保证所有数据均符合统一的标准，为实现地理信息共享提供基础。

3. 搭建基于网络的基础地理信息公共服务平台，丰富数据产品及服务方式

整合、集成、加工现有数据资源，搭建基于网络的基础地理数据公共服务平台，丰富数据产品及服务方式。一是使用户可以实时获取满足需要的数据，提高基础地理数据的利用率，减少国家及地方政府、企业的数据采集成本；二是保护知识产权，各类用户可以通过网络使用基础地理数据，但不能占有；三是基于网络可以实现基础地理数据的动态及时更新。

吉林省主体功能区规划地理信息数据库技术平台建设与应用

张凤赞*

摘　要： 主体功能区规划数据库技术平台利用地理信息直观准确地表达人口、资源、交通等规划要素的空间分布情况和空间定位、定量分析，是主体功能区划分不可或缺的重要基础。本文详细介绍了吉林省主体功能区规划地理信息数据库技术平台的建设和应用情况。

关键词： 主体功能区规划　地理信息数据库　建设　应用

一　背景

编制主体功能区规划，推进形成主体功能区是党的十七大提出的一个重要战略任务，是全面落实科学发展观的重大举措。编制全国主体功能区规划也是国家“十一五”规划中的一项新举措。开展主体功能区规划编制工作，是对不同区域未来的空间开发方向进行主体功能定位，对开发秩序进行规范，对开发强度进行管制，对现行空间开发模式进行调整，减少空间结构变动中不必要的代价，提高空间利用效率。同时，对不同功能区的发展提出不同的要求，通过制定和实施差别化的区域政策和绩效评价体系，进行更有针对性的调控和引导。

主体功能区指基于不同区域的资源环境承载能力、现有开发密度和发展潜力等，将特定区域确定为特定主体功能定位类型的一种空间单元，以保护生态环境，最大限度地利用自然、人力资源，因地制宜地发展特色经济，构建人与自然

* 张凤赞，吉林省测绘局副局长。

和谐发展的环境。划分主体功能区需要考虑自然生态状况、水土资源承载能力、区位特征、环境容量、现有开发密度、经济结构特征、人口集聚状况、参与国际分工的程度等多种因素，并据此进行开发和保护。

省级主体功能区域是国家主体功能区域的重要组成部分，按开发方式划分，功能区分为优化开发、重点开发、限制开发和禁止开发四类主体功能区域。

地理信息是国家重要的战略资源，主体功能区规划数据库技术平台能利用地理信息直观准确地表达人口、资源、交通等规划要素的空间分布情况和空间定位、定量分析，是主体功能区划分不可或缺的重要基础。省测绘局发挥拥有全省丰富的地理信息资源和掌握地理信息应用技术等的优势，为吉林省主体功能区规划编制提供地理信息服务保障。在 2007 年吉林省发展与改革委主体功能区规划编制筹备工作时，测绘局便积极予以配合，提供所需基础地理信息资料和技术支持，并承担了主体功能区规划地理信息数据库技术平台的建设研究相关工作。主要完成了地理信息数据库建设及地理信息应用系统开发、主体功能区规划系统开发及功能区规划成果图及电子地图编制等工作。

二　主体功能区规划要求

（一）根据自然条件适宜性开发的要求

不同的国土空间、自然状况具有不同的生态功能。东部长白山自然屏障地区和西部草原生态脆弱地区对维护吉林省乃至东北地区生态安全具有不可或缺的作用，不适宜大规模、高强度的工业化、城镇化开发。因此，必须尊重自然、顺应自然，根据不同国土空间的自然属性确定不同的开发内容。

（二）依据区分主体功能开发的要求

同一个国土空间具有多种功能，必须区分不同国土空间的主体功能，根据主体功能定位开发，若主次不分，会带来不良的后果。

（三）资源承载能力开发的要求

不同国土空间的主体功能不同，自然保护区、生态地区和农业地区由于不适宜或不准许大规模、高强度的工业化城镇化开发，而应以保护为主。必要时应将一部分人口逐步转移到就业机会较多、收入较高的城市化地区，以保持社会发展与自然保护的平衡。因此，必须根据资源环境确定可承载的人口和经济规模，以及适宜的产业结构。

（四）控制开发强度的要求

吉林省适宜开发的地区及其他自然条件较好的国土空间尽管适宜工业化、城镇化开发，但为保障国家农产品供给安全，不能过度开发；即使是城镇化地区也要保持必要的耕地和绿色空间。因此，必须有节制地开发，控制开发强度。

（五）调整空间结构的要求

空间结构是经济结构和社会结构的重要内容。空间结构状态影响着发展方式，决定着资源配置效率，目前吉林省经济发展中的突出问题是空间结构不合理、空间利用效率不高。因此，必须把国土空间开发的着力点放到调整和优化空间结构、提高空间利用效率上。

（六）提供生态产品也是发展的要求

人类既需要包括农产品、工业品及服务产品的需求，也包括对清新空气、清洁水源、舒适环境、宜人气候等生态产品的需求。从自然要素也具有产品的性质角度，提供生态产品也是创造价值的过程。因此，必须把增强提供生态产品的能力作为国土空间开发的重要任务。

三　地理信息数据库技术平台设计的总体技术思路

按照吉林省主体功能区规划编制的总体要求，吉林省测绘局采用 GIS 技术、空间数据库技术、网络通信技术等高新技术，设计、建设“吉林省主体功能区地理信息数据库技术平台”。平台总体结构分为四个层次：软件硬件与网络基础设施、信息数据库、空间数据库引擎、管理信息系统。

主体功能区规划管理信息系统是总框架，是一个逻辑概念，由基础地理信息数据库管理子系统、主体功能区规划子系统、地理信息应用子系统、权限管理子系统组成；各个子系统由功能模块、插件和功能函数组成，它是系统金字塔结构的底层要素。系统开发采用面向对象技术、组件技术，功能模块具有逻辑独立性，系统接口设计全面，利于各子系统的组装。金字塔结构概念用系统数据字典和数据库数据字典逻辑设计来实现，整个系统设计采用基于 C/S、B/S 的综合结构。数据库在逻辑存储上分为 4 个层次：总库、分库、子库、要素层。总库是吉林省主体功能区规划地理信息数据库技术平台信息数据库的总称。在逻辑概念上，总库是由多个分库构成。分库也是一个逻辑概念，用以区分不同类型的空间数据库，如 1∶50000 基础地理信息数据库、专题数据库等。子库是一个具体的空间数据库，每一个子库具有确定的比例尺（或分辨率）信息，子库是依附于数据库的库体，子库由几何要素图层（Geometric Feature Layer）和栅格要素图层（Raster Feature Layer）构成；要素层是金字塔结构的底层要素。平台数据库包括索引数据库、基础地理信息数据库、专题信息数据库等。

四 地理信息数据库技术平台应用

（一）现状分析

利用“吉林省主体功能区地理信息数据库技术平台”可以对影响规划的地形、气候、资源、植被、灾害等要素进行分析，从而获得规划条件的综合评价。

1. 通过对吉林省的地形、地貌、水资源、居民区等多种因素进行综合分析可以看出吉林省适宜开发的面积较多

吉林省国土面积 18.74 万平方公里，中西部为开阔的松嫩平原，面积约占全省面积的 40%，地势平坦，土地开发强度较小，扣除不适宜工业化、城镇化开发的国土空间及耕地和已有建设用地，今后可用于建设用地的土地资源 9246.94 平方公里，占全省总面积的 4.8%，主要集中在中西部平原地区。从而我们可以初步认为，未来可作为建设用地的土地资源较为丰富，能够保障适度规模的工业化与城镇化发展。

2. 通过对吉林省植被、气候、湿地等相关要素的分析可以看出吉林省的生态环境良好

吉林省生态类型多样，森林、湿地、草原等生态系统都有分布。生态脆弱区域面积相对较小，主要分布在松嫩平原西部地区，中度以上脆弱区域占全省国土空间的8.97%，重度以上脆弱区域仅占全省国土空间的1.74%。良好的生态环境有利于适度规模的工业化和城市化发展。

3. 通过对吉林省气候、可利用水资源的分析可以看出吉林省的环境质量较好

吉林省大气、地表水环境质量总体状况良好，二氧化硫和化学需氧量超载区域主要分布在长春、吉林等主要人口活动和工业生产密集的市辖区。全省大部分地区的环境质量为轻度或无超载地区。环境保护对产业结构、产业选择和空间结构调整的压力相对较小。

4. 通过对可利用水资源等资源的分析可以看出吉林省的水资源相对短缺

吉林省多年平均水资源总量为404.25亿立方米，人均水资源占有量仅相当于全国平均水平的67.6%，耕地亩均水资源占有量为全国平均水平的43%，属于中度缺水地区，且时空分布不均，东部水资源较为丰富，中西部地区相对匮乏。水资源开发利用率为28%，尚有较大开发潜力。水资源环境问题较为突出，局部地区出现水质型缺水。中部城市密集区和西部农牧交错区域可开发利用的水资源不足。

（二）规划内容的空间化及建模

按照基于地理信息的省级主体功能区区划指标体系至少应包含11项技术指标，即可利用土地资源、可利用水资源、环境容量、生态系统脆弱性、生态重要性、自然灾害危险性、人口集聚度、经济发展水平、交通可达性、基本农田保护、战略选择。这些技术指标运用涉及社会经济、宏观规划、水利、交通、人口、环境、土地利用等多方面的专题要素。经搜集整理，通过“吉林省主体功能区地理信息数据库技术平台”的主体功能区规划子系统将各种专题数据空间化，作为主体功能区规划系统的基础专题数据，满足主体功能区规划编制对信息数据的需求，并建设规划专题数据库。另外，根据专家提供的数学模型开发底层函数，对整个规划动作进行建模，按照吉林省主体功能区划分技术规程的要求创建各指标项总体评价和分要素评价专题图，并对单要素指标进行统计分析和说明。

（三）主体功能区规划方案比较

应用主体功能区规划系统在专题数据库支持下，综合规划专家的意见和思路，按照政府领导和有关部门对全省发展的战略选择因素，通过调整各要素指标的权重，综合分析，全面考虑形成多种主体功能区域的规划方案，利用地理信息

应用子系统将各个规划方案向省委、省政府领导和相关机构专家进行方案空间化展示，并结合文字说明和各种多媒体资料为领导决策提供科学依据。

（四）规划实施管理

为更科学地实施主体功能区规划，在对规划方案评定的基础上，将各个方案的优势条目通过规划设计专家进行有机整合，并通过主体功能区规划子系统进行空间关系验证，通过空间布局的展示进一步对方案进行优化，最终形成规划方案。

首先，要依据国家主体功能区域划分的指标体系，计算本省的指标项并进行评价；其次，采用综合评价法得出国土空间开发综合评价指数，利用主导因素法和聚类分析法进行辅助分析，进行省级区划类型划分；再次，采用空间分析方法，辅助确定省级主体功能区域界线；最后，通过定量和定性的方法综合分析，集成各指标评价体系，才能形成最终主体功能区域规划方案。

规划成果通过“吉林省主体功能区地理信息数据库技术平台”进行管理，完成最终规划方案中各个专题图件的编制和修订，并按照国家发改委的统一要求和版式进行综合制图，最终形成上报文件。

五　结束语

目前主体功能区规划方面的理论基础、技术手段、辅助分析方法都在不断的发展和创新之中，但空间辅助分析的技术方法和 GIS 管理手段是目前主体功能规划方案编制的重要工具，为方案的编制提供可靠的、客观的地理信息数据基础和管理平台。在规划中充分应用地理信息技术非常必要。

参考文献

刘任义、刘南、苏国中：《图形数据与关系数据库的结合及应用》，《测绘学报》2000年第4期。

张新长、马林兵、张青年：《地理信息系统数据库》，科学出版社，2007。

吉林省主体功能区规划编制工作领导小组：《吉林省主体功能区规划》（2008～2020年）。

江苏省经济社会空间数据库系统建设情况介绍

史照良*

摘　要： 省级经济社会空间数据库系统以多源、多尺度基础地理信息为载体，集成了省、市、县、镇、村五级经济社会统计数据、区域发展规划数据、报刊文献资料数据，是一个为全省主体功能区规划和政府经济社会管理服务的地理信息应用系统。本文介绍了江苏省经济社会空间数据库系统的项目背景、建设目标、设计思路和主要功能。

关键词： 江苏省　经济社会　空间数据库系统

2009 年，江苏省测绘局与江苏省发展改革委员会、江苏省信息中心合作开发建设完成了江苏省经济社会空间数据库系统。该系统以多源、多尺度基础地理信息为载体，集成了省、市、县、镇、村五级经济社会统计数据、区域发展规划数据、报刊文献资料数据，是一个为全省的主体功能区规划和政府经济社会管理服务的地理信息应用系统。本文着重介绍该系统的项目背景、建设目标、设计思路和主要功能。

一　项目背景

2008 年起，按照国家的总体部署和要求，江苏省开始实施主体功能区规划，根据不同区域的资源环境承载能力、现有开发密度和发展潜力，统筹谋划未来人口

* 史照良，江苏省测绘局副局长。

分布、经济布局、国土利用和城镇化格局。把国土空间划分为优化开发、重点开发、限制开发和禁止开发四类区域。依据不同的主体功能定位，明确不同的开发方向，控制不同的开发强度，逐步形成人口、经济、资源环境相协调的空间开发格局。

此次规划涉及社会、经济、人文、地理空间要素等多方面的数据。长期以来，由于受技术及应用需求的限制，一直采用表格、文档形式来组织、收集、统计、应用统计数据。在信息化快速发展的今天，传统的报表或文字形式已经远远不能满足信息服务要求，尤其是在区域规划、空间决策等对地理信息综合分析要求较高的领域，更是无法满足需求。而经济社会统计数据本身就是一种具有时空特征的信息，统计行业本质上也是一种空间信息服务行业。

针对规划工作对基础空间底图、经济统计数据与地理信息综合分析的需求，由江苏省发改委牵头，省测绘局和省信息中心密切合作，以为经济社会规划及管理提供服务为导向，采用空间信息技术，整合经济社会统计信息、基础地理空间信息，建立基于江苏省基础地理信息的、面向政府经济社会管理的经济社会空间数据库系统。

二　建设目标

江苏省经济社会空间数据库系统的建设目标主要有三个。

1. 建立面向经济社会应用的地理信息数据库，以空间位置为依托，建设一个架构在地理空间信息基础上的、按照地理空间坐标整合各类信息的经济社会空间数据库应用系统，进一步深化应用基础地理信息，促进区域内各项管理和服务的数字化，提高信息化水平。

2. 系统可以叠加各种与地理空间位置相关的信息，并进行各种信息资源集成和分析处理，提供空间信息查询、空间信息统计、辅助决策等各种技术手段，作为全面了解和掌握经济社会发展概况的工具，为实施各项发展战略决策、规划、建设和管理提供科学依据。

3. 基于基础地理信息实现统计数据的可视化展现与分析，以主体功能区规划为应用导向，通过系统使不同区域不同类型统计数据的大小、构成类型及其与自然、社会的相互关系一目了然，为主体功能区规划提供了空间信息支撑，以实际应用效果来验证系统的好坏。

三　系统设计

1. 总体设计思路

基于国民经济统计指标体系元数据，以省、市、县、镇、村五级行政区域为基本空间单元，以时间、空间、指标三个维度来组织经济社会统计数据，采用面向时态的空间数据管理方法，克服村级行政区域变化的困难，实现地理空间数据与经济社会数据的统一组织管理、数据上报、查询分析、图表制作等功能。通过各级行政区划地图与统计数据的融合，形象直观地展现国民经济和社会发展的空间分布规律。通过增加道路、水系、居民地、兴趣点等丰富的基础地理信息，土地利用专题信息、报刊文献资料、全省高分辨率航空影像等多源数据，提供主体功能区规划及经济社会管理需要的文字、图件、数据，满足各种针对宏观经济管理和主体功能区规划的需求，满足全省投资、人口、产业、社会事业、资源环境、基础设施建设等领域的信息化重现与分析需要。

2. 系统结构

系统完全采用 B/S 结构，采用关系数据库与空间数据引擎结合的模式实现了核心数据的存储；采用地理信息系统桌面平台实现数据库设计、建设及更新；利用 SOA 架构结合 Web GIS 技术建立数据库应用，实现空间信息、统计信息的网络发布；通过开发客户端实时专题图绘制技术，实现了经济统计信息与空间信息高效表达；集成客户可视化引导查询技术，克服时空切换、指标体系变化多样带来的困难，增强用户自由度，提高系统可操作性。

3. 数据库构成

该数据库系统中整合的数据主要包括七个部分。

一是基础地理空间数据。包括全省 1∶50000 DLG 数据、全省 1∶10000 基础测绘 DLG 数据、全省 10.26 万平方公里的 0.2 米分辨率航空遥感影像。

二是经济社会统计专题数据。这部分数据按照各级国民经济与社会发展统计指标体系分类，涵盖资源、人口、生活、投资、物价、农业、工业、能源、交通、贸易等二十多类统计信息。

三是各级经济统计指标体系数据。考虑到统计指标的年度变化及各级之间的复杂关系，按分类、时间、区域等因素进行了拆分，形成灵活的指标体系，进行

独立管理。

四是经济统计算法库。包括相应的各级指标体系算法、空间规划分析的指标评价算法、指标值算法等信息。

五是专题地图数据。包括现有各类规划图、专题图，同时可以存储主体功能区规划成果，用于数据查询、分析、统计、展示及输出。

六是与经济统计与区域规划相关的各类文档资料数据。包括各市、县，各部门的公开计划、总结、规划、报告、有关研究和决策支持文献等文字资料。

七是元数据信息。包括系统配置元数据、基础地理空间元数据、专题地图元数据、统计表结构元数据、指标体系元数据、文档资料元数据等内容。

四　主要功能

本系统实现了信息浏览、数据查询、表格分析、专题地图制作、空间分析、数据输入、数据导出、指标体系维护等功能。

1. 信息浏览功能

通过点击图形界面上的行政区域名称，立即可以获得该区域的信息概况，内容包括区域名称、地理位置、人口面积、历史沿革、气候、交通、经济概况、经济指标情况、规划资料、文献资料及通达性里程情况，可以让用户即刻获得对该区域的感性认识。

2. 数据查询功能

系统提供空间数据查询、统计信息查询、专题地图查询、文献资料查询等查询功能。空间数据查询包括空间坐标位置查询、缓冲区查询、路径查询；统计信息查询基于指标、区域、时间三个统计特征，系统提供选择引导步骤，用户可以在三个维度之间任意组合，通过自定义指标，获取相应统计数据并以二维表格形式表现，通过点击记录，可以根据空间信息迅速定位到图面上。

3. 表格分析功能

针对用户查询出的统计数据，系统提供了表格分析功能。可以通过点击记录任意选择表格数据，对表格数据进行排序、分类、筛选、统计、汇总、最大值、最小值、平均数等统计分析功能，依据表格分析结果，用户可以自由在当前页面生成柱状图、饼状图、雷达图、面积图、折线图等专题图，并将图件分类存储或发送，供决策参考。

4. 专题地图制作功能

系统可以直接根据数据查询结果或筛选结果制作柱状图、点状图、饼状图等专题地图，客观、生动地分析社会经济要素的空间分布规律，并且可以依据个人喜好灵活修改字体、色彩、大小，也可以使用模板直接生成专题图，生成后专题图可以选择分类保存、图片输出或直接打印。

5. 空间分析功能

系统提供了缓冲区分析、叠加分析、路径分析、可达性分析等空间分析工具。

6. 数据输入功能

系统提供了数据输入功能，输入功能包括统计信息直接录入、统计表格的导入（县卡、乡卡、村卡等）、地图数据的更新与发布、报刊文献资料的上传等。由具有权限的操作人员可以录入或导入数据，直接将各地的统计数据汇总到数据库中来，专业的地图维护人员负责地理数据的更新。

7. 数据导出功能

系统提供地图、专题地图导出、经济统计表格导出、文献资料下载等功能，图像可以导出为 jpg 等常见图片格式，数据可以导出到 Excel 中，以便于进一步加工使用。

8. 指标体系维护功能

经济社会统计指标体系因统计年度、统计要求的不同，时常发生变化，这就要求能够对指标体系进行维护。系统数据库维护人员可以采用指标体系维护工具建立统计指标体系、分类结构，以适应统计的要求。

五　主要经验

1. 领导重视是项目顺利实施的前提

江苏省经济社会空间数据库的建设是一项复杂的系统工程，需要各个方面的密切协作。在系统的建设过程中，江苏省发改委、江苏省测绘局、江苏省信息中心的领导高度重视，在项目的资金投入、数据协调、人员安排、后勤保障等各个方面给予了大力支持，为工作的顺利开展、成功实施提供了良好条件。

2. 良好的基础地理信息数据是基础

“十五”、“十一五”期间，江苏省省级基础测绘快速发展，拥有了覆盖全省10.26万平方公里的航空影像、高分辨率卫星遥感影像，建成了全省1∶10000基础地理信息库并多次更新。市、县级基础测绘也取得了喜人成效。全省建立了省、市、县三级基础测绘成果合作共享机制，最大限度地实现了基础地理信息数据的共建共享。这些都为江苏省经济社会空间数据库的成功建设打下坚实的基础。

3. 强强联合是工作顺利开展的保证

该系统是江苏省测绘局与江苏省信息中心强强联手，合作完成的。省测绘局发挥了基础地理信息方面的优势，无偿共享了全省基础测绘数据。省信息中心协调获取了经济社会统计数据。双方的技术人员发挥各自特长，集思广益，一起研究两种数据的结合点，有效克服了各自专业知识的限制，联手攻破技术难关，保证了工作的顺利开展。

4. 应用导向是系统成功的关键

系统在建设之初就紧紧围绕主体功能区规划与经济社会管理这个主题，针对不同级别的用户群体，开发出不同的用户权限、操作流程。针对不同用户分类显示多种数据，例如高级别用户用的主要是浏览功能，应尽可能地将数据综合采用以图文并茂的形式展现出来，作为决策支撑；低级别用户则侧重于实际数据的操作、综合分析，应尽可能多地让其接触第一手数据，供其深加工。只有这样不断围绕需求，适应用户，才能使其更好地服务于主题。

地理信息在青海省主体功能区规划编制中的应用

刘海平　郗利华　王 苑　杨鸿海*

摘　要：主体功能区规划是以国土空间为对象编制的战略性、基础性、约束性的空间规划，是其他有关规划在国土空间开发和布局方面的基本依据。将地理信息系统和主体功能区划相互结合，凭借地理信息系统强大的建库、空间分析、制图等优势，可以提高区划工作定量化水平和工作效率。本文重点阐述了地理信息系统在青海省主体功能区规划编制中的具体应用，并简述了青海省主体功能区的试划方案以及试划区域的主要特点。

关键词：主体功能区　GIS　应用

一　引言

主体功能区规划是以国土空间为对象编制的战略性、基础性、约束性的空间规划，是其他有关规划在国土空间开发和布局方面的基本依据。其基本思想是根据资源环境承载力、现有开发密度和发展潜力，统筹考虑未来人口分布、经济布局、国土利用和城镇化格局发展方向，从区域空间开发适宜度的角度，将区域划分为具有特定主体功能定位的不同单元的过程。

主体功能区规划大量涉及对社会经济数据的处理分析，并且大多数社会经济数据具有空间特征或与位置有关。借助于地理信息系统技术，能很好地把主体功能区规划所需的空间位置信息连同属性结合在一起，并能对多个空间地物或同一地物的不同专题信息进行叠加等各种统计处理和分析。

* 刘海平，青海省测绘局副局长；郗利华、王苑、杨鸿海，青海省基础地理信息中心。

二 GIS 在青海省主体功能区规划编制中的主要应用

地理信息系统（Geographic Information System，简称 GIS）是一种多技术交叉的空间信息科学，它是以地理空间数据库为基础，采用地理模型分析方法，适时提供多种空间的和动态的地理信息，从而为决策提供支持和帮助。

GIS 技术在青海省主体功能区规划编制中主要应用于以下几个方面。

（一）基础数据的获取

在主体功能区划分所需的基础资料中，部分图件是以纸质地图的形式存放，如行政区划界限、交通、管线及自然资源分布图等，因此需要在将这些资料扫描矢量化后，将其纳入统一的投影坐标系中，最终输入到地理信息系统数据库中。

规划编制中应用的栅格数据主要以数字高程模型为主，由于青海地势平均海拔较高，因此按照 >3000m、3000 ~ 2000m、2000 ~ 1000m 提取生成地形高程分级图，并将其转换为矢量图；按 <3°、3° ~ 8°、8° ~ 15°、15° ~ 25°、>25°生成地形坡度分级图，将其转换为矢量图。

（二）数据库建库

主体功能区划主要涉及三类数据：一是由自然要素和经济要素构成的大量基础性空间数据和属性数据；二是在区划过程中生成的大量“中间”数据；三是通过对技术数据和“中间”数据加工、计算形成的区划研究结果数据。

数据库建设主要包括地理信息综合数据库和自然要素特征值及经济社会统计资料数据库表。

地理信息综合数据库主要包括省级主体功能区规划研究图形数据库、各类指标项专题图形数据库，以及部分主要单要素分布图形；自然要素特征值及经济社会统计资料数据库表主要包括社会统计资料、自然要素统计资料，并通过对这些统计资料进行计算得到相关的专题图形数据库。

（三）空间叠置分析在区划指标项计算中的应用

空间叠置分析是将同一地区的两个以上图层进行叠置，从而产生新的特征。

叠置分析的结果是在原来的主题数据层面的基础上产生新的数据层面，并在其基础上派生为所需要的属性，以充分提取空间数据中隐含的信息。

如在可利用土地资源指标项中计算适宜建设用地面积时，利用［适宜建设用地面积］＝（［地形坡度］∩［海拔高度］）－［所含各类保护区面积］－［所含河湖库等水域面积］公式，以高程低于2000m坡度小于15度、高程2000～3000m坡度小于8度、高程在3000m以上坡度小于3度为条件，对坡度分级图、高程分级图、行政区划界限图以及专题图层进行叠置分析，生成一幅复合图，扣除各类保护区面积和水域面积后，可提取出各评价单元中的适宜建设用地面积。

（四）空间查询

利用GIS的空间查询功能，可以就经济情况寻求满足查询条件的区域，也可以查询某个区域单元的经济情况。

如根据人均GDP分布图，可查询出人均GDP值在8000～12000元的所有县域。

（五）空间数据的缓冲区分析

缓冲区分析是解决邻近度问题的空间分析工具之一。所谓缓冲区就是地理空间目标的一种影响范围或服务范围。

如在编制主体功能区规划中采用了GIS的缓冲区分析方法来描述地震影响范围，再将缓冲区与十年地震灾害分级图叠加生成青海省近十年发生地震灾害图（见图1），可以反映出青海省近十年来发生地震灾害地点、次数以及地震影响范围。从图中可以看到青海中部地区及以南地区发生地震频率较高，如德令哈市、兴海县、玉树等地发生地震频率较高；青海以西地区地震影响范围较大，如可可西里处的地震影响范围较大。

（六）可视化输出在区划成果图提交中的应用

使用GIS空间可视化功能，用可视化的方式描述社会经济统计指标属性值，采用分层设色法、点值法显示在地图上，或者绘制成直观的柱状图、饼状图等展示分析结果。

如在青海省水资源总量分布图中，可从柱状图的数值中分析出各县域已开发利用的水资源量（见图2）。

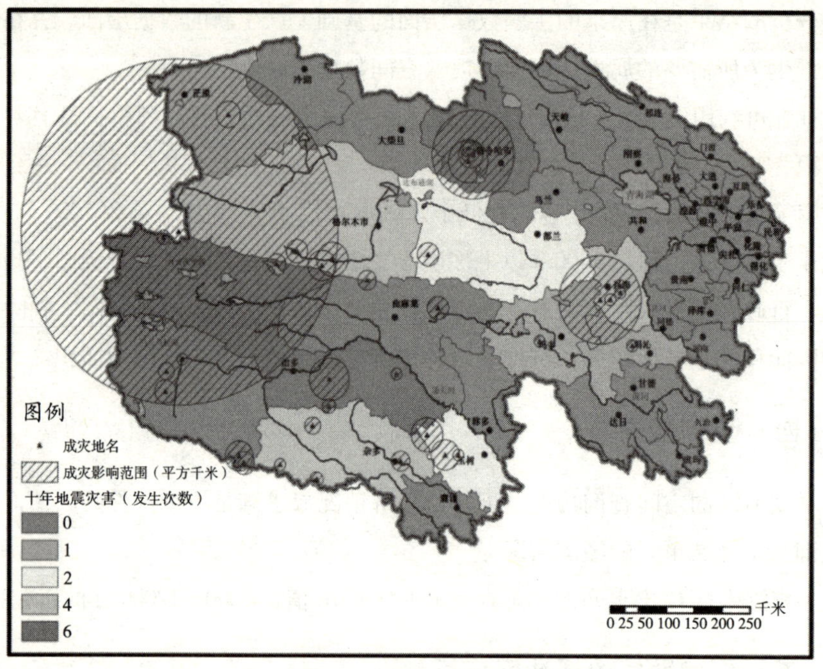

图1　青海省近十年发生地震灾害图

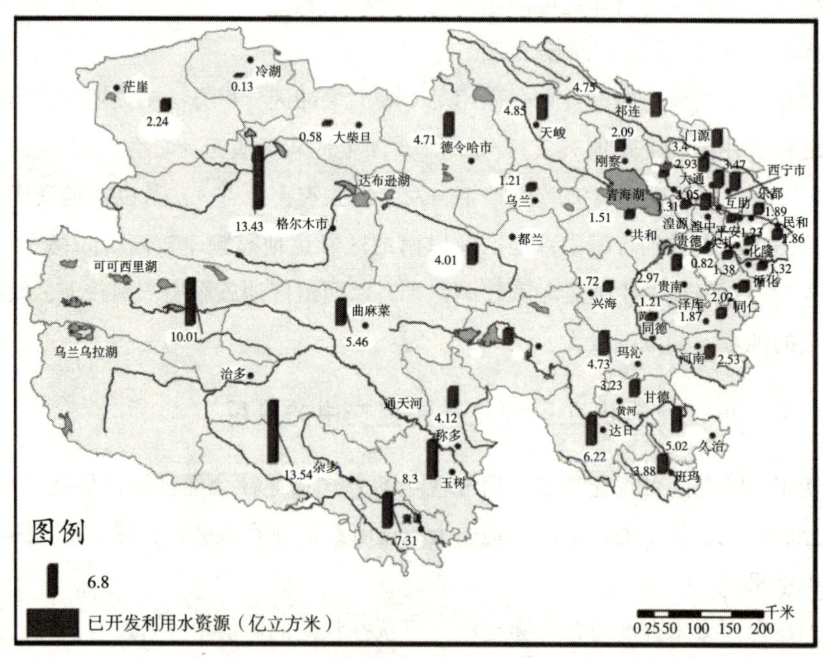

图2　青海省水资源总量分布图

三　主体功能区试划工作简介

下面以划分青海省主体功能区为例，就应用 GIS 技术给出具体分析。

（一）区划技术方案

根据青海省实际情况，确定主体功能区基本区划单元，并确定区划指标体系；收集区划所需资料，进行数据处理，建立分区数据库；在分区数据库的基础上建立评价模型，进行评价；采用综合评价指数法和主导因素分析法相结合的方法，划分出初步方案，具体过程如图 3 所示。

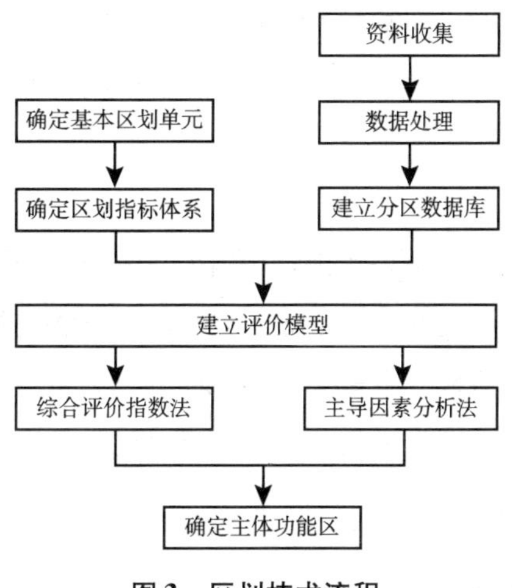

图 3　区划技术流程

1. 资料收集

收集整理青海省最新的行政区边界数据（shp 格式），各县国土面积、基本农田面积、总人口数、暂住人口、2000 ~ 2005 年 GDP 等自然及经济社会统计资料数据。

2. 数据入库

以 1∶250000 全要素地形图作为底图（shp 格式），按照区划技术方案进行规范化编辑，对于某些变化的内容进行校正。

把收集到的属性数据分类别转入到 Excel 中，与 GIS 图形数据属性表挂接，根据行政区划单元字段，关联地图数据与属性数据，完成数据入库工作。

3. 评价单元划分

全省行政区划分为 1 个地级市、1 个地区和 6 个民族自治州，共计 8 个地级行政区，46 个县（市、区、行委），省会为西宁市。现有城市三座，西宁市为地级市，格尔木市、德令哈市为县级市。

结合本省实际情况，形成既有以县级行政区为基本单元，又有以主要乡镇、重点工矿区为基本单元的主体功能区划分方案。

4. 确定区划指标体系

青海省主体功能区区划的指标体系包括 9 个指标项：可利用土地资源、可利用水资源、环境容量、生态系统脆弱性、生态重要性、自然灾害危害性、人口集聚度、经济发展水平、交通可达性。

分别计算各个指标项，并利用 GIS 制图功能输出各指标要素专题图及各单要素分布图，如土地资源分级类型图、水源涵养重要性评价图、GDP 增长态势评价图等。

5. 区域试划

在指标评价的基础上，统筹考虑省域内人口分布、经济布局、国土利用和城镇化格局，选取综合评价指数法、主导因素法两种方法进行试划，采用定性与定量相结合的方法，最终青海省省域主体功能区划分为重点开发区、限制开发区和禁止开发区三类。由于青海省区划范围没有满足优化开发区的条件，因此没有设立优化开发区。

（二）试划区域特点

省级重点开发区分为东部重点开发区和柴达木开发区。

省级重点开发区是全省工业化和城镇化的重点区域，要在优化结构、提高效益、降低消耗、保护环境的基础上推动经济又好又快发展，成为支撑全省经济持续发展的重要增长极。要提高创新能力，推进工业化进程，形成具有青海特色的现代工业和服务业体系。要加快城镇化进程，扩大城镇规模，改善人居环境，提高集聚人口的能力，使城镇成为全省人口和经济的重要空间载体。

省域内国家级限制开发区 2 个，即青海三江源草原草甸湿地生态功能区、祁连山地水源涵养生态功能区（属国家级祁连山冰川与水源涵养保护区）；省级限制开发区 3 个，即青海湖草原湿地生态功能区、柴达木荒漠生态功能区、东部黄河阶地水土保持生态功能区。

农业地区要保护耕地，提高耕地质量，优化布局结构，改善生产条件，逐步提高农业效率和竞争力，建成保障农产品供给安全的重要区域。生态地区要以修复生态、保护环境和提供生态产品为首要任务，建成保障国家、省域生态安全的主体区域，全省矿产、水电等特色优势资源点状开发的区域，人与自然和谐相处的示范区。

青海省域国家级禁止开发区有国家级自然保护区、国家级重点风景名胜区、国家级森林公园、国家级地质公园等四类 17 处，省级禁止开发区有省级自然保护区、省级重点风景名胜区、省级森林公园、历史文化遗产保护地、重要水源保护地等五类 360 处。

国家和省级禁止开发区是点状分布的生态功能区、重要的水源保护地、基本农田保护区、珍稀动植物基因资源保护地、自然文化资源的重要保护区域。

四　结语

本文详细阐述了地理信息技术在青海省主体功能区规划编制中的应用，所有分析结果均采用图件与图表的形式进行了直观性表达。

由于资料、科研水平及其他方面的局限，本文借助地理信息技术划分主体功能区的方法还存在一定的局限和问题，有待在进一步研究中加以完善。

目前，将 GIS 技术应用于主体功能区规划中的研究还处于初级阶段，但 GIS 技术在主体功能区规划中已表现出了巨大的潜力，通过这次实践表明，将地理信息技术与青海省主体功能区规划相互结合，不但可以检验划分成果的科学性，而且可以提高工作效率，使得规划过程走向定量化、科学化和空间化。

参考文献

龚健雅：《地理信息系统基础》，科学出版社，2001。

青海省主体功能区规划基础研究课题组：《青海省主体功能区规划基础研究报告》，2008。

青海省主体功能区规划编制工作领导小组办公室：《青海省主体功能区规划（2009～2020年）》，2009。

经济建设篇

ECONOMIC CONSTRUCTION

提高测绘保障服务能力 服务海西经济社会发展

何清和*

摘　要： 全面推进海峡西岸经济区（以下简称为“海西”）建设，进一步凸显海西的战略定位，具有十分重要的意义。落实海西建设的重大任务，测绘工作势在先行，重在先行。本文介绍了福建测绘局围绕服务海西全局，加强福建测绘能力建设，实现测绘发展方式的根本转变，为海峡西岸经济区建设提供可靠、优质的测绘保障服务措施的情况。

关键词： 海峡西岸经济区　测绘保障　地理信息服务

21 世纪头 20 年，是福建省全面推进海峡西岸经济区（以下简称为“海西”）

---

* 何清和，福建省测绘局党组书记。

建设的关键时期，全省广大测绘工作者应当从全局和战略的高度出发，以科学发展观为统领，充分认识国家支持福建省海西建设的重大意义，牢牢把握重大的发展机遇，以更加开阔的视野，更加昂扬的斗志，更加扎实的作风，努力为全面推进海西建设提供全面、及时、有效的优质测绘保障服务，为全国发展大局和祖国统一大业作出新的贡献。

一　建设海西，测绘工作必须先行

2009 年 5 月，国务院发布了《关于支持福建省加快建设海峡西岸经济区的若干意见》（以下简称《意见》）。《意见》指出：必须立足于发挥海峡西岸经济区独特的对台优势和资源优势，以科学发展观统领经济社会发展全局，加大先行先试力度，进一步凸显海西的战略定位。把海西建设为两岸人民交流合作先行先试区域；服务周边地区发展新的对外开放综合通道；东部沿海地区先进制造业的重要基地；我国重要的自然和文化旅游中心。进一步明确了海西的战略定位和目标任务，使海西发展战略从地方战略上升为国家战略。胡锦涛总书记、温家宝总理等中央领导先后视察福建，对海西发展寄予厚望，为加快海西建设指明了方向。温家宝总理在十一届全国人大三次会议上的政府工作报告中指出，“支持海峡西岸经济区在两岸交流合作中发挥先行先试作用”，令人鼓舞、催人奋进。这是福建省经济社会发展的一个新的里程碑，标志着福建海西建设进入了一个崭新的发展阶段，同时，也标志着福建省测绘事业发展站在了一个新的起跑线上。

在信息化时代的今天，测绘在国家政治、经济、文化、国防建设和人民群众生活等各方面的作用越来越重要。基础地理信息不仅是国民经济和社会信息资源的重要组成部分，也是海西发展战略研究、行政决策、制定规划、项目建设、科学管理，以及实施一切重大战略举措所必需的重要基础地理信息平台。测绘成果广泛应用于海西经济社会发展中，应用于自然资源管理、公共安全和公共卫生、灾害管理与应急反应、项目选址、规划设计、交通运输、旅游服务、生态环境评价等各个方面。地理信息系统（GIS）、全球卫星定位系统（GPS）、遥感信息系统（RS）技术与测量等技术的综合应用和产业化，不但在地球系统科学、资源与环境科学以及农业、林业、地质、水文、城市与区域开发、海洋、气象等科学研究，推进信息化和海西各项事业的建设和发展中发挥着重要作用，而且，将促进新兴的地理信息产业快速发展，创造海西经济体中新的增长点。在有关政策的支持鼓励下，地理信息产业将会迅速发展成为新兴的高科技产业集群，并对海西经济增长、社会发展进步等方面作出重要贡献。

因此，落实海西建设的重大任务，测绘工作势在先行，重在先行。必须充分发挥好测绘对国民经济、社会发展的基础性、前期性作用，发挥测绘工作特有的优势，在先行中拓展服务领域，转变发展方式，增强发展后劲，为海峡西岸经济区建设提供可靠、优质的测绘保障服务。

二　正确认识福建测绘工作形势，增强测绘事业发展的紧迫感

随着“数字福建”空间地理基础框架建设的进展，2006 年底，福建率先一步在全国完成了覆盖全省 1∶10000 比例尺的数字线划图、数字影像图、数字高程模型数据库的建设，建成了覆盖全省的 1∶10000 比例尺基础地理信息系统；建设更新了 1∶50000 比例尺地名数据库和 1∶250000 比例尺基础地理信息数据库。紧接着开发建设了全省三维地理信息系统和全省卫星遥感影像数据库；实现了全省测绘成果目录服务网站中央与省级、省级与设区市的互联互通；基本建成了全省 GPS 卫星地面跟踪站服务系统。目前，正在加快建设全省地理信息公共服务平台，大力推进测绘成果的社会化、大众化应用。

近年来，福建测绘部门为政府部门决策，为海西交通、港口、能源等重大基础设施工程项目规划建设，为维护社会稳定、社会公共事业，为改善民生，为加强公共管理、防灾减灾、旅游服务、公共安全管理、国土资源管理、能源规划、环境保护、林业建设等开发了各类专题三维地理信息应用系统，有效地促进了政府各部门服务海西发展的能力。同时，也加快了“数字福建”建设的进程。通过军民共建，也为国防建设、军队信息化提供了大量的地理信息服务；随着国家测绘局在莆田、泉州开展“数字城市”建设试点和面上推广，将有效地促进全省市、县基础测绘工作的开展和测绘保障服务水平的提高。

从总体上说，福建测绘事业实现了十个重大的转变：一是测绘工作的重心由过去单纯组织生产地图转变到基础地理信息数据采集、更新，测绘成果开发应用

和大力提高公共服务水平上来；二是测绘生产由过去传统模拟的技术体系转变到数字化生产技术体系，现在正加快向信息化测绘技术体系转变；三是测绘成果由过去单一的模拟纸质图向丰富多彩的多源、多尺度、结构趋于合理、满足用户需要的数字化成果和专题地理信息系统转变；四是测绘生产由过去主要靠投入大量劳动力的粗放人工作业，转变到主要依靠现代信息技术设备、科技创新和提高作业人员综合素质的轨道上来；五是测绘服务对象由过去主要为工程建设、施工单位提供地图，转变为主动服务行政管理、科学决策、经济社会发展、改善民生等全方位服务上来；六是地理信息资源建设由过去主要以开展省级基础测绘工作为主，转变到抓好省级，推动市、县，促进省、市、县三级基础测绘统筹协调发展、加快新农村建设保障用图的格局上来；七是测绘成果由过去静态的被动服务，转变到与有关部门共建共享、深度加工和开发、推进社会化、大众化应用，主动服务地理信息产业发展上来；八是测绘管理工作由过去主要靠省级，转变到发挥市、县测绘行政管理部门作用，同时发挥行业协会自我教育、自我管理、自我服务的作用，完善全省测绘管理体系，推进全省测绘工作统一监督管理和科学管理的格局上来；九是测绘基础设施建设由过去全部依靠财政投入，转变到以财政投入为主，部门配套建设，提高测绘部门自身可持续发展能力的轨道上来；十是承担测绘保障服务工作由过去主要依靠国家事业单位，转变到发挥民营测绘企业作用，实现国家测绘事业单位、国有测绘队伍、民营测绘企业共同参与、公平竞争、和谐发展的大测绘格局中来，实现了福建省测绘事业又好又快发展。

目前，全省有测绘队伍 347 个（其中甲、乙级 49 个），从业人员近 6000 人，测绘服务产值近 6 亿元。通过加强管理，推进测绘科技自主创新，从基础测绘到测绘成果开发应用，从专业测量到建立地理信息系统，为全省经济社会发展提供了全方位的测绘服务，促进了福建省地理信息产业的快速发展，全省测绘事业进入了跨越式快速发展的新阶段。就全省的测绘队伍能力而言，基本上能够满足为海西建设提供优质测绘保障服务的需要。

但是，我们也应当清醒地看到，就福建测绘工作与海西建设对测绘保障服务的旺盛需求相比，还存在许多不足和问题，主要是：不少市、县测绘行政管理机构还不健全，管理职能、工作职责、人员和经费落实不够，工作开展不太平衡，测绘统一监管还未完全到位；县（市）政府公共财政投入不足，基础测绘工作滞后，基础地理信息资源相对短缺；基础地理信息现势性较差，更新周期难落实，政府测绘公共服务保障能力有待迅速提高；测绘高科技人才缺乏，测绘自主创新能力不强；地理信息产业规模较小，还未形成产业集群效应等。这些问题的存在，不仅影响了福建省测绘公共服务水平的提高，直接影响到福建省经济建设社会发展和信息化的进程，也影响到地理信息产业的快速发展。我们必须站在服务海西建设的全局，增强紧迫感，统筹协调、奋发有为、卓有成效地开展工作。

三 围绕服务海西全局，大力提高测绘保障服务水平

2010年春节期间胡锦涛总书记在福建视察时指出，要牢牢把握国家鼓励东部地区率先发展、支持福建省加快建设海西西岸经济区的重大历史机遇，以更加开阔的视野、更加昂扬的斗志、更加扎实的作风，努力推动福建经济社会又好又快发展。我们应当围绕服务海西全局，全面贯彻和落实科学发展观，切实加强福建测绘能力建设，以全面提高测绘保障服务水平为中心，以地理信息获取实时化、数据处理自动化、成果服务网络化和成果应用社会化为目标，不断创新测绘工作体制、机制，实现测绘发展方式的根本转变，为海西发展提供全方位的测绘保障服务。

一是加快完善测绘工作体制、机制，创造测绘事业发展的良好制度环境。进一步强化市、县人民政府测绘工作职责，加强市、县测绘行政主管部门建设。建立政令畅通、指导有力、行政高效、反馈迅速的工作运行机制，完善对市、县测绘科学发展年度工作目标责任制考核体系，切实提高各级测绘主管部门履职能力。认真解决好部分市、县测绘行政主管部门工作必需的人员编制和经费问题，促进市、县测绘工作的平衡开展，实现测绘工作的统一监督管理。完善测绘法律法规体系，加快与《测绘法》配套的地方法规、政府规章和管理制度的建设，全面推进测绘依法行政。完善测绘与地理信息技术、标准体系建设，研究扶持地理信息产业发展政策，规范各类测绘活动行为，从制度上保证全省测绘事业的健康、可持续发展。

二是科学合理规划测绘事业发展。切实谋划好“十二五”测绘工作，推动测绘事业新发展。全面总结“十一五”测绘事业发展的成功经验，围绕海西建设全局，认真开展测绘发展规划研究，理出清晰的发展思路，明确阶段性测绘工作的奋斗目标，把测绘事业发展融入整个海西大发展的大格局之中。着力抓好

“十二五”测绘事业发展规划和“十二五”基础测绘专项规划编制工作，精心谋划“十二五”重大测绘项目，通过大项目带动事业大发展，加强测绘能力建设，大力提高测绘保障服务水平。同时，在规划的指引下，促进测绘成果的增值服务和深度开发应用，制定鼓励优惠政策，鼓励民营测绘企业发展，鼓励地理信息产业向高科技园区集中，推进产业聚集区建设，努力建设地理信息产业合作试验区，形成产业规模和较高效益，积极促进地理信息产业的快速发展。

三是围绕信息化测绘技术体系，加快测绘基础设施建设。完善省级数字化测绘生产基地建设，不断提高测绘生产技术装备水平和科技创新能力。装配低空无人飞行器航测遥感系统，积极争取建设“像素工厂”，争取国家测绘成果档案存储与服务设施项目和省级测绘成果档案馆建设项目，促进测绘生产技术设备及其管理手段的优化升级。加快已建设的全省连续运行卫星定位服务系统的完善工作并将其投入运行，尽快形成覆盖全省国土、陆海统一的高精度现代测绘基准体系，以快速地获取高精度、实时动态的空间地理信息，大力提高福建省基础地理信息快速获取能力和测绘应急保障能力。切实加强测绘信息的安全保障基础设施建设，及时配备必需的关键设备，确保信息安全。

四是加快“数字福建”空间地理基础框架建设，统筹城乡基础测绘工作，极大丰富地理信息资源。在完成第一代数字化基础测绘成果全省覆盖和建设三维地理信息系统的基础上，加快完善和更新全省遥感影像数据库。同时，推进大、中比例尺基础地理信息数据的测制和更新，实现基础地理信息资源数量增加、质量提高和结构优化。要积极研究和采用新技术和应用多源地理信息资源，建立对省级基础地理信息系统进行定期更新、快速更新和实时更新相结合的更新机制，及时更新省级基础地理信息数据库、全省三维地理信息系统和卫星遥感影像数据库，努力使基础地理信息的现势性和海西经济社会发展相匹配。以“数字城市”建设为抓手，加强区域协调，统筹城乡测绘事业发展，大力推进市、县级基础测绘工作，丰富省、市、县地理信息资源建设，以较好的现势性和丰富的地理信息，满足不同用户的需求。完善地理信息资源共建共享机制，建立和完善省、市、县测绘部门之间，测绘部门与其他部门之间的数据交换和共享合作，促进地理信息成果共建共享的制度化和规范化。

五是服务社会主义新农村建设，为夯实“三农”发展奠定基础。要加快完成省委、省政府确定的21个小城镇建设试点的测图工程，保证规划建设的需要。

继续全面实施“一县一图”、“千镇万村”测图工程，提供新农村建设测绘保障服务。加强省、市、县基础测绘工作的有机结合和统筹协调，加大对经济欠发达地区农村和革命老区乡村的支持力度，免费为乡村规划建设提供大比例尺地形图。推动全省卫星定位综合服务系统（FJCORS）在地籍成果的实时或准实时更新、土地勘查定界、农村土地产权登记、建设用地报批、土地利用规划等国土资源管理工作和其他方面的广泛应用，服务城乡经济建设和社会管理。

六是大力提高测绘成果分发服务水平，促进地理信息的社会化、大众化广泛应用。在维护更新全省基础地理信息数据库、全省三维地理信息数据库和加快建设和完善全省遥感影响数据库的基础上，加快省级地理信息公共服务平台和公开版地图数据库的建设，向社会公众提供权威、标准统一的地理信息服务。加快市、县基础地理信息分发服务接点建设，尽早实现国家、省、市、县地理信息资源互联互通。加强测绘成果和目录汇交，进一步完善基础地理信息数据成果分发服务体系建设，加快实现省、市、县分发服务体系与国家测绘局的连接，提高向公众提供测绘成果服务的质量和时效。扩大对地理信息产品、服务和成效的宣传，激发社会对地理信息服务的需求，促进地理信息产品的产业化、社会化，促进地理信息与互联网、物联网的结合，推进社会信息化进程。建设面向社会公众的、权威的地图网站，大力开发公共地图产品，繁荣地图市场，让丰富的地图产品快速进入千家万户，为百姓带来方便的服务。要积极把测绘的资源优势、技术优势和人才优势，转变为经济优势，支持民营企业积极开展地理信息的开发应用和导航定位、智能交通、物流监控、电子商务等商业性地理信息服务，促进地理信息产业快速发展。广泛开展定位、监测等服务。不断提高测绘成果开发利用和地理信息技术服务产值在测绘经济总产值中的比重。

七是大力加强人力资源建设。要树立三种观念，即人才资源是第一资源的观念，人人都能成才、都能作贡献的观念，实现人的全面发展的观念；要抓住三个环节，即培养人才、吸引人才和用好人才。要按照数量充足、结构合理、素质较高的要求，培养造就一支全面贯彻落实科学发展观，熟悉测绘工作的党政（行政管理）人才队伍；一支掌握现代测绘知识和技术、创新能力强的专业技术人才队伍；一支经营管理水平高、市场开拓能力强的测绘经营管理人才队伍；一支爱岗敬业、技艺精湛的测绘生产人员队伍。要大力支持和鼓励年轻人，在科研生产一线承担重大测绘项目，在实践中锻炼成长，争做学科带头人。加强地理信息产业人才开发、培训和人才引进等服务工作，建立有利于人才辈出、人尽其才、才尽其用和服务发展的充满生机与活力的人才工作机制，不断提升测绘队伍的整体实力。发挥测绘学会、测绘行业协会等社团组织的桥梁纽带作用，扩大闽台测绘行业技术交流与合作，相互学习，共同开展地理信息新产品、新技术的研究开发，为两岸人民交流提供更多的测绘服务。

八是加强测绘文化建设，树立新时期测绘工作新形象。测绘文化包含了测绘行政文化、测绘服务文化、测绘企业文化，三者相互联系，相互促进，相互作用，构成了测绘文化的有机整体，形成测绘事业可持续发展的强大动力，也是精神文明建设的重要内容。我们要大力弘扬“热爱祖国、忠诚事业、艰苦奋斗、无私奉献”的测绘精神，用测绘文化的强大凝聚力和测绘人的高尚品德，激励和鼓舞广大测绘职工，把单位的发展、测绘事业的进步与职工的利益紧密地结合起来，把个人的理想融入为海西建设提供优质的测绘保障服务中来，把个人的奋斗引导到在本职工作岗位上创一流业绩上来。加强测绘单位诚信体系建设，积极促进测绘为海西建设提供更好、更多的保障服务，在海西建设中建功立业。

我们必须解放思想，锐意改革，创新思维，树立服务优先的理念和大测绘、大产业的工作思路，忠实履职，统筹协调，科学发展，整合资源，将全省测绘行业拧成一股绳，全省测绘工作者同使一股劲，围绕海西，服务海西，为海西的繁荣进步作出测绘人的应有贡献。

测绘服务新农村建设的战略研究

白贵霞*

摘　要：测绘成果作为国家基础性、公益性、战略性的地理信息资源，在新农村建设中具有迫切的需求。本文分析了农村建设需求和面临的现状，结合新农村建设测绘保障服务示范项目的实践与经验，针对农村地区的实际需要，给出了测绘服务新农村建设的工作内容和技术方法，提出了实施“万村千镇百县测绘工程”的建议。

关键词：新农村建设　测绘　保障服务

一　农村测绘成果现状

测绘成果作为国家基础性、公益性、战略性的信息资源，如何统筹规划、科学部署，满足新农村建设的迫切需求，妥善处理农村地区经济社会发展与公益性测绘保障服务的突出矛盾和关键问题，是新形势下测绘部门需要认真研究的重要课题。

我国幅员辽阔，绝大部分地区属于农村。长期以来，经济发展的中心在城市，对城镇区域地理信息的关注度较高，农村区域则考虑较少，大比例尺地形图几乎全部集中在大中城市的城区。由于受经济发展的制约，加之缺少国家和地方专项投入，农村地区测绘成果资料匮乏、内容陈旧、形式单一。大量农村地区还处于大比例尺地形图空白区，施测过1:10000地形图的区域也只占陆地国土面积的48%。近年来蓬勃发展的地理信息系统建设，对各个行业都有所结合、渗透，但却很少有以农业、农村为主要关注对象的建设项目，长此以往将严重影响和制约当前新农村的规划建设和协调发展。

---

* 白贵霞，陕西省测绘局局长。

二　农村地区对测绘成果的需求

（一）县域经济建设

十七大报告将“壮大县域经济”作为统筹城乡发展、推进社会主义新农村建设的一个重要内容。县域经济具有地域性，它涵盖县级行政区划内的广阔区域，需要对该区域进行全面了解和统筹规划，并以此为基础按市场经济原则吸纳、配置更多的资源和要素，因而需要县域完整、细致的地理空间信息资源。

（二）村镇规划

村镇规划和建设是新农村建设和城镇化发展的重要内容。利用客观、精准的地理信息，能够促使村镇的规划更加合理、科学，减少建设的盲目性，避免生态的破坏；能够使人们对自然环境的认识更加客观、全面，有助于各种自然灾害的防治和避险，从而使农村的建设更加符合科学发展的要求。

（三）基础设施建设

基础地理信息数据是交通、电力、水利、土地利用、环境治理等各个领域规划、设计、施工的重要基础资料，对工程的合理选址、最优施工方法选择等具有重要参考意义，在有效节约工程投资、提高施工效率中起到关键作用。

（四）防灾减灾、应急保障

农村地域广阔，自然环境条件复杂，是滑坡、泥石流等灾害多发的地区。同时，还有各种与农作物有关的病虫害、与畜牧养殖有关的病毒传播等灾害，对农村经济的发展和人民的生活产生巨大的影响。全面、准确的地理信息数据是提高农业自然灾害预测和预警水平，加强对突发事件的监控、决策和应急处理能力的重要基础。

（五）农业发展

随着经济的发展和人口的不断增加，土地的负担逐年加大，土地的可持续利用性降低。高分辨率的遥感影像可以对地表状况进行客观、细致的反映，对生态和环境的变化进行动态、持续的监测，可以方便、快捷地进行分析。基础地理信息是规划、开发、利用农业资源的基础，也是天然林保护、退耕还林还草和湿地保护等生态工程不可或缺的保障。通过地理空间信息的表达、查询、统计，提供农业相关信息的分布和数量；通过地理信息的及时更新、识别、收集，对规划、决策实施结果进行监督、测量，从而全面保障农业的科学和可持续发展。

（六）农村和农民生活

农产品批发市场信息和农村市场供求信息是农村经济的重要信息，以地理信息为表现载体，能够提供直观、灵活、丰富的数据表现形式，提高信息的服务能力。农村特色信息以地理信息为基础，表现得更受公众欢迎。农村旅游、农村现代物流等是农村经济发展的重要内容。利用内容、形式丰富的地理信息服务，以公众喜闻乐见的表现形式提供信息服务，促进信息的获取、交流和共享，促进农村发展。

（七）其他涉农重点项目

农村区域地理信息作为基础数据，在土地管理、基本农田管理、土地分等定级、土壤普查、农业普查、科学化农业等方面发挥作用；在优质粮食工程、农村沼气工程、重点防护林工程、江河治理工程等农业重点项目上提供基础支持。

三　新农村建设测绘保障服务示范项目建设情况

为尽快解决农村地理信息滞后新农村建设测绘保障需求问题，2007 年起，国家测绘局在各省、自治区、直辖市测绘行政主管部门组织本区域试点工作的基础上，启动了新农村测绘保障服务示范项目，取得了很好的效果。

陕西省测绘局利用最新的 1∶25000 航空摄影资料及已有省级基础测绘控制资料进行二次区域网空中三角测量，低成本、快速高效地测绘了西安市约 4200 多平方公里的 1∶2000 新农村建设规划用图。黑龙江省测绘局编制了集市情信息、地理环境、行政区域、土地资源、乡情详情于一体的《五常市新农村建设专题图集》。云南省测绘局以现有的基础地理信息数据为基础，通过加载数字乡村建设的各类专题信息，建成了集基础地理信息和数字乡村建设专题信息为一体、可进行各类新农村建设专题信息查询、运行于政务网上的服务于新农村建设的勐腊县数字乡村地理信息系统服务平台。北京市规划委完成了涵盖市域村庄规划信息、地形图信息、经济人口信息的大型空间数据库和村庄规划管理地理信息系统建设。这些成果为当地新农村建设提供了有力的测绘保障。

自新农村建设测绘保障服务工作开展以来，各地测绘行政主管部门累计测绘各类地形图和影像地图78600余幅，编制专题地图390多张，建设县域基础地理信息平台11个，开发涉农地理信息服务系统21个，全国农村地区测绘成果短缺、更新缓慢的问题得到缓解，“一县一图”、“一乡一图”、“一村一图”目标顺利推进。

四　涉农测绘产品的基本技术规定

为了指导全国新农村建设测绘保障服务工作，明确新农村建设测绘保障服务的成果内容、技术要求、质量控制等内容，通过示范项目的实施，陕西省测绘局初步摸索出一套快速高效采集农村基础地理信息数据的技术方法。农村基础地理信息主要包括农村基础地图、数字高程模型和农村基础影像地图。其中，农村基础影像地图是以航空、卫星遥感影像作为数据源，经逐像元微分纠正，按一定范围镶嵌、裁切生成正射影像数据，叠加地名注记、行政境界和相关涉农信息形成的复合数字地图产品，是紧密结合新农村建设实际需求设计的新图种。

（一）农村基础地图

农村基础地图的基本内容包括：测量控制点、水系、居民地及设施、交通、管线等。为满足不同地区、不同层次的需求，在标准图件规范精度的基础上进行放宽，将农村基础地图各比例尺的精度指标划分为三级。地物点对最近野外控制点的图上点位中误差按表1的规定。

基本等高距也可根据用图实际需要做适当调整，高程注记点和等高线对最近野外控制点的高程中误差按表2的规定。

特殊困难地区的平面和高程中误差可根据需求适当放宽，两倍中误差为最大误差。

表 1　地物点对最近野外控制点的图上点位中误差

单位：毫米

成图比例尺	地形类别	平面中误差		
		一级	二级	三级
1:500、1:1000、1:2000	平地、丘陵地	0.6	0.9	1.2
	山地、高山地	0.8	1.2	1.6
1:5000	平地、丘陵地	0.5	0.75	1
	山地、高山地	0.75	1.1	1.5

表 2　高程注记点和等高线对最近野外控制点的高程中误差

单位：米

成图比例尺	地形类别	注记点高程中误差			等高线高程中误差		
		一级	二级	三级	一级	二级	三级
1:500	平　地	0.2	0.3	0.4	0.25	0.37	0.5
	丘陵地	0.4	0.6	0.8	0.5	0.75	1.0
	山　地	0.5	0.75	1.0	0.7	1.0	1.4
	高山地	0.7	1.0	1.4	1.0	1.5	2.0
1:1000	平　地	0.2	0.3	0.4	0.25	0.37	0.5
	丘陵地	0.5	0.75	1.0	0.7	1.0	1.4
	山　地	0.7	1.0	1.4	1.0	1.5	2.0
	高山地	1.5	2.25	3.0	2.0	3.0	4.0
1:2000	平　地	0.35	0.6	0.8	0.5	0.75	1.0
	丘陵地	0.5	0.75	1.0	0.7	1.0	1.4
	山　地	1.2	1.8	2.4	1.5	2.25	3.0
	高山地	1.5	2.25	3.0	2.0	3.0	4.0
1:5000	平　地	0.35	0.5	0.7	0.5	0.75	1.0
	丘陵地	1.2	1.8	2.4	1.5	2.25	3.0
	山　地	2.5	3.75	5.0	3.0	4.5	6.0
	高山地	3.0	4.5	6.0	4.0	6.0	8.0

应充分利用已有的野外控制成果或空三加密成果，其精度满足要求时，可转判至最新航空影像上作为区域网平差的控制点进行二次加密，获得测图定向点。无控制成果或已有控制成果控制点变化较大无法使用时，应进行野外施测，也可从高于成图精度的地图或地图数据上选判明显地物点，转判至最新航空影像上作为区域网平差的控制点，经区域网平差加密后用于测图。

（二）数字高程模型

1∶1000、1∶2000 和 1∶5000 数字高程模型（DEM）成果格网间隔分别为 1 米、2 米和 5 米。农村数字高程模型成果的精度按三级划分，制作时应根据本地区资料源和用途实际情况选择。格网点对于附近野外控制点的高程中误差按表 3 的规定。

表 3　格网点对于附近野外控制点的高程中误差

单位：米

成图比例尺	地形类别	高程中误差		
		一级	二级	三级
1∶1000	平　地	0.5	0.75	1.0
	丘陵地	0.7	1.0	1.4
	山　地	1.0	1.5	2.0
	高山地	2.0	3.0	4.0
1∶2000	平　地	0.5	0.75	1.0
	丘陵地	0.7	1.0	1.4
	山　地	1.5	2.25	3.0
	高山地	2.0	3.0	4.0
1∶5000	平　地	0.5	0.7	1.0
	丘陵地	1.2	1.7	2.5
	山　地	2.5	3.3	5.0
	高山地	3.0	4.5	6.0

数字高程模型内插点的高程中误差按 1.2 倍控制，特殊地区高程中误差可放宽 0.5 倍，两倍高程中误差为采样点数据最大误差。

（三）农村基础影像地图

农村基础影像地图（DOM）的精度按成图比例尺分为三级，制作时应根据资料源和用途选择不同的产品精度。农村基础影像地图（DOM）影像间接边限差按表 4 的规定。不同分辨率影像之间接边时，按低分辨率的接边限差要求执行。

表4　农村基础影像地图（DOM）影像间接边限差

单位：像素

精度级别	一　级		二　级		三　级	
地形类别	平地、丘陵地	山地、高山地	平地、丘陵地	山地、高山地	平地、丘陵地	山地、高山地
影像接边限差	2	3	3	4	4	6

根据影像数据源的情况，成图比例尺为1∶1000、1∶2000和1∶5000的正射影像地面分辨率分别要达到0.2米、0.4米和1米。无论采用何种分辨率，其在X、Y轴方向的分辨率应一致。

（四）农村区域地图

农村区域地图以行政区域为单位，原则上以县、镇（乡）独立行政区域为单元分幅，并以此为基础进行选题、设计、编制。农村区域地图制作以基础地理信息为基础，以各级行政区域为单位，主要反映各级行政区划、水系结构特征、交通网络建设、居民地分布、水利电力设施、农村管网布局、旅游资源状况等信息。农村区域地图根据地理底图情况，可以编制农村区域线划地图或影像地图。

成图比例尺依农村区域地图的区域面积和幅面规格确定。农村区域地图平面地物点对最近野外控制点的点位中误差一般不得大于图上0.75毫米。也可根据本地区用图需求和资料情况确定成图精度。

农村区域地图数学基础一般与地理底图的数学基础一致，可采用大地坐标系，以经纬度形式表示坐标。根据实际应用需要，经编绘处理形成产品后也可以不再保留坐标。

（五）农村专题地图编制

农村专题地图主要反映农业、农村、农民的特点，主要包括交通图、旅游图、经济图等。编制反映国、省、县、乡、村道和专用公路及相关交通信息的交通图；编制服务于农村招商引资、旅游资源开发的乡村旅游图、生态旅游图；编制反映农村特色经济、“一村一品”的特色图；编制涉及农村水土保持、退耕还林、自然灾害、防沙治沙、农田保护、水电资源的专题图。专题地图信息分类及内容如表5所示。

表5　农村专题地图专题内容

一级分类	二级分类	专　题　内　容
自然条件	地　貌	地貌类型、特殊地貌、地势等
	气　候	高温气流、太阳辐射、日照、气温、降水、风力风向等
	水　文	水系流域、泾流、河流流量、水质等
	土　壤	土壤类型、土壤母质、土壤养分、土壤化学等
	植　被	植被类型、植被区系等
	动　物	动物区系、动物分布等
自然资源	水资源	地表水资源、地下水资源等
	土地资源	土地资源类型、土地覆盖、土地利用、土地利用变化等
	气候资源	太阳能、风能等
	矿产资源	金属矿产、非金属矿产、能源矿产等
	生物资源	森林资源、草地资源、药用植物资源，其他植物资源、动物资源等
	旅游资源	水域风光、景观农业、遗址遗迹等
基础设施	交通运输	铁路、公路、水运、管道、农村道路等
	水利设施	给排水设施、防洪灌溉设施、调水供水等
	能源设施	水电、地热、输变电设施、热力及燃气管道等
	通　信	邮政、电信、移动通信、广播电视传输服务等
	仓　储	农产品仓储等
社会经济	人　口	人口分布与数量、性别构成、年龄构成、受教育程度、职业构成、民族构成、人口迁移、人口自然变化、家庭、婚姻、生育等
	经济发展	工业、农业、服务业、物流、社会保障等
	社会发展	教育、科研、文化、体育、公共管理等
	医疗卫生	医疗、卫生与保健、疾病、防疫等
	规　划	城乡规划、风景名胜区规划等
生态环境	自然灾害	气象灾害、地质灾害、地震灾害、农作物病虫害、洪涝灾害、干旱灾害、海洋灾害（风暴潮、台风、海啸）、森林火灾等
	环境污染	空气污染、水体污染、固体废弃物污染、土壤污染、光污染、噪声等
	生态环境变化	植被破坏、水质变化、土地沙漠化、土壤侵蚀、土壤盐碱化、土壤退化等
	生态环境保护	自然保护区、地质公园、森林公园、重点保护野生动物、重点保护珍稀植物等
	环境评价	生物丰度指数、植被覆盖指数、水网密度指数、土地退化指数、环境质量指数、环境承载力指数等

（六）涉农地理信息系统建设

涉农地理信息系统是以县域基础地理信息数据为基础，结合农村水土保持、退耕还林、灾害防治、农田保护、旅游开发、招商引资等方面的应用需求，以多比例尺、多分辨率基础地理信息数据为基础，整合县域水系、居民地、交通、管线、境界、地貌、植被和各类与地理位置有关的社会经济信息，搭建县域基础地理信息系统。结合新农村建设部门、用户的需求，集成各种农村资源和社会经济统计等专题信息，利用遥感、卫星定位、地理信息系统等测绘高新技术，开发新农村建设管理系统、农作物生长监测与评估系统、农业资源管理系统、农业综合信息服务系统等涉农地理信息应用服务系统。

涉农地理信息系统的主要功能应包括：地理空间数据的可视化浏览、查询、更新、维护、输出、统计分析功能；农村专题信息的分类编辑、空间化处理、存储管理、空间分析、统计和报表输出功能和元数据管理功能。根据需要可扩展诸如基于部门的业务管理、信息分析和专题应用功能；基于用户的涉农信息分布、查询功能；基于网络环境的综合信息发布、查询功能；涉农专题的辅助决策功能。

五　对新农村建设测绘保障的建议

以科学发展观为指导，紧密结合新农村建设急需，开展新农村建设测绘保障服务。充分利用现有的测绘成果资料，采用高新技术手段快速获取农村基础地理信息，加快开展县、乡区域地图的编制，建设县域基础地理信息系统，开发涉农应用地理信息服务系统等。健全经费投入机制，完善技术体系，创新服务模式，全面提升新农村建设测绘保障能力和服务水平，为农村社会发展提供及时、可靠、适用的测绘保障。实施“万村千镇百县测绘工程”。

（一）万村测绘——农村基础地理信息数据获取

在全国新农村建设重点区域获取10万个村（约15万平方公里）的农村基础地理信息（农村基础地图、影像地图）。测图比例尺以1∶2000为主，占80%；1∶1000和1∶5000比例尺各占10%。

偏远地区要结合小城镇建设的需要开展测绘工作，以满足新农村建设的基本需要为前提，测图比例尺可选用1∶2000～1∶5000。

一般地区要结合经济建设要求开展测绘工作，对一般村镇规划或建设用途，测绘比例尺可选用1∶1000～1∶5000；对重大基础设施建设用图测图比例尺不宜小于1∶2000。

城郊地区要结合城乡一体化的建设要求开展测绘工作，其测绘成果同时满足城市建设和规划管理工作的需要，测图比例尺根据需要可选用1∶1000～1∶2000。

（二）千镇地图——农村区域地图编制

获取覆盖600万平方公里（不含沙漠、冰川等荒漠地区，不含城市建成区）广大农村地区、地面分辨率优于10米的卫星遥感影像。

完成全国2003个县域“一县一图”，每省300个乡镇“一乡一图”。

（三）百县涉农系统建设——涉农地理信息系统建设

完成全国93个县域基础地理信息系统和93个涉农地理信息应用服务系统建设。

新一代城市规划管理系统和数字城市地理空间框架

王 华 陈晓茜 祁信舒*

摘 要：2006年中国第一个数字城市地理空间框架试点建设开展以来，已取得了飞跃的发展，但由于经济社会对其应用了解较少，致使地理空间框架的作用不能很好地体现出来。目前我国正在进入城镇化发展的高峰期，快速的城镇化带来的高成本、低效率、重复建设、过度开发等现实难题，是现时城市规划所面临的严峻挑战。在新形势和新环境下，如何建立起互通、高效、一体化的城市规划管理系统，逐步使信息化、数字化、网络化成为规划管理的基本模式，数字城市地理空间框架建设下的新一代城市规划管理系统将有利于解决这些问题。本文对城市规划管理系统的应用现状和存在的问题进行深入分析，通过对数字城市地理空间框架建设内容的探讨，揭示了框架建设和新一代城市规划管理系统之间的重要联系，并提出了基于框架建设的新一代城市规划管理系统设计与应用的思路。

关键词：数字城市 地理空间框架 新一代城市规划管理系统

城市是经济社会发展最活跃、最快、信息最丰富的区域，也是对测绘保障服务需求最迫切、对地理信息资源更新要求最快的区域。随着我国经济发展，城市建设的规模达到了空前的程度，城市规划部门的工作负荷急剧增加，产生了应用现代信息技术改进规划和管理的强烈需求，新一代的城市规划管理系统呼之欲出。

---

* 王华，湖北省第二测绘院院长；陈晓茜，祁信舒，湖北省第二测绘院。

一　城市规划管理系统的应用现状和存在的问题

城市规划信息化建设起步较早，服务于规划编制和管理的各类应用系统和数据库应运而生，一定程度上提高了规划管理与决策的效率和质量。但规划信息化发展到一定阶段，需要抛开纯技术引导的思路而回归需求，处理大量的历史遗存和信息孤岛的问题，面对信息技术的日新月异导致的系统需求发生的重大转变，发掘制约城市规划管理系统发展的根本原因。

1. 系统无专人进行数据更新、维护，这是所有基于地理信息数据的应用系统都存在的问题

城市规划管理系统的发展具有自身的特点，即系统需要有地理信息数据库为基础，配合各种城市信息，进行综合的统计、分析、应用及辅助决策。这是规划行业的应用系统区别于其他行业的事务性办公自动化系统的一个显著特点。这类系统对其核心内容——数据，尤其是空间数据的依赖性，决定了数据更新和系统维护机制是决定应用系统能否长期使用的关键因素。目前，所有基于地理信息数据的应用系统都缺乏健全的更新机制，以及系统运行维护的专业人才，使得规划管理系统的生命力和发展受到了严重制约。

2. 基础地理数据缺乏统一的空间基准

由于城市规划通常需要多个行业专题因素来决策，而各行业之间未建立一个“无缝”的大地基准，使得规划设计工作中参考其他行业规划设计时，由于依据的空间基准不统一，数据之间不能完全无缝连接，坐标系间的相互转换缺乏统一的严密的转换关系，易出现较大误差，使大地数据成果失去了它的统一性和一致性，进一步影响多因素决策的正确性。

3. 多种规划业务系统并存且独立，数据格式不统一，规划信息资源不能实现跨部门、跨行业的共享互通

规划业务系统涉及行政办公系统、档案管理系统等，依据城市规划信息化程度不同，规划部门相应拥有一个或多个应用系统。这些系统由于数据格式不统一，开发平台、运行环境等的差异，相互之间的关联性和互操作性较弱，规划信息资源存放在不同的系统中，表现为碎片化的应用和关系，同时与规划部门联系紧密的土地、房产等相关部门的信息资源不能实现共享，形成一个个“信息孤

岛”，规划管理工作因行业间资源不能共享而无法快速响应，降低了规划管理与决策的效率。

4. 基础测绘成果的数据组织形式固定，涵盖信息不够全面、规范

基础测绘成果是城市基础信息重要的数据源之一。由于其组织形式的固定性，没有针对规划应用专题来组织数据，既有不符合专题设计的要素冗余以及基础信息存在但不规范的数据冗余，也有采集的信息不全面的缺口，往往需要对数据进行分层、缩编、数据扩充等二次加工的工作，而传统的规划管理系统不具备深加工应用的功能，需另外组织人力去完成深加工工作。

5. 系统平台选择各异，可扩展性差

各城市的规划管理系统在软件平台的选择上，较少考虑今后的扩展性及可操作性。随着信息技术的不断发展，针对规划工作的需求，系统的设计要具有灵活性、可发展性，可以重组和扩展，为未来的规划制度、管理流程、处（科）室职能划分、人员变动留有可能性，也能结合特定需求开发定制。当新的需求产生，而当前的系统又不能满足需求时，在基本上不变动当前系统的前提下，便捷扩展系统的应用范围。做到功能可扩展、需求可定制，才能保证系统的可持续发展。

6. 缺乏二三维联动编辑和三维空间分析功能

许多城市的规划管理系统，是基于二维的 GIS 系统，空间分析仅限于二维环境，例如缓冲分析、路径分析、平面测量、空间索引查询等，缺乏有效的三维空间表达与分析以及二三维联动编辑的功能。二三维联动编辑，将弥补二维 GIS 和三维 GIS 各自的不足，用动态交互的方式实现强大的编辑功能，在此基础上实现城市的三维空间分析功能，是城市规划管理运用空间分析辅助决策的有效手段。

7. 地下管线情况不明，地下管线信息的更新不及时

地下管线是城市基础设施的重要组成部分，掌握和摸清城市地下管线的现状是城市规划、建设和管理的需要。我国城市地下管线管理一直比较薄弱，不少城市地下管线分布情况不明，管线档案资料不完整、不准确、不规范，资料分散保管，城市建设施工缺少系统的管线档案资料可供查询利用，造成城市建设管线事故不断发生。因此，必须做好地下管线信息的采集工作，通过地下管线数据的动态管理，实现地下管线数据的实时更新，才能保证地下管线信息的现势性，填补城市规划管理系统数据库中地下管线信息的空白。

二　数字城市地理空间框架

数字城市地理空间框架建设是数字城市建设的核心任务之一，主要建设内容包括：基础地理信息数据库、地理信息公共平台等（见图1）。

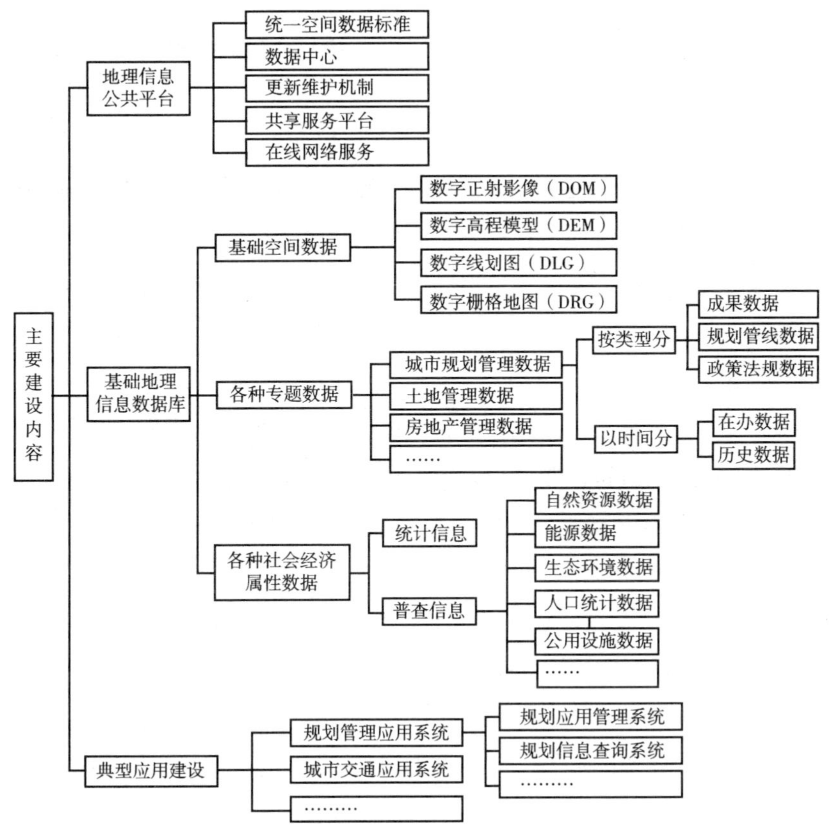

图1　数字城市地理空间框架总体构架图

1. 基础地理信息数据库

数字城市地理空间框架为各应用部门建立统一的基础地理信息数据库，各应用部门可直接共享基础地理信息数据库。它由基础地理信息数据、管理系统及支撑环境组成，主要包括大地测量数据、DLG 数据、DOM 数据、DEM 数据、DRG 数据，以及对数据进行提取、扩充和重组等加工形成的地理实体数据、影像数据、地图数据、地名地址数据、三维景观数据等。

2. 地理信息公共平台

城市基础公共服务平台是面向各行业应用的海量空间数据管理与服务的基础空间数据交换平台，具备个性化应用的二次开发接口和可扩展空间，由数据集、交换管理系统、在线服务系统和支撑环境组成。建立一个强大统一的空间数据资源库和数据共享与交换平台，有序、安全、高效管理空间数据资源，充分挖掘空间数据资源的价值，为城市建设、管理提供更好的空间信息服务。

3. 公共服务体系

公共服务体系是对框架应用服务功能的具体实现，包括地图与数据提供、在线服务系统和支撑环境。地图与数据提供以数据拷贝和提供模拟地图等传统方式对外服务，在线服务系统通过在线方式向用户提供经过组合与封装的地理信息及其服务，满足政府部门、企事业单位和社会公众对地理信息和空间定位、分析的多层次需求。

4. 环境建设及政策法规

支撑环境建设是支持基础地理信息数据管理和维护、支持公共平台运行和维护的软硬件及网络。政策体制建设是指，依据城市的实际情况，建立健全地理空间框架建设须遵守的国家统一制定的基础地理信息分级分类管理、使用权限管理、交换与共享、开发应用、知识产权和安全保密等方面的政策法规。

5. 更新维护机制及人员队伍建设

建立起有效的城市空间数据特别是框架数据更新机制，努力完善城市空间数据的分级、尺度和内容体系，实现数据形式的多样化。吸收专业人才组成运行维护专门部门，负责数字城市地理信息公共平台数据的采集、更新及设备的正常运行维护。

三　新一代城市规划管理系统

（一）框架建设下的新一代规划管理系统的实施目标

1. 规划标准体系的整合

规划信息化指导规范和标准体系建设存在不足或不成体系，是制约系统建设、资源共享的主要因素，也是“信息孤岛”形成的主要诱因。目前在缺乏行

业引导的大环境下，各城市都在努力发展自身的标准体系建设。地理空间框架建设将促进规划行业信息化标准体系的整合，打破“信息孤岛”。

2. 规划数据资源的整合

数据资源的整合是规划信息化建设的核心任务，新一代规划管理系统将完成规划管理相关的规划编制、规划审批和城市现状各类空间和非空间，以及相应的元数据信息的整合，形成设计结构统一、资源完备、存储规范的规划综合数据库。

3. 规划应用系统的整合

根据对城市规划部门业务体系的调研，规划业务主要分为规划管理业务、测绘管理业务、政务管理业务、对外信息服务和档案管理等。新一代城市规划管理系统以核心业务“一书两证”审批为主线，全面梳理、整合和优化现行城市规划管理全过程业务流程，来达到整合现有规划应用系统的目的。

（二）新一代城市规划管理系统的主要功能结构及特点

1. 系统功能模块设计

系统各功能模块如图 2 所示。

2. 内容全面的规划管理数据库设计

新一代规划管理数据库，除直接共享数字城市地理空间框架统一建设的基础地理数据库外，针对规划部门设计了其他专题数据库，如基础空间数据库、规划

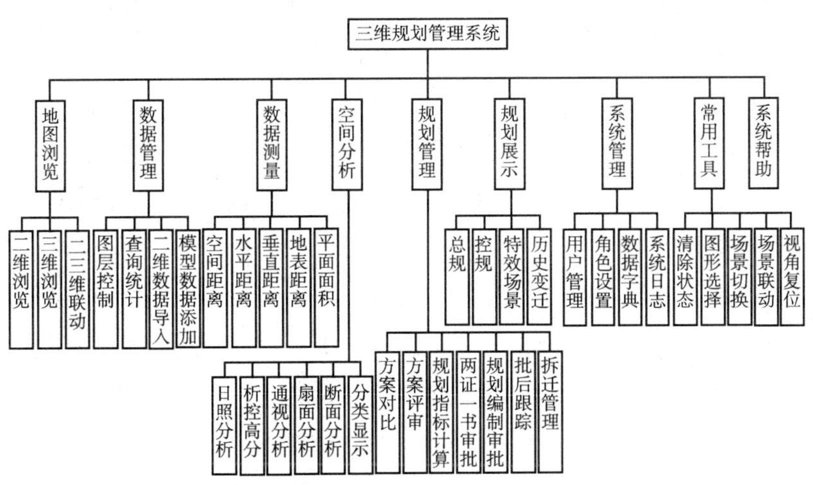

图 2　三维规划管理系统功能模块

成果库、项目审批数据库、档案管理库等，并能根据城市建设的实际需要进行实时扩展。

3. 规划业务审批管理一体化

将“工作流”思想引入新一代城市规划信息管理系统的设计中，按项目线索组织规划审批事项，既能满足日常办公的需求，实现“一书两证”的建设项目申报网上受理、局域网内审批，在审批流程中可以随时获取 GIS 分析结果，增强了审批的科学性，还能对审批结果和规划成果数据进行可选择性网络发布。

4. 考虑城市规划部门的历史和现实，将 CAD 环境融入 GIS 中

采用 AutoCAD 作为图形数据的编辑平台，用于对现有图形资料的查询与规划图形（如红线图）的绘制，同时可转换为 GIS 数据；GIS 平台连接数字城市基础地理数据库，以各种基础数据、规划数据和审批数据为依托，叠加 GIS 空间分析的结果、图件，对空间数据进行分析和管理，也可便捷导出 CAD 数据，来满足规划部门对 CAD 数据的需求。

5. 三维空间分析决策支持

三维空间分析决策支持是新一代城市规划管理系统的最大亮点，真正实现了由二维到三维辅助分析决策的跨越。最大特点在于以下几点。

（1）多方案对比

提供多方案多屏对比分析的功能，用户可以从不同角度、不同方位来观察各个规划设计方案，比较不同方案对城市景观、对周围建筑的影响，以直观的方式评估各个方案的优缺点。

（2）日照分析

在三维可视化基础上动态模拟显示阴影的连续变化，进而可以掌握一天、一段时间甚至更长时间的阴影连续变化。规划人员可以非常便捷的参考其结果调整设计方案，以便满足日照条件。

（3）三维规划方案展示与实时修改

在已有规划方案的基础上，可通过加载矢量模型、建筑物拉伸，设置层数、层高，改变外表材质等快捷、实时的修改规划方案，并可将这些变化直接反映到三维场景中，直接查看这些调整对周围景观的影响，方便领导决策。

（4）二三维联动显示

提供二三维一体化的应用方式，实现二三维多种类型数据之间的编辑联动，保持三维模型数据与二维数据更新一致，并将二维空间分析的结果实时叠加显示到三维场景中，真正实现二维数据编辑三维显示、二维数据查询三维显示、二维数据分析三维显示。

四　结束语

城市规划信息化已经从分散的信息系统向综合、一体化、数据集中等方向发展。新一代城市规划管理系统实现了数据的集中与信息系统的集成基础上的“一张图”模式，它对全面、高精度、现势性强、统一标准的地理信息提出了更高的要求、更广的需求，加速了数字城市地理空间框架的建设步伐。同时，地理空间框架建设也为当今城市规划信息化建设提供了坚实的数据基础和灵活的共享平台，必将加速建立一个业务覆盖全、管理创新、系统集成、结构优化、资源整合、高效便捷的新一代城市规划系统，带来规划信息化工作的全新局面。另一方面，长期以来地下管线信息的采集、更新投入成本较高，导致目前城市地下管线信息采集困难、信息更新缓慢等，新一代城市规划管理系统的问题仍然不能解决。因此，建议将地下管线数据纳入到数字城市地理空间框架建设的基础地理信息数据体系中，统一投入，以让各应用行业共享框架建设的地下管线信息成果。随着国民经济的不断发展，这项投入带来的社会效益和经济效益都将是巨大的。

参考文献

陈真：《数字城市规划总体框架研究》，《数字城市》2010 年第 4 期。

王华、陈晓茜、祁信舒：《数字城市地理空间框架在城市规划部门的重要应用》，《地理空间信息》2010 年第 2 期。

陈军：《论数字化地理空间基础框架的建设与应用》，《测绘工程》2002 年第 3 期。

李建华、李健、高裕山：《城市规划信息化总体框架设计与系统集成》，《数字城市》2010 年第 4 期。

罗静、党安荣、毛其智：《面向服务的数字城市规划平台集成研究》，《北京规划建设》2009 年第 2 期。

我国农林水领域地理信息产业发展与应用

赵修莉　冯仲科*

摘　要：本文探讨了地理信息技术在农业、林业和水利领域中的应用，并就农林水领域地理信息产业发展动力进行了论述。

关键词：地理信息产业　农业　林业　水利　应用

一　地理信息产业及产业链

（一）地理信息产业

地理信息产业是20世纪60年代伴随计算机科学发展起来的新型产业，是以现代测绘技术和信息技术为主导的高技术产业，是采用地理信息技术对地理信息资源进行生产、加工、开发、应用、服务、经营的全部活动，以及涉及这些活动的各种装备、技术、服务、产品的实体的集合体。地理信息产业包括了与测绘、地理位置相关的各类技术所形成的产业资源与产业活动。地理信息产业作为复杂的信息技术、信息产业与地理信息的结合产业，有产业与地理特征的特点，更重要的是它依托一个传统行业——测绘业，是测绘业内部一股新兴的力量。主要产业活动包括：硬件制造、数据生产、软件开发、信息服务等。

地理信息产业有如下特征：①是知识、技术、智力密集型产业；②是高渗透

---

* 赵修莉，北京林业大学测绘与3S技术中心；冯仲科，教授，北京林业大学测绘与3S技术中心主任。

型和独立型相结合的产业；③是高就业型产业；④是低耗高效的高增殖型产业；⑤是受技术进步影响大、增长快、综合性强的复合型产业。

（二）地理信息产业链

地理信息产业组成要素依据前后向的关联关系组成的一种网络结构称为地理信息产业链。地理信息产业主要由测量产业、卫星导航定位产业、遥感产业、地理信息系统产业、地图服务产业组成。各产业活动有机分布在产业链上不同位置，相互作用共同促进产业发展（见图 1）。

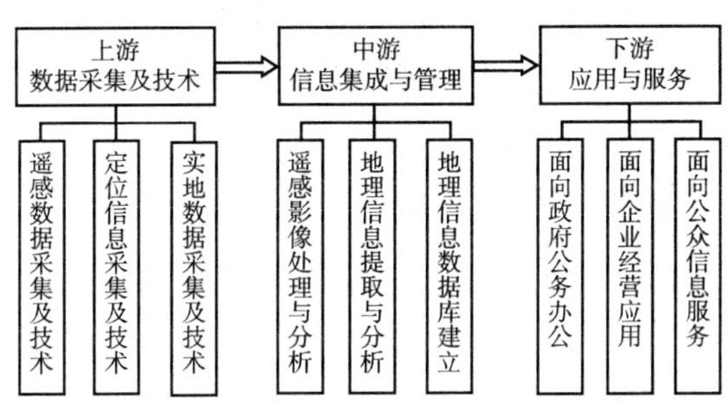

图 1　地理信息产业链及产业活动

1. 产业链上游：数据采集及技术

遥感数据采集及技术方面主要包括：遥感卫星地面接收技术、航空摄影遥感数据获取技术、三维激光雷达技术、航空数字测量技术等。定位信息采集及技术方面：以卫星导航定位技术为主导，其产业活动包括接收机硬件（含芯片）、软件研发，导航接收机生产和研制、车辆监控系统集成车辆导航系统集成等类型。实地数据采集技术：以测量为主要技术手段，进行外业实测。主要使用的仪器设备有全站仪、GPS RTK。主要进行为生产实践提供基础数据的大地测量、地籍测量、管线测量等。

2. 产业链中游：信息集成与管理

（1）多元数据的集成

多元数据的集成主要体现多语义、多尺度、多精度、多数据类型、多空间参考系、多时态特征、多数据存储类型等数据的集成使用；利用多源空间数据无缝集成技术（SIMS）实现与格式无关、位置无关的数据集成；并可直接基于这些

数据格式进行拓扑关系建立、网络拓扑分析等工作。目前使用的软件主要有Intergraph公司的GeoMedia和北京超图地理信息技术公司的SuperMap5。

（2）信息集成与管理技术

3S技术以GIS、RS、GPS为基础，集信息获取、信息处理、信息应用于一体，突出表现在信息获取与信息处理的高速、实时以及信息应用的高精度、可定量化方面。GPS主要被应用于实时、快速地提供目标；RS用于实时或准实时地提供目标及其环境的特征；GIS技术用于对各种调查数据进行汇总和分析，是空间信息的动态管理与综合分析技术。“3S”集关键技术、虚拟现实技术和三维仿真技术于一体，将虚拟地理环境带入GIS，可以模拟反映地学特征，处理与地学相关的属性要素，GIS用户在处理三维客观世界的虚拟环境中能更有效地管理、分析空间实体数据。

3. 产业链下游：应用与服务

利用地理信息技术可以实现空间基本信息的查询、按主题分层提取属性信息叠置分析，以及确定影响范围或服务范围缓冲区分析，进行路径选择、资源分配、运输路径规划、故障诊断网络分析、对空间数据进行分类评价的空间分析等功能。因此地理信息集成技术主要应用和服务于以下三个方面。

（1）面向政府决策

为政府科学决策、城乡规划、国土管理、生态环保、抗震救灾和国防建设等方面提供重要技术手段。主要应用在农业、土地利用规划、土地清查、国土整治、野生动物保护、森林防护、渔业、地质、勘探、城市规划、环境保护与管理、气候监测、抗灾救灾等方面。

（2）面向企业专业应用

以机械、电器、食品饮料为代表的制造、加工业，和以物流、销售为代表的商贸服务业对地理信息技术需求逐渐加大。以我国的石油化工行业为例，从石油天然气等资源的勘探、管理，到运输，再到炼油化工，最后到销售、配送，整个产业链都用上了3S技术，实现了高效的调整调度、科学控制销售、合理利用资源，经济效益非常明显。

（3）面向公众信息服务

以网络和移动通信为支撑的地理信息服务，国际上最具代表性的是Google Earth/Google Map，可通过网络或移动设备浏览支持三维显示的高分辨率遥感图像和地图，也提供定位和导航技术。基于位置的服务（LBS）、与网络相关的集成卫星导航服务也呈现明显的增长势头，提供导航电子地图生产与服务的车载导航一直呈现强劲的增长势头

二　我国农林水领域地理信息产业发展

（一）农业地理信息产业发展

地理信息技术应用在农田利用管理、农业灾害监测、农田产量估算、土壤水分和养分监测等方面，为实现农业领域信息化、精确化，农业技术的大面积推广，我国农业增产、农民增收及实现我国耕地总量动态平衡起重要作用。

1. 3S 集成技术用于作物长势监测和大面积估产

农作物长势监测是利用 3S 技术对作物的实时苗情、环境动态和分布状况进行宏观的估测，及时对作物的分布概况、生长状况、肥水行情以及病虫草害进行动态监测，便于经营管理。常用的数据为高时间分辨率 NOAA/AVHRR 卫星资源数据，常用的方法为归一化植被指数法。

2. 3S 集成技术在农业灾害监测和预测上的应用

干旱、洪涝、冻害以及作物病虫害旱情监测主要通过对作物长势、地表温度等的监测来跟踪旱情。其中应用的主要信息源仍然是 NOAA/AVHRR。常用的方法有热惯量法、作物缺水指数法、归一化植被指数法、植被指数距平法、植被供水指数法、植被状态指数法、温度状态指数法、温度植被干旱指数法、高光谱法、微波遥感法。

3. 精准农业技术的推广

精准农业技术是通过 3S 技术、自动化控制技术，利用大型设备机械进行田间管理，能够做到精确配方施肥。定点施药，在减少投入的情况下维持产量，提高农产品质量，降低成本，减少环境污染，节约资源及保护生态环境，适用于种植业、畜牧业及园林业。通过精确计算出一块地的投入，避免资源浪费及提高效益，确保农业的可持续发展。

（二）地理信息技术在精准林业中的应用

3S 集成技术广泛用于森林资源调查、动态监测与经营管理。3S 技术实现了

林业的定位、定量化调查规划与管理促进森林资源可持续经营。精准林业是采用3S技术、数字通信、机械自动化、传感器技术和林业遗传工程等在内的现代高科技对土地类型进行分析，建立森林生态模拟环境，对树林育种、施肥、生长、病虫害防治和火灾事故预防实施监测。同时以全站仪、PDA（个人数码助理）数码相机对单株木的数目直径材积、树心坐标、树冠表面积体积等因子进行实时、自动、精准、定量监测。使用“3S”集成技术，建立森林资源动态监测体系，调查森林资源的数量，逐步形成以森林灾害监测、野生动物资源监测、土地沙化监测等为基础的综合监测体系。

（三）地理信息技术在水利领域中的应用

地理信息技术在水利行业中应用于水土流失调查与动态监测、水利工程前期规划、大型水库工程的地质调查，生态环境及水资源、水污染监测与调查，干旱沙漠区的水资源调查以及水利水电工程选址、规划乃至设计、施工管理。“数字长江”和“数字黄河”都是应用GIS、RS和GPS技术进行水土流失及生态环境监测，对水情、雨情、灾情、工情进行遥测、遥控以及应用计算机技术进行水资源信息化管理，在治理长江和黄河水行政管理事业中积累了大量宝贵的信息资源。

三　农林水领域地理信息产业发展动力

农林水领域地理信息产业主要以前人研究成果为基础要素，以企业为主体要素，以人才、资本和信息为资源要素，以市场为目标要素，以政府（战略、法规和服务）为支撑要素共同作用，促进农林水领域地理信息产业发展（见图2）。

（一）内在动力

产业主体向企业推进，科技人才为第一生产力。我国地理信息系统总体上可以划分为政府应用、企业应用和大众信息服务三大市场。地理信息产业其主要动力仍然来自政府部门，市场需求旺盛。但产业的发展必须通过扩大用户群来实现效益和市场的增长。因此企业应用逐步推进，大众应用正在兴起。

地理信息产业属技术密集型产业。其主要特征为：链上各产业之间的关联性

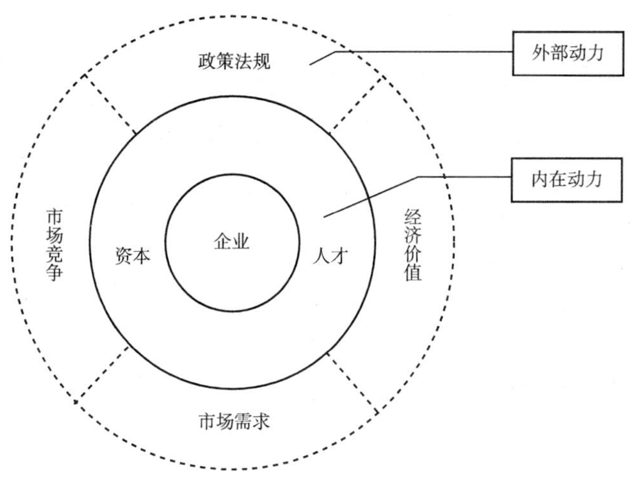

图 2　地理信息产业发展动力

主要是由相关的核心技术决定，科技研发机构是推动整条产业链运转的原动力，区域科技水平以及科技人员素质等因素的影响比较大。因此地理信息人才在掌握基础地理信息技术的同时要增强自主创新能力，承担科技发展前沿技术课题，结合国情组成技术攻坚队伍，开展重大工程疑难问题的研究，做好新技术的转化和利用工作。由制图者（Map-maker）变成地理信息提供者（Geoinformation-Provider），再提升为地理信息服务者（Geo-server）。

（二）外在动力

应面向应用和服务。在土地、交通、国防、城市管理、水利、电力、农业、林业、电信等领域的信息化建设中地理信息技术发挥了积极作用，许多领域如卫生资源与物流管理、教育资源管理、文物保护等，也开始逐步采用地理信息技术进行大众服务。近年来，对地理信息资源和技术的需求在迅速增加。市场应用需求已经成为地理信息产业发展的根本动力。通过扩大用户群来实现效益和市场的增长，需要将“工程建设”转变为“产品服务”来实现以往成果的扩大。即将工程建设中产生的应用成果产品化，进入营销领域，通过企业的作用将成果的产品面向新的需求进行服务，从以往注重工程性建设的阶段向注重产品提供阶段转变。

统计地理信息系统的设计与实现

杨宽宽*

摘　要：统计地理信息系统将统计数据与电子地图相结合，在国外已经得到广泛应用。本文介绍了统计地理信息系统的应用现状，以四川统计地理信息系统为例，阐述了统计地理信息系统的设计思路、总体框架和主要功能，并对统计地理信息系统的应用进行了展望。

关键词：统计地理信息系统　设计　应用

一　背景

统计地理信息系统，通俗地讲，就是将统计数据与电子地图相结合的信息系统。在国外特别是美国、加拿大、澳大利亚等西方发达国家的统计界，统计地理信息系统已经得到广泛应用。我国统计地理信息系统自2000年开始逐渐起步，并已取得一定成果。2000年第五次人口普查，部分地区对人口统计地理信息系统开发做了尝试。自2003年起，国家统计局普查中心和国家基础地理信息中心、北京超图软件股份有限公司合作，在科技部“863”课题“国家社会经济统计地理信息系统”的支持下，开始了国家社会经济统计地理信息系统的建设，开发的“国家社会经济统计电子地图”光盘，从2005年至2009年，连续五年为全国人大、政协“两会”提供服务，取得了良好反响。但是，由于地图数据所限，上述系统主要提供县级及县以上行政单元的汇总统计数据，主要用于宏观层面上的分析。

近几年，在科技部“国家统计遥感业务系统关键技术研究与应用”项目

* 杨宽宽，国家统计局普查中心主任。

“经济普查与基本单位业务应用系统”课题的支持下，国家统计局在第二次全国经济普查中推行了普查区划分与绘图电子化工作，并进一步加强了与国家测绘局和中科院超图公司合作，在统计地理信息系统建设工作思路和软件功能上都做了重大的调整和改进。截至目前，全国已有16个省份全部实现了普查区电子化，其余省份也分别选择了部分地区进行了试点。同时，在北京市、四川省和成都市武侯区，分层次开展了直辖市、省级和区（县）级以电子化普查区图为地理空间框架构建统计地理信息系统综合平台的试点工作，并已基本完成。下一步将在全国范围开展统计地理信息系统建设推广应用工作。

二　设计思路

为了更好地体现和挖掘统计数据的价值，必须从指标轴、时间轴和空间轴三个维度来认识、展现和分析统计数据（见图1）。传统情况下统计数据多是按时间和指标体系组织，在空间上多是按行政区划的形式发布，为了更好地表现和分析统计数据在空间上的分布现象，必须将统计数据和地理数据关联起来。对于汇总统计数据，如“北京市2008年职工年平均工资为44715元”、“武侯区地区生产总值394亿元”，可以通过行政区划（北京市、武侯区）和地理数据相关联；而统计的基本对象是法人单位，要进行微观层次上的分析，必须实现单位的空间定位。我们以第二次全国经济普查为契机，在部分省份试行绘制普查区电子地图，并对图上的建筑物进行编码，在普查时填写单位所在的建筑物编码，通过单位和建筑物的对应关系实现了普查数据和地理数据的关联。因此，统计地理信息系统应以四个核心数据库为基础，即统计地理数据库、统计综合数据库、基本单位名录库和地名地址数据库。统计地理数据库包含了基础地理信息、行政区划界线和普查区界线等；统计综合数据库包括了各类汇总统计数据，包括年定报、普查和专项调查数据；基本单位名录库包含了所有作为统计调查对象的基本单位的统计数据；地名地址数据库则记录了建筑物和单位地址信息及空间位置的对应关系。系统总体设计思路是以统计数据三个维度为出发点，以四大核心数据库为基础，以地图为载体，实现统计信息的整合，通过表格、统计图和专题地图三种表现形式展现和分析统计数据。

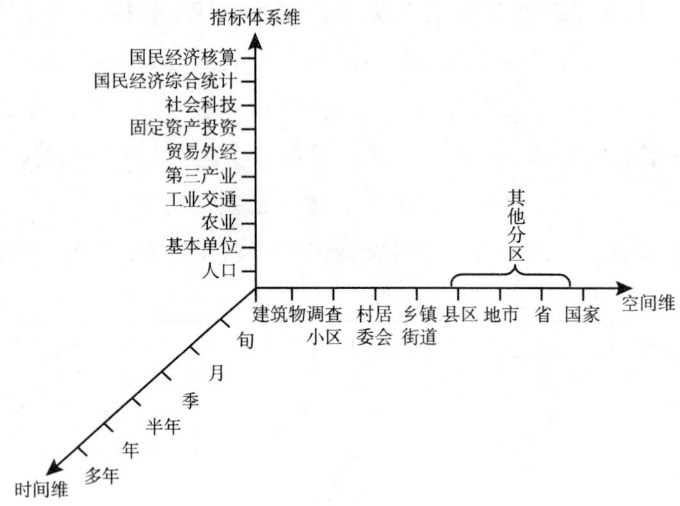

图1　统计数据的三个维度

三　总体框架和主要功能

统计地理信息系统是在标准规范和运行管理体系的支撑下，基于网络和硬件基础设施，构建统计地理数据库平台，在此基础上，搭建统计地理信息共享服务平台、统计地理信息应用平台、统计地理信息共享发布平台三大公共平台。其中统计地理信息数据库平台包括统计地理数据库、统计综合数据库、基本单位名录库和地名地址数据库及其他相关数据库的统一管理、更新和维护。统计地理信息共享服务平台提供通用数据和专题数据的综合处理、分析、管理及信息共享功能，并为其他系统提供数据支撑。统计地理信息应用平台是通用的应用平台，可根据统计系统内部不同部门的需要快速构建个性化的统计应用地理信息系统。而共享发布平台是通过网络提供统计地理信息的整合查询。

系统功能结构图以已完成的试点系统——四川省统计地理信息系统为例（见图2）。统计地理信息系统的主要功能包括地图操作、综合数据查询、基层数据查询、特色经济、专题分析和专题图浏览等（见图3）。用户可以通过地图操作，选择感兴趣的区域，查询范围内的基本单位信息和综合统计信息，查询结果均能按表格、统计图和专题地图三种形式展示，可以进行常用的统计分析和空间

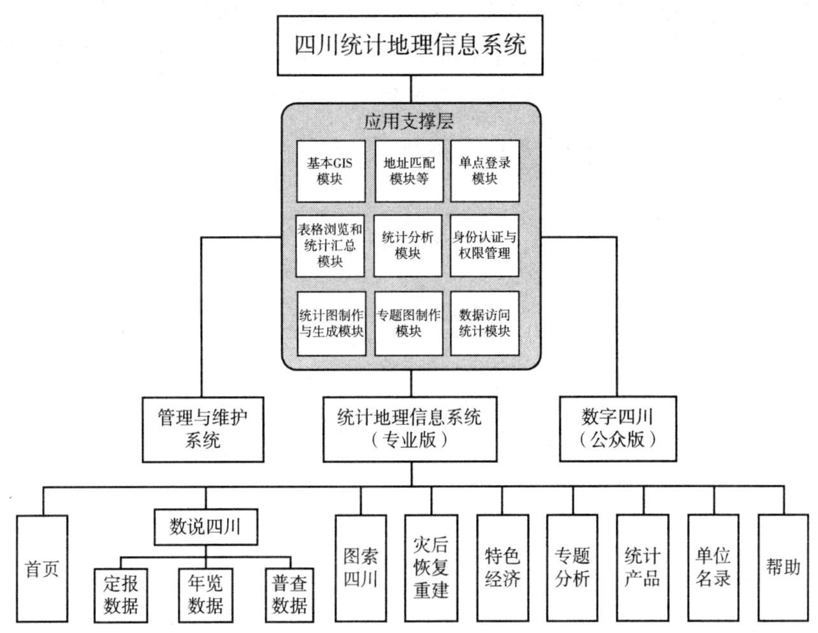

图2　系统功能结构图

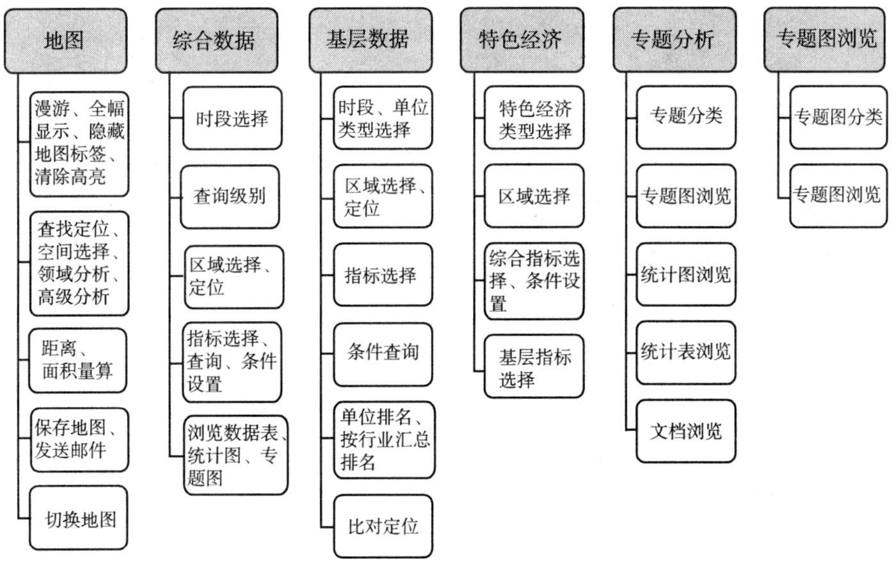

图3　系统功能清单

分析，还可以将感兴趣的查询存储为专题。用户也可以设置查询条件，查看符合条件的基本单位在空间上的分布状况。管理和维护系统包括统计地图对象管理、统计数据导入和更新、指标库维护、专题图制作和发布以及用户管理等功能。年度和月度发布的统计数据可以即时更新到系统中，确保了数据的时效性。

四　应用与展望

统计地理信息系统的应用体现在两大方面：一是辅助统计调查，有利于提高统计数据质量。在大型普查中，地理数据可以帮助划分普查边界，规划调查路线，确保普查对象的不重不漏，监控普查实施过程；在日常统计中，地理数据可以辅助管理调查单位，设计空间抽样框。二是促进统计数据的应用，提升统计的影响力。结合空间信息查询展示统计数据更为方便直观，丰富了统计数据的表现形式，为统计数据的发布和展示提供了一个新的平台；借助空间分析可以研究各类经济社会现象在空间上的分布特征，弥补了传统统计研究方法的不足；城市内部微观统计数据和地理信息结合后，可广泛用于城市管理、决策分析等多个领域，为政府、公众和企业服务，拓宽了统计数据的应用范围。

通过试点发现，统计地理信息系统推广还存在着一些困难，主要问题表现在：支撑统计应用的地理数据的获取和更新比较困难，尚未形成稳定长效的机制；覆盖全国范围的普查区电子地图还没有完成，基本单位无法实现空间定位；统计地理信息系统的对外服务和共享还比较薄弱，制约了应用范围。在以后的工作中，还需要建立完善覆盖全国的统计地理数据库，并建立维护更新机制，建立国家级的统计地理信息系统；完善功能，加大宣传，逐步推动统计地理信息系统在政府部门和社会公众中的应用。

镇江市三维可视化快速建模与浏览系统的研究与建设

谢刚生*

摘　要： 本文介绍了镇江市三维可视化快速建模与浏览系统的研究与建设项目的开发过程，对同类项目具有一定的参考价值。

关键词： 三维 GIS　城市规划　镇江

一　项目概况

近年来，GIS 应用日益广泛，地理信息产业得到了空前的发展。GIS 要想得到更加广泛的应用，就必须实现从实用向易用的跨越，包括改善应用系统的交互性和现实场景的模拟性。所以，三维环境的建立，即基于 GIS 的城市三维可视化平台的建立大受欢迎。

镇江市地处江苏省西南部，长江下游南岸，是中国历史文化名城。近年来，镇江的经济建设得到了飞速的发展，城市规模空前扩大，这对城市规划提出了新的要求。2007 年初，南方数码科技有限公司（以下简称“南方数码”）与镇江市勘察测绘研究院（以下简称“镇江勘测院”）签约共同开发基于 GIS 的镇江市三维可视化平台，并以此平台为基础完成三维建模与应用试验。经过一年多的共同努力，在南方数码三维 GIS 平台（EAVR）的基础上开发了适合镇江市需求的三维可视化快速建模与浏览系统，为满足城市规划的需要，针对性地开发了空间数据建库、属性编辑、三维建模、三维浏览、坐标转换、空间查询、统计分析、日

* 谢刚生，南方测绘集团总工程师。

照分析、水淹分析、容积率计算、规划方案对比等功能，并已建成覆盖镇江市308平方公里的虚拟城市，具有坐标、高程、房屋门牌号码、路灯信息、土地用地性质、住宅环境、绿地面积、地名信息、道路信息等内容的三维GIS数据库。该项目已于2008年7月通过了江苏省测绘局组织的鉴定和验收，并分别获得了2009年度中国测绘科技进步三等奖和江苏省测绘科技进步二等奖，项目成果已经在城市规划行业进行了初步应用。

二　项目建设目标与主要内容

项目的总体目标是：快速建立拥有数据管理、浏览及查询分析功能的城市三维建模系统，充分利用现有数据，集成各种现有成果，高保真地再现现实，为城市规划提供三维可视化平台和基于三维的辅助决策工具。具体包括以下主要内容。

1. 系统开发。以南方数码的三维GIS平台（EAVR）为基础，开发适合镇江市需求的三维可视化快速建模与浏览系统。根据镇江市目前的数据现状和城市规划应用的需要，开发数据接口，定义数据结构，开发数据中间件，包括：三维可视化交互中间件、数据访问中间件、虚拟现实基础中间件。

2. 建立三维数据库。利用镇江市现有的CAD、ArcGIS、MapInfo、DEM、DOM、RDBMS等数据进行数据转换，并辅之以外业调查、拍照和局部数据更新，建立覆盖镇江市308平方公里的三维GIS数据库，为系统应用提供数据基础。

3. 城市规划的初步应用。根据项目目标，开发相关城市规划辅助设计工具，为基于三维GIS的城市规划进行初步试验。

其中，系统开发是本项目的技术关键，是项目的基础，建立三维数据库是项目重要内容，是项目的核心。

三　系统功能与特色

从技术实现角度看，三维仿真平台大体可以分为三种。

1. 纯三维仿真——利用CAD技术，把计算机辅助设计和图形图像技术相结合，生成外观和渲染效果逼真的三维仿真平台。

2. 基于 GIS 的三维模块——在 GIS 数据基础上，简单进行三维建模，体现数据的空间关系。

3. 组合式的三维仿真——在建模精度上达到纯三维仿真的精度，展现精细模型，同时结合 GIS 数据，进行数据管理和共享。

目前国内外进行三维可视化城市信息管理与服务的软件不多。国外软件多数以配合 GIS（地理信息系统）应用为主，建模精密程度不足，国内软件追求精美的渲染效果，但是缺乏有价值的 GIS 应用，偏离了三维可视化城市信息管理与服务的最终目标。镇江市三维可视化快速建模与浏览系统是“组合式的三维仿真”，在数据方面可以满足城市信息管理的各种 GIS 需求，在建模精度方面兼容 3D MAX 等高端产品，同时满足 GIS 应用和三维仿真精度的要求。在三维可视化城市建模信息管理与服务方面独树一帜，具有独特的优势。

系统具有信息建库、属性编辑、三维建模、三维浏览、坐标转换、空间查询、空间统计、日照分析、水淹分析、规划方案对比等功能。系统的研究开发，立足于工业标准以及跨平台技术，拥有完全自主知识产权，不存在后期平台成本。在研发的过程中，对一些算法与数据结构进行了优化，大幅度提升了三维浏览的速度。对于已有的数字高程模型、数字正射影像、数字线画图等数据可以很快速地入库、自动建立模型信息，将图形属性信息和显示属性信息一体化存储于大型关系型空间数据库中，实现图形、图形属性和现实属性的统一存储，并在三维浏览系统中展示出来。软件设计上基于 Windows、Linux、Unix、MacOS 操作系统，采用面向对象的程序设计方法，广泛使用数据库技术和三维虚拟技术的工业标准，利用 C/C + + 语言开发功能模块，形成界面友好、操作简便、功能完备、运行稳定、技术先进的三维可视化虚拟现实信息系统。

四 三维数据建库方案与实施

三维数据建库是镇江市三维可视化快速建模与浏览系统建设中的核心工作，主要涉及四大方面的工作内容：制订数据采集方案、制订数据更新方案、数据采集、模型的制作及数据应用支持等。本项目的建库作业流程如图 1 所示。

在作业过程中，要进行全面的数据质量检查，检查内容包括如下。

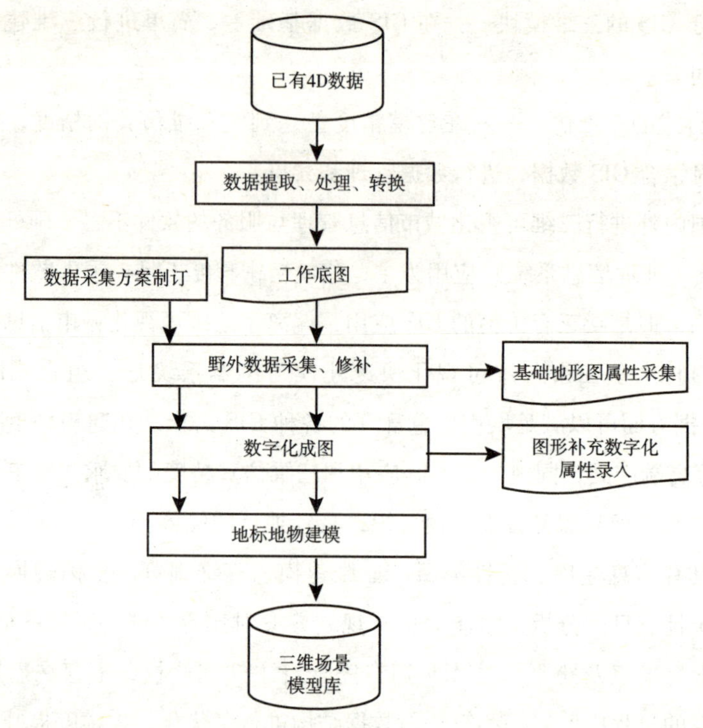

图 1　三维数据建库作业流程

1. 数据完整性

基础地理信息数据应符合中华人民共和国行业标准《城市基础地理信息系统技术规范》。规划数据应符合本项目设计根据业主要求提出的内容及各项技术指标，并符合现行行业标准的要求，无遗漏。各类信息要素的几何表现应准确，数据的分层与组织不能有重复或遗漏。

2. 数据逻辑一致性

面状要素应闭合，具有唯一性，被图幅分割处应拼接完整，并赋唯一编码。线状信息的接点匹配应准确，线段相交应无悬挂点或过头现象。各类信息应具有唯一性。道路中心线数据的中心线要素与中心线节点应保持一致。点要素作为测量数据点时，点位坐标应准确，作为范围内标志点时，点位应位于范围内，并且编码正确。

3. 属性数据质量需求

信息要素的分类编码应准确无误，各要素属性应完整、准确。

针对数据质量的要求，南方数码开发了专用数据质量检查工具，能自动发现数据中存在的质量问题，以自动和交互相结合的方式进行编辑改错，对不能通过软件改错的问题会给出预警提示。

系统建模采用几何造型与基于图像建模技术相结合的方式。前者是由专业人员通过使用3D制图软件（如 AutoCAD、3DS MAX、Maya），通过运用计算机图形学与美术方面的相关知识，搭建出物体的三维模型。后者只需使用普通的数码相机对物体进行多个角度拍摄，经过对照片的自动重构，就可以获得物体精确的三维模型。这两种方式都可以在费用不高的情况下构造出逼真的三维模型。

五　关键技术与创新点

在系统开发和三维数据建库过程中，针对如下关键技术问题进行了研究并取得了创新性成果。

1. GPU 结合 Mipmap 与 Clipmap，利用四叉树算法实现海量地形数据的动态调用。城市三维数据量非常大，在同一平台内进行渲染对于系统要求非常高，采用 Mipmap 和 Clipmap 有效降低了场景对于数据量的要求，同时采用 GPU 指令，使数据处理与渲染分别由 CPU 和 GPU 独立承担，通过 GPU 对图形处理进行加速，提高系统的执行效率和运行速度。

2. DEM 自动平滑、填平处理，以达到更好的显示效果。城市 DEM 在很多时候并不能完全达到描述地形的要求，系统中根据道路、建筑物等地面不会大幅度起伏的地物类型，在边界处自动实现 DEM 的平滑和填平，使 DEM 数据在三维模型之间密切展现。

3. 无缝集成 GIS 和三维建模，对海量的栅格与矢量数据实现快速建模、流畅浏览，不需或者较少需要人工干预，从而达到三维显示的效果。系统采用 4D 数据（DLG、DEM、DOM、DRG）直接根据属性进行渲染，同时兼容 3ds、ive 等格式三维模型，既可以快速实现整个城市的三维建模，又方便在地标性地物附近建立清晰的精细模型。

4. 实现对地表模型、地上物体、地下管线、地质等数据的地上地下三维一体化展示。

5. 创建三维空间，通过时间引擎，形成四维虚拟场景。系统中引入 SPA

（太阳位置算法），结合系统中坐标融合算法，实时计算场景的大地坐标和相应的太阳高度角，创建独立的时间引擎，使场景中实现月转星移、日照分析等。

6. 使用 OpenGL、OSG 作为图形图像引擎，能够导出 OSG 场景作为场景交换文件。

六　总结与展望

国民经济的飞速发展、城市化水平的不断提高，对 GIS 应用提出了新的要求，其中构建现实感强、立体模型精准的三维 GIS 平台是 GIS 在城市规划应用中的发展方向之一。本项目对此进行了初步的尝试，并取得了较好的效果。

随着国家测绘局倡导的数字城市公共平台建设的不断深入和普及，基于三维 GIS 的“空间信息公共服务平台”会得到迅速发展，本项目下一阶段的目标是按照国家测绘局颁布的有关“数字城市公共平台”的规程与标准对系统进行完善和升级，以满足公共信息服务的要求。另外，基于三维 GIS 的行业应用也是一个重要的发展方向。目前，南方数码正在将本项目的成果与国土、房产等行业的电子政务系统进行集成。与此同时，正在研发城市规划所需要的具有“三维报建”功能的软件产品。这些都是该项目进一步的发展方向，其应用前景广阔。

南水北调中线工程施工测量控制网系统研究与实践

杨爱明*

摘　要： 南水北调中线工程为京、津、华北平原等地区的城市生活、工业、生态环境供水，是解决京、津、华北平原缺水问题的重大战略工程。建立高精度水利工程施工测量控制网系统，为施工提供统一的平面、高程控制基准和精度保障，是南水北调中线工程顺利实施的关键。本文介绍了南水北调中线工程施工测量控制网系统的总体思路、技术方案和项目应用中的创新点。

关键词： 南水北调中线工程　施工测量控制网系统　技术保障

一　项目简介

举世瞩目的南水北调中线工程为京、津、华北平原等地区的城市生活、工业、生态环境供水，是解决京、津、华北平原缺水问题的重大战略工程。工程规模宏伟，总干渠横跨江、淮、黄、海四大水系，全长1432公里，共设置各类建筑物1753座。渠道纵坡比小，一般为1∶25000，部分地区达到1∶30000，利用南高北低的地形条件，实现自流输水。总干渠分批分段施工，施工单位多，施工周期长。根据工程规模、特点和施工需要，必须建立全线统一的、高精度的施工测量控制网，为施工提供统一的平面、高程控制基准和精度保障，以确保分期、分段或分部位施工的渠段和建筑物准确对接，并确保各渠段和建筑物水头分配符合

* 杨爱明，长江空间信息技术工程有限公司（武汉）总经理。

设计要求，让渠水水势平稳流畅。

建立覆盖范围和规模如此大的高精度水利工程施工测量控制网系统，国内外没有现成的经验可借鉴。本项目对建立大规模高精度水利工程施工控制网系统所遇到的技术问题进行了研究，包括施工测量控制网系统整体解决方案研究、工程坐标系统的优选、国家控制点的稳定性及不兼容性的研究处理、复杂地质条件下的标石标型研究、GPS 短边混合网软件及日月引力改正计算程序等的开发研究。其研究成果为南水北调中线工程施工控制网系统的建立提供了科学理论基础和技术保障。

南水北调中线工程施工控制网系统的建成，为南水北调中线工程建设提供了及时、可靠的测绘保障和技术服务。

二　项目创新点

1. 一整套超长输水路线工程施工测量控制系统解决方案

提出了平面施工控制网以 B 级 GPS 网为骨架，整体布设干线 C 级 GPS 网；在 WGS－84 坐标系下进行整体平差（保持 GPS 网的原有精度），分区求 WGS－84 坐标与 1954 年北京坐标的转换关系，并实现分区间无缝连接；建筑物施工控制网独立挂靠；高程控制网采用二等水准布设，并顾及日月引力改正等一整套长线路水利工程施工测量控制网解决方案。

2. 国内外覆盖范围最大的高精度水利工程施工控制网

在线路长、建筑物多、坡比小、地形地质条件复杂、综合技术难度大的情况下，在跨越长江、淮河、黄河、海河四大流域，长达 1432 公里的调水线路上，建立起了国内外覆盖范围最大的高精度水利工程施工控制网，充分满足了中线工程建设的需要。

3. 大型水利工程中国家三角测量控制成果不兼容问题及处理方案研究

国家大地控制网分级、分阶段建成，不同等级、不同期的控制点间存在不兼容问题。本项目通过对数据处理方案的研究，首次在生产实践中解决了大型水利工程中国家三角测量控制成果不兼容的影响问题。

4. 高精度 GPS 短边混合网平差软件系统

结合工程特点和 GPS 新技术应用的实际需要，开发了高精度 GPS 短边混合网平差软件系统。该系统能综合处理水准测量、三角高程测量、边长测量、角度测量及 GPS 测量的观测数据，是国内外功能最完善、具有完全自主知识产权的测量平差软件系统。

5. 平面坐标系统采用 1954 年北京坐标系 1°分带的方案

首次在国内外大型水利枢纽工程中采用 1954 年北京坐标系 1°带方案，使得在边长投影变形满足施工测量精度的前提下，保证了资料使用的连续性和前期成果转换的方便性。

6. 复杂地质条件下的测量标志质量保证措施

针对不同的基础条件，设计不同的标型，采取不同的埋设方案。多年复测结果表明，复杂地质地区的控制网点测量标志稳定性达到了预期效果。

7. 开发相应软件进行长距离水准测量日月引力改正

高精度水准测量通常只进行尺长、正常水准面不平行性、重力异常、闭合差改正，不进行日月引力改正。而南水北调中线工程的水准测量线路长，且主要为南北走向，日月引力的影响不能忽视，这项改正的实施保证了控制网的高程精度，在国内外工程中属首次运用。

通过本项目的总结和拓展，形成了一套技术标准。

三　详细科学技术内容

1. 一整套超长输水路线工程施工测量控制系统解决方案

在系统分析论证渠道和建筑物的施工控制网精度指标体系、各层次精度分配关系、区域内国家水准点的稳定性、平面控制点之间的兼容性，研讨超长输水线路施工坐标系的建立方法、控制网总体框架和布设方案的基础上，确定了控制等级、技术指标、数据处理方案，提出了平面施工控制网以 B 级 GPS 网为骨架，整体布设干线 C 级 GPS 网，高程控制网采用二等水准布设，以及建筑物施工控制网独立挂靠等一整套超长输水路线工程施工测量控制网解决方案。设计方案通过国家测绘局审查，实施方案被验收专家组评价为“设计周密、科学合理、具有创新性”。

2. 施工控制网精度与等级论证

根据工程特点，以测量误差传播规律为理论基础，对照规程规范的相应要

求，对首级高程控制网、加密高程控制网、首级平面控制网、加密平面控制网的精度与等级进行分析论证，为布网方案提供科学理论依据。

3. 长距离输水工程施工控制网坐标系统的选择

提出长距离输水工程施工控制网坐标系统渠道采用1°带的1954年北京坐标系统，建筑物采用挂靠1954年北京坐标系1°带下的独立坐标系统的方案，并对采用1°带坐标系统的边长变形进行分析，其结果既满足规范对“控制点坐标直接反算的边长与实地量得的边长，在长度上应该相等，对高斯投影变形带来的长度变形，不得大于施工放样的精度”的要求，又保证了建筑物坐标系统和渠道坐标系统的有效连接。

4. 复杂地质条件下的测量标志类型研究

南水北调中线一期工程总干渠沿线地质情况较为复杂，通过对不同区段地质结构的分析和研究，在膨胀土地区、湿陷性黄土类区、煤矿采空区两端等地区的控制网网点主要选用机钻孔双层钢管基本标、机钻孔钢管普通标标型；全线GPS骨干网点、穿黄工程和淘岔渠首工程施工控制网点选用混凝土强制对中观测墩标型；冻土地区及其他地区的控制网网点选用混凝土普通水准标、混凝土基本水准标、岩石基本标标型的方案，以保证控制网标点的稳定性。

5. 国家控制点稳定性分析及不兼容性问题

南水北调中线干线通过的区域地质条件较为复杂，根据沿线国家一等水准点的三期测量成果，计算1、2、3期水准成果年速率，依年速率对测区内国家一等水准点进行稳定性分析，选择稳定性好的国家一等水准点作为高程起算点。GPS实测资料表明，沿线的国家一等点在北京和河北省交界处、石家庄等地存在成果的不兼容现象，依据测量平差原理和工程的特点，提出C级网在WGS－84坐标系下整体平差，然后分区求WGS－84坐标与1954年北京坐标系转换关系的解决方案，既保持GPS网的原有精度，又实现了分区间平面坐标的无缝连接。

6. GPS短边混合网平差计算与应用软件的研究

针对GPS短边混合网的特点，以及不同的观测数据源，利用最小二乘法的平差原理，在VB开发平台下研制完成《高精度GPS短边混合网平差软件系统》。

7. 日月引力改正计算与应用软件的研究

根据日月引力对精密水准测量的影响，分析其对南水北调中线工程高程控制网的影响程度，并对其改正模型进行研究。在此基础上，利用 VB 开发平台，研制日月引力改正的计算软件。

四　推广应用情况

研究成果从理论到实践，解决了建立南水北调中线工程施工测量控制网系统存在的一系列关键技术难题。已建成的南水北调中线工程施工测量控制网系统是工程建设、管理的测绘控制基准和重要的基础设施，将永远服务于南水北调中线工程，在建设和工程管理中发挥重要作用。

自 2003 年 8 月起，南水北调中线干线工程施工控制网测量成果在北京市水利规划设计研究院、河北省南水北调工程建设管理局、北京市南水北调工程建设管理中心、南水北调中线干线工程建设管理局惠南庄泵站项目建设管理部、南水北调中线干线工程建设管理局穿黄工程项目建设管理部、南水北调中线干线工程建设管理局测量检测中心等单位得到广泛使用。开发的高精度 GPS 短边混合网平差软件系统，具有自主知识产权，技术先进，功能齐全，已经在全国得到推广，深受用户的好评，取得了良好的经济与社会效益。编制的《南水北调中线干线工程施工测量实施规定》已在工程建设单位中广泛使用。2008 年京石段应急供水工程顺利通水，项目成果发挥了重要作用。

随着工程的进展，南水北调中线干线工程施工控制网成果还将用于复杂地质条件区域的沉降监测，用于工程建设的检测和竣工验收，用于工程运营阶段的工程管理，用于“数字南水北调”工程等，必将会产生更大的社会效益和经济效益。

构建大桥“第一网”

王新光　肖学年*

摘　要：“首级控制网测量”为港珠澳大桥工程的建设提供精确可靠的现代测绘基准，是港珠澳大桥工程顺利实施的关键。本文介绍了国测一大队构建港珠澳大桥高精度的大桥首级控制网的历程，对我国大桥首级控制网的建立有着重要的指导意义。

关键词：港珠澳大桥　国测一大队　首级控制网

温家宝总理2010年3月5日在十一届人大二次会议政府工作报告的2009年主要任务中明确指出，“不断拓展粤港澳三地合作的深度和广度，加快推动港珠澳大桥……基础设施建设”。2010年3月13日温家宝总理在两会中外记者见面会上表明，“港珠澳大桥融资问题已经解决，各项准备工作加紧进行，年内一定开工”。可以说，国家测绘局第一大地测量队（以下简称“国测一大队”）是较早进入该工程的队伍之一。在该项工程中，国测一大队主要承担最重要的项目之一“首级控制网测量”，为港珠澳大桥的工程建设提供精确可靠的现代测绘基准。

港珠澳大桥位于珠江口外伶仃洋海域，是连接香港、澳门、珠海三地的大型交通枢纽，是列入《国家高速公路网规划》的重要交通建设项目。该工程建设内容包括：港珠澳大桥主体工程、香港口岸、珠海口岸、澳门口岸、香港接线以及珠海接线。大桥的起点位于香港大屿山，经大澳，跨越珠江口，最后分成“Y”字形，一端连接珠海，一端连接澳门。大桥主体工程29.6公里，香港区域

* 王新光，国家测绘局第一大地测量队纪委书记、工会主席；肖学年，国家测绘局第一大地测量队队长。

内连接线12.6公里，广东区域内连接线13.4公里，建设周期为6年，是国家启动实施的重大工程建设项目之一。该项目的建设，对香港、澳门与内地的政治、经济、文化等的交流将产生重大影响。

港珠澳大桥海中跨度与施工难度均超越目前世界上已建的最长跨海大桥“杭州湾跨海大桥”，为确保大桥的工程质量，必须建立高精度的大桥首级控制网。国家测绘局第一大地测量队即国家测绘局精密工程测量院，作为一支专业测量队伍，凭借着领先的技术、精良的装备和高素质的人员等方面的绝对综合优势，承担了港珠澳大桥首级控制网的布测任务。根据港珠澳大桥工程建设的总体需求，综合利用高精度GPS定位、精密水准测量、重力场理论与方法、高精度跨江三角高程测量等先进技术，建立了港珠澳三地统一的首级三维控制网和相应的高精度似大地水准面。

承担任务后，高度重视的大队领导班子即刻组成了“港珠澳大桥工作小组”，很快完成了项目设计及测量工作大纲的编写工作。2008年9月18日，港珠澳大桥前期工作领导小组在珠海召开了设计方案评审会，与会专家审核并一致通过了《港珠澳大桥首级控制网测量工作大纲》方案。至此，港珠澳大桥首级控制网建设工程正式拉开了序幕。

港珠澳大桥首级控制网测量具有测区范围广、路线长、工作量大、精度要求高、工期紧等突出特点，堪称国内桥梁工程控制网之首。

2008年9月23日，国测一大队的第一批工程技术人员进入广东省珠海、东莞、深圳等地市及香港和澳门特别行政区，在这些地区开展细致的踏勘工作。设计范围内的测区，常遇到比高约200米左右的山峦，灌木丛生，无路可寻。在“走投无路”的情况下，测量队员用刀砍手拔，硬是蹚出一条路，并在一个月的规定时间内，完成了珠海、东莞、深圳地区踏勘选点工作。

香港大屿山地区是港珠澳大桥香港桥位区所在地，设计的平面控制网点全部位于该地区，桥位区二等水准路线及部分一等水准路线也布设在这里。大屿山是香港的一处郊野公园，属于自然环境保护区域。山区公路很少，多数为人行小路，许多地方车辆都不能到达，只能靠步行。国测一大队先期进入香港特别行政区的2名测量队员，要在有限的时间内完成港内控制网选建的全部任务和相关资料的搜集工作。同样，他们在大屿山区的鸡公山上面对荆棘密布、藤条交错的情况，发挥超常的韧劲，耗费16个小时，圆满完成普查2点，并完成新建2点平

面控制点及15公里沿线水准路线的普查。

紧接着他们又转战澳门。2008年11月15日，香港、澳门地区控制网选建工作顺利完成。在此，特别要感谢香港路政署测量部、香港地政署等相关测量人员，以及澳门建设发展办公室和澳门地图绘制暨地籍局相关技术人员的鼎力支持。

港珠澳大桥首级控制网共布设平面控制网观测墩共16点（珠海区域8点，澳门区域2点，香港区域6点）；一等水准路线250公里（珠海—香港），桥位区二等水准路线100公里，一、二等高精度跨江（海）高程传递12处。仅仅53天时间，国家测绘局第一大地测量队的作业队员们就完成了港、珠、澳三地所有测区的踏勘工作，并完成了该项目的专业设计，为具体测量工作的开展打下了扎实的基础。

2009年1月9日，港澳地区水准观测及三地联测工作全面启动。

香港大屿山地区是本次作业的核心区域，全部的二等水准路线和部分一等路线都集中在这里。

澳门地区控制网测量工作分阶段于不同地点及不同时段进行，测量范围包括澳门半岛、氹仔岛及路氹城填海区。测量路线为拱北口岸、关闸口岸、澳门市区、嘉乐庇总督大桥、氹仔市区、路氹城填海区、莲花大桥及珠海横琴。

截至2009年2月10日，港珠澳大桥首级控制网测量项目外业工作全部完成，进入数据处理及资料整理和汇编阶段。

2009年2月10日，中交公路规划设计院有限公司在珠海召开了港珠澳大桥首级控制网测量项目外业验收会，参加会议的有工程各方代表及专家共计16人。会议审议并通过了《港珠澳大桥首级控制网测量外业工作报告》，国家测绘局第一大地测量队就专家提出的各类问题作了详尽的解释和说明。参会代表及专家一致认为：外业成果资料翔实、可靠，测量成果优良，精度指标均满足相关规范和该项目技术设计书的要求。

2009年3月8日，港珠澳大桥首级控制网测量成果评审验收会在西安召开，会议由港珠澳大桥建设筹备办公室主持。出席此次评审验收会议的有中国科学院陈俊勇院士，中国工程院宁津生院士、刘经南院士，以及香港路政署、同济大学、武汉大学、西南交通大学、中山大学等多家权威单位的知名专家。陕西省测绘局白贵霞局长应邀参加会议并讲话。

验收会上，专家们一致认为：港珠澳大桥首级控制网综合利用 GPS、水准、重力场的理论与方法，建立了港珠澳大桥首级三维控制网和相应的高精度似大地水准面。布设方案科学合理，施测质量控制严谨，精度优良，平面控制网相对点位精度优于 2 毫米，高程控制网平差后中误差达到了 0.3 毫米的精密精度，局部重力似大地水准面拟合精度达到 6 毫米，是我国目前最精确的局部似大地水准面之一。项目成果理论严密、技术先进、创新性强，总体成果达到了国际先进水平。该项目的总体方案和成果为港珠澳大桥的工程建设提供了精确可靠的现代测绘基准，对我国大桥首级控制网的建立有着重要的指导意义。

港珠澳大桥，这个串起香港、珠海、澳门三个城市圈的大桥建成后，不仅将对三地经济的发展起到巨大推动作用，而且对三地加强全方位合作、构建珠三角城市群有着非常重要的意义。港珠澳大桥首级控制网在网型、精度、质量等方面均能满足大桥工程建设的基本要求，为大桥从设计、施工到全面管理、维护的各项工作、各个实体、各种设施均提供了一个精确统一、必不可少的空间定位基准与框架。对首级控制网的定期复测与维护，将长久地为大桥施工、运行、监护等各个阶段提供有效的基准服务。国家测绘局第一大地测量队在建网过程中，再一次发扬了艰苦奋斗无私奉献的测绘精神，为大桥的早日建成提供了准确精密的基础测绘保障。

社会发展篇

SOCIAL DEVELOPMENT

落实科学发展观 建设国家地理信息公共服务平台

李志刚*

摘　要： 国家测绘局认真学习和贯彻落实科学发展观，针对国家信息化建设对网络化地理信息应用的需求，作出了建设国家地理信息公共服务平台的战略性决策。国家基础地理信息中心受国家测绘局委托牵头国家地理信息公共服务平台建设，完成了顶层设计、技术试验和主节点原型建设，形成了一套平台建设解决方案，为全面推动国家、省、市三级节点建设与协同服务奠定了基础，积累了经验。

关键词： 国家地理信息公共服务平台　分建共享　在线服务

* 李志刚，国家基础地理信息中心主任。

一　国家地理信息公共服务平台建设背景

国家地理信息公共服务平台（以下简称“平台”）是国家测绘局深入贯彻科学发展观的一项重要举措。它以全国一体化公共地理框架数据为基础，以网络化地理信息服务和二次开发接口为方式，以分布式数据管理维护和适时更新为保障，实现全国不同地区宏观、中观到微观地理信息资源的共享开放与7×24小时不间断的“一站式”集成服务。

中共中央政治局常委、国务院副总理李克强同志2010年1月18日对进一步做好测绘工作作出重要批示：“2009年，测绘系统认真贯彻中央的决策部署，大力推进测绘基础研究和能力建设，测绘保障服务成效显著，各项工作取得很大成绩。谨致祝贺。希望你们在新的一年，深入贯彻落实科学发展观，继续推进数字中国建设，加快构建地理信息公共服务平台，提升现代化测绘技术装备水平，促进地理信息产业健康发展，进一步提高保障和服务水平，为推动经济社会全面协调可持续发展作出新的更大贡献。”

平台总体上由1个主节点、31个分节点和333个信息基地组成（见图1），其中主节点依托国家基础地理信息中心建设和运行；分节点依托省级地理信息服务机构建设和运行；信息基地依托地市级地理信息服务机构建设和运行。各级节点之间、各级节点与相应的政府机构和专业部门之间，通过网络实现纵横互联、联动更新与协同服务。

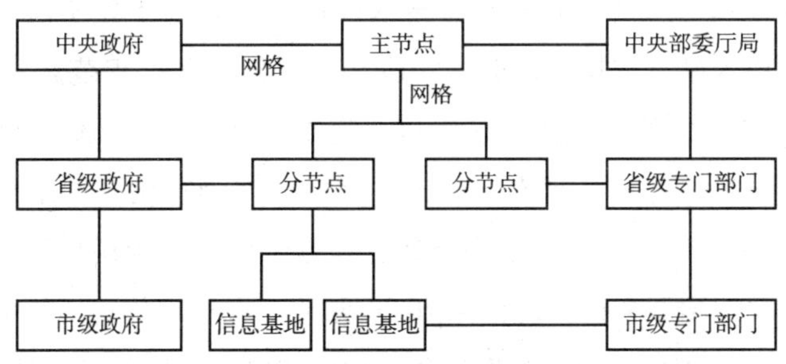

图1　平台总体架构

平台以不同的版本运行于国家电子政务内网、外网和互联网环境。政务内网版以最全面翔实的地理信息为政府和专业部门综合决策、应急减灾提供支持；政

务外网版的数据经过脱密处理，为政府和专业部门业务工作提供支持；公众版数据经脱密处理，向普通公众和企业提供权威、可信、统一的地理信息服务。

平台能够有效盘活现有地理信息资源并提供适时更新服务，降低政府、专业部门、公众地理信息应用技术门槛和成本，推进地理信息资源共建共享，从根本上改变测绘部门的地理信息服务方式，全面提升信息化条件下地理信息服务能力和水平。

二　平台建设进展

国家测绘局将平台建设作为目前及今后一段时期的重点工作进行了统筹规划，并委托国家基础地理信息中心牵头，协同相关部门开展了顶层设计、技术试验、节点建设与集成服务、应用示范等工作。

（一）统筹规划设计，形成平台系列技术规范

为保证平台建成后能够互联互通、协同服务，必须首先做好平台的顶层设计并制定统一的技术规范。

国家测绘局在充分调研平台应用需求的基础上，结合国家中长期发展战略，编写并印发了《国家地理信息公共服务平台专项规划（2009～2015 年）》、《加快推进国家地理信息公共服务平台建设的指导意见》。国家基础地理信息中心依据规划和指导意见组织完成了平台总体设计，充分借鉴国内外先进经验和技术，形成了《国家地理信息公共服务平台技术设计指南》并下发全国。在此基础上又开展了概要技术设计和技术试验，完成《电子地图数据规范》、《地名地址数据规范》、《地理实体数据规范》试行稿，完成了《基础地理信息及相关要素细化分层与使用方案》并通过了专家论证，完成了《地理信息网络分发服务无数据 XML 编码规范》、《平台在线服务专题分类方法》、《平台用户管理办法》、《基于服务器缓存的地图服务接口规范－REST 实现》、《地理信息网络分发服务元数据内容规范》、《地理信息网络分发服务元数据接口规范》征求意见稿。

上述指导性技术文件在平台各级节点建设中得以实用，规范了平台数据整合处理与服务开发。目前正在结合省市节点建设情况不断修改完善，将于 2010 年底形成行业规范报批稿。

（二）以公众版为契机，打造互联网地图服务中国品牌

综合考虑当前的网络链路现状和公众与企业对权威规范地理信息服务的迫切需求，国家测绘局于2010年初决定率先开展国家地理信息公共服务平台公众版建设。局领导亲自将平台的公众版定名为“天地图”。

“天地图”由国家基础地理信息中心组织实施，联合国信司南（北京）地理信息技术有限公司、武大吉奥信息技术有限公司、北京东方道迩信息技术有限责任公司、北京四维图新科技股份有限公司、北京天目创新科技有限公司、四维航空遥感有限公司、北京吉威数源信息技术有限公司等企业，完成了数据资源整合处理、服务系统和运行环境建设、集成测试等工作，目前“天地图”（测试版）已经具备正式开通的条件。

“天地图”以互利共赢的模式集成了来自国家测绘局和企业的地理信息数据资源，其中1:100万矢量数据和250米影像覆盖全球，1:25万和导航矢量数据以及15米、2.5米影像覆盖全国，0.6米影像覆盖全国地级以上城市行政区，总数据量约30TB。所有数据均根据平台数据规范进行了电子地图制图、地理实体构建、地名地址统一、影像拼接匀色、地图缓存切片等处理，并依据国家保密要求进行了脱密处理、地图发布审核。

“天地图”建设参考国内外先进技术理念，采用基于SOA架构的Web Service技术，利用具有我国自主知识产权的软件，针对互联网大数据量、大规模用户持续高强度访问的需求定制开发了数据处理系统、数据管理与维护系统、在线服务系统，实现了分布式地理信息资源共享、互操作和协同服务，以门户网站和标准接口两种方式，向各类用户提供“一站式”地理信息综合服务。其中门户网站供普通用户进行地理信息二维、三维浏览，以及地名搜索定位、距离和面积量算、兴趣点标注、屏幕打印等常用操作。而专业部门、企业、个人用户则可利用标准服务接口和API调用“天地图”的服务并嵌入已有的应用系统或服务网站，或是快速搭建新的应用系统或服务网站，从而大大降低他们的开发成本和周期，省去他们处理并维护公共地理框架数据、承担底层服务的高昂成本。

“天地图”搭建了高可靠性的服务器集群、数据存储备份系统和计算机安全系统。互联网接入带宽200Mbps，可满足每天1千万网页服务。专业测试机构的整体性能测试表明“天地图”整体性能优良，在带宽为200Mbps、瞬间并发用户

500 个的情况下，平均响应时间 0.493 秒，8 小时内网页点击数可达 1400 万页，并达到等级保护第三级安全要求。

“天地图”的最终目标是成为数据全球覆盖、内容丰富翔实、广受用户信赖、应用方便快捷、服务高速可靠、拥有自主产权的互联网地图服务中国品牌。“天地图”未来发展以“政府主导、企业经营”为总体原则，以市场化运营为目标手段，通过不断整合全国乃至全球各类地理信息资源，真正形成地理信息产业合力，切实促进地理信息产业发展，使测绘在服务大局、服务民生、服务社会中发挥更为重要的作用。

（三）以政务版为根本，全面推动省市平台建设

政务版（包括政务内网版、政务外网版）是平台建设的核心，它将通过分建共享、联动更新、协同服务的机制，集成国家、省、市的地理信息资源，为政府宏观决策、国家应急减灾、电子政务运行提供“一站式”在线地理信息服务，实现从离线提供地图、数据到在线提供信息服务的根本性改变，全面提升信息化条件下的地理信息公共服务能力和水平。

国家测绘局为了推动政务版平台的建设，2009 年启动了省市平台建设试点，2010 年与 31 个省、市、自治区签订了《国家地理信息公共服务平台共建工作目标责任书》并发布了相应的实施细则，要求各省于 2010 年底前以在线连接、服务器托管、数据集提供等方式实现省级电子地图服务、地名搜索定位服务的聚合。

国家基础地理信息中心在前期工作基础上，抓紧扩充政务版主节点数据资源，扩展并完善政务版主节点服务系统功能，开发服务监控与管理系统；并按照国家测绘局要求开展省市服务聚合、服务器托管、汇交数据处理与发布等工作，结合典型应用示范，向相关政府与专业部门提供全方位的在线服务。

三　下一步工作重点

（一）加快推进平台应用服务

推进“天地图”产业化运营与服务。以互利共赢的模式，加强与拥有地理

信息资源、具有运营服务能力的企业的密切合作，鼓励有关企业在“天地图”基础上进行地理信息资源增值服务开发，不断扩大“天地图”在产业中的影响，提升“天地图”在产业中的地位。

推进政务版平台的应用服务。围绕中办、应急办、公安部、教育部等单位的业务需求，积极开展平台应用示范，尽快发挥平台在政府决策、应急响应、电子政务中的重要支撑作用。

（二）建立健全平台运维机制

建立健全国家、省、市地理信息资源分建共享、联运更新、协同服务、有效运维的机制与实施办法，保证平台 7×24 小时不间断服务。

（三）注重技术沉淀，打造系列平台产品

针对全国平台建设实际需求，结合主节点建设经验，整理形成一整套平台节点建设解决方案，形成具有自主知识产权、技术先进、性能优良、稳定可靠、针对性强的系列软件产品，与相关软件开发、数据服务企业达成战略合作共识，为省市平台建设与应用、人才培养、技术进步提供全面的技术支持。

（四）加强人才培养，持续提升平台技术水平

通过与国际、国内知名大学与科研院所的合作与交流，培养多层次平台建设人才梯队，为平台发展提供有力的技术与人才支撑。与此同时，不断跟踪国际国内学术技术发展动态，不断引入最新技术成果，提升平台的技术水平，为平台走向世界创造条件。

（五）积极争取多渠道专项经费支持

平台建设需要大量的资金投入，国家基础地理信息中心在国家测绘局组织下开展了多渠道经费申请工作，完成了国家电子政务工程项目的需求分析报告和项目建议书、国家“十二五”信息化建设专项建议书的编写，已上报国家发展与改革委员会；参与国家“863 计划”重大项目申报。与此同时，积极申请国家基础测绘“十二五”经费，以保障平台建设与运行服务的顺利进行。

四　结束语

国家地理信息公共服务平台是测绘服务大局、服务社会、服务民生的具体体现，它的建设与服务任重而道远，需要全国各级测绘部门、地理信息产业、相关专业部门的共同努力与协作。国家基础地理信息中心愿与各方同人精诚合作，共同为平台的建设与服务贡献力量。

全国地理信息公共服务平台调查

3sNews 公司

摘　要：本文全面梳理了全国地理信息公共服务平台的建设情况。介绍了总体框架与建设内容、服务与管理模式、建设进展，分析了存在的一些问题，介绍了平台软件测评结果，最后介绍了三个建设案例。

关键词：地理信息公共服务平台　平台软件　案例

2009 年 1 月 13 日召开的全国测绘局局长会议上，国家测绘局表示将启动国家地理信息公共服务平台建设工程。在这一年多的时间里，全国各地的平台建设如火如荼，并且涌现出一个又一个优秀的平台建设案例，出台了一个又一个平台建设规范。国家测绘局局长徐德明在 2010 年的国家测绘局局长会议上再次重申“搭建共享平台、保障社会需求”的要求，按照“统筹规划、统一标准、分建共享、协同服务”的思路，整合系统内外的力量，切实加快数字中国建设。

在平台建设过程中，各级部门群策群力，因地制宜，结合了当地政策经济发展水平制订了工作计划，逐步推进地理信息公共服务平台的建设。浙江省人民政府办公厅专门发布了《浙江省地理空间数据交换和共享管理办法》，该《办法》在全国率先建立起地理空间信息交换共享运行机制和应用服务体系，有效地破解了信息化建设中存在的地理信息资源不能共享和及时更新、地理信息数据重复采集和系统重复建设的难题。这对其他尚未建设或者正在建设的地区提供了一些经验和参照。地理信息公共服务平台的建设和实施也离不开各个业内企业的大力支持，很多企业在建设各地平台的过程中，经过不断的调整与优化，积累了大量的实战经验，形成了多种不同类型的解决方案，这也使得各个地区在建设平台过程中获得了许多启发，避免再走弯路。

一　概述

地理信息公共服务平台是实现全国在线地理信息服务所需的信息数据、服务功能及其运行支撑环境的总称。地理信息公共服务平台是依托地理信息数据，通过在线方式满足政府部门、企事业单位和社会公众对地理信息和空间定位、分析的基本要求，具备个性化应用的二次开发接口和可扩展空间，是实现地理空间框架应用服务的数据、软件及其支撑环境的总称。

地理信息公共平台是信息时代下测绘成果对外服务的直接模式，它是其他专业信息空间定位、集成交换和互联互通的基础。就构成要素而言，公共平台包含了数据、软件、环境等的集成配置，较之基础地理信息数据库内涵更为丰富；就数据内容而言，公共平台从基础地理信息数据库中提取了部分内容，又扩充了部分要素；就定位而言，公共平台的主要服务对象则是内容要求相对简化，但要能确保自身专题信息可准确集成的政务用户；就服务层次而言，公共平台则提供了数据引用、共性功能直接使用、个性功能定制开发等多种层次的服务。

二　目标与意义

平台建设是贯彻落实李克强副总理对测绘工作重要批示和全国测绘局局长会议精神的重要举措，是提高测绘服务大局、服务社会、服务民生能力的有效途径。国家测绘局提出的“加快数字中国建设，搭建公共服务平台，推动地理信息产业发展”三个方面中，平台建设是重要的实现方式和手段。

（一）建设目标

建成由多级节点构成的一体化地理信息在线服务体系，实现全国地理信息资源的纵横联通和有效集成；建成分布式的地理信息服务系统，形成多级互动的地理信息综合服务能力，提供一站式地理信息综合服务；建成“公共服务平台”服务管理系统，形成有效的运行服务机制，为政府宏观决策、国家应急管理、社会公益服务提供在线地理信息服务，全面提升信息化条件下国家地理信息公共服务能力和水平。具体包括以下内容。

实现全国地理信息资源的互联互通。依据统一技术规范，整合全国多尺度地理信息资源，实现基于网络化运行环境的地理信息资源互联互通。

提供一站式的地理信息综合服务。建成分布式地理信息服务系统，提供信息浏览、标图制图、导航定位、信息加载、系统搭建等网络化地理信息服务功能及二次开发接口，为政府、企业、公众提供在线地理信息服务。

形成业务化运行维护与管理机制。建立健全地理信息公共服务平台运行维护有关规定和管理办法，建成“公共服务平台”服务管理系统，形成不间断运行服务机制，为“公共服务平台”的资源管理、服务调度、运行监控及适时更新提供有力的保障。

（二）建设意义

地理信息公共服务平台建设是深入贯彻科学发展观、落实《国务院关于加强测绘工作的意见》和《全国基础测绘中长期规划纲要（2006～2020）》的重要举措，对于增强我国地理信息公共服务能力、发挥地理信息资源的最大效益、提升全社会地理信息资源开发利用水平、促进国民经济又好又快发展具有十分重要的意义。

切实提升我国地理信息公共服务能力。地理信息公共服务平台将作为信息化条件下我国地理信息公共服务的主要运行形态与手段，向各类用户提供权威高效的地理信息实时综合服务。这将极大地提升我国地理信息公共服务能力，有效地缓解地理信息供需矛盾，较好地满足政府、企业、社会大众对地理信息在线服务的需求。

有效促进地理信息的深入广泛应用。地理信息公共服务平台将为广大用户阅览地理信息、加载专业信息、搭建业务运行系统提供高效工具，使地理信息服务能无缝地嵌入到各部门、行业的现有业务应用系统中去，有效解决以往应用系统建设运行中存在的技术难度大、建设成本高、开发周期长、更新维护难等问题，促进地理信息更加深入广泛的应用。

充分发挥地理信息资源的最大效益。地理信息公共服务平台将把分散在各地的地理信息数据资源整合为逻辑上集中、物理上分布的统一地理信息资源，成为国家信息化的最重要基础设施之一。它的建设与运行将有力促进跨地区地理信息资源共享与应用，有效避免“信息孤岛”现象，充分发挥地理信息在政府宏观决策、国家应急管理、社会公益服务、产业升级拓展、人民生活改善等方面的保障服务作用，发挥我国地理信息资源的最大效益。

有力推进地理信息产业的发展。地理信息公共服务平台的建设与运行将使测绘从传统纸质地图、数据提供服务提升为在线地理信息服务，从以往的相对静态服务逐步发展为实时综合服务。这一方面会带动我国地理信息获取实时化、处理自动化、服务网络化和应用社会化等方面的技术创新与系统研发，另一方面将为一大批企业进行地理信息资源的增值服务提供开发环境，有力地促进我国地理信息产业的发展。

（三）建设原则

国家测绘局局长徐德明在2010年6月18日召开的“国家地理信息公共服务平台建设工作会议”上指出，要按照“先搭台、先建设，后完善、后丰富”的原则，加强自主开发和自主创新，加快数据整合和更新，加强设备维护和运行安全保障，立足国内、占领市场，立足当前、面向长远，立足中国、面向世界，立足地图服务、不断拓展服务空间。

（四）建设规模与建设内容

平台总体上由1个主节点、31个分节点和333个信息基地组成。其中，主节点依托国家基础地理信息中心建设和运行，分节点依托省级地理信息服务机构建设和运行，信息基地依托地市级地理信息服务机构建设和运行。

平台各级节点之间、各级节点与相应的政府机构和专业部门之间，通过电子政务内、外网实现纵横互联。纵向上联通分布在主节点、分节点、信息基地的全国地理信息资源，实现联动更新与协同服务；横向上联通各级政府机构、专业部门，实现在线地理信息服务和资源共享。

主节点承建单位：负责国家级公共地理框架数据（1∶50000～1∶1000000）建设与维护更新；主节点服务系统和门户网站建设；服务与用户管理系统建设；主节点软硬件环境及安全保密系统建设；主节点网络接入系统建设（联通各分节点、相关国家部委及专业部门）。

分节点承建单位：负责本省公共地理框架数据（1∶10000）建设与维护更新；分节点服务系统和门户网站建设；分节点软硬件环境及安全保密系统建设；分节点网络接入系统建设（联通主节点和本省各信息基地、本省相关部门）。

信息基地承建单位：负责本市公共地理框架数据（1∶2000及以大）建设与

维护更新；信息基地服务系统和门户网站建设；信息基地软硬件环境及安全保密系统建设；信息基地网络接入系统建设（联通本省分节点、本市相关部门）。其中，公共地理框架数据、服务系统及门户网站、软硬件环境等，均可利用“数字城市”建设成果。

三　总体框架与主要建设内容

（一）总体构架

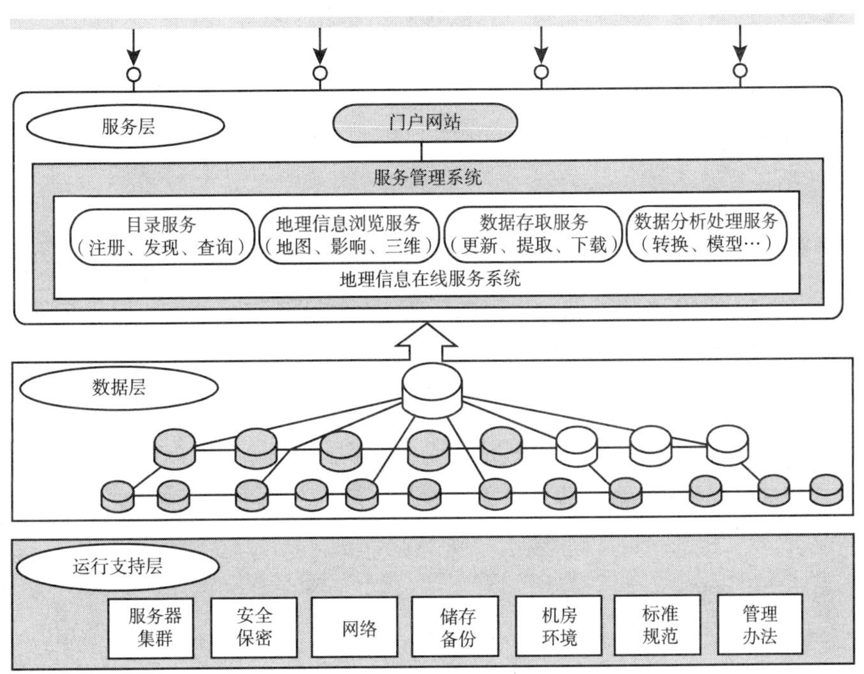

图1　“公共服务平台”总体构架

1. 数据层

主体内容是公共地理框架数据，包括电子地图数据、地理实体数据、地名地址数据、影像数据、高程数据等。其实是在多尺度基础地理信息数据的基础上，根据在线浏览标注和社会经济、自然资源信息空间化挂接等需求，按照统一技术规范进行整合处理，采用分布式的存储与管理模式，在逻辑上规范一致、物理上分布，彼此互联互通，并以“共建共享”方式实现协同服务。

2. 服务层

主要包括平台门户网站、服务管理系统、地理信息基础服务软件系统、二次开发接口库。门户网站是公共服务平台的统一访问界面，提供包括目录、地理信息浏览、地理信息数据存取与分析处理等多种服务，并通过服务管理系统实现统一管理。普通用户主要通过门户网站获得所需的在线地理信息服务，专业用户则可通过调用二次开发接口，在平台地理信息上进行自身业务信息的分布式集成，快速构建业务应用系统。

3. 运行支持层

主要包括网络、服务器集群、存储备份、安全保密系统、计算机机房改造等硬环境和技术规范与管理办法等软环境。

（二）主要建设内容

“公共服务平台”由分布在全国各地的主节点、分节点和信息基地组成。主节点、分节点和信息基地三级节点分别依托国家、省（区）、市（县）地理信息服务机构建设和运行，具有相同的三级技术架构。节点间通过网络实现纵横向互联互通，形成一体化的地理信息服务资源，向用户提供在线地理信息服务。图 2 给出了主节点、分节点和信息基地的连接关系。各级节点和信息基地的建设须依据《国家地理信息公共平台建设专项规划》、《国家地理信息公共平台建设指导意见》、《国家地理信息公共平台技术设计指南》及相应的标准规范，组织开展数据层、服务层、运行支持层的建设，同时须结合各自的空间尺度和服务特色确定建设重点。

1. 主节点建设

一是开发并部署“公共服务平台”门户网站、总体服务与用户管理系统、地理信息基础服务软件系统。其中门户网站是普通用户访问地理信息平台功能的入口；总体服务与用户信息管理系统提供标准的访问接口，支撑分节点和信息基地实现分级服务注册管理及用户注册管理，并负责信息交换与服务的统一管理和调度；地理信息基础服务软件系统提供地理信息数据的组织管理、符号化处理，地理信息查询分析、数据提取等功能及符合互操作规范的调用接口，支持在线服务的发布。

二是根据在线服务的需要，以 1∶50000 及以小比例尺基础地理信息数据为基础，进行内容提取等整合加工，形成相应尺度的公共地理框架数据集，并对其进

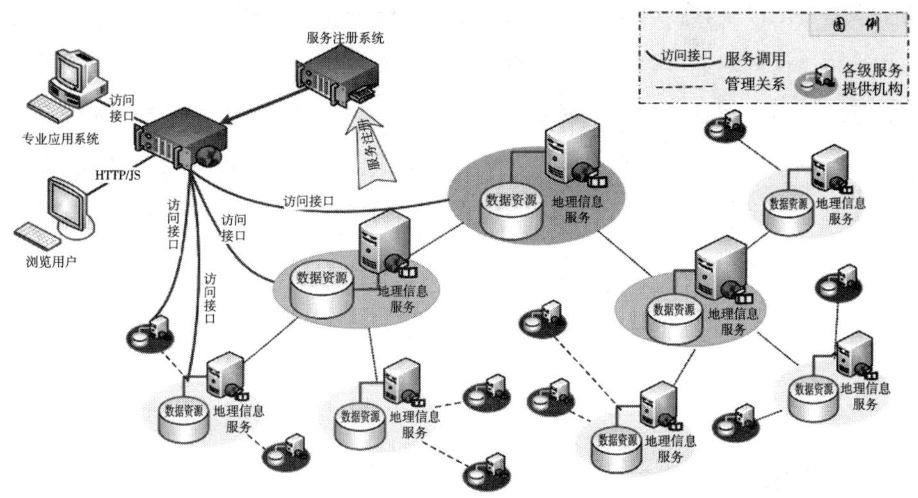

图 2 “公共服务平台”节点的连接关系

行持续管理维护与更新。

三是建设与主节点规模相适应的数据存储和服务软硬件环境、网络环境、安全保密体系，并实现与国务院应急办、防总、国家减灾委等相关政府部门以及各分节点的联通。

2. 分节点建设

一是部署分节点地理信息基础服务软件系统；二是以 1∶10000 基础地理信息数据为主要基础，整合加工并管理维护相应尺度的公共地理框架数据；三是建设本级节点软硬件、网络、安全保密系统，实现与主节点、本区域相关政府部门及信息基地的联通。各分节点可以直接利用国家级门户网站，也可根据需要建立本级门户网站，展示本区域及相关信息基地的数据资源和服务功能。分节点可以利用平台提供的统一访问接口在自己的门户网站建立服务注册和用户注册、用户登录等用户界面，实现服务、用户信息的分级注册和用户单点登录、用户权限授权等管理功能。

3. 信息基地建设

一是部署信息基地地理信息基础服务软件系统；二是以 1∶2000、1∶1000、1∶500 等基础地理信息数据为基础，整合加工并维护管理相应尺度的公共地理框架数据；三是建设本级节点软硬件、网络、安全保密系统，实现对本区域公共基础地理信息资源的存储管理，实现与分节点及本区域相关政府部门的联通；四是作为主节点的信息基地，为平台提供现势性强的大比例尺数据资源，并负责其更新与维护。信息基地可以直接利用主节点或分节点门户网站，也可根据需要建立信息基地的门户网站，展示本区域地理信息公共服务平台提供的数据资源和服务功能。信息基地可以利用平台提供的统一访问接口在其门户网站建立服务注册和用户注册、用户登录等用户界面，实现服务、用户信息的分级注册和用户单点登录、用户权限授权等管理功能。

四　服务与管理模式

（一）服务模式

“公共服务平台”一方面直接向各类用户提供权威、可靠、适时更新的地理信息在线服务，另一方面通过提供多种开发接口鼓励相关专业部门和企业利用平台提供的丰富地理信息资源开展增值开发，以满足多样化的应用需求。表1给出了平台的基本服务模式。其服务对象主要包括政府部门、公众和企业三大类用户，每类用户又可依据使用方式分为一般用户和开发人员。

表1　平台服务模式

服务对象＼用户角色	一般用户		开发人员
	注册用户	非注册用户	
公　众	浏览查询公众版地理信息	公众版地理信息浏览查询和授权信息访问	基于公众版地理信息与服务接口的个人应用类系统
企　业	浏览查询公众版地理信息	公众版地理信息浏览查询和授权信息访问	基于公众版地理信息与服务接口的社会服务类应用系统
政府部门	浏览查询涉密版和公众版地理信息	涉密版、公众版数据的浏览查询和授权信息访问	基于涉密版或公众版地理信息与服务接口的政府应用系统开发

（二）管理模式

要实现平台主节点、分节点、信息基地协同服务，必须按照一致的技术方法和流程对服务和用户进行管理。各级地理信息服务机构需要制作符合平台要求的服务内容、部署各类符合标准接口规范的服务软件系统来实现服务发布。还要通过服务管理系统完成服务注册，并对自己发布的服务进行访问权限控制和管理。

平台运行管理机构通过服务管理系统对平台中各类注册服务和注册用户实现综合管理，包括服务注册信息审核、用户信息审核、用户权限管理、服务状态监测以及用户行为审计等。

对服务的管理依托多级服务注册中心进行，主节点、分节点与信息基地采用星形拓扑连接方式。各服务注册中心负责所辖区域网络内服务的分级注册、服务状态监控、服务组合，并向上级服务注册中心汇集注册信息。

对用户的管理采用分布注册、集中认证和分布授权的方式，用户可以按照行政归属在任何服务节点或信息基地进行注册，其注册信息统一集中存放于平台主节点。通过统一认证中心的身份和权限认证，用户即可在全国范围实现单点登录。

对特定服务访问权限的申请和获取，由该服务的提供者在本地处理。

五 进展情况

据不完全统计，目前已初步建成国家主节点，已有 23 个省级分节点地理信息公共服务平台公众版上线，占省级分节点的 74%，经济较为发达区域也已经开始着手建设区域性的地理信息公共服务平台。

表 2 全国地理信息公共服务平台建设进展情况（不完全统计）

建设单位	进展情况	网 址
国家级主节点	2010 年 6 月初上线测试版“天地图”目前已关闭	http://www. tianditu. com
安徽	已上线安徽省地图网	http://www. ahmap. gov
北京	已上线北京地图网	http://www. bjmap. gov. cn
重庆	2010 年 4 月 13 日上线数字重庆	http://www. digitalcq. com
福建	已上线福建省地图网	http://www. fjmap. net
甘肃	已上线甘肃省地理信息公共服务平台	http://61. 178. 21. 243
广东	已上线广东省地理信息公共服务平台	http://210. 76. 65. 119:8719/public
广西	已上线广西公众服务平台	http://www. mapgx. com
贵州	尚在建设中	还未上线
海南	已上线海南地图网	http://www. hnemap. com
河北	尚在建设中	还未上线
河南	已上线数字河南公众版地理信息公共服务平台	http://map. hnchj. com
黑龙江	已上线黑龙江省地理信息公众服务平台	http://www. maphlj. com
湖北	已上线湖北省动态电子地图网	http://www. hbmap. com. cn
湖南	已上线湖南地图网	http://www. hndtw. net

续表 2

建设单位	进展情况	网　址
吉林	已上线吉林省地理信息公共服务平台	http://gis. jl. gov. cn
江苏	已上线江苏地图网	http://218. 94. 9. 17:8008/jsMap
江西	已上线江西省地理信息公共服务平台	http://www. jx3s. com
辽宁	暂无公开资料	
内蒙古	尚在建设中	还未上线
宁夏	尚在建设中	还未上线
青海	尚在建设中	还未上线
山东	已上线山东省地图网	http://www. sdmap. gov. cn
四川	已上线四川省电子地图	http://www. scgis. net. cn
上海	已上线上海地图网	http://www. shanghai - map. net
山西	已上线山西省地理信息公众服务平台	http://map. sxch. gov. cn
陕西	已上线陕西省地理信息公共服务平台	http://emap. shasm. gov. cn
天津	已上线天津市地理信息公共服务平台及津门地图网	http://www. ccmap. com. cn http://www. geotj. cn
西藏	暂无公开资料	
新疆	尚在建设中	还未上线
云南	已上线云南省电子地图集	http://ynbsm. gov. cn/atlas
浙江	已上线浙江地图网	http://map. zjch. gov. cn
长江三角洲	尚在建设中	还未上线
珠江三角洲	尚在建设中	还未上线

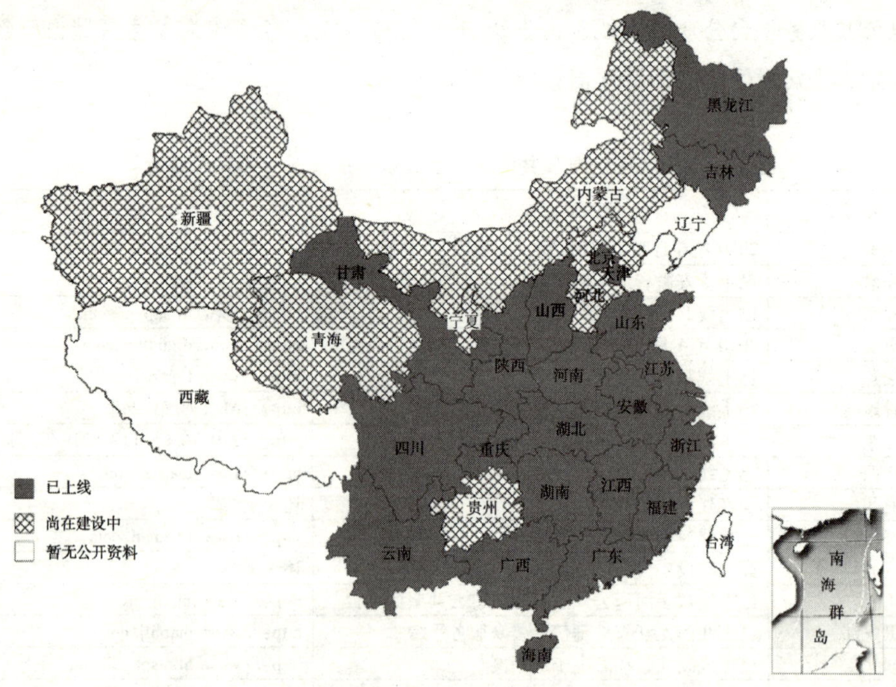

图 3　31 个省级分节点平台建设情况（不完全统计）

六　存在问题及一些思考

（一）存在问题

1. 网络尚难以互联互通

目前国家电子政务内网（涉密网）尚未完全建成，纵向上国家、省、市测绘部门难以联通，横向上测绘部门与相关政府机构、专业部门相互隔离。电子政务内网（涉密网）的开通时日，已成为制约政务版平台尽早提供地理信息网络化服务的主要障碍之一。

2. 数据资源尚不够丰富

用户对大比例尺、高分辨率数据资源的需求较为迫切，对全球政治、经济、军事等热点地区地理信息的需求程度日益提高。现有数据资源（特别是省、市级）千差万别，需投入大量的时间、人力和财力进行处理与整合；现有馆藏资源（特别是国外部分）十分有限，远远无法满足用户需求。数据资源处理整合以及信息资源相对匮乏问题，将制约平台提供高质量服务和测绘应急保障能力。

（二）一些思考

1. 进一步提高对平台的认识

平台建设是一项长期性工作。要把平台建设放在国民经济信息化的大背景下来认识和推进。平台建设是测绘公共服务的重要抓手，将是转变地理信息服务方式、推进地理信息资源共建共享、提高测绘公共服务能力和水平的重要手段。故平台建设并非阶段性项目，而是测绘部门的长期性工作。

平台并不等同于现有的 GIS 系统。普通 GIS 系统只能管理有限数据资源，与 GIS 软件紧密绑定；而平台能够联通全国海量数据资源，实现开放的服务聚合与互操作。

平台数据不仅限于基础地理信息数据。基础地理信息数据的主要形式为相对固定的 4D 产品；而平台的公共地理框架数据是面向社会经济信息空间化整合和在线浏览标注等网络化服务需求整合而成的，主要包括地理实体数据、地名地址数据、电子地图数据、影像数据、高程数据等。

要正确区分涉密版与公众版平台的界限。涉密版只能运行于涉密网环境（电子政务内网）；公众版可运行于非涉密网环境（电子政务外网、因特网）。此外，电子政务内、外网的联通虽需假以时日，但不能坐等，否则将错失良机。

2. 不断更新完善平台信息资源

平台生命在于数据的不断更新，平台建设非一己之力所能成。要通过技术进步、社会力量不断加强平台信息资源的更新完善，从而更好地服务大局、服务社会、服务民生。

加快公共地理框架数据的更新频率。要尽快开展数据生产与联动更新的一体化技术方法研究并形成实用化软件工具，及时更新平台的电子地图数据、地理实体数据、地名地址数据等。

充分共享整合社会地理信息资源。要通过共建共享机制收集相关专业部门的地理信息资源；同时要充分聚合相关企业及社会团体的资源，如高分辨率影像、立面街景、三维城市模型、导航电子地图等，实现协同服务。

不断收集其他相关地理信息资源。要通过相关专项收集重要地理信息资源，尤其是收集涉及我边界稳定、安全与发展的周边国家以及目前国际上政治、军事、经济热点国家的地图资料及地理信息资源。

3. 推进平台产业化长效运行服务

平台持续、高效运行的维护是一项长期工作，需要投入大量的人力、物力、财力做支撑，需要不断集成高新技术成果完善平台，不断整合最新信息资源丰富平台，不断开发基础应用功能拓展平台；需要基于平台寻求面向社会的增值服务亮点，基于平台开发面向用户业务需求的专用系统等。为此，平台的长效运维应基于国家政策，引入产业化运营模式和机制。

在国家测绘局的领导下，联合各级测绘部门与企业，研究分建共享、联动更新、协同服务的政策机制与实施办法；与拥有信息资源的企业、具有运营服务能力的企业开展合作试验，探索互利共赢的合作模式。逐步建立有效的管理与运维机制，推进平台产业化长效运行维护，保证平台提供 7×24 小时不间断服务，不断推进地理信息更广泛的应用。

七　平台软件测评结果

受国家测绘局科技与国际合作司、科学技术部高新技术司委托，中国地理信息系统协会、国家遥感中心 2010 年 4 月联合完成了“数字城市地理信息公共平台国产软件”测评工作。本次“数字城市地理信息公共平台国产软件”测评，共 48 套软件申报参评，经测评办公室预审，专家组测评，领导小组审定，测评结果为“优秀软件”8 套、“合格软件”6 套（排名不分先后）。

表 3　数字城市地理信息公共平台优秀软件（8 套）

中文名称	英文名称	研制单位
新图软件	3.0 Newmap 3.0	中国测绘科学研究院地理信息系统与地图工程研究所
超图面向服务的地理信息共享平台 V6.0	SuperMap SGS V6.0	北京超图软件股份有限公司
山海易绘地理空间信息共享服务平台 V5.5	EzDISA V5.5	北京山海经纬信息技术有限公司
智行者 V6.0	iVoyager V6.0	北京东方道迩信息技术有限公司
苍穹安唐空间共享平台 V2.0	DGSpatialSever V2.0	北京苍穹数码测绘有限公司 苏州安唐科技有限公司
吉奥数字城市地理信息服务平台软件 2.2	GeoGlobeCity 2.2	武大吉奥信息技术有限公司
MapGIS 地理信息共享服务平台 K9	MapGISGeo-IntelligenceServer K9	武汉中地数码科技有限公司
奥格地理信息共享平台 2.2	AGComPlat 2.2	广州奥格智能科技有限公司

表 4　数字城市地理信息公共平台合格软件（6 套）

中文名称	英文名称	研制单位
经信通地理信息公共服务平台 V3.0	EIC - GSP V3.0	北京市信息资源管理中心
空间信息服务共享平台 v3.0	CooShare v3.0	北京天下图数据技术有限公司
数字城市空间信息共享平台 V1.0	NSIP V1.0	北京海澄华图科技有限公司
GT 数字城市空间信息共享平台 V3.0	GT city V3.0	天津中科遥感信息技术有限公司
吉信地理信息聚合平台 1.0	Geoinfo PolyGIS Server 1.0	重庆数字城市科技有限公司
数字城市共享服务平台 3.0	Dciss 3.0	广州城市信息研究所有限公司

八　案例精选

（一）浙江省地理空间数据交换和共享平台项目

浙江省地理空间数据交换和共享平台是指通过计算机网络系统将浙江省所有与地理空间位置有关的、经济社会发展所需的信息资源按统一标准进行信息数据集成、整合，并在政策、法规的框架下进行信息数据交换、共享和提供公共服务。项目的建设对解决浙江省信息化建设中存在的信息资源较难共享、基础设施重复建设的突出问题，提高信息资源的开发利用程度和信息化水平，加快信息化进程，使浙江省的信息化建设走在全国的前列，将起到至关重要的作用。

浙江省已经具有丰富的地理空间信息资源，完成了覆盖全省、多尺度的基础地理空间信息收集，建成了统一的平面控制网、高程控制网以及 GPS CORS 站，拥有包括国土、水利、交通、建设、民政等多个部门的专题空间数据。已建成的系统有浙江省基础测绘信息网上发布系统、浙江省省级基础地理信息系统（即“数字浙江”地理空间框架）、浙江省电子政务地理信息公共服务平台和浙江省公益性地图网站等。同时，省内大部分城市已完成或正在建设基础地理信息系统，部分城市正在着手建设地理信息公共服务平台。

本项目由浙江省测绘局与广州奥格智能科技有限公司共同建设完成，总体目标是建立可支持浙江省各政府部门之间的跨部门、跨行业的地理空间信息资源交换、共享与更新的管理体制和运行机制，以及相关标准规范和安全保障体系；按照统一标准整合全省范围内政府部门、企事业单位和社会公众需要的地理空间信息资源，建成以基础地理信息数据库为基础框架的分布式地理空间信息资源数据库和数据发布、共享、交换、服务的网络体系和软件系统体系；实现为政府提供基于政务专网的权威、精确、现势的地理空间信息资源服务和信息交换共享服务，为企事业单位、社会公众提供基于政务外网或因特网的各类公众地理空间信息资源服务。项目的最终目标是实现跨部门、跨行业的“横向”地理信息资源的交换与共享，以及上与国家，下与市、县“纵向”地理信息资源的互联互通，使浙江省地理信息服务实现从传统提供数据的方式到提供在线地理信息服务的重大转变。

项目建设内容包括以下四个方面（见图4）。

1. 数据中心基础设施

数据中心基础设施建设是平台建设的基础工作，包括基础网络建设、基础硬件采购升级、安全保障环境建设和机房建设等内容。

2. 地理信息资源数据库群

地理信息资源数据库群是平台建设的核心，包括地理空间框架数据库、元数据目录数据库、地理实体编码数据库、政务电子地图数据库、公众电子地图数据库、三维景观数据库、政务 POI 空间数据库、公众 POI 空间数据库、专题共享空间数据库等一系列数据库的建设。

3. 应用服务软件系统

应用服务软件系统建设包括基础软件采购升级、平台门户网站、共享数据管理系统、元数据与目录服务系统、平台交换与共享发布系统、地理实体编码管理系统和运行维护系统，以及一系列数据服务接口和功能服务接口，用于支撑平台涉及的各类地理空间信息资源的整合、集成、管理、交换、共享及应用服务。

4. 支撑保障体系

支撑保障体系由运维管理、安全保障、标准规范、政策法规等四个方面组成，是平台正常运行、发挥效用的保障。另外，为了平台的推广应用，平台还将建设平台汇展系统，集中展示平台建设的成果，为市县分中心、部门节点的建设提供示例，为应用平台服务搭建应用系统提供培训和帮助。

（二）数字延吉城市地理信息共享平台

延吉市位于吉林省东部，是延边朝鲜族自治州政府所在地，是延边州政治、经济、文化中心。综合经济实力位居吉林省县（市）第一，是吉林省唯一的全国百强县（市）。为了更好地开展城市建设，实施城市管理，吉林省政府下发了《吉林省政府系统政务信息化建设“十一五”规划》，明确提出了全省政务信息化的总体建设目标，积极推进全省政府系统政务信息化建设。延吉市积极响应号召，由延吉市规划管理局提出的“数字延吉城市地理信息共享平台”建设项目被列为全市重点工作。

数字延吉城市地理信息共享平台以 3S 技术为基础，整合了延吉市自然资源

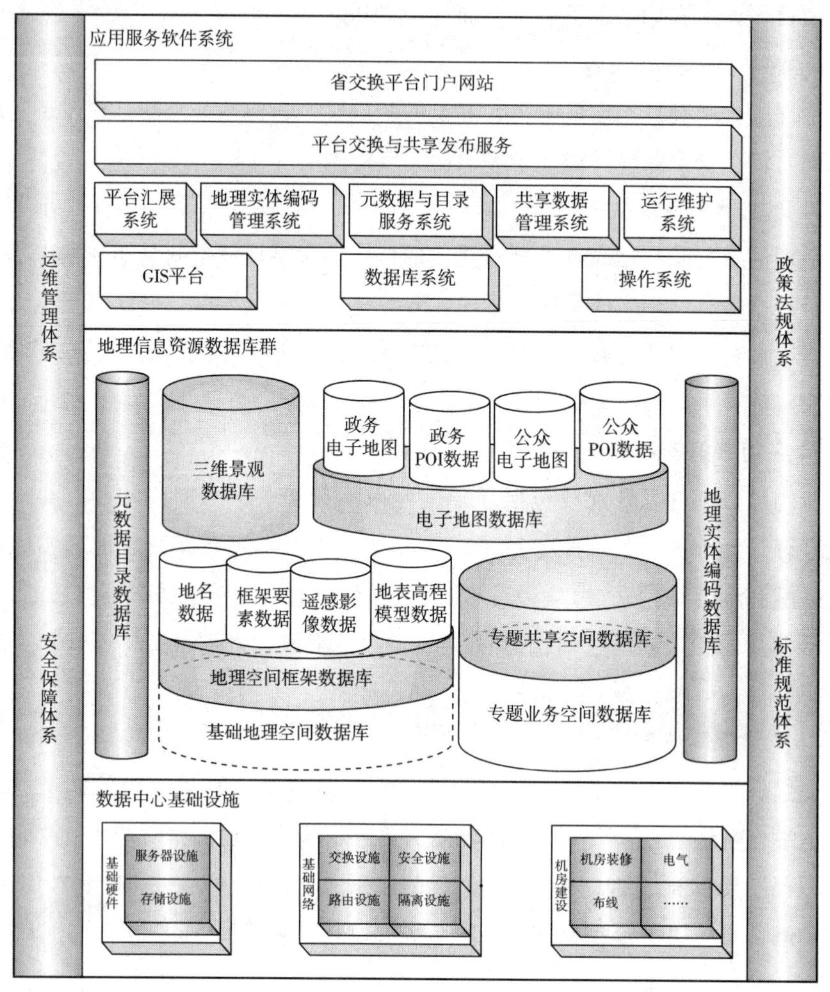

图4　浙江省地理空间数据交换和共享平台项目建设内容

与空间地理基础信息及关联的各类经济社会信息，建立起多尺度、多分辨率且更新及时的空间基础数据库，并利用 ArcGIS 服务器产品完成了空间信息交换和共享在线服务体系的构建，是国内共享平台项目中首个纵深到县级的应用。2007 年底数字延吉城市地理信息共享平台正式立项，2008 年 4 月开始对外提供服务，目前有规划局、环保、建设局、勘测院四家单位基于共享平台搭建了各自的业务应用系统；应急指挥中心和教育局签订了平台使用意向书。该平台在延吉市和延边州两级城乡规划委员会中广泛使用。延吉市平台目前运行稳定，自投入使用以来，已先后建成118层二维空间数据和全市建成区精模，入库数据容量达200GB。二、三维空间数据的入库、更新、管理、发布和共享各环节运行通畅，并且已经为本市多个专业部门提供了二、三维空间数据共享服务。系统建成后，累计每年可节省1000万元的数据更新费用。

本项目实现专题共享数据同步和统一的对外数据服务，最终形成一个跨越多个部门的、同步更新的空间信息服务网络，为市政府各委办局专业系统建设提供了统一的空间基础数据与服务。其中空间基础信息“一站式”门户作为地理信息共享平台的政府级入口，为延吉市各委办局提供了一种简单、快捷、低成本的空间数据发现、共享、发布与使用的途径。

平台提供多种数据上传和下载服务，营造了空间信息大规模整合和共享的环境，克服了现有空间信息传递速度慢、共享程度低、查询利用难等困难，破除了部门壁垒，提高了部门间数据共享和沟通协调的力度。公众空间信息服务平台基于互联网的延吉地图网，为延吉市民以及各方游客提供了免费的地理信息服务，包含地图浏览、本地搜索、公交换乘、专题信息展示等功能。公众可以通过互联网方便地在延吉市电子地图上搜索查找各类生活信息，规划行程路线；商家可以通过在线标注，将自己的商业信息在地图上标定，以电子地图为媒介平台实现展示推广。其中的运维支撑系统提供对平台的管理和维护，包括企业用户的管理、服务访问的控制和流量监控等，提供整套平台的控制、管理和维护等后台保障，保证系统稳定运行。在虚拟现实的环境下，三维空间信息服务平台将延吉的城市全貌在电脑中以真三维的形式逼真展现，并通过网络以服务的形式，实现三维空间数据的网络发布，客户端用户不仅可以进行海量三维数据的快速浏览和查询定位，还可以凭借接口开发并部署延吉市各政府部门的三维GIS应用系统。

目前，延吉市规划局已经基于三维空间信息服务平台，开发出三维规划审批决策辅助支持系统，进入了规划审批业务流程，这不但能够为规划局提供直观的规划决策支持，而且还能提高公众参与程度，增强规划公示效果。在“数字延吉城市地理信息共享平台”的建设过程中，整合延吉市自然资源与空间地理基础信息及关联的各类经济社会信息，引入ArcSDE作为空间数据引擎建立了多尺度、多分辨率且更新及时的空间基础数据库，基于ArcIMS将空间信息数据以标准的Webservice服务的形式在政府专网中进行共享应用，构建起空间信息交换和

共享在线服务体系，提高了政务信息资源的共享能力，满足了延吉市政府、各委办局、企业、公众对空间信息数据和服务日益增长的迫切需求。

（三）山西省地理信息公共服务平台建设

山西省地理信息公共服务平台（以下简称“公共服务平台”或“平台”），是国家三级地理信息公共服务平台的重要组成部分，以基础地理信息数据体系中面向服务的产品数据、目录与交换体系为基础，以网络化的地理信息服务为表现形式，以政务网、因特网为依托，针对地方、部门、行业特色，在电子政务、公共安全、位置服务等方面，分类构建权威、标准的地理信息公共平台，更好地满足政府、企业以及人民生活等方面对基础地理信息公共产品服务的需要。

山西省地理信息公共服务平台是以山西省基础地理空间信息资源为基础，以山西省公共地理空间框架数据为核心，利用现代信息服务技术建立的一个面向政府、公众和行业用户的，开放式的信息服务平台，对各种分布式的、异构的地理信息资源进行一体化组织与管理，在多重网络环境下实现各种信息资源的整合与共享，实现各类信息（空间或非空间）的网络化服务。建成以省级公共服务平台为核心、以市级公共服务平台为延伸，省市两级节点构成的一体化地理信息在线服务体系，并衔接国家公共服务平台，实现山西省地理信息资源的纵横联通和有效集成；建成分布式的地理信息服务系统，提供一站式地理信息综合服务；建成“山西省地理信息公共服务平台”服务管理系统，形成有效的运行服务机制，为山西省政府宏观决策、应急管理、社会公益服务提供在线地理信息服务，全面提升山西省地理信息公共服务能力和水平。具体包括：实现山西省地理信息资源的互联互通，即依据统一的技术规范，整合地理信息资源，实现基于网络化运行环境的地理信息资源互联互通。提供省级节点一站式的地理信息综合服务：建成分布式地理信息服务系统，提供信息浏览、标图制图、导航定位、信息加载、系统搭建等网络化地理信息服务功能及二次开发接口，为政府、行业、公众提供在线地理信息服务。形成业务化运行维护与管理机制：建立“公共服务平台”运行维护有关规定和管理办法，建成“公共服务平台”管理系统，形成不间断运行服务机制，切实保障“公共服务平台”的资源管理、服务调度、运行监管及适时更新。

山西省地理信息公共服务平台作为一种分布式的服务提供形式，其目的是使分布在网络上的不同地理位置和不同平台的用户可以获得服务。平台总体结构主要由运行支撑层、数据层、服务层、应用层四个部分组成。其中标准规范体系、硬件网络基础设施和安全保障体系是运行支撑，作为数据、服务的保障。标准规范体系和安全保障体系纵向贯穿框架体系的各个层次。框架体系的最底层是网络基础设施层，逐渐向上展开的是数据层、服务层、应用层。网络层是公共服务平台的载体，依托国家电子政务内网、外网、因特网和现有的基础设施软硬件环境建设，包括网络系统、服务器集群系统、存储备份系统等物理环境，以及专用计算机机房环境等。数据层是指通过服务层提供给应用层的空间数据库内容。它是面向地理信息网络化服务需求，依据统一技术标准和规范而构建的一体化地理信息资源体系。服务层是根据多数用户对地理信息应用的共性需求而设计并实现的系列标准服务接口，以及在此基础上建立的在线服务系统和运维管理系统。通过在线服务系统向应用层提供所需的各种应用服务，如数据服务、处理服务、表现服务、目录服务、信息交换服务、业务访问、业务集成、安全可信和可管理等通用性的服务。应用层面向平台服务的对象——政府、企业、公众。应用层构造了各种电子政务应用、门户网站系统，是电子政务系统中面向最终用户的层面。

山西省地理信息公共服务平台建设充分利用已有的信息资源，加强整合，促进互联互通、信息共享，使有限的资源发挥最大效益，形成服务于山西省电子政务需求的基础地理空间信息资源，可以减轻各区域部门彼此独立、重复建设投资的现象，从而达到资源整合、降低成本、提高效率的目的。同时，项目的建设也会带动信息加工、信息服务等相关产业的发展，从而带来巨大的社会经济效益。平台建设完毕后，建成的地理信息的“分建共享、集中服务”机制，将避免以往存在的政府各委办局因独立建设 GIS 系统，标准不统一，因协同工作需要交换数据后还需要做大量数据转换、加工制作工作的情况发生，这部分的人力资源的投入和相关资金投入的节约将不可小视，预计每年节约资金在 1000 万元（按 50 万元/部门，20 个部门计算）左右。

重庆市地理信息公共服务平台建设及应用

张 远*

摘 要：本文介绍了重庆市地理信息公共服务平台的建设思路、建设措施和应用情况，为更好地推进地理信息共建共享服务有较好的借鉴作用。

关键词：重庆市 地理信息公共服务平台 共建共享 应用

一 引言

2010 年 4 月，重庆市地理信息公共服务平台正式启动，在重庆市地理信息建设历程中迈出了重要一步，重庆地理信息全面共享时代已经到来。

回顾过去，从 20 世纪 90 年代至今，重庆地理信息的应用共享经历了“直接提供测绘数据成果”、“开发专题地理信息系统”、“签订共建共享协议推广”、“搭建统一的地理信息共享平台”几个阶段。在前三个阶段的地理信息共享建设及应用中，地理数据技术标准不一致、部门信息分割、地理信息资源管理混乱、重复投资等问题日渐突出，随着地理信息成果的丰富和更加广泛的应用，各自为政的建设模式已经严重影响重庆市地理信息应用推广和行业的发展。2006 年在充分调研委办局现状和需求的情况下，结合目前地理信息技术发展的情况，重庆市提出了建设全市统一的地理信息公共服务平台的策略，以解决和协调过去在地理信息共享应用中出现的各种问题，保证重庆市地理信息应用基于网络在线方式的实现共建共享，发挥地理信息资源和技术最大的社会经济效益。2007 年重庆

---

* 张远，重庆市规划局总规划师。

市提出建设“重庆市地理信息公共服务平台”的思路，并于2008年正式开始实施。重庆市地理信息公共服务平台由基础地理信息平台、政务地理信息平台和社会服务地理信息平台“三大平台”组成。两年多来，通过该平台建设以及各委办局参与和运行，推动了重庆市地理信息基础设施的全面建设，并初步形成了各类地理信息资源共建共享及应用的标准规范、运行机制，切实、有效地推动了跨部门的地理信息资源共享应用，同时为社会提供了更加广泛和全面的地理信息资源服务。

二　积极推进行业标准规范建设

标准规范是一个行业健康发展必不可少的保障。在重庆市地理信息建设发展过程中，统一的标准是实现地理信息共享建设的必备条件，要实现重庆市地理信息的整合和有效利用，标准必须先行。

2008年，重庆市出台了首部测绘行业地方标准《重庆市基础地理信息电子数据标准》（DB50/T286－2008）。通过要素几何绘制与计算机制图相结合，统一了大、中、小比例尺地图要素的名称、分类、编码等属性，改变了国家标准不同比例尺图之间要素不一致、难以转换的情况，满足重庆市大、中、小比例尺基础地理信息数据的采集、建库以及数据交换应用等需求。本标准为重庆市测绘与地理信息生产提供了科学依据，在全市各地理信息生产和使用单位得到大力推广，促进了重庆市测绘事业和地理信息产业发展。

为满足重庆市不同行业之间地理空间信息共享交换，解决不同部门生产和管理的地理信息的差异性分类问题，从地理信息纵向类别上考虑，重庆市开展了《重庆市地理空间信息内容及要素代码标准》的编制工作。《重庆市地理空间信息内容及要素代码标准》在充分吸收基础地质、地籍宗地、地理网格、土地覆盖及遥感影像的要素分类及代码基础上，结合规划、国土、建设、救灾应急、环保与生态、交通、社会经济、资源管理等专题数据分类原则，采用政务管理中常用的分类体系，从地理对象角度对地理信息要素进行了系统而全面的整理、归类与补充，通过要素的分类和编码，确定类别、等级、关系明确的代码结构，形成重庆市统一和协调一致的地理空间信息内容及要素分类代码标准文本。目前该标准已通过重庆市质量技术监督局的评审，于2009年作为重庆市地方标准发布。

同时，重庆市还开展了《重庆市地理空间信息数据库建设技术规范》、《重庆市遥感影像处理技术规程》等相关技术规程的编制工作，这些规程正在作为地方标准接受相关审查。

为了实现地理信息应用的长效保障，重庆市从机制上探索建立较为合理完善的地理信息公共服务模式，将重庆市测绘产品质检站和重庆市测绘档案馆的职责统一整合到“三大平台”建设的牵头单位——重庆市地理信息中心，建立了从测绘产品质检站将审核合格后的测绘成果质检代为向重庆市测绘档案馆归档管理的体制，同时重庆市地理信息中心及时将测绘档案馆中的各种测绘成果建库处理，确保了公共服务平台中的基础地理信息数据的实时更新。该体制的实施解决了测绘生产、档案管理、数据建库各自分形造成的数据不统一、测绘生产重复投入、地理信息数据库时效性延后等问题，形成了测绘成果的质量检查、测绘档案管理和地理信息公共服务平台数据更新的一体化模式。

为了进一步规范地理信息共享中的行为，将共享应用推动从原来的自发行为变为自觉行为，固化和明确相关部门的责权利，持续地确保地理信息共享工作的开展。从2008年起，重庆市规划局牵头开展了地方性法规《重庆市地理信息公共服务管理办法》的编制工作，该办法被列为市政府2010年的立法计划。《重庆市地理信息公共服务管理办法》明确了建立健全全市地理信息公共服务体系的目标，规定了全市各级政府、各部门在地理信息平台和应用系统建设中的职责，确立了“统一规划、分级负责、统筹建设、资源共享”的管理原则，对地理信息公共服务的规划建设、共享应用、维护更新等方面通过立法进行有效的约定。

三　切实加强地理信息资源建设

在地理信息基础设施中的基准体系建设方面，2009年，重庆市GPS综合服务系统完成了二期工程共8个基准站的建设，加上上一期完成的5个基站，覆盖了包括一小时经济圈在内的23个区县约2.87万平方公里范围。2010年，系统三期工程建设基本完成，在渝东南、渝东北“两翼”的17个区县均匀布点建设永久性连续运行GPS参考站22个。至此，重庆市已经构建完成覆盖全市8.2万平方公里的高精度GPS控制网络，奠定了“数字重庆”地理空间信息基础。

在基础地理信息资源建设方面，1∶500数据已基本覆盖主城区约1000平方公里和31个远郊区县建成区约800平方公里，1∶2000 3D数据已基本覆盖都市核心区约4905平方公里，1∶10000、1∶50000、1∶250000地形数据已覆盖全市市域8.24万平方公里；采用了卫星遥感、航空摄影、无人机低空遥感等多种影像采集技术，获取了包括航摄影像、QuickBird、IKONOS、SPOT、ALOS、TM等在内的多源多尺度遥感影像数据，实现了重庆市市域范围（包括主城区与区县城市建成区）亚米级高分辨率遥感影像全覆盖；探明主城区约450平方公里地下综合管线信息14240公里。同时建成了1∶500～1∶250000各种比例尺地形图数据库、遥感影像数据库、地下管线数据库。

在公共地理框架数据建设方面，重庆市规划局在全面分析政府各部门信息化建设的需求基础上，结合目前重庆市已有的基础地理信息资料以及与市各部门开展共建共享的成果，开展多源、多尺度、多形态地理空间数据资源的建设，按数据自身特点和应用方向，重点开展了政务电子地图、遥感影像地图、数字高程模型地图、三维地图、政务专题地图、地名地址数据等六大类型专题地理信息资源的建设，建立了满足政府部门管理需要的公共地理信息框架数据。

四　创新构建共享交换系统

重庆市地理信息公共服务平台是以“3S”、网络、数据库等信息技术为基础，融地理信息共享、数据交换、数据发布、功能服务为一体的信息平台，是重庆市国民经济和社会信息的空间化载体，也是实现重庆市地理信息资源“一站式”网络服务的技术实体。它包括分布式的公共地理信息数据库系统、网络化的地理信息服务系统和以电子政务网为依托的网络系统。平台的应用将形成全市技术标准统一、地理底图统一、数据现势性统一的地理空间信息共享交换服务模式，避免分头建设中出现的部门信息分割、重复投资、资源浪费等问题，推动全市地理信息共享交换，促进各类专业地理空间数据跨部门应用，为全市各部门提供高质量的基于地理信息的应用服务，服务具有“权威性”、“公共与基础性”、“共享服务性”等特点。为满足上述共享应用，重庆市利用先进的技术手段，创新开发了“重庆市地理信息共享交换系统”。共享交换系统包括“空间数据管理”、“公共服务”、“共享交换服务”、“运行维护管理”四大子系统。

该系统为满足各方地理信息应用，提供了多种应用服务模式的数据服务及功能支撑，从技术层面和服务层面上全面兼顾，以满足不同部门和行业的业务需求。

首先，“共享交换系统”构建了面向服务的软件体系架构。平台在建设过程中引入了我国拥有自主知识产权的 Service GIS 的概念。支持按照一定规范把平台的数据及功能以服务的方式发布出来，可以跨平台、跨网络、跨语言地被各委办局客户端调用，并具备服务聚合能力以集成来自其他服务器发布的 GIS 服务。

其次，系统采用了多级、多源服务聚合模式。平台将建成的各种数据资源以符合 OGC 标准规范的接口形式进行对外发布，支持委办局异构 GIS 系统（需要支持 OGC 标准规范）与平台进行聚合应用，最大限度减少委办局的 GIS 平台和公共地理信息资源的重复投资。同时，基于这种聚合应用模式，各委办局可以将平台数据和功能与本地非共享专题业务数据进行聚合再发布，形成委办局的业务平台中心，为委办局的各业务系统提供统一的业务访问入口，不需要再对中心平台进行直接访问。

再次，系统支持多种网络接入模式。为解决网络原因对各委办局使用平台，开展的地理信息共享建设所带来的不便，平台为各委办局提供了在线、准在线和离线 3 种网络应用模式，实现了对不同网络接入模式的全面支持。

最后，系统兼顾了现有的开发方式。根据委办局的业务办公对于地理信息的依赖程度，平台提供了数据服务、地图 API、功能服务、专题平台服务等多种服务接口。通过将平台提供的不同服务接口进行组合，提供了初级应用开发、中级应用开发、高级应用开发等多种层级的开发应用模式，以满足委办局不同的信息化建设需求。

五　全面促进行业部门应用

通过近两年的运行，重庆市地理信息公共服务平台已在市应急办、卫生局、港航局、水利局、环保局、农委等十多个部门开展了有效应用，万州区、长寿区等部分区县也实现了系统的接入，并在此基础上开发了部门专题地理信息系统，平台公共服务的作用已经十分明显。部门的专题地理信息系统在重庆市相关政府部门的业务处理过程中，将基于地理信息的理念融入各自的专业领域，同时充分发挥全市地理信息共享集成、交互应用的优势，在辅助政府部门科学决策、提高政务办公的效率方面发挥了显著作用。

在应急工作中，基于公共服务平台建设的重庆市政府应急地理信息平台，在2009年的“六·五”武隆鸡尾山垮塌、巫山塔坪镇特大滑坡等突发事件中发挥了重大作用。以巫山塔坪镇特大滑坡事件为例，当时巫山塔坪镇一座山体出现了垮塌的迹象，通过直接调用公共服务平台的信息资源，山的具体位置、出现裂缝的位置、周围有哪些居民点、危险源等“现场”情况十分清楚。综合各种情况，通过分析，市政府应急办对可能出现的险情立即进行了工作部署，对及时排除险情、保障人民生命财产安全发挥了重要作用。目前，应急平台的专题数据通过公共服务平台的共享，已应用于市卫生局、交委、农委、水利局等多个部门，卫生局的120应急指挥系统、港航局的渡口安全管理系统、水上应急系统、农委动监110应急指挥系统、水利局的防汛信息系统等都实现了对其他部门地理信息数据的共享应用，实现了应急工作的协作联动，大大提升了重庆市的政务管理工作水平。

在重庆市地理信息公共服务平台的推广应用过程中，平台的运行维护单位还通过多种措施进行推广，使得平台在全市范围得到广泛的认可。这些措施包括定期上门服务，为各部门信息化建设做好技术支持，对于重点行业部门通过举办专题培训会的方式对公共服务平台进行介绍，加强与市内各软件开发公司的合作，针对平台的应用开发提供免费的技术咨询和培训，同时定期举办“重庆市政务地理信息共享应用研讨会”，围绕重庆市地理信息共享和应用、公共服务地理信息平台的建设进展、应用发展趋势以及地理信息资源建设、共享应用新成果等相关内容进行深入研讨。通过多种手段的应用推广和技术支撑，重庆市的各行业部门对地理信息公共服务平台的应用和开发有了全面的掌握和了解。

六　结束语

十多年来，重庆市规划局在体制、机制以及技术层面不断探索，不断总结经验教训，摸索出了重庆市地理信息共建共享和应用的思路，开创了“重庆模式”。总体为“行业管理总协调、事业支撑搭平台、产业带动共发展”。具体来说就是体现在体制、机制、科技、服务四个方面的良好格局，一是重庆市规划局主管城乡规划、测绘、地理信息，在重庆市地理信息建设发展过程中，这一体制优势就保证了全市地理信息的权威性与现势性，为重庆市的地理信息发展奠定了坚实的基础。二是重庆市地理信息中心、重庆市测绘产品质检站、重庆市测绘档案馆“三位一体”的机制优势，形成了测绘成果的质量检查、测绘档案管理和地理信息平台数据更新的一体化模式，有效确保了重庆市基础地理信息动态实时更新。三是基于重庆市地理信息中心、重庆市勘测院、重庆市遥感中心、重庆市 GIS 工程技术中心为平台建设提供了有利的智力支撑，结合重庆市 GPS 综合服务系统建设与应用，形成了重庆市地理信息发展 GIS、GPS、RS 技术相互支撑的模式。四是数字重庆地理信息公共服务三大平台的建设模式，实现了对重庆市专业部门、政务管理、社会服务一体化的服务理念和模式。

重庆市地理信息公共服务平台建设下一步的重点将是围绕平台完善、产业带动等方面开展工作，整体上带动重庆市地理信息产业的发展。在平台完善方面，充分收集平台实际应用情况和用户不断反馈的应用需求，在前期工作成果基础上，进一步加强对平台的数据资源、标准规范、技术体系的建设。通过建立完善的地名地址数据库、利用重庆模式优势加强数据资源更新力度，进一步提升跨平台、多种开发方式服务支撑能力，拓展服务领域，使平台的服务能力、服务水平、服务效果更上一层楼。在产业带动方面，重庆市将基于地理信息公共服务平台，重点支持和推动地理信息产业化相关单位的发展，积极拓展地理信息的应用领域，推出丰富多样的地理空间信息新产品，并带动地理信息上下游相关产业的发展。

地理信息在广播影视事业领域的应用

王效杰*

摘　要： 本文阐述了广播影视事业管理引入地理信息系统的意义，详细介绍了地理信息在广播影视中的应用，通过地理信息与广播影视事业业务融合分析研究，实现广播影视事业领域不同业务应用需求，对推动广播影视事业产业化、实现广播影视事业可持续发展具有重要意义。

关键词： 地理信息　广播影视　应用

一　引言

广播电视是党和政府的舆论宣传阵地，是政府为广大人民群众提供基本文化服务的主要手段，是广大人民群众获取新闻信息、享受精神文化生活的重要渠道，在我国社会主义文化建设中具有十分重要的地位和作用。60 年来，我国广播电视始终坚持走中国特色的发展道路，逐步发展壮大，取得了举世瞩目的辉煌成绩。到 2008 年底，全国共建设了 3 万多座广播电视发射台和转播台，建成了服务全国城乡的中波、短波和调频广播覆盖网，米波和分米波电视覆盖网，开始在全国地级以上城市建设地面数字电视和移动多媒体广播的覆盖网，全国无线广播和电视的人口覆盖率分别达到 92.99% 和 91.59%，收音机和电视机的社会拥有量均超过 5 亿台。广播电视的网络规模和覆盖人口位居世界前列，影响与作用日益增强。随着技术的进步，广播电视的发展必须满足科学发展的规律，无论是巩固传统广播电视的阵地，还是开辟新媒体广播的阵地，都迫切需要充分利用科学发展手段来提升传播力、扩大影响力，通过地理信息技术管理庞大的广播电视传播体系是事业发展的必然要求。

---

* 王效杰（女），国家广播电影电视总局科技司司长。

二　广播影视事业管理引入地理信息系统的意义

地理信息系统（Geographic Information System，GIS）是融计算机图形学、数据库、地理科学、信息科学和管理科学于一体，存储和处理空间信息的高新技术。它是随着计算机技术的迅速发展，由原有学科交叉派生出来的一门新兴边缘学科。地理信息系统不仅能够存储、分析和表达现实世界的各个对象的属性信息，而且能够处理空间定位特征，能够将空间信息和属性信息有机结合起来，从空间和属性两个方面对现实世界的各个对象进行查询、检索和分析，并将结果以各种直观的形式形象精确地表达出来。地理信息在广播影视事业领域具有以下重要作用。

1. 地理信息系统可以为广播影视安全播出、广播电视覆盖规划、模拟和数字广播电视覆盖网规划、广播电视重大工程建设等提供基础地理信息空间平台。广播影视事业管理需要对空间数据信息和非空间信息的处理。地理空间数据和广播影视事业管理数据结合将带来科学的管理技术和直观的感受，更好地表现出广播电视数据所承载的信息意义和价值。

2. 数据是广播影视事业建设的基础。就广播影视事业管理而言，不仅需要地形数据，还需要环境、经济、资源等方面的数据；不仅需要河流、湖泊，还需要植被、大气、地表土壤等不同类别的数据。地理信息系统在处理和整合这些空间数据和非空间数据方面有着极大的优势。

3. 基于地理信息系统开发的广播影视事业管理系统具备强大的分析功能，为各领域决策分析提供了可能。地理信息系统的分析功能是实现对空间数据的分析和统计，开发相应的管理工具，解决各种实际问题。通过空间分析，可以确定客观事物的空间地理位置以及空间分布规律，甚至可以从大量的空间和非空间的信息中抽取隐含的有用信息，进而为空间辅助决策分析服务，提高广播影视事业规划决策的科学性和时效性。如通过对电波传播模型的开发，可以完成全国的无线广播电视覆盖及盲区分析；通过人口覆盖的状况及分布分析，可以为数字频道指配分析提供决策依据；通过地形分析、植被分布状况分析、空间台站分布分析，可以为单频网规划建设提供科学依据等。

4. 地理信息系统强大的图形图像展示功能是反映广播影视事业领域各项分

析、规划、处理成果，以及清晰易懂地表达各类信息的最好手段。地理信息系统通过其强大的空间数据和非空间数据整合功能，以地理信息为载体，通过其强有力的三维显示技术和虚拟现实技术等，可以为广播影视覆盖规划、数字电视以及各项广播电视重大工程建设等提供理想的可视化服务平台和决策平台，从而使服务更加直观、具体，使决策更加科学、高效。

5. 地理信息系统是建立综合性技术服务集成系统的基础。广播影视事业领域所涉及的信息来源和服务的对象具有多元性，内容涉及调频、电视、中短波，从有线到无线，从模拟到数字，从广播电视专业信息到经济、地理、人口、社会等各类信息，是一个多元化管理、决策的系统体系。地理信息系统是整合和共享多元信息、实现不同业务最大限度集成的最佳平台，对于建立综合性的广播影视事业管理、决策分析平台尤为必要。

三　地理信息在广播影视事业中的应用

广播影视事业管理系统包括广播电视覆盖规划、安全运行播出、事业统计、人事信息管理及重大工程建设等内容。其中广播电视覆盖规划管理是保障广播电视台站布局合理、建设科学，实现广播电视事业可持续发展的重要技术手段。通过科学规划可以避免重复覆盖，扩大有效覆盖，最大限度地节约有限的频率资源。广播电视覆盖规划是在电波传播场强预测计算的基础上实现的，而场强预测的科学性和准确性又必须以台站所在的地理空间分析为依据，这就需要结合地理空间分析等，进行台站场强的科学、准确预测，并以此为依据最终指配广播电视台站的相关规划参数（功率、频率、频道、天线增益、定向等）。因此，地理信息系统科学应用于广播电视领域，是实现广播电视科学规划和管理的基础，毫无疑问，无论是广播电视覆盖规划还是相关工程建设无一例外都要求考虑地理、地形等因素的影响。目前，广播电视正走入数字时代，广播电视覆盖规划技术也要适应数字信息时代的需求。以美国、欧洲、日本为代表的广播电视发达的国家无一例外都拥有自己的广播电视覆盖规划手段和方法，相应的覆盖规划软件业也日益成熟并自成体系。综合其共同特点，均是以地理空间信息为支撑，以地理空间分析为依据，研究适合自己国情的电波传播模型，并以此为基础，充分考虑需求目标范围内的空间关系和空间信息来完成广播电视的覆盖规划。

我国的广播电视覆盖规划开始于20世纪80年代，但由于各种因素和技术的影响，我国广播电视的覆盖规划手段和方法比较落后，对地理、地形等因素影响的考虑一般是通过现场考察、经验评估，以纸质地图量测标绘等方法完成，这与我国“国土幅员辽阔、人口多、语言多、民族多，地形差异大、南北温差大”等国情特点不相适应，也大大限制了广播电视覆盖规划的科学性和有效性，降低了频率资源使用的有效性，增加了台站频谱管理以及台站建设的风险性。2001年，国家广电总局和国家测绘局就国家基础地理空间数据的使用达成一致。此后，在国家广电总局科技司的领导下，与中国测绘科学研究院合作，开始着手自主研发我国的广播影视事业管理系统，对空间信息在广播电视部门综合应用进行了系统分析，开展了广电专题数据与多类型、多尺度空间数据集成管理技术、综合分析与应用技术研究，形成了适用于广播电视部门应用的空间信息技术体系，并且开发面向广播电视部门业务管理与决策分析服务的软件系统，利用该软件建立了多个应用专题。以地理空间数据为支撑，在与广播影视事业专题数据信息整合的基础上，以地理信息系统为平台，通过地理信息与广播影视事业业务融合分析研究，实现广播影视事业领域不同业务的应用需求，对推动广播影视事业产业化、实现广播影视事业可持续发展具有重要意义。地理信息在广播影视事业中的应用见图1。

（一）基于地理信息的广播影视事业一体化决策管理

1. 广播影视事业管理的复杂性

我国有13亿人口，约有3亿多户家庭，近5亿台电视机，现有各类发射台站3万座，拥有调频、电视、中短波等各类发射机近6万部，是名副其实的广播电视大国。我国国土辽阔，南北气温差异大，东西地形差异大，再加上我国是一个多民族、多语言的国家，这些国情特点在客观上决定了我国广播影视事业管理的复杂性和困难性。除此之外，广播电视业务类别多，涉及技术范围广而且复杂。广播电视业务内容涵盖调频、电视、中短波，从无线到有线，从模拟信号到数字信号，从陆地覆盖到卫星覆盖等；广播电视技术包括模拟、数字、无线、有线、卫星等内容。广播影视事业管理的复杂性迫切需要更加有效的管理平台和方法。近几年，随着“广播影视事业管理系统”的投入使用，以地图为信息载体，以空间地理信息为支撑，结合广播电视业务应用，使广播影视事业管理的效率和水平得到了很大的提高。

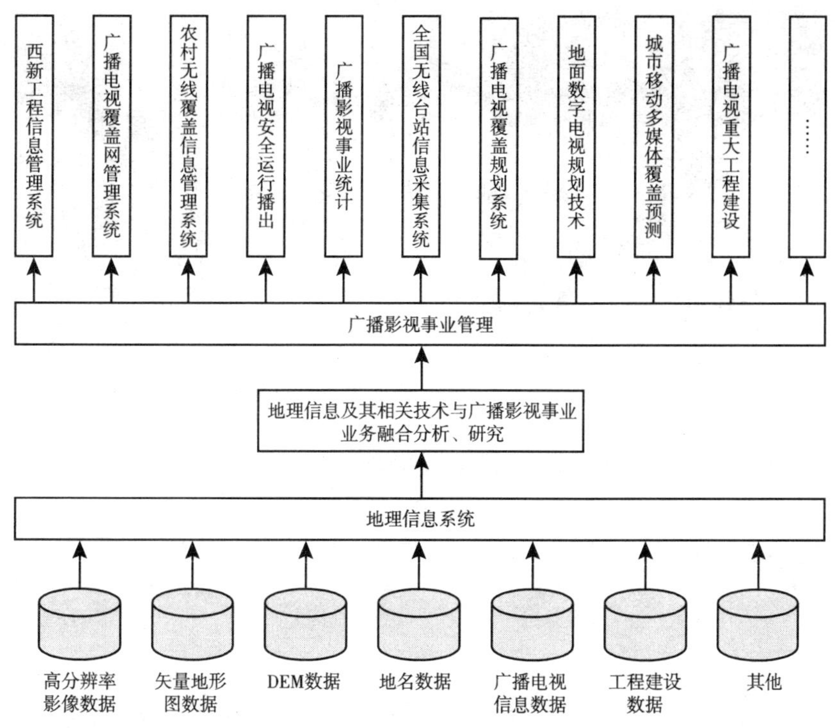

图 1　地理信息在广播影视事业中的应用

2. 基于地理信息的空间一体化数据集成与管理

在广播影视事业管理中，为了使各广播影视业务专题信息与地理空间信息相融合，以地图、图表结合、虚拟现实等多种直观方式表达和分析各项业务需求，实现科学有效决策管理，系统把多类型广播影视事业数据与多比例尺地理空间数据进行了多类别、多分辨率、多时态、多尺度条件下的空间无缝整合集成，并以此为基础，实现了广播影视事业各业务数据与地理空间数据的一体化匹配与自适应导航。通过“广播影视事业管理系统”的建设，无论是查询，还是分析某一业务信息，均可迅速地把需要的信息定位在某一地理空间，通过地图或三维虚拟等形式查看、分析所给问题，并可即时通过关联分析，对相关信息进行综合研判、分析，并用图表结合的方式进行结果展示和输出，实现了广播影视事业管理的电子、动态、可视化，信息决策的可视、集成与联动分析化，大大提高了管理决策的效率和科学性。图 2 和图 3 分别为覆盖网管理及中一、中七模拟电视覆盖效果图，农村无线覆盖工程管理系统界面图。

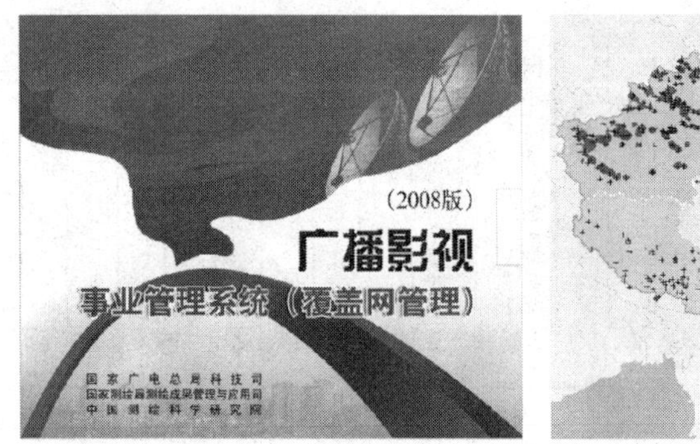

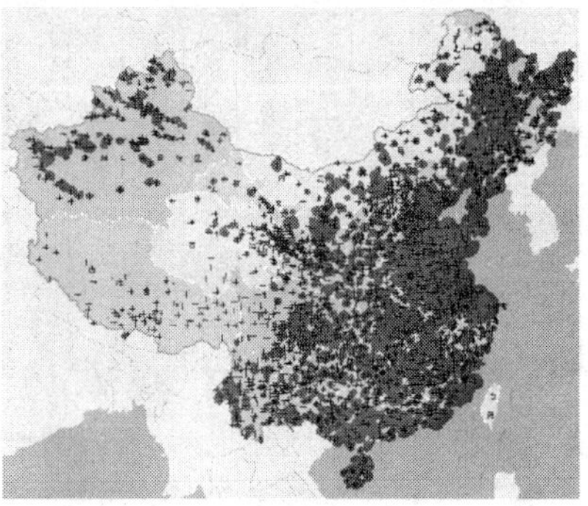

图2　覆盖网管理及中一、中七模拟电视覆盖效果图

图3　农村无线覆盖工程管理系统界面图

（二）基于地理空间分析的广播电视覆盖规划

1. 广播电视覆盖规划的重要性

广播电视节目播出质量以及收听、收看的效果与广播电视的覆盖规划密不可分。广播电视覆盖规划就是对空中电磁波进行兼容性分析，以最合理、最经济、最有效的频率资源实现最有效的覆盖效果，同时使台站间的干扰达到最小。广播

电视覆盖规划具有以下作用和意义。

（1）广播电视覆盖规划是社会信息化的必然要求。广播电视的信号传输是以电磁波理论为基础的，广播电视所能使用的频段是整个电磁波频谱中有限的一个部分，电磁波频谱的有序化是其被使用的前提。频谱资源的有限性决定了频率资源的珍贵性和规划的必要性。频率资源的排他性决定了在一定时间和范围内，只能有一个频点可以使用。因此，随着社会信息化的发展，频率资源会越发紧张，频率资源的合理规划会变得更加重要。有效合理的频率规划，可以节省大量的频率资源。

（2）广播电视覆盖规划是整个广播电视安全运行的可靠保证。我国是一个广播电视大国，要保证整个广播电视的安全可靠运行，科学的广播电视覆盖规划是保证。为保证在中短波台站之间、调频台之间、电视台之间及调频台与电视台之间、调频台与导航台（要保护导航台不受干扰）之间的有序、安全运行，需要对各个广播电视台站参数如频率、频道、功率、天线等进行合理配置，对各个台站进行科学选址，力争在不干扰现有台站的情况下，以最经济的频率资源达到最有效的覆盖效果。

（3）广播电视覆盖规划是重大工程建设实施的基础。广播电视作为党的喉舌，是社会主义物质文明和精神文明建设的舆论武器。为保证农民收听收看广播电视节目，国家广电总局先后实施了“西新工程”、“村村通”等工程，取得了不小的成绩，收到了良好的效果，被舆论亲切地称之为“民心工程”、“德政工程”。这些工程的顺利实施，完全是以广播电视科学覆盖规划为基础的，科学有效的广播电视覆盖规划为广播电视重大工程建设提供了科学依据，真正发挥了为重大工程建设保驾护航的作用。

（4）广播电视覆盖规划是广播电视可持续发展的前提。广播电视数字化是广播电视发展不可逆转的方向。广播电视由模拟向数字化过渡一般需要 10～20 年的时间，这需要以科学合理的广播电视覆盖规划为前提，不仅要考虑模拟信号之间的干扰和频率指配，还要考虑模拟和数字之间以及数字和数字之间的干扰分析和频率指配；加上我国地域广、人口多、民族多以及地貌特征复杂的特点，广播电视覆盖规划会变得更加复杂和困难。因此，没有科学有效的广播电视覆盖规划，就没有广播电视的未来，广播电视的可持续发展也难以为继。

2. 广播电视覆盖规划的主要问题

与国外相比，我国的广播电视覆盖规划技术还相对落后，还不能与我国的广播电视大国身份相适应。长期以来，我国的广播电视覆盖规划以模拟规划为主。由于历史和技术的原因，我国还不能把地理信息及其相关分析技术纳入到广播电视覆盖规划中，我国的广播电视覆盖规划主要以“粗放式”规划为主，地理地形的影响一般通过实地考察、图上查看加经验评估的方式完成，场强预测、频率指配、干扰分析、覆盖计算等广播电视覆盖规划分析内容准确性不足，难以保证频率资源的合理、高效使用。尽管如此，由于模拟信号收视质量呈平滑衰减的特点，“粗放式”的覆盖规划还是解决了一些问题。但是，随着广播电视台站的增多，频率资源越发凸显出紧缺性，原来的“粗放式”覆盖规划已经很难找到可利用的频道。不但如此，还需要重新审视已经指配的频率频道，力求更充分地利用频率资源。把地理信息及其相关技术引入广播电视，实现广播电视精细覆盖规划已成为当前广播电视发展迫切需要解决的问题。随着国有自主知识产权“广播电视覆盖规划系统”的研发及应用，这一问题正在从根本上得到解决。该系统以国家基础地理空间数据为支撑，以地理信息系统理论和电磁场理论为基础，通过对地理信息及其相关技术与广播电视业务的深入融合研究，实现了从模拟到数字、由粗放到精细、由统计计算到物理计算等一系列电波传播预测模型研发，完成了台站空间可用频道分析、空间主被动干扰分析、台站覆盖分析等功能的研发，对广播电视覆盖规划，尤其是对数字电视覆盖规划具有重要的意义。

3. 基于地形分析的广播电视信号覆盖预测技术

广播电视信号预测技术是实现广播电视覆盖规划的基础，信号预测的准确性决定了覆盖规划的科学性。要实现广播电视信号覆盖预测的准确性，就不得不考虑地形、水体、地表覆盖物等地理信息对电波传播的影响，就必须把电波传播覆盖预测放到现实的地理空间中进行。根据电磁波传输理论，电磁波传输能量主要集中在以发射端和接收端为端点的第一菲涅尔椭球区域内，因此，在实现电波传播覆盖预测分析时主要针对这一空间区域进行。电波传播不仅与地形阻挡有关，还与地形阻挡的位置密切相关，同时对于远距离的覆盖还要考虑地球曲率的影响，为此，广播电视信号预测分析过程一般要包括：电波传播第一菲涅尔椭球电磁链路地理空间剖面信息提取分析、地球曲率及地表覆盖物信息附加分析、关键地形阻挡分析、阻挡地形模型抽象分析等内容。以下为广播电视覆盖规划系统所实现的部分功能图，其中图 4 为动态第一菲涅尔地形阻挡分析计算图，图 5、图 6、图 7 分别是在基于地理信息分析的基础上所实现的 370、1546、526 等电波传播模型计算分析图。

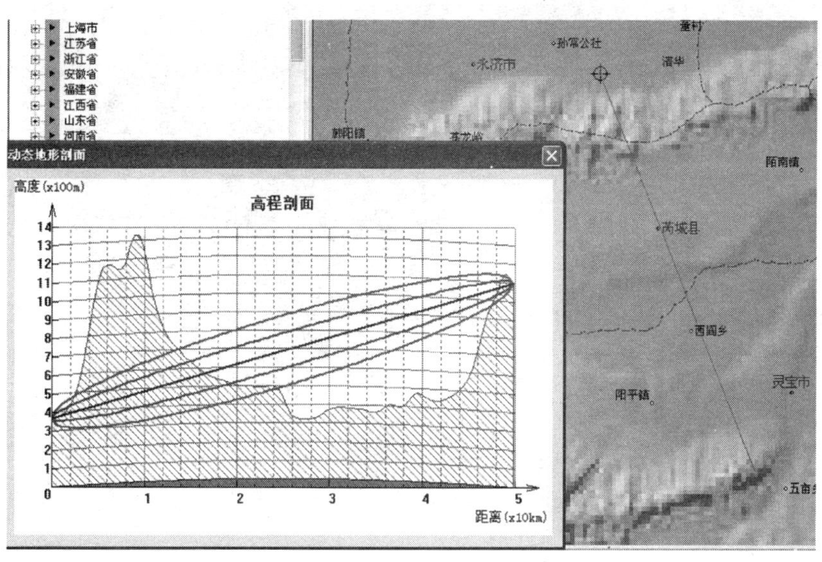

图4 动态第一菲涅尔地形阻挡分析计算图

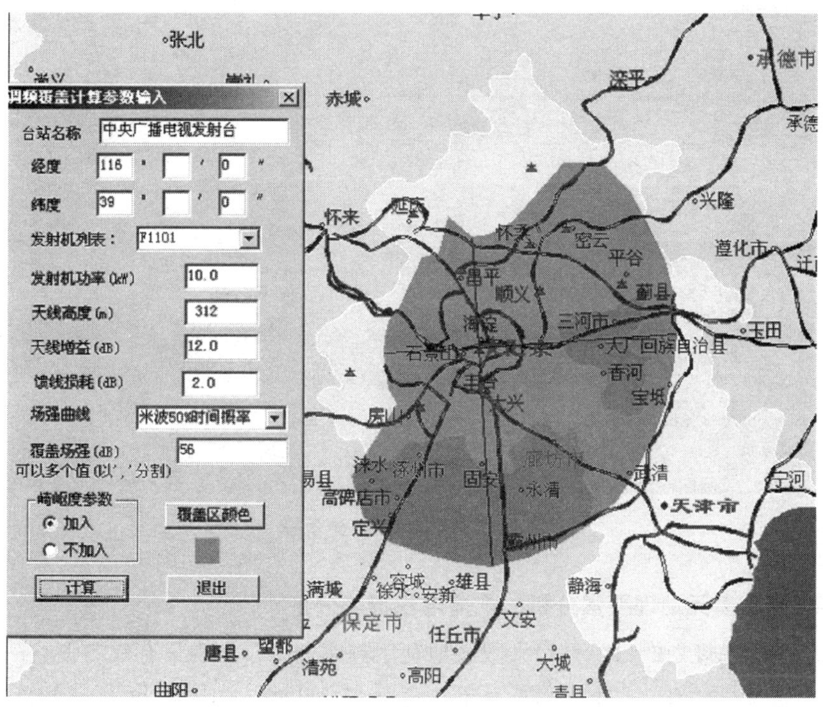

图5 370模型计算分析图

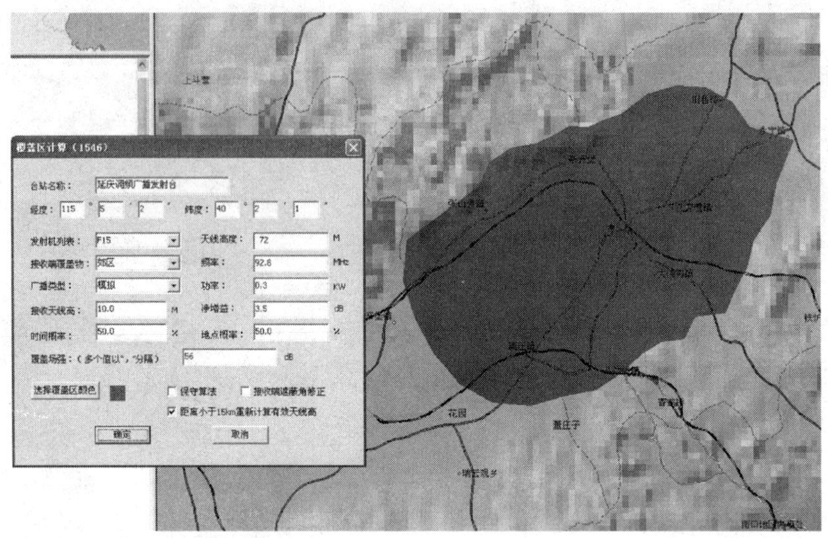

图6 1546 模型计算分析图

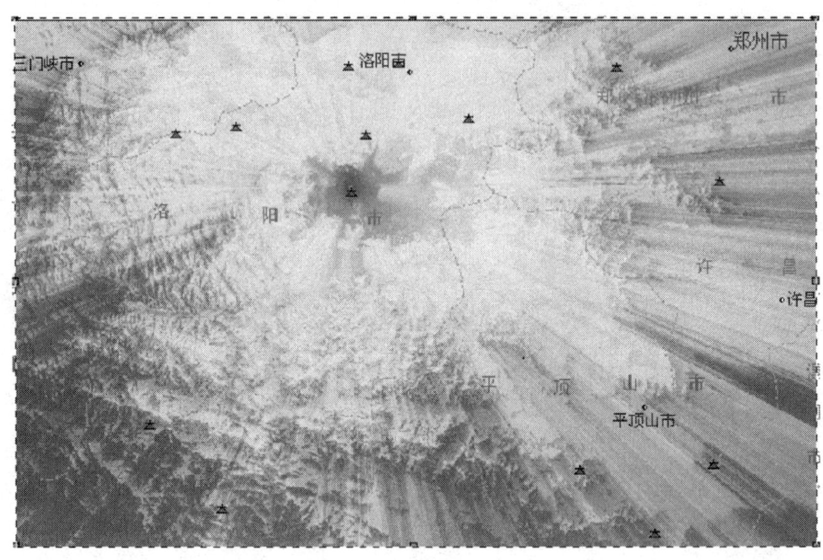

图7 526 模型计算分析图

4. 基于多元地理要素分析的广播电视覆盖分析

广播电视规划的目标是最大限度地利用频率资源，实现最有效的覆盖；而广播电视覆盖分析对广播电视规划具有重要的指导作用，没有广播电视覆盖分析，也不可能实现广播电视的规划目标。广播电视的覆盖分析主要是对信号在地理空间上的覆盖分布分析、人口覆盖分析等。广播电视覆盖分析主要通过地理信息叠加分析技术、多边形边界融合技术以及缓冲区分析技术等技术分析手段进行。通过矢量叠加、栅格叠加分析，可以确定目标覆盖区内的人口信息、民族分布信息、经济信息以及相关的社会信息等内容；通过地貌分布、自然灾害空间分布（如地震带分布），运用空间叠加处理分析，可以确定台站分布的地貌构造以及与其相关的灾害风险性关系，从而为台站选址提供合理化建议；通过缓冲区分析，可以对工程方案或决策效果进行科学分析，如分析沿某一边境150公里范围内还未覆盖的自然村，需要在求解缓冲区后与现有台站综合覆盖区进行空间叠加求差分析，获取缓冲区内空白盲区的自然村情况；通过多边形融合技术，可以对由众多覆盖区组成的服务区进行信息综合，“融掉”重复覆盖信息，获取最大边界覆盖信息，为综合覆盖决策分析提供科学依据。图8为多区域人口综合覆盖计算分析图。

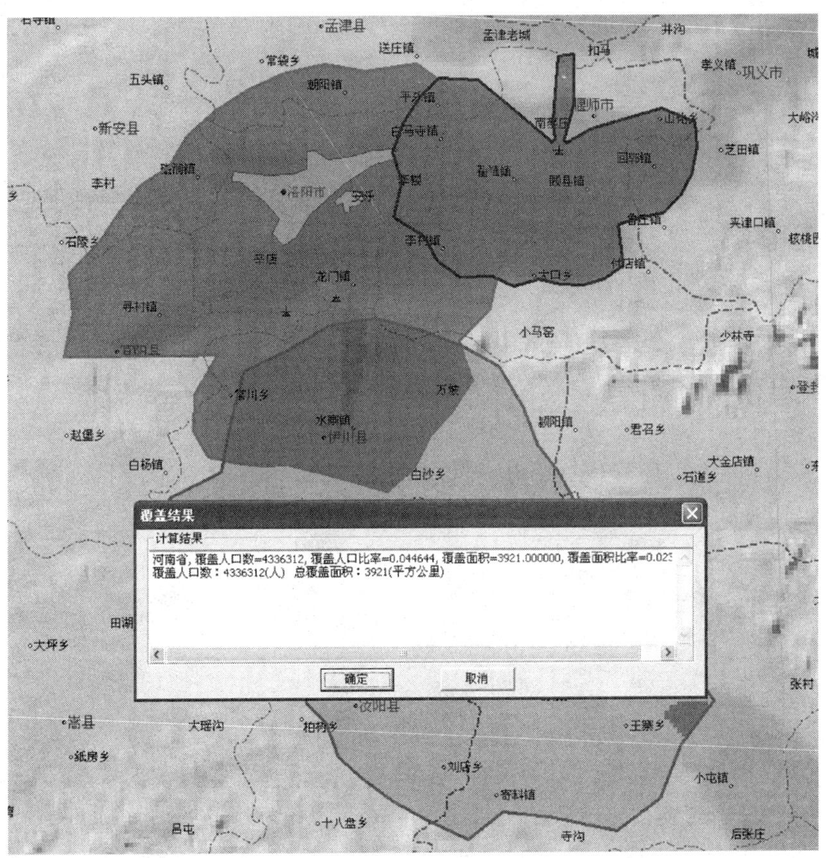

图8　多区域人口综合覆盖计算分析图

5. 广播电视台站地形分析与三维虚拟

广播电视台站地形分析与三维虚拟是台站选址、规划、建设等不可或缺的重要内容。地形分析一般包括坡度分析、可视域分析、普通剖面分析和电路剖面分析等内容。通过地形分析，可以为台站规划提供地形特征、通视情况以及电波传播的链路剖面情况，提高台站选址及台站参数指配的科学性和合理性。利用地形分析，可以简化传统的台站野外考察工作，为台站地形考察、台站选址、台站参数指配提供科学的指导和分析依据。台站三维虚拟是在基础地理空间信息支撑下，在三维虚拟空间场景中对台站建设进行事前模拟，并对模拟的结果进行分析，反复进行参数指配调整，直到符合规划。在三维空间场景中，可进行可视化的地形分析；可以对功率、天线定向、方向增益、塔高和天线高等相关发射参数进行虚拟设置，计算并叠加覆盖区于三维场景中，在叠加了自然村等地名信息的基础上对覆盖效果进行可视化分析，以确定台站选址和台站参数指配的有效性，规避台站建设的风险性。图 9 为系统实现的杭州某地点可视域分析计算图，图 10 为系统所实现的台站覆盖三维浏览、分析图。

图 9　杭州某地点可视域分析计算图

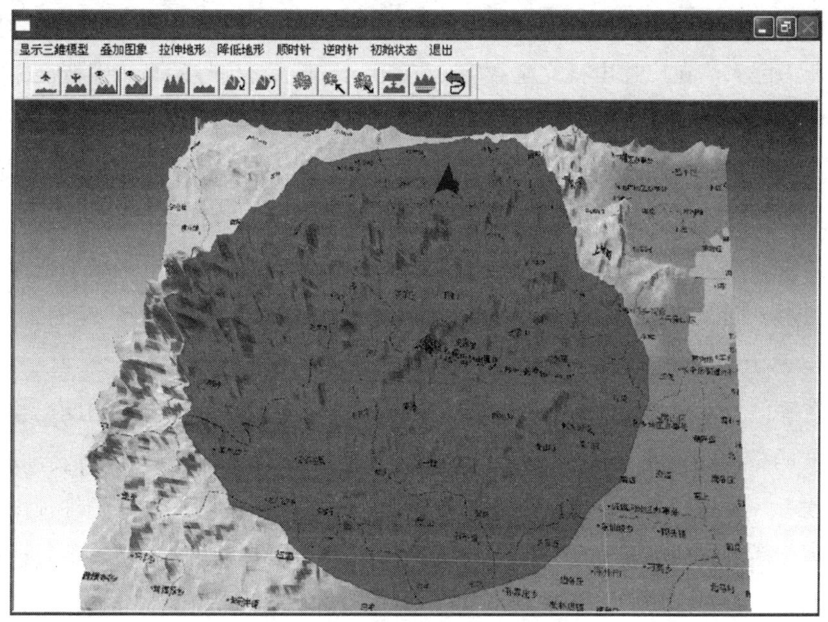

图 10　台站覆盖三维浏览、分析图

（三）基于精细地形分析技术的广播电视数字化应用

1. 广播电视数字化进程中的主要问题

广播电视数字化是世界广播电视技术发展的趋势，是满足“以人为中心”社会化信息需求、实现“三网融合”的必要技术基础，被认为是广播电视产业化进程中革命性的里程碑。

广播电视数字化进程一般分为两个阶段，即模数整体转换阶段和完全数字化阶段。广播电视的数字化是一项社会化复杂系统工程，转换方法、管理体制、转换技术支撑等均成为重要的制约因素。按照国际惯例，完成广播电视的数字化进程一般需要 10～20 年的时间。2006 年 8 月，我国拥有自主知识产权的数字电视标准颁布，我国的数字电视建设全面启动。从此，我国的广播电视要经历模数同播、完全数字化两个必然发展的过程。在模数同播阶段，不仅要保护原有的模拟频道，还要考虑新增数字频道的规划，频率资源的需求量陡增，在一些地区已经没有频率可用；不仅如此，还要考虑数字与数字之间、数字与模拟之间以及模拟与模拟之间台站会发生干扰的情形，台站服务区计算以及台站间干扰分析变得更加复杂，尤其是在有限的频率资源中同时考虑模拟并指配数字频道的规划，模数转换压力巨大。在广播电视完全数字化阶段，由于数字信号的高压缩特征，频率资源紧张的情况会大大缓解，但数字信号所具有的“峭壁效应”特征依然会要求覆盖规划精耕细作。因此，广播电视数字化进程中必须要解决的两个问题是：一是如何提高频率资源的利用效率；二是实现满足数字信号“峭壁效应”特征的覆盖规划。研究表明，把地理信息融入广播电视，实现广播电视精细覆盖规划是解决以上问题的关键。

2. 基于地形分析的数字信号精细预测、规划技术

数字信号不会像模拟信号那样收视效果呈“平滑衰减”，与此相反，数字信号的“峭壁效应”特征要求对数字信号的规划必须精细，否则，不是造成用户无法收看，就是造成频率资源使用浪费。基于地形分析的数字信号精细预测技术是实现广播电视精细规划的基础，尤其是基于地形分析的大区域数字信号精细预测技术，不仅在地形分析的基础上实现了空间点对点干扰和覆盖分析，更是单频网组网规划、网内自干扰分析、网间干扰分析等内容的技术基础。在国家广电总局和国家测绘局联合研发的“广播电视覆盖规划”软件中，系统以地理空间分析为基础，通过对地形、植被、建筑物、人口分布等多元地理信息进行综合分析，并结合多元、海量地理信息空间索引分析技术，完成了对数字信号的精细覆盖预测，并完成了数字信号单频网精细覆盖规划。下图为系统实现的部分内容，其中图 11 为场强精细预测分级计算图；图 12 为由 3 个发射机组成的单频网考虑

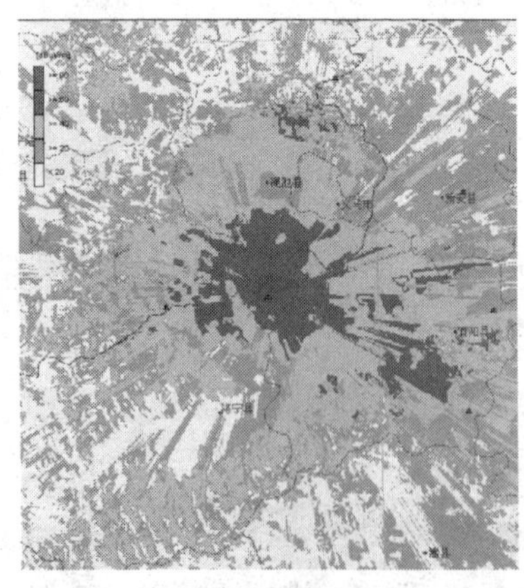

图 11　场强精细预测分级计算图

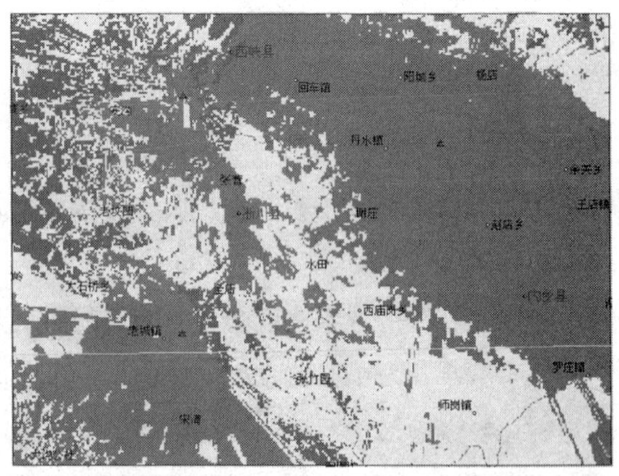

图 12　单频网覆盖、干扰分析计算图

多增益、多干扰分量下的单频网覆盖干扰图；图 13 为两个台站在空间大区域精细场强预测下，两个台站各自的覆盖区、干扰区，以及相互干扰的空间分析计算图。

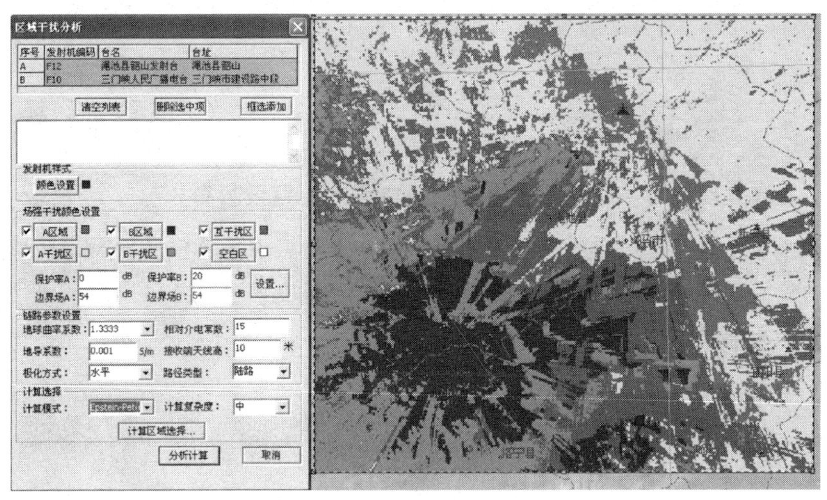

图 13　两台站精细覆盖、干扰分析计算图

四　总结与展望

地理空间信息支持广播影视事业发展。由国家广电总局与国家测绘局联合研发的广播影视事业管理、规划系统已推广应用到全国 31 个省市，并在广播电视“村村通”、“西新工程”、“农村公共服务”、“数字电视覆盖规划”等国家重大战略性工程建设中得到了应用。展望未来，地理信息在广播影视事业下一代广播电视网、三网融合、有线电视覆盖管理、广播电视地理信息增值服务等建设领域必将有重要的应用需求和应用价值。

测绘助推海南国际旅游岛建设的思考

王保立*

摘　要：海南国际旅游岛建设为海南发展迎来了新的机遇，海南国际旅游岛数字地理空间框架是建设数字海南的基础。本文阐述了海南国际旅游岛建设对测绘的需求，介绍了加快海南国际旅游岛数字地理空间框架建设的意义和基本原则，以及建设过程中的几点体会。

关键词：海南国际旅游岛　数字海南　保障服务

2010年伊始，国务院正式发布《关于推进海南国际旅游岛建设发展的若干意见》（以下简称《意见》），标志着海南国际旅游岛建设上升为国家战略，海南在全国改革发展总体格局中的地位和作用进一步提升。《意见》提出了海南国际旅游岛建设的新举措，为海南今后的改革发展指明了前进方向，开启了海南改革发展的新征程。

一　国际旅游岛建设对测绘工作提出了新的要求

国务院《意见》明确指出，建设国际旅游岛的主导思想是高举中国特色社会主义的伟大旗帜，坚持以邓小平理论和“三个代表”重要思想为指导，深入贯彻落实科学发展观，进一步解放思想，深化改革，扩大开放，构建更具活力的体制机制，走生产发展、生活富裕、生态良好的科学发展之路；积极发展服务型经济、开放型经济、生态型经济，形成以旅游业为龙头、现代服务业为主导的特色经济结构；着力提高旅游业发展质量，打造具有海南特色、达到国际先进水平

* 王保立，海南测绘局局长。

的旅游产业体系；注重保障和改善民生，大力发展社会事业，加快推进城乡和区域协调发展，逐步将海南建设成为生态环境优美、文化魅力独特、社会文明祥和的开放之岛、绿色之岛、文明之岛、和谐之岛。

国际旅游岛建设是海南建省以来的又一件大事，是海南省委、省政府在对省情再认识的基础上提出的一个重要发展战略，是海南发展思路上的一个重要变化、完善和提升。省委省政府主要领导多次强调，海南农业能够长期持续促进农民增收，必须要有序地、大力地发展，但是农业支撑海南的现代化是不可能的；在海南发展工业，门槛和要求很高，特别是对环境的压力很大，所以发展工业受到很多条件的限制；只有现代旅游业和现代服务业，对资源要求相对比较低，耗费能源相对比较少，它又是一种最终消费和多层次的消费，可以在这个方面为全国人民提供一个度假休闲的地方。因此建设国际旅游岛就成为海南贯彻落实科学发展观，走一条科学发展、特色发展之路的必然选择。

国务院《意见》中提出了将海南建设成为我国旅游业改革创新的试验区、世界一流的海岛休闲度假旅游目的地、全国生态文明建设示范区、国际合作和文化交流的重要平台、南海资源开发和服务基地、国家热带现代农业基地等六大战略定位，对测绘工作提出了新的要求。一是发挥海南特色优势，全面提升旅游业管理服务水平，迫切需要测绘提供丰富的地理信息服务。科学规划和布局景点景区，精心设计旅游线路，优化时间、空间配置，需要现势性强的基础测绘成果。提升海南旅游管理和服务水平，健全海南公共服务网络，需要基础地理信息框架的支撑，社会大众旅游度假、购物出行、导航定位需要在线地理信息服务。二是加强生态文明建设，迫切需要测绘保障服务。以卫星定位、地理信息系统和航空航天遥感技术为核心的现代测绘技术是解决资源、环境、人口和灾害等城乡发展问题的关键技术。准确掌握环境状况信息，实施生态建设和环境整治工程，加强环境监测和综合治理，做好环境污染防治等，测绘是必不可少的基础条件和重要手段。三是充分利用本地优势资源，集约发展新型工业，迫切需要测绘保障服务。矿产资源勘查，海洋石油资源的勘探，资源普查、工业区的规划建设、项目的选址等都需要测绘工作的支持。四是积极发展热带高效农业，加快城乡一体化进程，需要测绘保障服务。土壤的科学管理、现代设施农业和现代精细高效农业的发展需要现代测绘高新科技的支持。科学确定海南省功能分区，优化区域空间布局，统筹城乡基础设施建设，加大对革命老区、中部山区、少数民族地区和贫

困地区的扶持力度，都离不开测绘工作的支持。在省委省政府举全省之力建设国际旅游岛的环境下，海南测绘局及时印发了《关于为海南国际旅游岛建设做好测绘保障服务的通知》，明确了加快“海南国际旅游岛数字地理空间框架”建设、做好测绘成果的开发和提供使用、开发和编制各类地图产品，加强全省测绘工作、努力提高测绘保障服务能力、大力发展地理信息产业、加强测绘市场监管等重点工作任务。海南测绘局服务国际旅游岛建设的措施，得到了省内各部门的充分肯定。

二　加快海南国际旅游岛数字地理空间框架建设

国际旅游岛建设为海南发展迎来了新的机遇。测绘工作作为经济社会发展的一项基础性、先行性工作，要为海南国际旅游岛战略实施提供强有力的支撑。2010 年 3 月 9 日，国家测绘局和海南省政府在北京签订《海南国际旅游岛数字地理空间框架建设合作协议书》，共同建设国际旅游岛数字地理空间框架，标志着全国数字省区地理空间框架建设首个示范工程正式启动。

海南国际旅游岛数字地理空间框架是建设数字海南的基础，通过把自然、经济、人文、社会等信息按照地理空间位置进行集成整合，建成一个数据库系统，并把感知这些信息所需要的浏览、漫游、查询、检索、量算、叠加、分析、辅助决策等工具汇聚于一个服务平台，实现在纵向上与国家、城市互联互通、协同服务，在横向上与省内各厅局的衔接协同，为政府部门、企事业单位和社会公众提供在线地理信息服务。同时，为政府部门准确掌握省情省力、进行科学管理决策提供测绘成果和技术支持，为社会大众旅游度假、购物出行等提供便捷实用的地理信息服务。在不久的将来，只要轻点一下鼠标，海南的碧海蓝天即可尽收眼底，自然、经济和社会信息一览无余，衣、食、住、行都能一键搞定。

（一）建设数字地理空间框架的重要意义

构建数字地理空间框架，对于促进政务资源共享和政府科学管理，推动地理信息产业发展，实现海南科学发展具有重大意义。主要体现在以下三个方面。

第一，数字地理空间框架建设和应用是全面把握省情的客观需要。在建设海南国际旅游岛的进程中，坚持环境优先，实现发展与保护“双赢”是国际旅游岛建设的必然要求，也是海南省委、省政府实现海南可持续发展的战略选择。数字地理空间框架提供的权威、丰富、准确的地理信息，可以统计分析地理特征、自然环境、自然资源、土地覆盖等的现状和变化特点，使我们对省情省力了解得更全面、分析得更透彻、把握得更准确、管理得更到位，从而因地制宜地进行规划、保护、建设与发展。

第二，数字地理空间框架建设和应用是提高政府科学管理和决策水平的有效途径。随着经济社会的快速发展，对政府管理决策的科学化和准确性提出了新的要求。传统的思维方式、工作模式和工作方法，已经不能适应经济社会发展对政府工作的要求，政府部门应善于应用现代的信息手段，来加强对工作的研究和指导。政府部门要提高处理复杂问题的能力，就必须把方方面面的信息进行整合、集成和分析，对各种方案进行模拟预测和分析论证。数字地理空间框架可以集成共享各部门的专业信息，促进政务信息资源的综合利用，实现资源共享，在高效管理、科学决策、依法行政和宏观指导等方面发挥重要作用。

第三，数字地理空间框架建设是推进海南省信息化建设的重要举措。建省以来，海南省各部门、各行业已经积累了大量的原始数据和相关资料。但这些资料是分散的，具有不同的数据内容和数据格式。在信息化建设初期，各部门的系统独立运行，基础平台不统一的问题尚不明显，当发展到信息共享、互联互通阶段，这一问题的危害就充分显现，绝大部分系统都需要彻底改造甚至重建，既浪费了资源又延误了应用。通过数字地理空间框架这个基础平台，对各种信息资源进行整合，是现有数据和信息资源得到充分利用的最佳途径。同时可克服信息数据生产和管理等方面存在的条块分割、重复建设、标准不一、相互封锁的弊端，从而实现各类信息资源“横向联合、互联互通、分建共享”的目标。

（二）建设数字地理空间框架应当坚持的几点原则

要建设和应用好国际旅游岛数字地理空间框架，必须坚持以下几点原则。

一是坚持边建设、边应用、边完善。数字地理空间框架建设的最终目标是为政府部门管理、决策和公共服务活动提供科学的手段和支撑，是为满足各部门和相关单位以及社会公众对地理信息的需要。只有得到应用，才会被用户接受，才会有生命力。另外，由于项目建设时间较长，而基础地理信息又是有一定时效的，如果建好了才开始应用，应有的效益就发挥不出来。因此，框架的部分功能建设完成后，要及时提供给相关部门使用，彻底改变以往项目全部建好了才开始应用的状况，尽早地、最大限度地发挥框架建设成果的作用。

二是要采用新的建设和运行机制。要强化数字地理空间框架的权威性和统一性，从机制上和政策上确保数字地理空间框架是海南省各部门和各市县共用的、唯一的地理空间框架，保证框架的充分利用，避免重复投入，杜绝随意建设。要采取开放式的建设模式，加强与相关测绘科研机构和国内知名的地理信息企业的合作，采用先进地理信息技术，充分利用它们数据加工、处理的优势，并且要引进一些优秀的测绘技术人才，博采众长，集中优势资源和人力，切实抓好框架的建设。要形成地理信息资源新的共享方式，通过框架的建设和应用，把分散在各部门、各市县的地理信息数据资源整合为逻辑上集中、物理上分散、一体化的地理信息资源，大力促进地理信息资源的共享共建，将以往“既求所用、又求所有”的共享方式变为“但求所用、不求所有”的共享方式，而且又不损害各方的利益，真正做到互不取代、互不削弱。另外，还要通过框架的建设和应用，探索框架建设、管理、运行维护、持续更新的有关办法和机制，明确各方责任和义务，确保框架长期稳定运行。

三是要切实抓好应用示范。在建设过程中，选择需求迫切的部门，以满足部门管理与业务工作需要为目标，开展部门典型应用系统建设。要通过应用示范，抓出亮点，以点带面，不断深化应用层次，扩大应用领域，全面提高相关部门管理决策和公共服务的能力，使海南省信息化水平上升到新的水平。要以旅游应用为切入点，做好应用示范项目建设，逐步在海南省各部门推广使用。在国际旅游岛数字地理空间框架建设期间，应首先在综合性旅游网络平台、公共安全管理、主体功能区规划和产业布局、数字南海以及国土规划等领域开展应用示范。

三　几点体会

在国家测绘局开展的数字城市地理空间框架建设试点工作中，不少地方积累了一些宝贵的经验。虽然国际旅游岛数字地理空间框架的建设才刚刚起步，但我们对如何开展和抓好这项重要的工作已经有了一些深刻的体会。

（一）切实将框架建设当成牛鼻子工程来抓

数字地理空间框架建设是一项全面的系统工程，涉及测绘生产组织结构调整、测绘服务方式的转变、新的管理和运行机制的建立健全以及测绘新型人才的培养，关系到测绘部门能否在信息化时代充分发挥作用。因此，必须认真贯彻全国测绘局局长会议精神，切实抓好地理空间框架这项牛鼻子工程，充分发挥测绘成果和技术的作用，促进科学决策和管理水平的提升，推动市、县基础测绘工作的协调快速发展，密切测绘与经济社会发展尤其是信息化建设、城市化发展的联系，提高测绘的影响力。

（二）以一切要快、快中取胜的精神加快框架建设

国务院《意见》还未印发之前，海南就从2009年底开始，组织精干人员，抓紧编制项目建议书、可行性研究报告等文本。在3月份全国“两会”期间，海南省人民政府与国家测绘局签订了《海南国际旅游岛数字地理空间框架建设合作协议》。这一项目从动议到编制文本，到签订协议，总共用了三个月的时间，很好地实践了国家测绘局提出的“一切要快、快中取胜”的要求。当前和今后，我们要继续贯彻这一精神，增强敏锐性，善于认识机遇、把握机遇、用好机遇，抢占发展先机，加快地理空间框架建设，加快开拓和扩大服务领域，树立测绘部门的地理信息服务权威。

（三）框架建设和应用是转变测绘服务方式的必然要求

快速变化的形势要求测绘不断丰富服务内容，增强服务能力和拓展服务领域，切实提升服务能力和服务水平，及时满足经济社会各方面对测绘保障服务的需求。框架建成后，地理信息服务方式将由数据提供转变为在线服务，实现分建共享、协调服务、联动更新。

（四）框架建设和应用是测绘部门全面提升能力建设的重要途径

框架的建设不仅改变了测绘服务方式，而且将改变测绘的增长方式。通过框架的建设和应用，对现有的测绘生产组织机构进行调整，使之适应信息化测绘技术体系的要求；加强对人才队伍的培养，将现有的传统测绘人才培养成为信息化

测绘人才；加强测绘高新技术装备的配备，大幅提高基础地理信息快速获取、处理、分发服务的能力，大幅提高测绘应急保障能力。

（五）抓好市县测绘机构建设是框架建设由省级向市县级延伸的重要条件

国际旅游岛数字地理空间框架是一个上与国家、下与市县地理空间框架互联互通、横向上与省有关部门衔接的公共平台。开展市县地理空间框架建设，必须要有机构支撑，因此，海南测绘局会同省编办、省国土厅联合下发了《关于进一步加强市县测绘工作的通知》，抓好市县测绘管理机构的落实，成立了各市县测绘局，解决了编制，明确了职责。海南测绘局会同省发改委、省财政厅、省法制办印发了《关于宣传贯彻实施〈基础测绘条例〉的通知》，要求市县将基础测绘计划纳入本级政府国民经济和社会发展年度计划，基础测绘经费纳入本级财政预算，加大了对基础测绘的保障力度。

（六）加强组织协调是保证框架顺利建设和广泛应用的关键

要建立各有关部门组成的地理空间信息协调机构，加强部门之间的联合协作，统筹解决数字地理空间框架建设和应用中的困难和问题，负责制定关于地理空间框架建设、应用的有关规定和政策。明确各部门、各单位信息共享的内容、方式、责任、权利和义务，推动重点领域和跨部门地理信息资源共享，实现地理空间框架的有效利用和协同更新，确保框架不竭的生命力。

测绘服务武汉城市圈“两型社会”建设探讨

张建仁*

摘　要：文章介绍了武汉城市圈“两型社会”建设概况，阐述了“两型社会”建设中测绘的作用，分析了存在的主要问题，就测绘如何更好服务于武汉城市圈“两型社会”建设进行了探讨。

关键词：两型社会　武汉城市圈　测绘服务

一　武汉城市圈“两型社会”建设概况

党的十七大之后，武汉城市圈被国务院批准为全国资源节约型和环境友好型社会建设综合配套改革试验区。武汉城市圈又称“1+8”城市圈，是指以武汉为圆心100公里半径内，包括黄石、鄂州、黄冈、孝感、咸宁、仙桃、天门、潜江周边8个城市所组成的城市圈，是湖北人口、产业、城市最为密集的地区，也是我国中部最具发展潜力和活力的地区之一。截至2008年底，圈内土地总面积5.8万平方公里，占全省33%；总人口2969.9万人，占全省48.6%；实现地区总产值6972.1亿元，占全省61.5%；实现社会消费品零售总额3150.4亿元，占全省63.4%。武汉城市圈具有区位、交通、市场、科教、能源、产业等方面的优势，资源禀赋在内陆大城市中得天独厚，近年发展势头强劲，聚散功能较强。建设武汉城市圈，是区域经济一体化的必然趋势，可以舞动区域经济发展的龙头；湖北新型工业化的进程，迫切需要城市化水平的提升，尤其需要武汉城市圈

---

* 张建仁，湖北省测绘局党组书记、局长。

加快发展；加快武汉城市圈建设，也是培育中部增长极的迫切需要。现在洪湖市、京山县、广水市作为观察员先后加入武汉城市圈，三县市将比照城市圈成员单位享受相关政策待遇，进一步提高城市圈的整体竞争力。

建设资源节约型社会，是指以能源高效率利用的方式进行生产、以节约的方式进行消费为根本特征的社会。它不仅体现了经济增长方式的转变，更是一种全新的社会发展模式，它要求在生产、流通、消费各个领域，在经济社会发展的各个方面，以节约使用能源和提高能源资源利用效率为核心，以节能、节水、节材、节地、资源综合利用为重点，以尽可能小的资源消耗，获得尽可能大的经济和社会效益，从而保障经济社会的可持续发展。

建设环境友好型社会，是人与自然和谐发展的社会，通过人与自然的和谐来促进人与人、人与社会的和谐。具体来说，它是一种以人与自然和谐相处为目标，以环境承载能力为基础，以遵循自然规律为核心，以绿色科技为动力，坚持保护优先、开发有序，合理进行功能划分，倡导环境文化和生态文明，追求经济、环境协调发展的社会体系。

根据国务院的批复要求，武汉城市圈以“两型社会”建设为主要内容，以转变经济发展方向为核心，以改革开发为动力，着力推进基础设施、产业布局、区域市场、城乡建设、环境保护与生态建设“五个一体化”，全面开展资源节约、环境保护、城乡统筹、财政金融、科技创新、社会发展、行政管理等重点领域和关键环节的改革试点工作，通过试点，把武汉城市圈建成全国宜居的生态城市圈、重要的先进制造业基地、高新技术产业基地、优质农产品生产加工基地、现代服务业中心和综合交通枢纽，成为继“珠三角”、“长三角”、“环渤海经济圈”之后的中国区域经济增长最快的地区之一。国务院批准武汉城市圈为“两型社会”建设综合配套改革试验区，这是党中央、国务院促进中部地区崛起的一项重大战略举措，是在新的历史起点上赋予湖北的一项光荣而艰巨的政治任务，也是湖北努力建设成为中部地区崛起重要战略支点的重大历史机遇。

二　测绘在“两型社会”建设中的作用和效益

测绘是实现可持续发展的基础性工具，是经济社会发展和国防建设的一项基础性工作，是准确掌握国情国力、提高管理水平的重要手段，对于加强和改善宏观调控、促进区域协调发展、构建资源节约型社会和环境友好型社会、建设创新型国家等具有重要作用，在两型社会建设中测绘扮演着重要的角色。

现代测绘技术是研究和解决资源、环境、人口、灾害等经济社会可持续发展重大问题的重要手段。利用现代测绘技术，可以准确把握自然环境的现状和变化趋势，实现对空间布局的精打细算和整体优化。以地理信息为基础集成各种经济社会信息，是开展人口变化情况统计分析、土地利用规划和监测、矿产资源开发、森林资源保护和利用、退耕还林还草、荒漠化治理、环境污染预防和治理等的重要基础，有利于以最低的资源消耗和环境代价达到最好的效益。

现代测绘为快速获取环境信息，进行生态环境调查、环境污染监测和环境管理，实施重大生态建设和环境整治工程等提供了技术手段，为准确掌握生态环境的状况与变化趋势、制定生态环境保护政策和规划、建设生态文明提供可靠保障。建设各种环境保护与管理地理信息系统，对环境相关信息进行信息化管理，增强生态环境保护和管理能力，可以提高环境保护管理的信息化水平。

在水利环境治理监测领域里，区域环境治理工作中进行的测绘工作，为区域环境改善作出了贡献；采用遥感技术对水库上游干流段进行工程地质调查，对优化工程设计、防止河水下渗起到重要作用；利用遥感和地理信息系统技术建立退耕还林还草检测系统，可及时掌握地表变化及退耕还林还草工程进展，提高工作效率，为管理和决策提供重要依据；多时相遥感影像等基础地理信息数据为河流湖泊变化、水土流失状况、草原和植被退化等生态环境监测分析提供依据。通过航天航空遥感数据和无人机遥感监测系统成果，及时发现和依法查处国土资源违法行为，建立利用科技手段实行国土资源动态巡查监管，违法行为早发现、早制止、早查处的长效机制，为国土资源执法监测提供服务。

三　武汉城市圈“两型社会”建设中的测绘保障

武汉城市圈两型社会建设，测绘是必不可少的基础条件和重要手段。湖北省测绘局积极争取国家的支持，2009 年 3 月 12 日“两会”期间，国家测绘局与湖北省人民政府就武汉城市圈“两型社会”建设测绘保障服务工作达成合作协议，湖北省省长李鸿忠，国土资源部副部长、国家测绘局局长徐德明在协议书上签字。国家测绘局将贯彻落实党中央、国务院的决策部署，加大对武汉城市圈基础测绘工作的支持，加快推进武汉城市圈地理空间框架建设和新农村测绘保障服务，鼓励支持武汉城市圈地理信息公共平台建设和应用服务，为武汉城市圈“两型社会”建设提供及时优质的测绘保障。

湖北省测绘局编制出版了《武汉城市圈地图集》，该图集紧密围绕建设“两型社会”主题，采用地图为主，图表、文字和照片为辅的表现形式，系统地反映武汉城市圈自然、经济、社会状况的空间分布和地区特征及区域经济的规模水平，形象地展现《武汉城市圈“两型社会”建设综合配套改革总体方案》、《武汉城市圈总体规划》以及五个专项规划的内容，直观地表达了武汉城市圈战略定位、发展目标及产业布局、区域市场、城乡建设、基础设施、生态环保、土地利用、社会发展及保障等方面的试点工作，全面地展示了武汉城市圈“两型社会”建设的宏伟蓝图，为武汉城市圈建设提供了翔实可靠的地理信息资料。

启动了武汉城市圈地理信息公共平台建设项目，通过在武汉城市圈 1∶100 万、1∶25 万、1∶5 万、1∶1 万及更大比例尺的系列数字地形图和数字高程模型数据以及各类遥感影像数据的基础上建立的地理信息服务平台，可供各行业各部门及社会公众在线使用，加强了各类信息资源的整合，为经济社会发展提供了科学、准确、及时的基础地理信息数据，能更好地满足政府、企业以及人民生活等方面对基础地理信息公共产品服务的迫切需要。

2009 年湖北省发展改革委员会发文，正式批准《武汉城市圈 1∶1 万基础地理信息更新项目》立项，项目总投资 4500 万元，目前已启动实施。项目建设内容为更新武汉城市圈 48600 平方公里范围 1∶1 万基础地理信息数据，对武汉城市圈范围近五年未航空摄影区域进行航空摄影，完成武汉城市圈范围 1∶1 万数字线划地形图和 1∶1 万数字高程模型四千余幅。同时实施的项目还有武汉市城市圈城乡一体化（鄂州市）重点镇 1∶1000 地形图测绘，为鄂州市新农村建设提供及时、适用、可靠的测绘保障服务。积极为武汉新港、武汉城市圈主体功能区规划和构建武汉城市圈“1+8”一体化综合交通运输体系等提供了测绘保障服务。

服务于武汉城市圈两型社会建设，测绘面临的问题不少。如基础地理信息资源相对短缺，基本比例尺地形图尚未实现必要覆盖，有基础测绘资料的地方数据亦比较陈旧，基础地理信息数据库建设相对滞后、更新缓慢，测绘基准设施相对落后，测绘公共产品不够丰富，地理信息资源开发利用不足等。满足武汉城市圈经济社会发展及两型社会建设的需要，测绘任重道远。

四　构建武汉城市圈“两型社会”建设测绘服务体系

为武汉城市圈“两型社会”建设服务，要按照省委、省政府的要求，紧紧围绕中央经济工作会议“五个更加注重”的总体要求，着力在“构建数字湖北、丰富地理信息，搭建共享平台、保障社会需求，完善体制机制、强化统一监管，创建和谐测绘、推动科学发展”上下工夫，重点抓好以下工作。

加大基础测绘的投入，丰富地理信息资源，增强政府测绘公共服务能力，提高基础测绘服务武汉城市圈两型社会建设的能力和水平。积极争取国家测绘局和省政府有关部门以及各级政府的支持，不断加大基础测绘的投入，组织实施各级1∶1万基础测绘，完善基础测绘的更新机制，缩短更新周期，提高地理信息的现势性，做到两年内圈内1∶1万数字线划图全覆盖，城区和所属县城1/2的乡镇完成1∶2000地形图的测制，圈内1/3的行政村完成1∶2000地形图的测制，以满足城乡建设和新农村建设的需要。加强测绘基础设施建设，确保湖北省连续运行卫星定位服务系统按期建成并投入使用，同时建立完善相应的运行管理维护机制。尽快将基于国产无人飞行器航测遥感系统装备到省级基础测绘单位，并推广到有条件的城市测绘单位，大幅度提高基础地理信息快速获取能力和测绘应急保障能力。

数字城市地理空间框架是城市信息化的基础，可以促进城市地理信息资源的统筹开发与共享利用，有利于提高科学决策、应急保障处置、公共服务等方面的能力，有利于提高城市信息化水平，对促进武汉城市圈的经济社会发展具有十分重要的作用。2009年2月，“数字湖北”工程建设被列入省委常委学习实践科学发展观重点整改项目之一，明确常务副省长李宪生，副省长郭生炼、段轮一具体负责，省发改委、省财政厅、省测绘局具体抓落实。省政府要求力争在三至五年内完成13个市州、3个直管市和神农架林区的数字城市地理空间框架建设，以此推动“数字湖北”工程发展。现在正申请国家测绘局将“数字湖北”列入全国“数字省区”的试点。目前，湖北省潜江、鄂州和黄冈3市被国家测绘局列入全国“数字城市”建设试点市，随州、襄樊、黄石、荆门和十堰5市纳入全国“数字城市”建设推广城市，是全国开展“数字城市”建设数目最多、推广范围最广的省份。数字武汉有良好基础，在规划、土地、市政、交通等30多个部门得到广泛应用。数字鄂州即将验收，数字黄冈建设正在进行中，武汉城市圈内6个省辖市、3个直管市在3年内都要纳入国家数字城市建设范围，使数字城市建设走在全省的前列，起到示范作用，为数字湖北的建设打下良好的基础。

加快武汉城市圈地理信息公共服务平台建设，集成圈内跨地区多尺度地理信息数据资源，建成互联互通的一体化地理信息数据库，实现从提供地图（数据）到地理信息在线服务的根本性改变，破解测绘成果分级管理和目前网络难以互联互通给地理信息应用服务带来的难题，通过信息化技术手段消除各部门信息资源难以共享造成的信息孤岛、数字鸿沟，推进地理信息资源共建共享，避免重复建设。加快国家地理信息公共服务平台湖北分节点、武汉城市圈市县节点和信息基地建设，并形成业务运行机制和更新机制，实现多级互动、协同服务。通过平台的建设，转变服务方式，为武汉城市圈两型社会建设提供更好的服务保障。

武汉城市圈面对经济发展日益严峻的资源、环境压力，迫切需要调整经济结构、转变发展方式、提升产业竞争力，测绘是高科技密集行业，绿色环保无污染，因此是可选择的突破口之一，要通过发挥武汉在地理信息产业的人才、技术等方面的优势，全面推动地理信息产业发展，增强测绘对武汉城市圈经济发展的贡献率。2008年12月，科技部批准在武汉建设国家地球空间信息产业化基地。2009年据不完全统计，湖北省地理信息产业产值达30亿。预计至2013年，基地年产值可达100亿元以上。要紧密围绕中央和省委、省政府的重大战略，抓住国务院批复东湖开发区为国家自主创新示范区的重大机遇，以地理信息产业联盟为基础，以武汉地球空间信息产业化基地为依托，探索在政府的大力支持下，企业、高校、研究机构“产学研”相结合的产业发展模式，通过大力发展地理信息高科技企业，形成一批有自主知识产权的科技成果，培育一批具备相当实力的龙头企业和有较大发展空间的中小企业，不断壮大产业规模，形成集群效应，提高测绘对经济增长的贡献率。加大政策扶持力度，积极争取早日出台支持地理信息产业发展的意见，在政府采购、资源共享、产业基地建设等方面给予优惠政策。紧密围绕市场需求开发和推广一批经济效益好、产品质量高的产品，推动产品的服务升级，延伸地理信息产业链，使地理信息产业成为武汉城市圈发展新的经济增长点。

开发多样化的基础地理信息产品，提供全方位的基础地理信息数据服务，实现人与自然和谐相处，保证城市圈内经济、社会、资源、环境和居民的和谐发展。地理信息技术发展已为信息社会海量信息的集成管理提供了重要基础。同时，地理信息产品本身就是信息社会中内容服务的重要组成部分，不仅涉及汽车、通信、运输等国民经济支柱产业，而且还渗透到电子商务、现代物流、网络服务等新经济领域，并且与提高人民生活质量息息相关。车载导航、网络地图、手机地图等正在改变信息社会中人们的生活方式和行为方式。汽车上装上 GPS 定位和导航系统，车主可以适时获得交通信息并选择最佳路径，从而既减少能源消耗，又减少汽车尾气排放，实现低碳生活。

在两型社会建设中测绘行政主管部门按照职责和定位，应该积极发挥指导、协调和服务的作用，为两型社会建设的健康发展提供良好的条件和环境。由于武汉城市圈两型社会建设中缺乏专门的部门来处理城市圈之间的合作、协调和沟通，组织的力度和权威性难以保障，难以保障顺利实施。测绘管理部门要深刻领会国家测绘宏观发展战略，制定基于武汉城市圈两型社会建设的实际测绘发展战略和基础测绘规划，构建有利于两型社会建设的政策环境和公共服务供给，协调圈内地方政府、部门之间基于自身利益的行为，出台地理信息资源共建共享的政策，促进武汉城市圈协调发展。

中越陆地边界测绘保障及测绘高科技应用

武晓淦*

摘　要： 中越陆地边界勘界测绘关系到国家领土完整，具有十分重要的政治意义。本文分析了中越陆地边界在维护国家权益、保卫国家安全等诸方面的作用和地位，介绍了在中越陆地边界勘界中发挥重要作用的测绘技术保障措施。

关键词： 中越陆地边界　测绘保障　高科技

一　国家边界事务，测绘保障保驾护航

中国的陆地边界全长约22000公里，与14个国家（朝鲜、俄罗斯、蒙古、哈萨克斯坦、吉尔吉斯斯坦、塔吉克斯坦、阿富汗、巴基斯坦、印度、尼泊尔、不丹、缅甸、老挝、越南）在陆地上相邻，是世界上相邻国家最多的国家。中国的大陆海岸线全长约18000公里，海域与8个国家（朝鲜、韩国、日本、菲律宾、马来西亚、文莱、印度尼西亚、越南）相连。其中朝鲜和越南还是同时与我国陆海相连的两个国家。按照《联合国海洋法公约》规定和我国政府的主张，我国拥有约300万平方公里管辖海域（包含渤海和黄海）。在地图上显示的是环绕南中国海的10段国界虚线范围。

国家边界的确定是一项政治活动，国界线的确定最终需要测绘技术的应用来落实和体现。国家边界测绘是确定国界线的必要技术手段。国家测绘局从20世

* 武晓淦，国家测绘局中越陆地边界测绘办公室主任。

纪五六十年代起就先后参与了中巴（基斯坦）、中阿（富汗）、中蒙（古）边界的定界；90 年代初至今全程参加了中越（南）陆地边界划界和勘界的测绘保障（历时 18 年：划界 8 年，勘界 10 年）；目前还在进行的是中尼（泊尔）边界的联检测绘保障工作。

国家边界测绘简称“国界测绘”，又称“边界测绘”，是“境界测绘”的一项重要内容——顾名思义，就是对国家的边界实施测绘作业，确定边界线和界标（又称界碑、界桩）的具体位置，明确国界线在实地的具体走向，并表示在地图上。我国的测绘保障一般都是围绕外交部的边界管理事务进行的。因此，边界测绘不仅仅是简单的测量活动，而且是围绕着边界的划界和勘定等边界事务进行的一系列测绘技术保障：包括外交边界谈判、主张线的提出、边界地图的标绘制作、边界航空摄影与遥感图像获取、辅助边界谈判的技术支撑、组织实施勘界联检的测绘定界、勘界成果的整理出图并提供两国政府代表正式签署边界协定等，是外交边界事务中不可或缺的重要技术手段。

边界测绘是国家赋予测绘部门的一项重要职责，是中国《测绘法》中一个重要的组成部分。近年来，国家测绘局积极配合外交部边界管理事务的需求，努力推动我国陆地边界测绘保障工作的现代化，大力推广测绘高新技术在边界谈判和实地勘界、联检中的应用，采用地理信息化技术手段，建立陆地边界地理空间数据库，为维护我国国家主权、领土完整以及周边稳定提供了有效的测绘技术保障。从 20 世纪初期开始进行的中国与越南的陆地边界划界和勘界测绘保障工作就是测绘高新技术应用于国家边界测绘的典范。

二　使用信息化技术，边界谈判发挥重要作用

早在 20 世纪 90 年代初期，国家测绘局按照国务院的部署承担了中越陆地边界谈判的测绘技术支撑，责成国家基础地理信息中心具体负责外交部中越陆地边界划界谈判的技术保障工作。划界谈判初期，由于边界争议地区有上百处，仅一次谈判的预案准备就需手工标绘 2000 余份图件，耗费了大量的人力物力。由于谈判时纸图的信息交流直观性较差，而划界范围要随时调整，在谈判桌上很难展开有效的讨论。到划界谈判中期，受外交部委托，国家基础地理信息中心专门针对谈判的需求研制了《中越陆地边界谈判地理信息系统》，开始使用计算机信息

化技术同越方进行划界谈判。双方在谈判桌上逐步形成了一套崭新的边界谈判模式——在计算机大屏幕投影上谈判讨论解决边界问题。谈判模式的改变大大提高了划界谈判的工作效率，推进了谈判的进程。到划界谈判后期，几乎所有达成的划界结果都是双方通过地理信息系统大屏幕投影划定的。使用计算机信息技术辅助边界谈判在外交谈判史上开创了测绘高新技术为边界谈判服务的先河，促成了边界谈判工作从传统手工操作向现代化信息管理方式的根本性转变，成为边界谈判解决争议问题中不可缺少的辅助工具。从1993年起，国家测绘局派出的技术专家参与20余场边界外交谈判，提供了大量的谈判技术支撑，为促进1999年底双方最终划定边界、签署边界条约作出了重要贡献。

进入2000年后，国家基础地理信息中心配合外交部又展开了中越陆地边界勘界测绘保障工作。双方联合勘界委员会正式举行的勘界谈判就达50多场。国家基础地理信息中心应用基于边界地区三维电子地图的数字化地理信息系统在勘界谈判中发挥了重要的作用。在谈判解决多个边界问题的过程中，技术专家们使用计算机大屏幕投影体现中方提出的模拟法理边界线走向的技术方法，以此确认界碑位置，量算界线距离，读取界碑坐标，调整争议面积，让双方外交谈判人员一目了然地直观看到了公平合理的解决结果，使大多数疑难地区问题通过技术手段得到了客观公正的直接解决。信息化技术手段高效地保障了边界谈判工作得以顺利进行。包括最终签署的“勘界议定书附图”，都是在综合了解决结果的勘界数据库基础上通过计算机完成的。

三　发挥技术优势，采用高新技术辅助实地勘界

中越陆地边界地貌类型繁多，从西部中高山地一直延绵到东部河流入海口，条约红线经过高山、丘陵、河流、喀斯特地貌、原始森林以及人口稠密的村庄、犬牙交错的耕地，确定边界线在实地的走向较为困难。此外，由于经历过战争，边界沿线残留着大量尚未清理的地雷，为勘界带来了极大的隐患。为减轻勘界工作的劳动强度和雷障危险，提高勘界测绘保障工作效率和技术含量，外交部委托国家基础地理信息中心为勘界专门研制了《中越陆地边界勘界信息系统》。该系统于2002年随计算机配发各勘界组后，在实地勘界中取得了显著的应用效果。测绘技术人员在勘界的前期方案准备、界标定位、界线走向判定和坐标量算、现

场查询、数据制作、地图打印、勘界现场三维地貌景观浏览及 GPS 适时导航定位、GPS 观测数据采集传输等方面发挥了作用。尤其是系统中电子地图和高精度动态三维景观模型可以直观模拟界线在实地的走向和精确量算界标的坐标、距离和高程，已经成为勘界测绘工作中不可缺少的实用工具。勘界技术人员在喀斯特地貌环境下、崇山峻岭区域内、原始森林之中判定界碑位置和界线时，通过模拟边界真实地貌的三维立体景观辨认位置，采集相应坐标并量算和分析界线走向，避开危险区域和高山峡谷的屏障，极大减轻了勘界人员跋山涉水的劳动强度，提高了勘界工作效率，同时也大大减小了野外勘界中遭遇雷障的危险性。越方勘界人员刚开始时对中方测绘人员在勘界中使用勘界信息系统既感兴趣又有怀疑抵触情绪，但到勘界后期越方测绘人员也主动请求从中方勘界系统中观摩界线走向或读取相关数据，共同确认边界线今天的走向。中方测绘技术人员在勘界中还通过应用计算机信息技术，研制出基于三维地形的跨河流条约红线等面积交换调整法、基于数字等高线的条约红线实地走向确定法、基于地形三维模型的界线走向直接判定法和基于坐标的实地落线等技术方法，应用于实地解决勘界疑难问题，极大地推动了勘界工作进程。信息系统技术在勘界工作中的重要作用效果明显，受到了勘界人员的普遍欢迎。此外，国家基础地理信息中心每年根据勘界工作进程对勘界系统进行必要的信息功能完善和版本升级，使之能够更加适应勘界工作的需要。

四　发扬艰苦奋斗，无私奉献的测绘精神

中越勘界测绘野外工作启动于 2002 年 9 月，国家测绘局从直属四川测绘局选派 40 余名政治素质高、技术水平强的测绘技术骨干人员参加勘界测绘的野外技术保障工作。他们在西南边陲的云南、广西边界线上分布的 12 个勘界组里一干就是七八年。他们成日里翻山越岭，风餐露宿，在原始森林和遍布地雷的边界上耕耘，为国家边界的勘定挥洒辛勤的汗水和无畏的青春，体现了测绘人艰苦奋斗、无私奉献的光荣传统。他们的劳动受到了外交部、国家测绘局、当地外事部门和四川省政府的高度赞扬。勘界期间外交部领导、国家测绘局领导多次组织赴边界考察慰问，给予了勘界测绘人员极大的鼓舞和鞭策。资源部副部长、国家测绘局局长徐德明刚到任 1 个月就首先赴边界慰问了中越勘界测绘人员。他高度评

价测绘人员说："勘界测绘精神是一个财富，勘界测绘队伍在技术和政治上过硬，是一支能打硬仗的队伍。"2010 年 1 月 23 日，外交部、公安部、总参谋部和国家测绘局在北京钓鱼台联合表彰中越勘界有功人员，14 名测绘人员受到了嘉奖；5 月 11 日，国家测绘局在四川省成都市隆重表彰了参加中越边界测绘保障工作的测绘人员，有 96 名测绘人员立功受奖，其中荣立一等功的 14 名，二等功的 24 名，三等功的 58 名。

国家测绘局始终认为中越陆地边界勘界测绘是一项关系到国家领土完整的特殊测绘，其政治意义远远高于其他测绘工作。因此，正确认识中越勘界工作的意义显得十分重要。在各级勘界谈判和实地勘界立碑工作中，参与勘界测绘保障的测绘专家、技术人员都能树立积极、正确的世界观，在思想上牢固树立国土意识，为维护国家的领土主权，无论在谈判桌上还是在实地勘界中，都体现出了良好的政治素质和高超的技术能力。他们在谈判中不卑不亢，沉着冷静，发挥聪明才智，与对方在技术谈判、勘界测绘中的无理要求作坚决的较量，利用自身的技术优势，积极维护国家利益，并引导对方技术人员按照条约规定公正合理地勘定边界线，在勘界的不同场合均表现出优良的测绘技术能力和维护国家领土主权完整的可贵精神。他们通过为勘界工作提供有效的测绘技术保障，为建设一条和平友好的边界作出了自己的贡献，为国家交上了一份优秀的边界测绘答卷。

五　高精度测量，确立一条清晰的边界线

通过边界联合航空摄影测量获取最新的边界影像资料，编制新的边界地形图，是确定国界线的必备工序。中越陆地边界的国界测绘采用了当时最为先进的 GPS 空中三角测量航摄技术，在中越边界全线仅布设了 6 个基准站，航摄的同时进行地面控制点解算，获得了高精度的航空影像，节省了大量实地布测控制网的人力物力。这项技术应用于中越边界测绘取得了良好的效果，为勘界提供了优质的勘界工作用图并为制作高精度边界议定书附图奠定了基础。

界标设定的密度和测量精度体现了边界线在实地的清晰程度。中越双方通过勘界在中越陆地边界 1450 公里边界线上建立了 1971 颗界标（含中越老三国交界点），是世界上国家边界竖立界碑密度最大的一条边界。为获取一条清晰稳固的边界线，中方提出采用国际通用的 WGS－84 坐标系统，并通过 EGM96 似大地水

准面模型方法计算界标高程，由该界标的 WGS－84 系统大地高减去高程异常获得。为解决基于连续运行参考站的长距离界标同步观测数据高精度处理的难题，在勘界的 GPS 测量中，双方测绘人员采用一种长距离高精度 GPS 数据处理技术手段，引入了全球精密星历、双差处理模型和优化的误差模型，采用基准站的观测数据与界标观测数据进行各个时段的基线处理和整体平差处理，现场观测完界碑并当场交换数据后，立即通过双方共同确认的数据传输与交互处理模式各自传回己方解算，并通过谈判机制进行比对确认。先进的技术手段极大地提高了界碑测量精度。最终获得的 WGS－84 平面直角坐标各分量中误差优于 ±0.05 米，WGS－84 大地高中误差优于 ±0.2 米。这是目前中国与周边国家边界线中使用的最高测量精度。在中越陆地边界勘界立碑工作中，两国首次以高精度测量技术体现出的现代化的界碑系统，确定了一条清晰的陆地边界线。

明长城测量综述

陈 军　金舒平　廖安平　赵有松　许礼林　荣大为　杨招君*

摘　要：由于历史的原因和受技术条件所限，我国一直未能实施长城资源的综合科学调查，缺乏关于其空间分布、保存状况、实际长度等方面的科学数据资料。为了摸清明长城“家底”，国家测绘局和国家文物局发挥各自优势，联合开展了长城资源调查与测量工作。按照“文物部门定性、测绘部门定量”的基本策略，提出了“影像为基、立体量测、带状建库”的总体研究思路；研究制定了明长城资源田野调查、明长城长度量测和明长城资源地理信息系统建设的技术路线；开展了技术试点、标准制定、人员培训、质量控制等方面的工作。经过来自明长城沿线10个省（市、自治区）的上百名文物专家和700多名测绘专业技术人员三年多的不懈努力，该项目在世界上首次完成了长达8800余公里的超大型线型文化遗产的资源综合调查与测量，第一次全面获得了关于明长城资源分布与坡面长度等的一系列丰硕成果，成功地拓展了地理信息在文物领域的应用，在国内外产生了重要影响。

关键词：明长城　文化遗产　超大型　田野调查　长度测量

一　概述

长城是中华文明的象征和中华民族的名片，1987年被联合国教科文组织列入《世界遗产名录》，在全人类历史文化遗产中有着重要的地位。为切实做好长城保护工作，国务院2005年批准了《长城保护工程（2005～2014年）总体工作

* 陈军，教授，国家基础地理信息中心总工程师，中国GIS协会会长；金舒平，国家基础地理信息中心副主任；廖安平、赵有松、许礼林，国家基础地理信息中心；荣大为、杨招君，中国文化遗产研究院。

方案》，要求用较短的时间摸清长城家底，建立相关法规制度，依法加强监管，从根本上遏制对长城的破坏，为长城保护管理工作的良性发展打下坚实基础。

由于历史原因和受技术条件所限，人们一直未能对长城这一超大型线型文化遗产进行全面、科学的综合调查，尚未掌握其空间分布、保存状况、实际长度等方面的准确数据。根据国务院关于长城保护的有关要求，国家测绘局和国家文物局于2006年10月26日联合签署合作协议，决定发挥各自的资源和技术优势，联合开展长城资源调查与测量，国家文物局负责长城考证，国家测绘局负责测量，并共同做好明长城重要地理信息发布审核工作。考虑到明长城主体的分布格局与地理位置定义较为明确，基本体现了万里长城的主体格局、主线分布和走向，加上历史上科学家对明长城研究积累较多，有较丰富的综合考察资料，两局商定首先开展明长城资源调查与测量，并指派国家基础地理信息中心为测绘系统的牵头单位、中国文化遗产研究院为文物系统的牵头单位，具体地设计和组织实施明长城测量项目。

本文主要介绍明长城测量的技术研究与工程实践情况。第二节介绍“影像为基、立体量测、带状建库”的总体研究思路，第三节讨论资源田野调查、长度量测和明长城资源地理信息系统建设的技术路线，第四节从技术试点、标准制定、人员培训、质量控制等方面介绍项目组织实施情况，第五节给出明长城测量取得的主要成果。

二　总体研究思路

明长城分布地域广（10省市）、时间跨度长（800多年）、格局较为复杂（含内边、外边、支线）。其资源调查内容较为丰富，主要包括：（1）长城墙体；（2）敌台、马面、关、堡、烽燧等长城附属设施；（3）采石场、碑刻、驿站等相关遗存。为此需要在沿长城两侧各1公里范围内开展田野调查和专业考证，采集相应文物标本，进行专业著录、拍照、录像、量测、绘图等。针对这些特点，本项目按照“文物部门定性、测绘部门定量”的基本策略，提出了“影像为基、立体量测、带状建库”的总体研究思路，如图1所示。

1. 影像为基

长城本体、附属设施及相关遗存在高分辨率遥感影像上有着清晰的特征。文

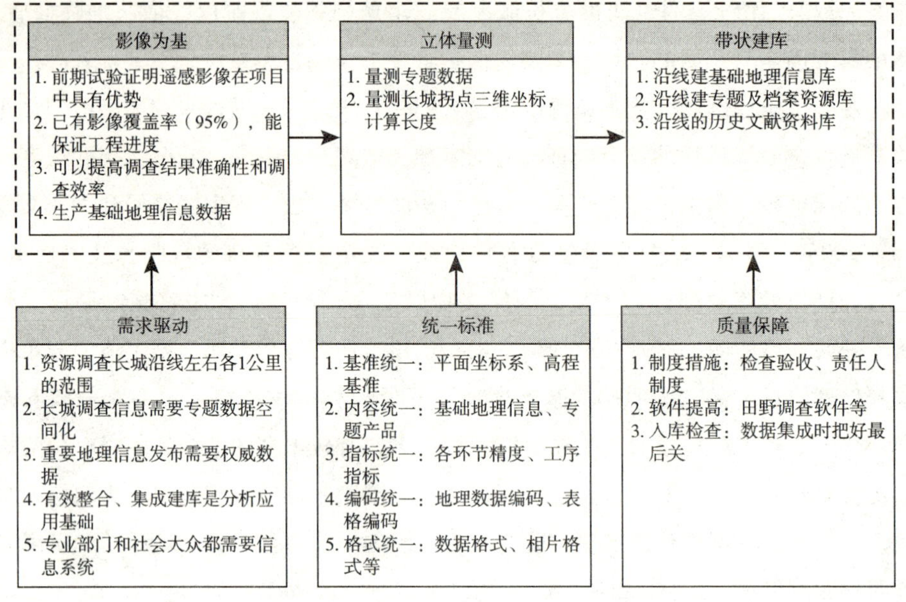

图1　明长城测量的总体研究思路

物专家借助其进行调查路线规划、要素影像预判和标定，能够减轻田野调查劳动强度，提高信息采集和标注的效率及准确性。此外，明代在山区修建长城时，尽量建在山脊外侧陡峭边缘上，且将山险、水险等天然险用作组成部分，使得长城墙体及各种附属设施所处的地形极为复杂，须在三维立体模型上量测其实际长度。因此，首先要利用较高分辨率航空摄影资料，构建1∶10000比例尺的明长城带状区域的立体影像模型，并制作相应的正射影像，用作田野调查、立体量测和资源空间化整合的基础。本项目所采用的影像资料航摄比例尺大于1∶35000的达95%，2000～2008年获取的影像资料占70%。

2. 立体量测

参照大范围的田野调查资料，在带状高精度立体影像模型上，测定明长城人工墙体和天然险、壕堑以及各种附属设施的空间分布，并分类计算其长度。例如，依据田野调查确定的各种墙体类型（人工、天然险、壕堑等）、保存程度（较好、一般、差、消失等）和材质（石墙、砖墙、土墙等）等，在立体影像模型上沿墙体表面中心线量测三维拐点，进行分段和属性赋值处理等，然后进行长度分类统计汇总，求出明长城坡面总长度及其空间分布。对于影像上难以辨认的长城，由文物部门负责考证和确认。明长城沿线10个省（市、区）测绘部门负责完成各自区域的量测工作，省文物部门配合定性确认。国家基础地理信息中心根据各省上交的验收合格长度量测数据，进行明长城总长度及分类长度的统计与精度评价。

3. 带状建库

以明长城沿线带状范围为对象，生产包括数字高程模型数据（DEM）、数字正射影像数据（DOM）、数字线化图数据（DLG）、长城专题影像图数据（TMAP）等在内的基础地理信息数据，实现专题数据、各种属性数据、历史文献记录、音频视频资料等资源调查成果的空间化整合，形成长城的数字档案。

三　主要技术路线

按照项目总体研究思路，通过技术试点和生产试验及专家把关等，进一步研究和分别确定了明长城资源田野调查、长度量测和资源地理信息系统建设的技术路线。

（一）明长城资源田野调查

根据超大线型文化遗产田野调查的特殊需求，将田野调查技术、基于影像的调绘技术和数据库技术进行了有机的集合，在试验的基础上提出了长城资源调查的技术流程，主要包括前期准备、现场调查确认、数据采集、数据校核、调查记录等5个重要的野外工作阶段，如图2所示。

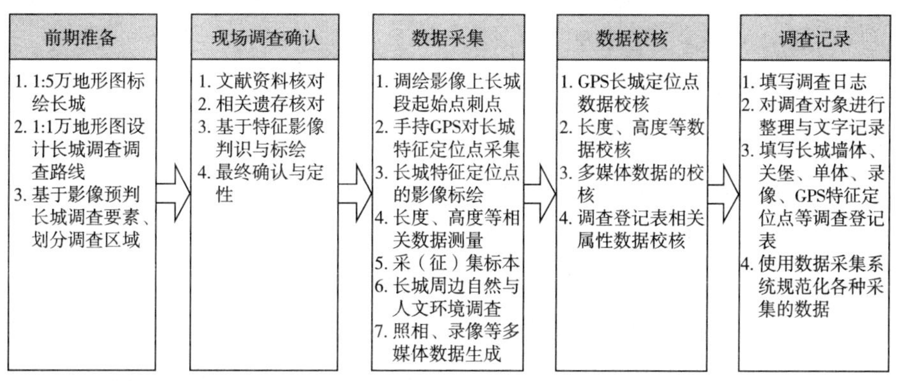

图2　考古调查与地理信息遥感相结合的田野调查技术

前期准备调查阶段主要是根据有关历史文献和多源基础地理信息数据等，在1∶5 万地形图上，勾画出长城空间基本分布情况，利用 1∶1 万地形图及长城专题要素数据影像预判结果等进行调查区域划分和调查路线规划；现场确认阶段则主要借助于影像资料和多源参考资料，由文物专家在现场对明长城沿线两侧各 1 公里带状范围内的墙体、天险及各种附属设施进行辨识与确认；在数据采集阶段，文物专家主要采集长城墙体的名称、位置、文物编码、墙体材质和现存状况等属性信息。同时，测绘专家在现场采用手持 GPS 对长城走向的折点、拐点、断点、不同材质变化点、保存状况变化点以及长城本体的主要设施、附属设施及相关遗存的平面几何中心点等进行测量，并沿长城本体中心线按统一的符号在调绘片上标注长城专题要素的位置和属性信息；数据校核阶段主要是对采集到的田野调查空间与属性信息进行校核；调查记录阶段则主要采用田野调查数据采集系统，记录上述的各种有关长城的定位与定性信息并对上述信息进行校核与整合。

通过整合文物与测绘的各自技术优势，确定和规范了长城专题要素数据的田野调查范围、内容、指标及著录等各主要环节的技术方法与衔接关系，确保了长城属性与空间信息的有机结合，为文物田野调查成果的整理集成和明长城长度立体量测奠定了科学的基础。

（二）明长城长度量测

明长城东西跨度长达 5000 多公里，测量范围为其两侧各 1 公里的狭长带状区域。对其进行立体量测，给像控和加密方案布设、空三加密、立体量测等带来了很大困难。为提高带状立体模型的精度和稳定性，采取了合理设置适合带状作业区的加密分区方案、增加像控点布点个数、加大平高点布设密度等，共布设了 15031 个空三加密像控点，定向中误差精度指标明显优于规范要求的平面不超过 4 米，高程不超过 1.5 米的山地和高山地指标精度要求。

为了确保量测质量，作业过程中采用了独立复测方式、对量测点重新空三平差、“1 +1”配备作业人员分段文物赋值等方式，以提高量测精度，保证量测准确性。其中“1 +1”作业方式是指一位文物专家与一位测绘技术人员共同采集明长城本体地理定位特征点三维空间坐标，确定其相应分段三维立体长度。独立复测方是指往返测的长度差值小于千分之一时方可作为合格的长度量测值。

明长城长度数据是利用观测点坐标计算得出的，不是直接观测值。考虑到空三加密点和立体量测点之间基本上相互独立，不存在点位系统误差，且点位误差在整个加密分区范围内总体上相等，在三维方向上相互独立，对三维空间的长度计算公式求导可知，其精度主要与“点观测精度”以及“相邻点间斜率”有关。因此，在235个加密区布设了2020个检查点，计算检查点的立体模型观测值与野外实测值之差的中误差，从而计算不同线段的量测精度，对明长城长度量测结果进行精度评价。

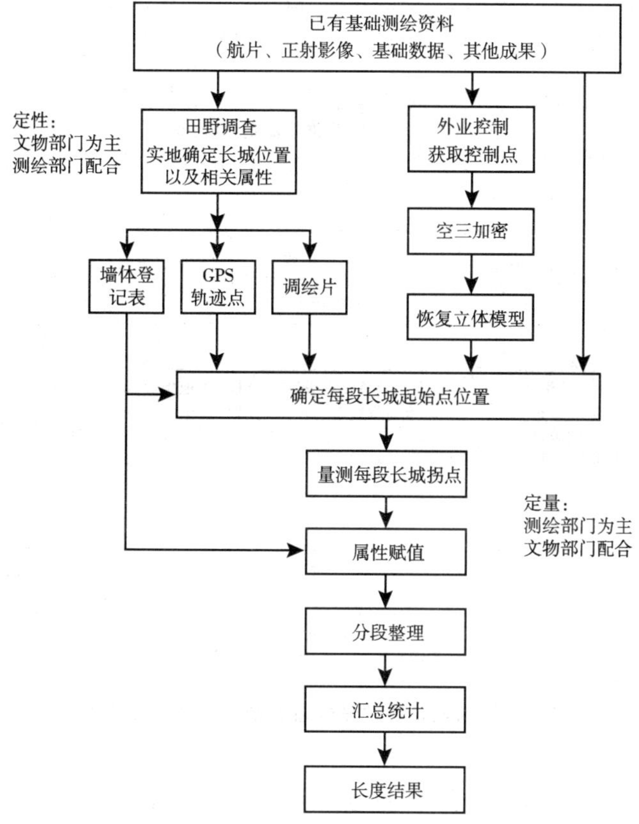

图3　明长城长度测量的技术路线

（三）明长城资源地理信息系统建设

根据长城数据管理与应用的需求，采用GIS、数据库、Web Service等方面的先进技术，设计与构建了明长城资源地理信息系统。首先是按照对象化数据建模的思路，在明长城沿线带状区域的1∶1万基础地理信息和专题地理信息的基础上，将长城专题要素分解为最小的资源部件，如墙体、关堡、单体建筑、界壕/壕堑、相关遗存等，以其为空间对象实现相关属性、多媒体信息的空间化挂接与关联。继而采用数据库全文检索技术，构建长城资源数据及其多媒体目录、概要说明、文本内容索引等；然后采用Web2.0技术等，发展了长城信息传递、视频点播等功能。图4给出了明长城资源地理信息系统的构建思路。

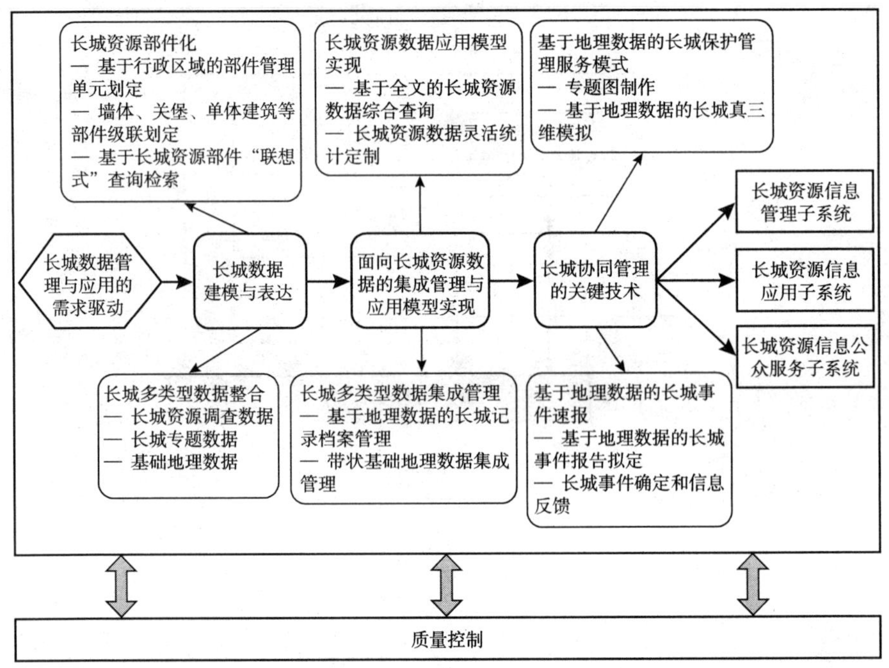

图4　明长城资源地理信息系统建设的构建思路

根据实际应用需求，分别研制开发了明长城资源信息管理、应用和公众服务三个子系统。其中，明长城资源信息管理子系统用于长城资源信息和基础地理信息的集成管理、日常维护，实现长城资源调查数据自动装载入库，构建长城资源数据与地理数据关联关系等；明长城资源信息应用子系统主要面向长城“保利管研”应用需要，发展长城资源数据统计查询、长城数字记录档案查看、长城专题图制作等；明长城资源信息公众服务子系统利用Web GIS技术，将长城资源信息发布于Internet上，通过该子系统可发布长城资源信息和长城保护的有关法律法规，使社会公众可以足不出户查询浏览长城墙体、长城关堡和长城单体建筑等，也可将长城信息进行传递。

四　工程组织实施

明长城沿线10个省（市、区）的上百名文物专家和700多名测绘专业技术人员参加了这一为期三年多的重大地理信息工程。为了做好跨部门、跨地区的组织协调，在国家和省级层面均建立了专门的协调机制，包括成立了两局联合领导小组、全国长城资源调查项目工作组、各省长城资源调查联合机构等，在任务范围协调、任务分工与合作、问题沟通与处理、资料使用、协议签署、标准与方案制订、成果控制、进程监控等方面起到了关键性的作用。与此同时，本项目组织开展了技术试点、标准制定、人员培训、质量控制等方面的工作。

1. 技术试点

为探索超大型线型文化遗产调查与测量的经验，选择甘肃、河北两省开展了试点工作，总结提炼出了相应的技术方法与合作模式，在其后沿线10省大范围长城资源调查与测量中推广使用，并改进完善。

2. 标准制定

组织研究制定了明长城长度测量、精度评价、专题影像图制图、长城专题要素图示与规范等一批标准与规范，同时协助文物部门在规范记录明长城专题要素数据等方面制定了相关的标准。

3. 人员培训

组织实施了国家和省局两级技术培训。国家级技术培训的对象为各省（自治区、直辖市）参加长城测量的相关管理人员和技术负责人，培训内容主要是相关的法律法规、标准及规范、工作流程、相关制度等。省级培训对象为本辖区全体作业人员，培训内容除了相关的法律法规、标准及规范、工作流程、相关制度、相关软件等，还重点对具体操作、成果形式和质量控制等作业环节进行培训。共组织了69次的技术培训，共计培训1870人次，确保了参加明长城测量任务的人员熟悉作业流程，精度指标，把握任务作业的主要关键节点，并明确规定未经培训以及培训考核不合格的人员不得上岗参加明长城测量工作。

4. 质量控制

根据生产过程质量控制、作业单位局级验收、项目组分省检查与验收、两局验收等需要，设计了多个检查验收系统，开发了明长城长度计算、检查、汇总整理、基础地理信息数据检查、元数据生成等10多个质量控制软件，从生产的各个流程上保证了明长城产品的质量。

五　取得的主要成果

明长城测量项目获得了一系列丰硕成果，包括明长城的长度以及可供发布的明长城重要基础地理信息数据；明长城基础地理信息数据和专题要素数据；明长城分布图及专题影像图数据；相关的工作软件、质量检查软件；图示与符号等相关的标准等。

1. 长度测量成果

测量结果表明，明长城东起辽宁丹东虎山，西至甘肃嘉峪关，穿越辽宁、河北、天津、北京、山西、陕西、内蒙古、宁夏、甘肃、青海等10个省、市、自治区，总坡面长度为8851. 8km，包括人工墙体为6259. 6km，天然段2232. 5km，壕堑359. 7km。其中，人工墙体又可进一步分为石墙1828. 8km，土墙3411. 3km，砖墙249. 6km，山险墙197. 5km，其他为572. 4km。就保存状况而言，明长城人工墙体保存较好的仅为513. 56km，保存一般的为1104. 4km，保存较差和差的分别为1494. 7km和1185. 4km，消失的则达1961. 6km。

图5　明长城分布图

2. 田野调查成果

此次调查首次全面掌握了明长城作为一个庞大的军事防御体系的空间分布与现存状况，包括其附属设施、自然与人文环境、保护和管理现状等。例如，明长城经过我国十省、市、自治区的155个县；完成田野调查登记表填写24467份；完成长城本体、附属设施、相关遗存的多媒体数据150TB；实地调查明长城现存敌台7062座，马面3357座，烽火台5723座，关堡1176座，相关遗存1026处；同时，新发现了多处长城的段落、遗址、城堡等，为明长城研究与保护提供了重要信息。

3. 数据库成果

本项目共形成10043幅1∶1万分幅的明长城沿线DEM \ OM \ DLG \ TMAP数据，其中：形成2521幅5米格网数字高程模型数据（DEM）、2521幅1米分辨率数字正射影像数据（DOM）、2521专题矢量要素数据、2480幅明长城专题影像图数据；具体图幅的分布范围如图6所示。此外，为反映明长城在省域及全国范围的分布情况，分别制作了10幅明长城分省分布图、2幅明长城全国分布图。

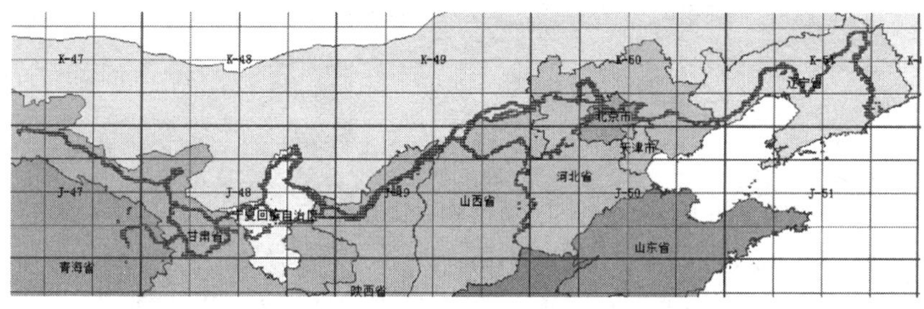

图6　明长城测量1∶1万成果范围图

4. 其他成果

该项目还形成了明长城测量技术文档成果、管理文档成果、软件成果和标准等的一系列的主要成果。其中，技术文档成果主要包括明长城测量总体技术（修订）方案、明长城测量总体实施方案、明长城测量项目技术规定、明长城测量项目技术规定补充说明、明长城沿线10省测量专业技术设计等项目技术文档；管理文档成果主要是国家基础地理信息中心为组织实施项目形成的65份文件，其中组织协调文件32份，技术管理类文件28份，系统建设类文档5份；软件成果主要指为确保项目的质量，在田野调查数据采集、长度测量数据整理与检查、明长城测量成果数据检查与生产等方面开发的10个生产软件；标准成果主要指“长城专题要素图式与符号成果”标准等。目前明长城沿线10省测绘部门已经完成了所有的长城量测工作，并经过了各省局级验收、项目组组织的分省数据检查验收和两局组织的项目验收。明长城长度量测工作全部结束。

六　结束语

明长城测量是我国测绘部门与文物部门联合开展的第一个重大应用工程，在世界上首次完成了长达8800余公里的超大型线型文化遗产的资源综合调查与测量，形成了一整套的技术方法；第一次全面获得了关于明长城资源分布与坡面长度等的一系列丰硕成果，摸清了明长城家底，为明长城保护、利用、管理、研究等提供了科学可靠的基础数据；探索形成了“文物部门定性、测绘部门定量”的优势互补的部门合作模式，成功地拓展了地理信息在文物领域的应用，在国内外产生了重要影响。

参考文献

景爱：《长城遥感调查与考古》，《北方文物》2007年第1期。

董耀会：《长城》，中国水利水电出版社，2004。

Chen J, Zhao Y S, Liao A P, et al. “Mapping the Ming Great Wall with Imagery.” In: Chen J, Jiang J, eds. *The International Archives of the Photogrammetry, Remote Sensing and Spatial Information Sciences*. Beijing, 2008.

陈军、金舒平、廖安平、赵有松、张宏伟、荣大为、杨招君：《基于遥感的明长城立体量测》，《科学通报》2010年第16期。

基础地理信息为上海世博会提供全方位服务保障

孙红春　陈方敏*

摘　要： 基础地理信息及其服务技术，为世博会筹办提供了全过程、全方位的地理信息资源和技术保障，发挥了重要作用。本文介绍了优质地图产品、地理信息公共服务平台、城市三维模型、全方位测量和信息管理系统等为世博会提供全方位保障服务的详细应用情况。

关键词： 基础地理信息　上海世博会　服务保障

中国2010年上海世博会从申办成功到盛大开幕，经历了繁复冗杂的筹办过程，硬件方面包括城市基础设施改造、园区规划建设、社会环境改善等内容，软件方面包括建设安保和运营系统、设计人流和交通控制方案、提高市民素质和公共服务水平等许多方面。上海市测绘院作为全市基础地理信息支柱单位，依托完善的基础地理信息、强大的信息服务技术和专业的测绘服务团队，围绕中心，提前谋划，大胆创新，主动服务，为世博会筹办提供了全过程、全方位的地理信息资源和技术保障，在服务世博、贡献世博的同时，借助世博效应有效提升了上海测绘的社会形象和品牌影响力。

一　优质地图产品提升上海和世博形象

无论世博盛会还是奥运盛会，地图都是游客们高度关注和依赖的一项基

---

* 孙红春（女），上海市测绘院院长；陈方敏，上海市测绘院。

础性服务产品。地图产品的质量不仅体现主办方的保障服务水平，也展示举办地的文化底蕴和科技水平。为了提升上海世博会的服务水平，上海市测绘院自我加压，提出“绘一流地图、展精彩世博”的工作口号，全力打造世博地图名片，为服务游客、宣传上海发挥积极作用。先后推出了近20个地图产品，除了《中国2010年上海世博会上海市交通指南》、《上海城区道路交通图》、《上海市交通地图册》、《上海市轨道交通图》等日常出行地图外，还有《上海市地图集》、《世博官方导览手册》和世博系列导览图等“精品名籍”。

（一）世博版《上海市地图集》

上海世博会的主题是“城市让生活更美好”，编制一本城市地图集，全面反映城市的资源、人口、就业、文化、教育、绿化等居住指数，非常切合这一主题。2008年，上海市测绘院主动向上级请示利用好世博会这一展示上海、展示中国的大好机遇，编制一部有内涵、有特色的地图集，全面反映上海改革开放的辉煌成就，向世界宣传中国现代化的建设成果。这一方案得到了上海市政府的支持，2009年7月，《上海市地图集（中国2010年上海世博会专版）》编纂工作正式启动，市长韩正担任编委会主任。

按照上海市政府要求，地图集必须在世博会开幕前出版。上海市测绘院组织各类专业骨干组成阵容强大的图集编辑部，通过人才聚集确保周期和质量：选拔最资深的地图编制专业人才，从结构、版面、内容等方面提出更受读者欢迎的设计；选拔最优秀的地理信息专业人才，灵活运用好上海市公开版地图数据库、上海市城市三维模型数据库等地理信息资源；选拔最顶尖的美术设计人才，追求现代美和传统美的和谐统一，使地图集既符合中外不同的审美观念，又体现中国特色和上海风情，展示上海海纳百川的城市精神。为了保证地图集统计翔实、数据准确，上海市测绘院又提议市政府办公厅牵头、31个委办局和专业单位联合组成编委会办公室，具体负责各个专题领域的内容筛选、数据审核和保密审查等。

世博版《上海市地图集》由“走进世博”、“认识上海”、“漫步申城”三个篇章组成，包括专题地图147幅、普通地图61幅、统计图表260个、照片288张、文字约12万字。“走进世博”篇包括世博总览、园区及场馆、参展国家和地区、最佳城市实践区、交通组织等内容，以图片和文字形象地推广上海世博会知识；“认识上海”篇由上海概况、人口与自然资源、国民经济、社会事业、城市建设、发展规划等章节组成，以数据统计和图表详细反映改革开放以来上海发生的巨大飞跃；“漫步申城”篇由覆盖上海全市的地图构成，以分幅地图全面展示上海中心城区以及各区县的地理风貌。

这本地图集最大的特色在于充分利用上海市三维数据库资源，大量采用真三维、假三维手段表现全市范围的高层建筑物形态，向世界展示上海的大都市风采。图集还融入了石库门、丝绸、宣纸、水墨画等特色工艺，体现独特的海派文化和江南特色，使地图集更具文化品位和历史底蕴。

（二）世博会导览地图

在长达半年的时间内能否保持通畅的交通和良好的游览秩序，直接影响本届世博会是否成功、精彩、难忘。引导游客尽量选择公共交通出行，引导园区内人流合理分布，是组委会研究的焦点。参与引导方案研究的上海市测绘院，认真查阅包括日本爱知世博会在内的多届世博会地图后，专门针对国内交通和游客特点设计了三张引导地图，分别是《世博园区导览图》、《上海市交通指南》和《长三角交通指南》。三张地图作为官方引导图全部向参观者免费赠送，不仅受到参观者的广泛欢迎，也得到了上海市主要领导的高度肯定，临时决定向全市每户家庭赠送一份，预计投放总量将达到1亿份。

除了全面的世博信息外，这三张地图最大的作用就是通过游客关注的服务信息，有针对性地引导大家选择最便捷的公共交通工具抵达园区，选择最合理的路线参观世博。上海市测绘院在编制中注重角色转换，从游客的角度设计地图元素，使游客查阅地图后乐意接受推荐的交通方式和出行路线。世博会运营至今的实践证明，大多数参观者都能按图索骥，在为自己节省时间的同时，大大缓解了世博会的交通压力。

三张地图按照由外及内的顺序巧妙地表达了官方引导方案，从市外到市内、从园外到园内全方位地引导客流。《长三角交通指南》引导游客通过分布江浙两省的旅游集散中心乘坐旅游巴士直达园区，或者乘坐火车、飞机抵沪后立即换乘世博专线进入园区。《上海市交通指南》引导已经在上海的游客乘坐公共交通进入园区，地处远郊的参观者可以方便地查到离自己最近的世博远郊接驳线，中心城区的参观者可以通过引导图和轨道交通示意图选择最方便的公交线路进入园区。《世博园区导览图》不仅有出入口位置、功能区分布、场馆位置、园内公交线和轨道交通等常规信息，查询点、预约机、餐饮、商店、邮政、银行、厕所等服务信息也一应俱全，引导从各个入口入园的游客合理设计当天的参观路线，并选择合理的交通方式离园。

二　地理信息公共服务平台提高服务效率

基础地理信息的社会化应用水平，是测绘在经济社会发展中基础性、权威性地位的重要反映。一直以来，上海市测绘院坚持建设与开发应用并举的工作方针，大力推进基础地理信息的共建共享和社会化应用。依托以自动手段为主、人工协同为辅的基础地理信息自动化、智能化获取和处理技术，基本实现了基础地理数据从线划到影像、从现状到历史的全覆盖，初步建成了信息化测绘技术体系和数据体系。自主开发的不同比例尺数据库自动综合技术，为建立互操作、分布式、共享型的数据管理和地理信息公共服务平台奠定了基础。

2009 年，上海市测绘院围绕经济社会发展对基础地理信息的公共服务需求，按照“数据丰富、更新及时、多级互动、协同服务、应急保障、便民高效”的服务目标，基本建成了基于网络化运行的地理信息公共服务平台，与水务管理等相关部门开展了联合试运行，进一步完善后将为各级政府部门、企事业单位和社会公众提供基于网络的各类地理信息和地图在线服务。作为平台的组成部分之一，上海地图网站 2009 年 7 月正式上线后，凭借基础地理信息全面、更新及时等特点受到了社会各界的高度关注，一度出现访问量井喷的情况。多媒体电子地图研究与应用获 2009 年度全国测绘科技进步二等奖。

2010 年，为了及时满足世博会前后各地参观者对上海地图的丰富需求，上海市测绘院对上海地图网站实施了整体升级改造。一是增加更新频率，对 2010 年竣工的各个重大项目进行实时更新。3 月份虹桥机场 T2 航站楼刚启用，就在网站上及时推出了虹桥枢纽地区的详细道路信息，方便广大驾驶员查询进出 T2 航站楼的道路，网站日访问量突破 1 万次。二是大幅扩充容量。为了避免短时间大流量访问可能造成的网络堵塞，对服务器容量进行扩容，为了信息内容更新更全，大量增加世博服务信息的同时，全面更新道路、公交、加油站、加气站等实用信息，门牌号信息从15万条增加至150万条。三是增强人性化功能。地图缩放级别增加至6个，同时提供全市范围18个区县近200个乡镇、街道和世博园区的放大图查询，及时发布最新的道路交通信息和在售的纸质地图信息，专门为残障人士标出全市6500多个公共场所的无障碍设施情况。一系列改进措施，大大完善了网站的服务功能，社会对网站的关注度稳定提高，各大媒体和门户网站竞相报道，“上海地图网”在百度搜索引擎排序中已经位列第一。

三　城市三维模型支撑世博运营安保系统

基础地理信息现势性好、精确度高、直观性强，越来越成为现代精细化决策和管理不可或缺的基本依据。在承担园区运营管理、安保调度指挥以及全市相关单位综合协调的上海世博会园区运营指挥系统建设中，上海市测绘院及时提供了全市基础地理框架数据、世博园区5.28平方公里和园区周边20平方公里大比例尺地形数据和三维模型数据支持，保障该系统按期投入试运行，并顺利实现与上海市应急指挥平台、市公安局指挥平台的全面对接。世博会开幕前后，又为中央办公厅、国务院办公厅等部门提供了包括世博园区、虹桥机场三维模型和影像数据在内的各类信息支持，有力支援了世博安保工作。

随着决策准确性和效率要求的不断提高，三维城市模型在安全保卫、应急服务、公共管理等方面的应用前景更加广阔。2008年，上海市测绘院成功地将国外先进的机载激光雷达作为三维模型数据采集的新工具引入国内，2009年完成了上海中心城区120平方公里的三维城市模型建设，建成各类模型数十万个，为世博会筹办及时提供更加完善的数据支持。航空激光扫描城市三维建模与建库方法研究获2009年度全国测绘科技进步三等奖。

上海的三维模型生产采用二维矢量数据和高程数据直接拉伸、数字摄影测量、机载激光扫描、常规野外实测、规划控制数据五种方法，根据技术和人力物力投入的不同，分别生产简单模型、标准模型、精细模型和超精细模型。上海市测绘院除了将居民区制作成标准模型，将地标性区域制作为精细模型或者超精细

模型外，还特别为世博园区、陆家嘴地区和外滩、豫园等热点区域制作了超精细小场景，满足各方对数据的精确要求。

四　全方位测量服务确保世博场馆按期竣工

世博园区建设是世博会筹办的又一个重头戏，园区建设的周期、场馆建设的质量直接体现组办方的工作水平。2006 年以来，上海市测绘院组建的园区建设测量保障队，先后完成了园区控制网测量、世博轴等重点项目精密控制测量、场馆规划监督测量、公建配套设施测量、细部测量以及地下管线测量等六大类 510 个测量项目，还为测绘技术比较薄弱的施工单位提供咨询和指导，以高效精湛的测量技术和主动热情的服务态度赢得了各方肯定。

针对园区建设的质量和周期要求，测量队提出了前沿服务、即时服务、标准化服务、售后服务、追加服务、递进服务“六大特色服务”。在园区内人行高架步道控制网测量期间，主动增加了二次控制网复测，并随时跟踪成果应用情况，为施工和监理单位提供最新最准确的控制点数据。针对各国自建馆风格迥异、设计标准与国内有很大区别的特点，专门邀请参与场馆设计的专家授课，解读各类设计图，提高测量队员的辨图识图能力。

2010 年，为了确保园区内大量场馆按期竣工，测绘工作进入冲刺阶段。承担竣工规划验收测量任务的上海市测绘院浦东分院提出“全力以赴、全员参与、全心投入”的号召，分管领导、作业员、检验员、业务员 40 余人全体出动。春节后的 60 多天坚持一日不休，以日均近 5 个项目的超常规速度，按期完成了 271 个单体竣工测量项目，用行动又一次证明了上海的城市“速度”。

五　信息管理系统保障民生设施正常运转

本届世博会历时周期长、参观流量大，在 184 天的时间内接待 7000 万游客，对城市保障能力是一次巨大挑战，供电、给排水、通信等民生工程的日常维护和应急保障更是首当其冲。为了提高世博会期间电力、给排水方面的管理水平和应急处置效率，上海市测绘院从 2004 年开始协同相关部门对电力和水网管线进行了全面清理和 GIS 建库工作。

（一）上海市电力地理信息系统

上海是国内较早建立电力地理信息系统平台的城市，20 世纪 90 年代就开始了电力信息管理平台和数据库建设工作，2003 年完成全市电力行业基础设施的统一整合和信息共享，建立了上海市电力公司输配电生产管理系统，覆盖全市输电、供电、调度、电缆、通信、客户服务、电力抢修、辅助决策等功能。

系统运行初期，由于基础设施网络庞大、资料数据量大、问题追溯时间长，电力部门作为非专业测绘单位的基础设施采集和入库能力的不足日益体现，基础地理数据的现势性、更新速度与高效的管理要求存在相当差距。为了提高系统的可用性，上海市测绘院会同上海市电力公司开展了电力管线竣工图纸采集和入库工作，按照统一设计的基础数据库标准，对历年的电力管线竣工数据进行内业数字化采集和实地测量核查，为管理系统提供完整、准确、现势的基础数据成果。

本项目涉及上海全市 21400 余公里的电力管线和近 37 万个变电站、户外站、用户站、电缆沟、电缆桥、分支箱等电站设施。全部实施管线数据内业数字化采集，并实施不低于 30% 比例的外业测量和物探检核，确保管线资料的现势性。通过此次普查，上海市电力管线资料的存储方式发生了根本性变革，电力管线竣工信息由传统的竣工图保存形式全部转化为数据库管理模式，基本还清了历史遗留“旧账”，使上海电力的信息化建设迈出了关键性一步。工程荣获 2007 年度全国城市勘测工程一等奖。

（二）上海市排水管网系统

上海市地下排水管网情况复杂，少数殖民时期建立的城市排水管线至今仍然发挥作用。随着城市建设步伐不断加快，新建排水系统的雨污分流排水方式与历史遗留的雨污合流排水系统混合存在，各种管材、管形、管径的排水管道遍布上海，制约了上海的事务信息化进程，提高了管理难度。

根据《上海市水务信息化规划》，上海市测绘院从 2004 年开始开展上海市排水管网测绘项目，先后完成了 8 个区近 6000 公里的排水管道数据采集，以及 2 个区已有管道数据的整合，为上海市排水管网系统建设提供了翔实的基础数据。

项目实施过程中，上海市测绘院在传统管线测量技术的基础上积极开展技术革新，提高工作效率。针对项目涉及范围广、作业周期紧、质量要求高等特点，自主开发研制了《排水管网测量数据采集处理系统》，设计了基于 PDA 的排水管网外业记录电子手簿，减少人工差错的同时，大大节省了内业工作和数据入库的工作量。设计专用检查软件，在数据采集中加入常规检查环节，既加强质量控制，又提高数据质量。数据处理方面，利用计算机完成图形检查并自动生成文件入库，有效提高了项目质量和工作效率。工程被中国测绘学会评为 2009 年全国优秀测绘工程铜奖。

地理信息系统在北京奥运会的应用

彭 凯*

摘 要： 本文从北京奥运会的申办、筹办以及举办等不同阶段，介绍了地理信息及其技术在其中所发挥的重要作用，图文并茂地重点介绍了奥运场馆选址、城市绿化规划与管理、城市建设与管理、城市应急指挥、城市运行保障、地理信息公众服务等领域的详细应用情况。

关键词： 地理信息系统 北京奥运会 数字北京 数字奥运

一 概述

北京奥运会是奥运史上科技含量最高的一届奥运会，处处闪耀着“数字北京”、“数字奥运”建设成果的结晶，使“科技奥运”的理念得到了良好的诠释。作为“数字北京”、“数字奥运”的一个重要组成部分，地理信息及其相关技术在北京奥运会的成功举办中发挥了重要的作用。

二 地理信息及其技术在北京奥运会中的应用

（一）奥运申办、筹备阶段

地理信息以其直观、可视化的特点，在奥运申办、筹备阶段发挥了应有的作用，具体主要体现在以下几个方面。

---

* 彭凯，北京市信息资源管理中心主任。

1. 奥运场馆选址

北京奥申委成立后的头件大事就是奥运场馆的选址问题。在奥运村选址中，必须考虑交通、周边设施、生态环境等因素，这是一个很复杂的综合性决策过程，既需要定性考虑，又需要定量分析。而地理信息系统具有强大的空间分析功能，可充分利用各种地理空间信息及各种空间分析方法进行选址分析，从而可以使选址分析从以主观判断为主的定性分析向定性、定量相结合的综合分析迈进，这不但可以节约人力、物力和财力，而且可以提高工作效率和决策的科学水平，为选址提供可靠的分析依据。

在奥运村及场馆的选址中，北京市充分利用了遥感影像、电子地图以及相应的空间分析功能，综合分析上述因素，对南城方案（选在东南四环与京津塘高速路东南角或者亦庄）和北城方案（选在亚运村西北角和中轴路）进行反复论证，最终选择了北城方案。

2. 城市绿化规划与管理

在奥运申办工作中，申报城市间竞争的不仅是社会、经济、文化等领域的成就，同时也包括城市生态环境、城市建设等方面。因此，北京在申办2008年奥运会中也格外重视城市生态环境这一重要因素。

针对面向奥运的首都城市绿化工作，北京市先后启动了数字绿化带一期、二期工程，建设了北京市绿化隔离地区信息系统。该系统主要是在北京市绿化隔离地区现状、规划、实施情况的地理空间数据库，基础电子地图与多源、多时相的航空遥感、卫星遥感数据，以及其他经济、绿化、建筑状况、环境等专题数据库的基础上，利用3S等技术对绿化隔离地区的建设、绿化实施、产业调整和环境整治等方面的规划、现状和实施情况进行动态监测、分析、评估，为绿化隔离地区专项建设及各级绿化建设指挥机关的日常管理工作提供信息服务，以显著提高其管理能力和效率。

3. 城市建设与管理

2008年奥运会的举办，无疑大大推动了首都整个城市的总体建设，包括城市的基础设施、能源交通、水资源和城市环境建设等，耗资数千亿元。这不仅为奥运会的成功举办提供了良好的硬件设施基础，同时也将惠及百姓、造福百姓。其中，地理信息及其技术发挥着不可或缺的作用。

城市交通的规划与实施：城市轨道交通、奥运场馆周边道路及桥梁的规划与实施，均离不开基础地形图、地下管线、地质构造等地理信息的支撑。

“城中村”改造：“城中村”是指城市中环境脏乱、设施落后、治安状况差的区域，它的存在有碍于城市的市容环境以及治安问题，因此，北京市的“城中村”改造工作不仅是立志要办历史上最优秀一届奥运会的需要，更是美化城市环境生态、合理安置相关利益群体和提高城市管理水平的需要。在“城中村”的改造中，北京市相关部门充分利用了航空遥感影像、政务信息图层等地理信息对“城中村”进行界址、工程费用评估、施工进度监管。

城市管理：东城区率先在全国采用3S技术对井盖等城市部件进行网格化管理，而后北京市在城八区及部分郊区县进行了推广，大大提高了首都城市部件的管理能力和效率，改善了城市管理的水平。另外，北京市市政管委牵头开展地下综合管线管理地理信息系统建设，为地下管线的科学、规范管理提供了基础，可在故障发生时，确保在最短时间内找到事故阀门节点，有利于减少抢修时间、降低经济损失和不良影响，为该领域的城市应急提供了信息化支撑。

（二）奥运举办阶段

在奥运举办期间，地理信息及其技术也发挥着重要作用。

1. 城市应急指挥

自SARS爆发以来，城市应急指挥工作越来越受到各级政府部门的重视，北京市在近几年为了支撑首都城市公共安全管理、全面掌控城市运行状况、保障奥运期间城市运行安全，开展了应急系统建设工作。地理信息及其技术在其中发挥了重要作用，如北京市应急办建设的北京市图像信息管理系统、北京市城市应急决策空间支撑系统、北京奥运期间风险评估与控制信息管理系统等均是其应用成果的体现。通过这些系统的应用，对各类风险数据进行了空间可视化管理，实现了风险源、防护目标、风险之间的空间相关性、层次关系、关联关系的分析，为风险评估与控制的信息管理、动态更新和综合分析提供了有力支撑。

2. 奥运会开闭幕式应急保障地图制作

交通、电力、通信、天气、安保、医疗、消防等各种应急力量的保障是奥运会顺利举办不可或缺的支撑工作。针对该项工作，奥运会前夕各应急团队制定了详细的应急保障预案，为了使各预案之间相互协调、避免冲突和各行其是，北京市委市政府领导指示务必基于“同一张地理底图”形成统一的一张奥运应急保障地图，对各种应急力量进行统一指挥调度。为此，北京市信息化工作办公室配合北京市应急办，按照市领导的要求，充分利用航拍影像、政务电子地图等现有的政务地理空间信息资源成果，快速完成了《奥运会开幕式奥林匹克公园应急保障力量部署图》等一系列奥运应急保障地图的制作，为奥运会开闭幕工作的安全保障提供了支撑服务。

3. 城市运行保障

（1）北京市工商行政管理局市场主体网格监管系统

北京市工商行政管理局市场主体网格监管系统的应用确立了以网格化监管为基础，以风险控制为思路的市场秩序监控模式。该系统通过政务电子地图将辖区市场主体信息直观、具体地体现出来，将业务应用与空间地理数据紧密关联。在奥运期间，确立了 8 项重点风险、1419 个风险点、690 个重点区域和 43031 户涉奥市场主体，对市场秩序风险点和风险主体逐一进行整治、规范，实施全覆盖、全天候的巡查和监控。赛会期间无一例市场秩序恶性事件出现，圆满实现了奥运市场秩序保障的目标。

（2）北京市质量技术监督局特种设备监察地理信息系统

该系统与特种设备业务管理系统相连，实现了 31 家比赛场馆、47 家训练场馆、19 家非竞赛场馆、22 家定点医院、113 家奥运签约饭店，多家奥运场馆周边机构的 413 台锅炉、4845 台电梯、2513 台压力容器的空间查询、检索、相邻分析、安全应急等应用。该系统在 2008 年北京奥运会的安全保障工作中，尤其是在特种设备安全保障应急演练中的部署任务、划分责任、事态分析等环节发挥了重要作用。

（3）其他

除了工商、质检部门，其他诸多部门也纷纷利用地理信息及其技术开展面向奥运的城市运行保障工作，如北京市公安局警用地理信息服务系统、市安监局重大危险源管理系统、市旅游局涉奥宾馆饭店管理系统、市商务局奥运商业运行指挥系统、市交通委的道路管理信息系统与城市管理信息系统城市交通子系统、奥运运行指挥部第 10 组的赛时技术及网络保障运行指挥服务系统等一批涉奥地理信息系统。

4. 面向奥运的地理信息公众服务

地理信息公众服务是一项重要的面向奥运的信息服务，北京奥组委、国家测绘局和北京市政府共同合作，开展了面向奥运的地理信息公众服务，组织北京市旅游局、市卫生局等 10 多个部门梳理面向公众服务的地理信息，涉及旅游景点、宾馆饭店、医疗卫生机构、科研院校等 100 多类信息，将其成果在奥运官方网站和“北京网”（www. beijing. cn）上进行了发布，为国内外的运动员和游客提供了权威、高质量的地理信息服务。这两个网站是我国首次拥有国家正式颁发审图号、提供公众服务的政府网站。

三　总结

综上所述，在北京奥运会的申办、筹办以及举办过程中，地理信息及其技术发挥了重要作用，充分体现了“科技奥运”的理念。但究其地理信息及其技术在北京奥运会中广泛使用的原因，主要有两个：一是通过“数字奥运”、“数字北京”的多年建设，北京市积累和沉淀了大量的地理信息建设成果，为地理信息的应用奠定了坚实的基础；二是通过广泛的应用培训，各应用部门对地理信息的应用水平日趋提升，逐渐从简单的可视化阶段向业务应用阶段过渡。

随着信息化的不断发展，我们有理由相信，地理信息的应用领域将越来越广泛，应用水平将越来越深入。

参考文献

《奥运场馆为何选址北城?》，2001 年 8 月 30 日第 8 版《市场报》。

南极测绘

鲍英华*

摘　要：测绘是我国极地工程建设和多学科考察研究的重要支撑条件。本文简述了南极测绘的发展历史及现状，详细介绍了南极测绘已取得的成果，并对未来南极测绘的应用前景进行了展望。

关键词：南极测绘　成果　前景

"极地科考，测绘先行"，伴随着始于1984年中国南极科学考察的步伐，26年来，国家测绘局先后派出八十余人次的测绘科学考察队员，参加了中国26次南极科学考察活动，为国家极地科学考察工作提供了测绘保障，极地测绘科学考察也取得了重要成果。

一　完成的主要工作

26年来，在有寒极、风极和旱极之称的南极的极端恶劣自然环境下，测绘工作者一是为南极长城站、中山站、昆仑站建站选址和站区测绘以及多学科考察区域测绘和定位导航提供了及时可靠的测绘保障；二是建立了包括平面坐标系统、高程系统、重力基准、GPS卫星跟踪站等在内的中国东、西南极和南极内陆大地测量基准系统；三是测绘了覆盖面积达20万平方公里的南极地图，命名了300多条得到国际南极研究科学委员会承认并公布的南极地名；四是收获了为数较多的极地测绘科研成果。

---

* 鲍英华（女），黑龙江测绘局副局长。

（一）南极科考测绘保障地图成果

测绘科学既是我国极地科学考察研究的重要组成部分，也是为我国极地工程建设和多学科考察研究提供测绘保障的重要支撑条件。地图的覆盖和永久性测绘标志的埋设以及地名的命名，具有国家权益的象征意义。26 年中，国家测绘局对南极测绘科学考察测绘保障的投入力度不断加大，南极科考区域测绘的大、中比例尺地图覆盖面积达 20 万平方公里。从中国首次南极科考测绘的第一幅 1∶2000 比例尺南极长城站地形图，到南极长城站、中山站、昆仑站和乔治王岛、拉斯曼丘陵、格罗夫山、冰穹 A 等中国南极科学考察区域的多种比例尺地形图、专题图、航空和航天遥感影像图，测绘科学考察填补了我国南极地图成果的空白，所命名的西湖、玉泉河、五指山、熊猫岛等 300 多条得到国际南极研究科学委员会承认并把公布的地名在图上进行了标注，各类地图产品共 277 幅图（见表 1、表 2）。

表 1　地图成果分类统计表（按图种）

合计	普通地图	专题地图	影像图	多媒体地图	锚地海图
277	145	2	126	1	3

表 2　地图成果分类统计表（按比例尺）

合计	1∶550 万	1∶50 万	1∶20 万	1∶10 万	1∶5 万	1∶2.5 万	1∶2 万	1∶1.25 万	1∶1.2 万	1∶1 万	1∶5 千	1∶4 千	1∶2 千	1∶1 千	1∶5 百	无比例尺
277	2	1	12	6	1	7	3	1	1	1	97	1	75	16	50	3

（二）南极科考的测绘保障

在历次南极科学考察过程中，测绘队员均以其先行的脚步和可靠的定位服务，受到了多学科科考专家的首肯和赞誉，特别是在近十多年来中国 7 次深入内陆冰盖科学考察和昆仑站选址建设的过程中，测绘队员引领科考队伍安全前行，出色地完成了内陆冰盖科考行进路线导航任务，寻找和测定了南极冰盖最高点，精确测绘了南极格罗夫山和冰穹 A 科考区域地形图，为中国南极内陆冰盖科学考察和昆仑站建站提供了坚实的技术保障。2007 年底至 2008 年初中国第 24 次南极科考内陆队进军冰穹 A，选定了“昆仑站”站址，建立了南北 200 公里 * 东西

30公里的内陆冰盖运动变化监测网（南极科考领域称之为“中国墙”）。2008年底至2009年初中国第25次南极科考内陆队进军冰穹A，在南极冰盖最高区域建立了“昆仑站”，测绘队员提供了安全可靠的导航及“昆仑站”综合栋的施工放样等测绘保障技术支持。第26次“昆仑”科学考察队的测绘队员完成了在冰穹A区域建立的“中国管理区”测绘工作。

在中国南极长城站、中山站“十一五”改、扩建工程中，测绘队员及时测制了两站大比例尺地形图，为工程规划设计提供了现势、精准的测绘资料，为建筑工程现场施工放样提供了测绘保障。

（三）南极测绘基础设施建设

在西南极乔治王岛、东南极拉斯曼丘陵、格罗夫山以及中山站至冰穹A等地区埋设了几十处具有高精度坐标点位的永久性测量标志，完成了中国南极科学考察地区卫星大地控制网布设，包括覆盖长城站地区1000平方公里的GPS卫星网，覆盖中山站拉斯曼丘陵地区3000平方公里的大地控制网，覆盖埃默里冰架约10万平方公里的GPS大地控制网，覆盖格罗夫山地区10000平方公里的GPS卫星控制网。

在中国南极中山站、长城站、昆仑站建立了三个GPS卫星跟踪站并已业务化运行。这三站与中国北极黄河站一起，是我国在境外独立自主设立的四个卫星导航定位系统跟踪站，四站与我国境内的卫星观测站可跟踪跨越长弧段的卫星运行轨道，极大地扩展了我国卫星跟踪观测轨道范围及其数据采集弧段，为我国自主卫星导航定位系统的跟踪研究与建立提供了基础条件。

中国东、西南极大地测量基准系统，包括平面坐标系统、高程基准和重力基准，为我国南极科学考察工作提供了可靠的测绘控制基准保证。

（四）南极测绘科学考察成果

在为极地科考提供测绘保障的同时，我国极地测绘科学研究也取得大量的研究成果。1990年，经原国家南极科学考察委员会和国家测绘局批准，在原武汉测绘科技大学（现武汉大学）设立中国南极测绘研究中心，承担中国极地测绘科学考察研究任务，并负责与国际南极研究科学委员会成员国进行极地测绘图件、数据信息和技术交流。2005年，在国家测绘局的支持下，武汉大学与黑龙江测绘局联合成立了极地测绘科学国家测绘局重点实验室，测绘保障在极地科考领域所应发挥的重要作用、渗透力和影响力显著增强。

26 年来，极地测绘科学工作者积极探索南极奥秘，引领南极重大测绘科学问题研究，利用“3S”（卫星定位、遥感、地理信息系统）及其集成技术所进行的南极板块运动监测、极地冰盖环境变化和冰川运动监测、海平面变化以及构建我国互联网极地空间信息系统和极地考察管理信息共享服务平台等科学研究成果，填补了我国相关学科研究领域的空白。参与了国际南极研究科学委员会（SCAR）组织的“全南极地形数据库的建立”、“国际南极地名数据库的建立”、“国际南极大地测量基础框架构建”、“南极板块运动监测国际合作研究”、“国际互联网南极电子地图库系统”等多项国际合作项目研究，为全球热点问题的研究作出了贡献。

“南极现代测绘与遥感应用研究”、“南极现代地壳运动与遥感成图研究”、“南极冰貌环境变迁与海平面变化和南极动力大地测量研究”、“南极地理信息获取及其环境动态过程研究”、“中国考察地区南极基础测绘”等项目研究成果获国家科技进步二等奖，省部级科技特等奖、一等奖；2004 年《南极洲全图》获测绘科技进步专项奖——优秀地图作品奖，并于 2005 年获国际制图大会杰出地图作品奖；2009 年制作完成并发布的《南北极地图集》也已受到各方的关注与赞誉。

2002 年，武汉大学中国南极测绘研究中心主任鄂栋臣教授获何梁何利基金地球科学与技术进步奖。

2009 年黑龙江测绘局极地测绘工程中心被科技部授予“全国野外科技工作先进集体”称号，吴文会、王连仲、吴学峰等三人被科技部授予“全国野外科技工作先进个人”称号。

（五）多学科在研项目

为研究南极冰盖的移动及冰雪物质平衡对全球性气候变化的影响，反演极地—大陆相呼应的气候变化关系。测绘与相关学科科考工作者共同在南极冰穹 A 地区、中山站至昆仑站 1300 公里沿线和埃默里冰架地区，布设了上百个冰盖运动监测标志点，建立了冰穹 A 区域冰盖变化监测网、中山站—昆仑站冰盖运动监测带、埃默里冰架变化监测网，并进行业务化观测。

测绘与有关学科合作在研项目有以下这些。

• 《面向全球气候变化的极地环境遥感关键技术与系统研究》，863 计划重点项目；

• 《数字海洋》（908）中的节点项目，国家发改委重点支持项目；

• 国际极地年中国行动计划（IPY）项目，国家海洋局极地考察办公室、中国极地研究中心；

• 南极冰盖/冰架变化监测与预测技术研究，科技部支撑计划；

• 基于多源遥感数据的东南极 PANDA 断面冰貌环境信息提取及监测研究，863 计划；

• 极区冰盖冰架变化遥感监测技术，863 计划；

• 利用多源遥感数据监测南极冰貌地形及其动态变化研究，国家自然科学基金；

• 基于空间大地测量技术的东南极中山站至 DOMEA 冰川动力学研究，国家自然科学基金；

• 南极中山站北斗卫星监测站建设，总装部北斗办；

• 地球系统科学数据共享平台——中国南北极数据中心主题数据库（地图数据库）建设，科技部；

• 中国南极地名规范化研究，国家民政部地名研究所。

二 南极测绘工作展望

26 年来，测绘工作者在冰雪南极创造性地开展了卓有成效的工作，在为中国南极科学考察提供精准、安全、可靠的测绘保障同时，也为国家在南极的权益作出了积极的贡献。随着科学技术的进步、国家南极科学考察区域范围的拓展和人类和平利用南极的需要，可以预计未来中国南极科学考察工作对测绘服务保障的需求在范围、领域、深度和广度上将不断加大，为此，应重点做好以下工作。

（一）继续为极地科学考察提供测绘保障

• 长城、中山、昆仑站区；

• 格罗夫山地区陨石特别保护区；

- 埃默里冰架冰盖移动监测网；
- 查尔斯王子山、乔治王岛露岩区；
- 长城、中山站区海图测量；
- 完善中国南极重力测绘基准；
- 中国南极 GPS 跟踪站、验潮站业务化系统运行与维护；
- 南极内陆冰盖移动监测网（中国墙）加密与业务化观测；
- 高分辨率航空影像业务化监测东南极海冰变化；
- 南极科学考察拓展区。

（二）加强南极测绘科学研究工作

- “数字南极”基础框架建设；
- 南极基础测绘标准体系研究制定；
- 南极板块运动和冰缘露岩区地壳垂直运动监测理论和信息获取方法及大地测量基础问题研究；
- 极地遥感成像特征和环境动态监测研究；
- 冰下地形测绘技术方法研究。

地理信息在数字社区中的应用

储征伟*

摘　要：随着信息技术的发展，社区数字化、智能化已经成为社区建设的必要内容。地理信息技术方便的空间信息管理、查询和分析功能，与数字社区理念相结合，成为了数字社区管理与服务的重要支撑技术。本文主要介绍了地理信息技术在数字社区管理和服务方面的应用，为数字社区建设的发展提供参考。

关键词：地理信息　数字社区　应用

一　引言

1998年，美国副总统戈尔首次提出了“数字地球”的概念。数字地球在不同历史时期具有特定的目标，建立多比例尺、多应用层面的数字城市是目前数字地球的主要应用之一。数字城市建设已成为我国城市现代化发展战略的重要组成部分，它将与城市空间地理位置相关的信息以及城市经济、社会文化信息在一个共同的基础信息平台上再现现实城市。

数字社区是数字城市概念的延伸，数字社区的理念更偏重于面向终极用户——居民的应用与服务，是为了实现社区居民生活数字化、智能化，为居民日常生活带来更便利舒适的生活条件和高端优秀的生活品质。数字社区意味着信息技术、数字技术、网络技术渗透到居民日常生活的方方面面，它将深刻改变人们的思维乃至生活方式。数字社区已成为近几年来数字城市建设的一个重要方向。

---

* 储征伟，南京市测绘勘察研究院总经理。

二　数字社区总体框架

数字社区是配备智能化系统的居住社区，数字社区应用各种现代信息技术手段，通过多种方式对社区居民在日常生活中的各类服务诉求进行收集、汇总、处理、反馈，拓宽居民获取社区公共信息和接受公共服务的渠道，为居民提供一个足不出户即可享受各类优质服务的生活环境。

数字社区的基础是信息基础设施（互联网、闭路电视、宽带、短信平台等）的建设和社区管理服务系统的配置，核心是信息资源的整合、应用以及相应的管理流程、服务内容的优化，最终目的是使得社区管理、社区信息服务最大限度地为民、便民、利民。

数字社区的总体框架如图 1 所示。

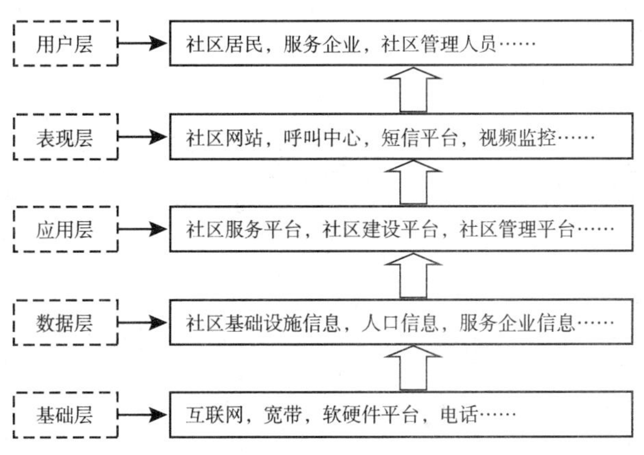

图 1　数字社区的总体框架

1. 基础层

整个数字社区的底层是系统的基础设施，包括网络及通信设施、服务器及存储系统、软硬件平台、呼叫中心等，这些是系统的运行基础。

2. 数据层

数据是整个系统运行的核心，各类数据（包括各类空间数据和属性数据）经过采集、处理、标准化后存入社区数据库，为系统提供业务分析、决策、交换的数据环境。

3. 应用层

提供社区居民各类服务信息的发布、查询、预定以及居民服务诉求的汇总、分发、处理及反馈等功能，形成数字社区的应用核心。

4. 表现层

表现层提供居民多种方式的服务诉求渠道，如网站、电话呼叫、视频监控等，满足不同居民群体的特定需要。

5. 用户层

数字社区的用户层不仅包括社区居民和社区管理人员，而且包括各类服务提供商以及社会公众。他们在数字社区中分别扮演着不同的角色，共同构成数字社区的用户群体。

三 数字社区功能模块

数字社区各功能模块如图 2 所示。

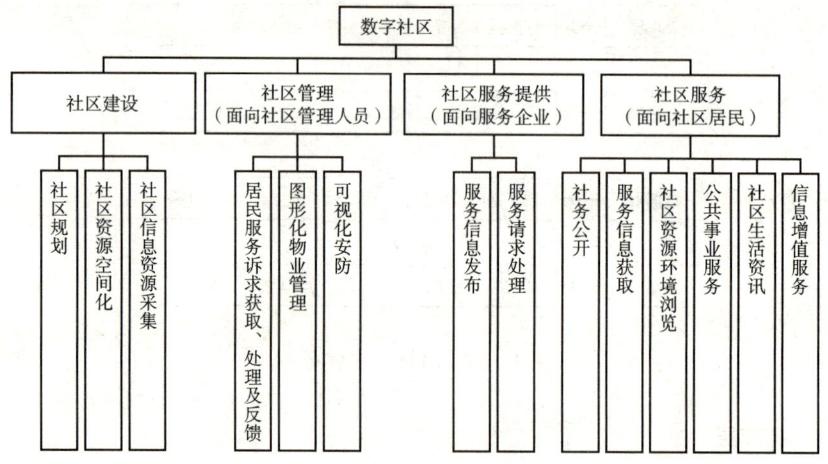

图 2 数字社区功能模块

（一）社区建设

• 社区规划：将社区规划方案进行三维可视化，供居民了解规划方案并提出改进建议。

•社区资源空间化：建立基于社区空间数据的地理信息系统，除了社区的基础地形数据以外，还包括医院、学校、商场、宾馆、饭店、健身场所等基础设施。

•社区信息资源采集：采集社区管理涉及的各类非空间信息，如人口信息、社区企业信息、特殊群体信息、房产资源、安防布局、物业管理信息等，并将其与相应的空间对象进行挂接，以供社区管理、服务之用。

（二）社区管理

•居民服务诉求获取、处理及反馈：对通过不同方式收集到的居民日常生活诉求进行汇总，并分发到相应的部门进行处理，处理完成后将结果反馈给诉求请求者。

•图形化物业管理：针对物业管理日常事务中涉及的内容，提供图形化的管理和信息查询功能，做到足不出户的管理和监控。

•可视化安防：将社区内的居住小区、企业单位、宾馆、公共场所等进行联网，建立社区安防系统。应用数字化技术，使安防系统达到高效可靠。

（三）社区服务提供

•服务信息发布：主要针对各类服务企业使用，供其面向社区居民发布各类服务信息。

•服务请求处理：各类服务企业收到社区居民的服务请求之后，可以根据服务请求提供咨询或上门服务。

（四）社区服务

•社务公开：通过社区网站、大屏幕、闭路电视等方式获取实时的社务、政务信息。

•服务信息获取：社区居民可通过不同终端获取各类生活服务信息，如家电维修、疏通堵漏等，可根据其需求进行选择。

•社区资源环境浏览：为社区居民提供整个社区的电子地图，居民足不出户即可清楚地了解居住的周边环境，还可以对周边的餐饮、购物、医疗、健身等场所进行空间属性一体化查询。

•公共事业服务：解决供水、供电、燃气等远程计量收费，方便居民生活。

•社区生活资讯：发布与居民日常生活息息相关的信息，如：天气预报、出行查询、水电气信息公示、社区论坛、健康服务、维修报告和处理结果公示等。

• 信息增值服务：主要是通过宽带接入网，在互联网上提供各类信息技术服务。例如，网上远程教育、网上购物、视频点播等。

四　地理信息在数字社区中的应用

（一）在数字社区规划中的应用

传统的社区规划建设需要到实地选址，在实地测量各种地理数据的基础上，由专门的规划设计人员进行图纸设计，这不仅耗费大量的人力、物力等，又会导致实际设计的结果不能与周边环境及相关要素（如人口、交通等）结合起来进行评价，而引入地理信息技术后这一问题就得到了很好的解决，规划人员不仅可以不必到现场进行考察、测量，而且可以将不同的设计方案放入真三维环境中进行方案的比选，并可与其周边环境结合起来综合进行评价，同时可以在社区网站进行公示，听取社区居民不同的建议和意见，这样既大大节省了资源，又能高效准确地确定最佳设计方案。

（二）在数字社区管理中的应用

在社区管理工作中引入地理信息后，社区管理人员在收到居民服务诉求后，可以快速定位到诉求请求者所在位置，本着“就近、便利、快捷”的原则，根据诉求内容为居民联系最合适的上门服务。另外，社区管理人员可以利用社区电子地图进行人口、企业等的空间专题统计，如人口分布密度、纳税分布等。

（三）在数字社区服务中的应用

利用地理信息，社区居民足不出户即可了解到自己所居住的生活环境，可以快速地根据自己的需要查找周边的宾馆、饭店、超市、学校、医院、银行等，并且可以选定最佳出行路线。服务提供者也可以选定最佳上门服务路线。

（四）在社区安防中的应用

将地理信息技术与视频监控结合起来，可以在社区安防工作中起到重要作用。当社区发生突发事件，可以随时查询案发地监控录像，并且通过周边建筑物、道路等信息，可以分析嫌疑人逃离路线及可能隐藏地点，并可与其他空间从属信息进行联动检索，以确定周边区域人口分布、高危人群信息等内容，达到快速决策、快速处理的目的。

（五）在社区物业管理中的应用

传统的物业管理仅能完成物业公司的一般日常事务性工作，地理信息系统则在关系数据库的基础上，建立图形数据库，将各种与物业管理相关的地理要素叠置在电子地图上，并与属性数据相关联，将数据、文本、图像集成在统一平台上，实现地理定位与属性一体化管理。同时，结合地理信息系统的空间分析手段，可为物业管理人员辅助决策提供科学依据。

五　结束语

数字社区立足于服务社区居民，由政府搭建起一座公共信息平台，有效地整合社区各类空间信息和社会服务资源，为社区居民提供各种服务，既解决了社区居民的生活难题，又提升了政府为民服务的能力和水平。今后，数字社区的建设可从以下几个方面加强：首先，要加快推进社区信息化基础设施建设，整合相关资源、实现资源共享；其次，要拓宽社区服务领域，丰富社区服务方式；最后，还要进一步鼓励企业和组织创新社区服务范围和服务方式，充分利用互联网，创办多样化、高层次的服务项目。

根据国家测绘局“十二五”末将完成我国地级市数字城市建设的目标，可以预见，数字城市建设正迎来一个发展的机遇。数字社区作为数字城市的深入应用，已成为现代化新型社区发展的必然趋势。

参考文献

杜灵通、韩秀丽：《基于数字地球思想的数字城市研究》，《地理空间信息》2007 年第 1 期。

程大章：《数字社区与智能化住宅小区》，《智能建筑与城市信息》2003 年第 1 期。

方天培：《数字社区建设基本概念初探》，《智能建筑与城市信息》2003 年第 1 期。

徐石旺：《GIS 在数字小区建设中的应用及其发展展望》，《地矿测绘》2007 年第 3 期。

基础支撑篇

FOUNDATION SUPPORT

国产 SWDC 航空数码相机及其应用研究

刘先林*

摘　要： 随着 CCD 技术的发展，数字航空摄影技术被应用到航空遥感领域，航空数码相机的研制与应用成为当前航空遥感领域的热点。本文主要阐述了我国自主知识产权的 SWDC 航空数码相机的关键技术及其在航测生产中的应用优势，并通过精细航测、高精度地形测绘、1∶1 万基础测绘等应用实例论证了 SWDC 实际应用的可行性、适用性以及在我国经济建设中的作用。

关键词： 国产　数码相机　SWDC　航空测绘

一　引言

航空摄影是快速获取地理信息的重要技术手段，是测制和更新国家地形图以

---

* 刘先林，中国工程院院士，研究员，博士生导师，中国测绘科学研究院名誉院长，长期从事我国航测仪器的研制工作。

及地理信息数据库的重要资料源，在空间信息的获取与更新中起着不可替代的作用。我国传统航空摄影测量长期以来依赖胶片影像，这种方式存在飞行天气少、几何精度受片基材料影响大、数据生产周期长等缺点，严重制约了我国航空摄影测量的发展。近年来，数码相机技术应用到航测领域，给航空摄影测量带来了前所未有的发展机遇，极大地推动了航测的应用与发展。

国外对航空数码相机的研究开展较早，并已较为成熟地应用于航测生产。航空数码相机主要有面阵和线阵两种模式，国际上有以 DMC 和 UCD 为代表的面阵航空数码相机，以及以 ADS 为代表的线阵航空数码相机，三款航空数码相机我国均已有进口，其价格为 800 万 ~ 1500 万人民币不等。进口面阵航空数码相机具有视场角小、焦距长、航摄基高比小、航摄的飞行效率低等不足，主要应用于城市正射影像产品制作以及平面图测绘，难以达到与适应我国的大比例尺测图对高程精度的要求。线阵航空数码相机存在对飞行条件要求高、后处理软件不能通用、相机检测不能在国内进行等不足，而且其最高地面分辨率较低，很难适用于高精度地形测绘以及精细航测领域。

我国航空数码相机的研制与应用已初见端倪，由中国测绘科学研究院研制的国产 SWDC 航空数码相机在国内已进行了多次航测试验与航测生产应用，作为空间信息获取与更新的重要技术手段，填补了国内空白。本文主要阐述国产 SWDC 航空数码相机的关键技术及其应用优势，并通过具体的典型应用实例阐述 SWDC 在我国经济建设中的适用性。

二　SWDC 关键技术

国产 SWDC 航空数码相机主体由四个高档民用相机经外视场组合拼接而成（见图 1），每个单相机的像素数为 3900 万或 2200 万，其对应的像素大小为 6.8μm 或 9μm，经外视场组合拼接后，其对应的单张等效大像幅影像的幅面为 10000 × 14500 像素或 8500 × 11000 像素。SWDC 航空数码相机的研制主要涉及 GPS 精密单点定位技术、精确定点曝光技术，以及多面阵数字影像组合拼接技术。

（一）GPS 精密单点定位技术集成

近年来，国内外一些学者开展了基于国际 IGS 精密卫星轨道参数和卫星钟差

图 1　外视场组合拼接效果图

的“非差相位精密单点定位”的研究，以实现单台双频接收机实时动态定位。SWDC 的研制中集成了精密单点定位技术（Precise Point Positioning，简称 PPP），从而在我国首次实现了该项技术的航空摄影测量集成应用。

精密单点定位是利用 IGS（国际 GPS 服务机构）提供的或自己计算的 GPS 精密星历和精密钟差文件，以无电离层影响的载波相位和伪距组合观测值为观测资料，对测站的位置、接收机钟差、对流层天顶延迟及组合后的相位模糊度等参数进行估计。用户通过一台含双频双码观测数据的 GPS 接收机就可以实现在数千平方公里乃至全球范围的高精度定位。它的特点在于各站的解算相互独立，计算量远远小于一般的相对定位。PPP 与双差定位的主要区别在于双差定位时部分参数和误差项可通过站间和星间求差得以消除，而 PPP 必须采用精细的模型加以改正和用辅助参数进行估计，比如卫星天线相位中心相位偏差改正、固体潮改正、海洋负荷改正等。

差分定位技术虽然精度高，但需要布设基站，不仅受作用距离的限制，而且成本也会相对较高。精密单点定位恰好集成了普通单点定位和差分定位的优点，克服了各自的缺点，改变了以往只能使用双差相位定位模式才能达到的较高定位精度的现状。航空摄影测量区域跨度大，因此，精密单点定位技术特别适合于航空摄影测量作业。在航空摄影测量领域中，精密单点定位技术较传统的差分定位技术具有显著的优势。PPP 技术的集成，使得 SWDC 实现了无地面差分基站的 GPS 辅助数码空中三角测量。

（二）基于 GPS 的精确定点曝光技术

在 GPS 技术出现并实际应用之前，航空摄影主要采用定时曝光方式，即根据飞机的飞行速度、基线长度等信息事先设计好相机的曝光时间间隔，从而在空中实施定时曝光，这种曝光方式受到飞机飞行质量的影响较大。SWDC 航空数码相机采用的是基于 GPS 技术的精确定点曝光方式，即根据事先设计好的航线中的曝光点坐标，在空中利用 GPS 输出的实时预报星历伪距坐标判断与事先设计好的曝光点的接近程度实施空中定点曝光，从而可以极大提高航摄质量与航摄效率，同时也提高了航摄补拍的准确性与效率。SWDC 在国内首次实现了航摄时的自动定点曝光，其定点曝光精度可达到亚米级。

SWDC 直接获取数字影像，数字航摄影像经实时快速检查后，可迅速确定需要重新补拍的单张或多张影像，并能够根据原有的航线设计信息确定补拍影像所对应的空间地理坐标，即曝光点的空间位置。由于 SWDC 采用定点曝光，因此，可以仅对所需补拍的影像进行重新航摄即可，无需对整条航线或相关区域进行补拍。这样的航摄定点补拍方式可以从根本上克服传统胶片航摄补拍的长周期、低效率、高成本等问题。

（三）多面阵数字影像组合拼接技术

SWDC 航空数码相机获取的成果影像是由 4 台相互独立的单面阵相机获取的单中心投影影像，经过几何关系以及同名点关系拼接而成的大幅面近似单中心投影的虚拟影像，其基本原理是：利用水平像片上重叠部分的同名点，根据旋转关系、平移关系以及缩放因子求解 4 幅单影像间的相对方位元素，然后将 4 幅水平影像同时投影到虚拟面上形成单张大像幅影像。SWDC 航空数码相机虚拟影像生成的技术环节主要有单张子影像几何标定与改正、倾斜子影像粗纠平、子影像间同名点匹配、子影像精纠平、虚拟影像生成等，其技术具体流程见图 2。

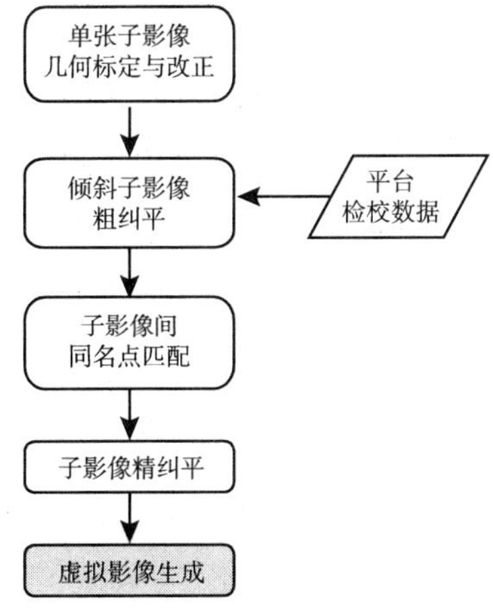

图 2　虚拟影像生成流程

原始获取的倾斜影像为矩形像幅（因 CCD 为矩形），经水平纠正后，变为四边形像幅，4 张影像间有固定的重叠度，如图 3 所示。SWDC 航空数码相机四拼影像的每个子重叠区内自动匹配点数近 200 个，拼接中误差优于 2μm，拼接精度因此达到子像元级，且接近 1/4 像元，这样的拼接精度充分满足了摄影测量的量测需要。SWDC 的多面阵数字影像高精度组合拼接技术为其实施高精度航空摄影测量奠定了基础。

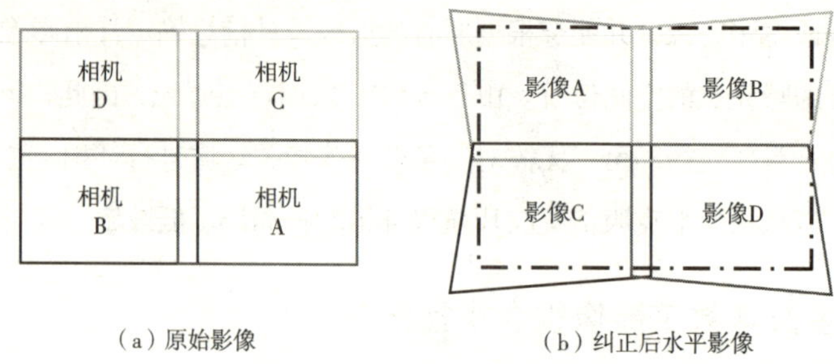

图 3　倾斜子影像纠平示意

三　SWDC 优势分析

SWDC 航空数码相机是在充分调研国外同类产品的基础上，结合我国地形测绘特点，而研发的与我国现实需求相适应的数字航摄仪，因此，SWDC 的许多技术指标与同类产品有所不同，与当前较为典型的航空数码相机的主要技术指标对比情况见表 1。通过与同类产品的主要技术指标对比与分析，可以看出在实际应用中，SWDC 航空数码相机具有一定的优势，阐述如下。

（1）价格较低，符合我国国情特点，市场竞争力较强。

（2）在我国首次集成 GPS 精密单点定位技术，实现无地面 GPS 差分基站的 GPS 辅助空中三角测量，可以大大地减少航测的外业控制点，从而可以降低外业劳动强度，并能够节约外业测绘的成本。

（3）可更换不同焦距的相机镜头（35mm/50mm/80mm），在生产应用中，便可以根据具体的航摄任务需要选择相应焦距的镜头，从而更加适应我国复杂的地形测绘特点。

（4）航摄的地面可用分辨率为 4 ~ 100cm，即可选范围大，可以适应各种比例尺（大/中/小）及高精度要求（界址点测量）的航空测绘。

表 1　航空数码相机主要技术指标

指　　标	ADS40/80	DMC	UCX/UCXP	SWDC
价格(万元)	1200 ~ 1500	1200 ~ 1500	800 ~ 1000	400
投影方式	多中心 CCD 三线阵	虚拟单中心 CCD 面阵	单中心 CCD 面阵	虚拟单中心 CCD 面阵
CCD 像元	7.5μm	12μm	6μm	6.8μm
CCD 幅面(像素)	12000 三线	13824 × 7680	17310 × 11310	14500 × 10000
焦距(mm)	62.77	120	100	35/50/80(可选)
相对航高(同分辨率)	高	高	高	低
影像彩色	融合彩色	融合彩色	融合彩色	真彩色
集成 POS	必须	可选	可选	可选
数据后处理软件	专用	通用	通用	通用

（5）焦距短、视场角大，可获得大的航摄基高比，其航测的高程精度高；同时，降低了航空摄影的相对航高，从而可以得到更多的飞行天气，能够适应我国气候复杂的困难地区的航摄。

（6）SWDC 获取的影像，其真彩色逼真，比融合彩色效果好。

（7）国产化航空数码相机，更有利于数字航摄技术的推广与普及，更好地引领我国的航摄进入数字摄影时代。

（8）数据处理流程简单，与我国现有软件系统兼容性好。

四　SWDC 典型应用实例

（一）精细航测应用

1. 概述

胶片航测在实际生产作业中，大量的作业经验表明，胶片摄影测量的平面精度很难达到精细航测的精度需求，目前最高精度在 10 ~ 15cm 的水平。由于受到几何精度的限制，传统胶片航测很难开拓我国的影像地籍领域。航空数码相机具有高几何精度的特点，从而使得影像地籍测量的实现成为可能。

利用 SWDC 航空数码相机在齐齐哈尔市开展了我国首次精细航测生产性试

验（城镇界址点航测）。试验测区选择了齐齐哈尔市郊的城镇，该测区以平坦地形为主，航摄采用的飞行平台为超轻型运－5飞机，航摄获取的影像示例见图4。相关航摄参数见表2。

图4　齐齐哈尔测区航摄影像

表2　航摄参数

项　目	参　数	项　目	参　数
相对航高	360	地面控制方式	地标
CCD 像元	9	航向重叠	62%
像对方式	宽像对	旁向重叠	30%
焦距	80	基线长度	176
影像幅面	11K×8K	航线间隔	238
GSD	4	航线数	14

2. 地面控制

为了测试GPS辅助空三用于精细航测的实际精度，任意选择了该试验区（14条航线，见表2）内的任意相邻的三条航线作为精度检测区，每条航线17张影像（16根基线）。该检测区位于市区边缘，在影像上，地表可刺特征点较多，因此，检测区的点全部采用刺点方式。地面控制方案采用两列“定向点＋精度检查点”的方式，即在检测区的两端按航线布设控制点，在检测区内部的精度

较弱区布设精度检查点，如图 5 所示。实际布设时，在检测区两端布设了两列大地定向点，共计 8 个；在检测区中部（精度最弱处）布设了单像对（一个像对内）精度检查点共计 30 个。

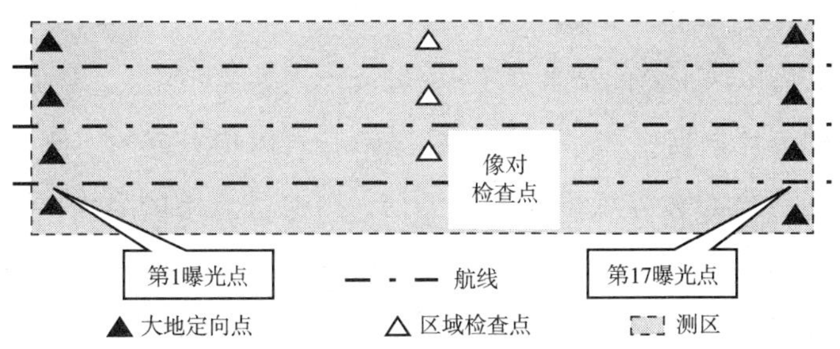

图 5　地面布点示意图

3. 空三加密

空三加密时，将地面控制点与空中摄站点坐标一起参与联合平差，地面控制点布设在测区的两端，检查点布设在测区的中部，依次称为左列点、中间列点、右列点，并在区域中部的像对 QQ015077 - QQ015078 上也布设了检查点。点的具体分布情况见图 6。空三加密时，大地定向点为测区边缘的四个角点，检查点包括测区检查点和像对 QQ015077 - QQ015078 密集检查点，共计 37 个，点的分布情况如图 6 所示。平差时，各项参数设置如下。

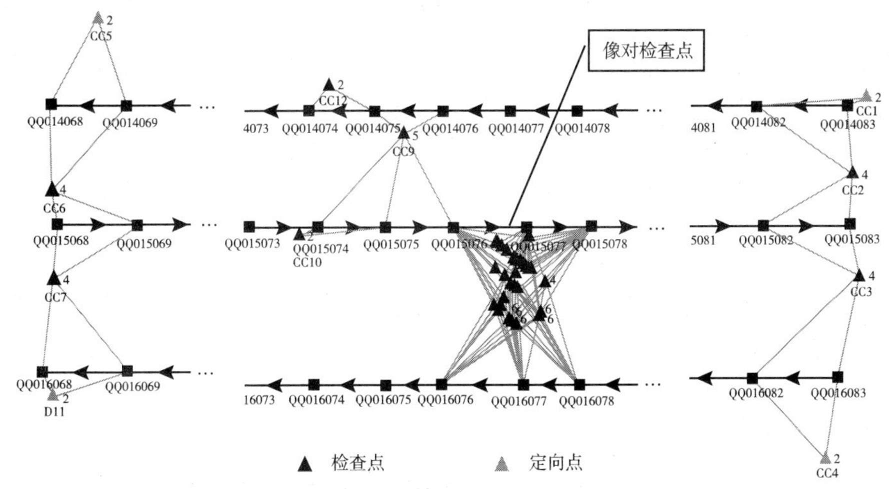

图 6　齐齐哈尔测区空三区域网布点图

附加参数个数：12。

GPS 漂移参数：按航线改正。

地面定向点的权：50。

空中摄站点平面权：5，高程权：3。

空三加密光束法平差的结果见表 3（检查点误差统计）。

由表 3 的统计数据可知，检查点数为 37，若以检查点的实测坐标为真值，以空三加密平差出的对应点坐标为观测值，则检查点中的最大误差为 0.096m（X 方向）。地籍测量一般不测绘等高线，因此，这里仅统计平面误差。由各误差统计值计算的平面中误差为 ±0.047m。由检查点的精度统计结果可见：在 GSD 为 4cm，测区四角布设控制点，基线跨度为 16，空中摄站坐标参与联合平差的情况下，光束法区域网空三加密的精度接近 1 个 GSD。即利用 SWDC 航测，在航摄 GSD 为 4cm 时，GPS 辅助空三的加密精度优于 4.7cm。

表 3　空三加密光束法平差检查点精度统计

检查点	误差(m)		检查点	误差(m)		检查点	误差(m)	
	DX	DY		DX	DY		DX	DY
01	0.096	-0.046	14	-0.012	0.027	26	0.043	0.000
02	0.079	-0.001	15	0.004	0.011	27	-0.009	-0.001
03	0.038	0.014	16	-0.016	0.040	28	-0.003	-0.028
04	0.046	-0.027	17	0.058	0.039	29	-0.048	0.042
05	0.002	0.031	18	-0.020	0.039	30	0.032	0.003
06	-0.023	-0.013	19	-0.017	-0.008	31	-0.006	0.057
07	0.017	0.012	20	-0.015	0.026	32	-0.018	0.016
08	0.016	0.065	21	-0.019	0.023	33	-0.010	0.056
09	0.012	0.033	22	0.054	0.038	34	-0.020	0.035
10	0.004	0.039	23	0.014	0.035	35	0.048	0.037
11	-0.004	0.035	24	-0.015	0.024	36	0.024	0.066
12	-0.004	-0.046	25	0.012	0.025	37	0.029	0.051
13	-0.005	-0.002	—	—	—	—	—	—

4. 应用总结

在地面稀少控制、无地面 GPS 差分基站、航摄 GSD 为 4cm 的情况下，采用 SWDC 航空数码相机的 GPS 辅助空三区域网平差，其加密点的精度可达到 1 个

GSD，满足我国城镇地籍界址点测量的精度要求。由此可见，利用 SWDC 航空数码相机可实现高精度的航空摄影测量，在航摄 GSD 为 4cm 时，其摄影测量的平面精度可达 4cm 左右，从而完全可以拓展到我国的精细航测领域（城镇地籍/界址点测量）。

【生产应用说明：SWDC 精细航测的研究成果已应用于实际生产，齐齐哈尔市国土规划院承接的“国土二调”项目中的城镇地籍测量，已采用 SWDC 进行航测生产，应用面积千余平方公里，2009 年初的阶段性 SWDC 航测生产成果已通过验收与鉴定。】

（二）高精度地形测量应用

本测区位于山东烟台地区，要求地形测绘的等高距为 0.5m。航摄平台采用的是运 - 12 飞机。SWDC 的焦距为 50mm，像元为 6.8μm，CCD 像幅为 10000 × 14500，航摄采用的是窄像对方式（10K 方向为航向），航摄影像示例见图 7。

图 7　烟台测区航摄影像

本测区航摄的 GSD 设计为 10cm，由此，计算出的航摄相对航高为 730m。测区的定向点、检查点，与航线的实际对应情况如图 8 所示。测区空三加密采用的是 PBBA 软件，测区在图 8 所示的定向点与检查点的情况下（航向 10 根基线跨度，旁向 6 条航线)，其 GPS 辅助空三加密的精度为：Mxy = ±0.194m；Mz = ±0.146m（定向点数 22，检查点数 50）。

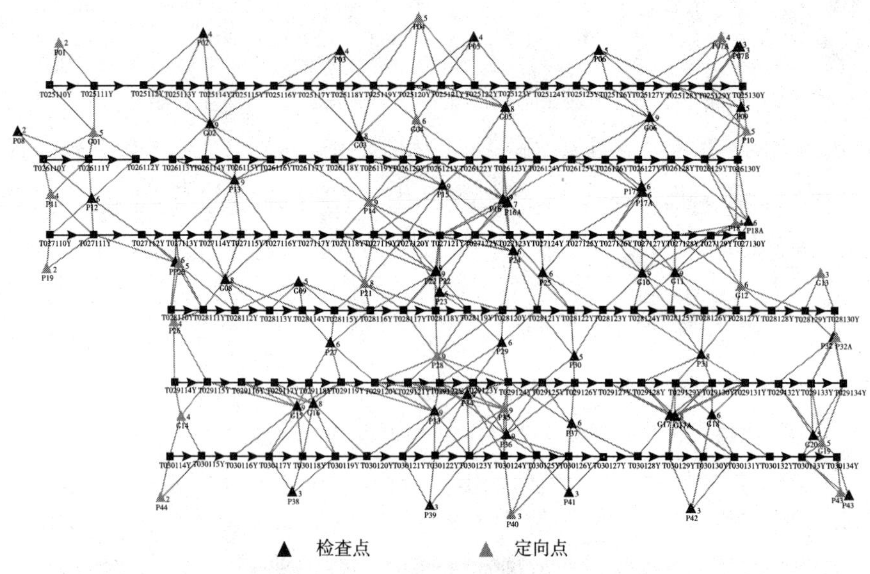

图 8　烟台测区空三区域网布点图

烟台测区的应用实例表明，SWDC 地形测量的精度较高，在航摄地面分辨率 10cm 的情况下，其航测的高程精度高（优于 15cm），完全满足 0.5m 等高距的地形测绘精度要求，且 SWDC 的 GPS 辅助空中三角测量方式大大地减少了地面控制。

【生产应用说明：SWDC 高精度地形测绘的研究成果已应用于实际生产，齐齐哈尔市国土规划院承接的“东北坡地改造为水田工程”项目采用了 SWDC 进行高精度的地形测绘，项目要求测绘等高距为 0.5m 的等高线，应用面积数百平方公里。】

（三）国家基础测绘项目应用

本测区位于湖南省西南地区，属于国家 1∶1 万测图的基础测绘项目，测区总面积约 1 万平方公里，对本测区内邵阳地区约 3500 平方公里的航摄成果进行了精度验证。精度验证区属于地形类别中的特困难地区，该测区航摄的主要参数见表 4，测区航测内业空三加密的相关信息见表 5。

表 4　航摄主要参数

航摄参数	参数值	航摄参数	参数值
影像像元	6. 8μm	焦　　距	50mm
GSD(地面分辨率)	40cm	相对航高	2500m
基线长	1. 4km	航向重叠	65%
航线间隔	3. 8km	旁向重叠	35%
影像像幅	10000 × 14500 像素	地面像幅	4km × 5. 8km

表 5　空三加密信息

信息项	参数值	信息项	参数值
测区总面积	3500km^2	构架航线	2
航向基线跨度	50	旁向航线跨度	14
航向长度	70km(50 * 1. 4 = 70)	旁向长度	50km(13 * 3. 8 = 50)
单航线影像数	基本航线 52,构架航线 37	总影像数	802(52 * 14 + 37 * 2 = 802)

本测区空三加密平差的平面坐标系为 CGCS2000；高程系统为 1985 海拔高程。测区控制与检查点分布情况见图 9。经过空三加密，本测区的精度情况是：在地面分辨率（GSD）40cm、航向 50 根基线跨度、旁向 14 条航线跨度、区域两端 2 条构架航线、802 张影像、航向重叠度 65%、旁向重叠度 35%、测区 4 个角点参与定向（区域网面积约 3500km^2）的情况下，130 个检查点的平面精度为

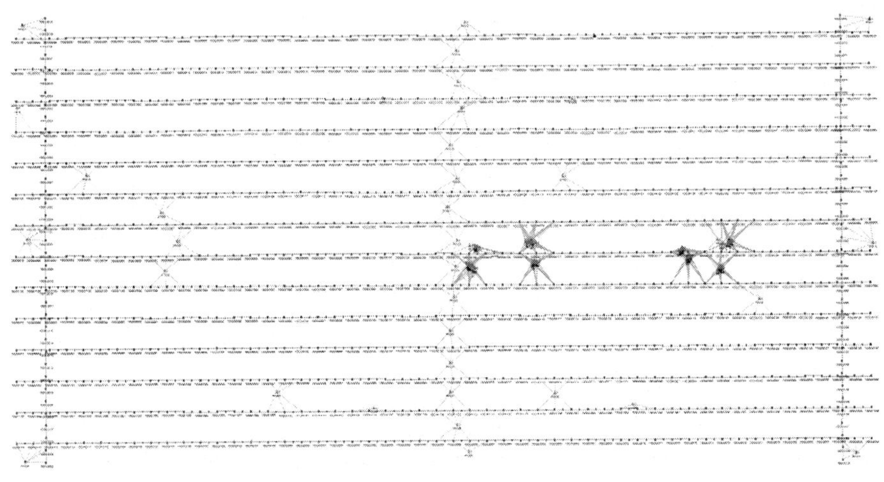

图 9　邵阳测区空三区域网布点图

76.1cm，高程精度为39.8cm，完全满足湖南邵阳测区1∶1万测绘生产（该测区1∶1万规范中的空三加密限差要求为：检查点平面3.5m，高程1.0m）。

五 结束语

随着计算机和CCD技术的发展，航空数码相机必将成为高分辨率、高精度航空遥感及无控制航测的主要技术手段，航空数字影像也必将成为大比例尺地理空间信息获取的重要数据源，随着数字航空遥感的进一步发展，航空数码相机必将在信息化测绘中发挥重要作用。

国产SWDC航空数码相机作为空间信息获取与更新的重要技术手段，填补了我国该领域的空白。SWDC在大面积、各类精度的测绘数据获取方面极具优越性，利用SWDC可以实现高精度大比例的测绘数据获取（甚至可以拓展到精细航测领域）及中小比例尺的测绘数据获取，能够适应我国复杂的地形测绘特点及当代航空测绘的现实需求，实现了我国航空测绘信息获取的高分辨率、高精度和高效率，为我国的经济建设提供了可靠、适用、及时的测绘保障，并在整体上提升了我国信息化航空测绘数据的自主获取能力。

参考文献

《航空摄影与遥感在中国》，《中国测绘报》2008年第50期。

张建霞、刘先林：《航空数码相机的种类与发展》，第21届国际摄影测量与遥感大会（ISPRS）特邀科普论文。

张建霞、李安福、刘宗杰：《航空数码相机及其应用分析》，《测绘科学》2009年第5期。

张建霞、刘宗杰、刘先林：《国产数码航摄仪应用于我国西部测图分析》，《测绘科学》2010年第1期。

袁修孝、付建红、楼益栋：《基于精密单点定位技术的GPS辅助空中三角测量》，《测绘学报》2007年第3期。

张小红：《机载激光雷达测量技术理论与方法》，武汉大学出版社，2007。

张小红、刘经南、Rene Forsberg：《基于精密单点定位技术的航空测量应用实践》，《武汉大学学报（信息科学版）》2006年第1期。

李健、刘先林、刘凤德等：《SWDC－4大面阵数码航空相机拼接模型与立体测图精度分析》,《测绘科学》2008 年第 3 期。

李健、刘先林、万幼川等:《SWDC - 4 数码航空相机虚拟影像生成》,《武汉大学学报(信息科学版)》2008 年第 5 期。

《ADS40 航空相机技术》,http://www.leica - geosystems.com。

《UCD 航空相机技术》,http://www.vexce.lcom/UCD/。

《DMC 航空相机技术》,http://www.intergraph.com/dmc/。

国家技术监督局:《1∶5000,1∶10000 地形图航空摄影测量内业规范》,中国标准出版社,1993。

我国首颗民用立体测绘卫星资源三号建设进展

李朋德*

摘　要： 2008 年 3 月，我国第一颗自主的民用高分辨率立体测绘卫星建设正式启动，这是我国卫星测绘发展史上一座新的里程碑。本文简述了资源三号卫星工程的概况，详细介绍了资源三号卫星系统的建设进展及近期的主要工作内容，就测绘卫星系列发展进行了展望。

关键词： 民用立体测绘卫星　资源三号　建设进展

我国第一颗民用立体测绘卫星经过五年多的时间，于 2008 年 3 月正式获得国家批准，该卫星将于 2011 年下半年发射，负责运行的国家测绘局卫星测绘应用中心已于 2009 年 12 月 18 日正式挂牌成立。目前卫星的研发正在紧张进行，测绘应用系统也在加快建设，国家测绘局对后续测绘卫星体系建设开展了规划。测绘卫星的发射将能够加快基础地理信息更新，提高测绘应急保障能力，促进地理信息产业发展，提高、保障地理国情动态监测的基本能力，而且测绘卫星的国际化服务也将大大加快我国测绘强国的建设步伐。

一　资源三号卫星工程概况

资源三号卫星是立体测绘卫星，具有技术要求高、成果基础、应用广泛的特点。我国专家十几年前就提出要建设中国的测绘卫星体系，近年来信息化测绘体

* 李朋德，国家测绘局卫星测绘应用中心主任。

系建设加快推进，基础地理信息快速更新，地理信息产业迅猛发展，对高精度卫星遥感数据需求越来越大，加之我国经济实力不断增强、空间技术有了足够的实力，建设资源三号卫星工程势在必行。资源三号卫星工程包括卫星、运载火箭、发射场、测控、地面和应用等六大系统。

（一）卫星系统

卫星将运行在500公里的太阳同步圆轨道，倾角为97.421°，回归周期59天，重访周期5天，降交点地方时间上午10:30，卫星重量约2630千克，卫星设计寿命5年。卫星由有效载荷和服务平台两部分组成，由中国航天科技集团公司第五研究院研制生产。服务平台采用技术上较为成熟的资源二号平台，通过针对性的设计与修改。有效载荷包括四台相机，扫描覆盖宽度约50公里。正视全色CCD相机具有优于2.5米的分辨率，前后视相机优于4米分辨率，多光谱相机具有优于10米的分辨率，能实时或准实时将图像数据传回地面。

（二）运载火箭系统

资源三号卫星将由中国航天科技集团公司第八研究院研制生产的长征四号乙（CZ-4B）运载火箭发射。该火箭是在“长征四号甲”基础上发展起来的一种运载能力更大的运载火箭，主要用于发射太阳同步轨道卫星。火箭全长45.58米，最大直径3.35米，起飞质量249吨，起飞推力约300吨，900千米高度极轨的运载能力为1.45吨。1999年5月首次发射，至今发射成功率为100%。

（三）发射场系统

太原卫星发射中心负责资源三号卫星发射，该中心始建于1967年，位于山西省太原市西北的高原地区，是中国试验卫星、应用卫星和运载火箭发射试验基地之一。发射中心拥有火箭和卫星测试厂房、设备处理间、发射操作设施、飞行跟踪及安全控制设施。太原卫星发射中心具备了多射向、多轨道、远射程和高精度测量的能力，担负太阳同步轨道气象、资源、通信等多种型号的中、低轨道卫星和运载火箭的发射任务。该中心此前先后成功发射中国第一颗太阳同步轨道气象卫星“风云一号”、第一颗中巴资源一号卫星、第一颗海洋资源勘察卫星等40多颗卫星，成功率100%。

（四）测控系统

西安卫星测控中心负责卫星测控任务。该中心是中国卫星测控网的信息管理、指挥、控制机构，具有能对多个卫星同时进行实时跟踪测量和控制的能力，并且具有任务后分析和软件开发的能力。中心由中心计算机系统、监控显示系统、综合通信网、时间统一勤务系统及相应的研究室组成。中心计算机系统是由多台高性能计算机经由星形耦合器与以太网连接而成，具有较高的可靠性、较强的处理能力，并配有多星测控系统软件。

（五）地面系统

地面系统负责接收资源三号卫星数据，并及时传送给应用系统。地面系统涉及中科院对地观测中心和中国资源卫星中心。在现有陆地观测卫星数据全国接收站网的基础上，由分布在北京、喀什、三亚的三个地面接收站接收并传输。

（六）应用系统

作为卫星业主和主用户，国家测绘局负责资源三号卫星应用系统的建设。新成立的卫星测绘应用中心将建设一个业务化运行的卫星应用系统，长期、稳定、高效地将高分辨率卫星影像转化为高质量的基础地理信息产品，形成基于资源三号卫星的基础地理信息生产与更新的技术应用体系。

二　资源三号卫星系统的建设进展

资源三号卫星系统是工程建设的核心，不可能工业化制造，只能自主研发。在国家测绘局提供的技术要求基础上，中国航天科技集团第五研究院要进行系统的研制，首先研制出初样星（电性星、结构星 RM 星等），鉴定以后转入正样研制，各个分系统正样出来后整合形成卫星的正样，整体测试合格后就可以出厂运往发射基地装载入火箭待机发射。

资源三号卫星系统不仅需要有稳固的结构体系来支撑整个卫星，有效载荷主要包括四架相机、数传分系统和数据记录分系统；服务系统（卫星平台）包括：结构与机构分系统、热控分系统、姿态与轨道控制分系统、电源分系统、测控分系统、天线分系统、数管分系统、总体电路等。目前卫星的初样基本完成，待鉴定后就可以转入正样的研制，预计2011年9月前后可以出厂，年底前发射。

国家测绘局领导非常关心资源三号卫星的研制，徐德明局长等领导多次到卫星研制现场了解进度，慰问研制的科研人员，航天五院严格质量管理和进度控制，确保卫星研制进度。

三　资源三号卫星测绘应用系统的建设思路

资源三号卫星发射投入运行后，每天可以获取海量的高分辨率遥感数据，在中国上空可以实时下传，在境外工作时可以存储起来按计划下传。卫星数据要经过一系列复杂的处理才能为用户提供标准化的数据产品，测绘应用系统是卫星作用充分发挥的关键。以往很多卫星发射后，地面应用系统建设滞后，导致卫星空转，浪费宝贵的可用寿命。资源三号卫星的应用系统要在卫星发射前基本就绪，确保卫星上天，下传数据得到及时处理。

资源三号卫星应用系统是国内第一个超大规模测绘遥感影像产品、立体测绘产品、专题产品和增值产品的管理和服务系统。资源三号卫星应用系统在卫星在轨运行生命周期内将生产PB级以上的测绘遥感影像产品、立体测绘产品、专题产品和增值产品，为充分发挥国家在卫星工程上的高额投资的效益，必须实现这些数据的高效存储管理和服务，使国家各部门和社会能及时高效地获取这些数据和基于这些数据的应用服务。

资源三号卫星工程应用系统包括的内容有：资源三号卫星的运行管理和调度；资源三号卫星数据和多级产品的存档管理和分发服务；在轨测试；卫星几何标定及与几何定位精度相关的辐射标定；完成1:5万地形图的生产；1:5万数字高程模型的生产；1:5万正射影像图的生产；1:2.5万地形图修测和更新；1:1万地形图部分要素的更新；1:5万专题图的生产；开展1:5万、1:2.5万国土资源监测；开展防灾减灾、农林水利、生态环境、城市规划与建设、交通、国家重大工程等领域的推广应用。

由于资源三号卫星测绘应用系统要单独在国家发改委立项，其进度目前有所滞后。项目建议书尚未得到正式批复，但项目的可行性研究已完成，初步设计基本就绪，一旦项目批复立即可以实施。为了不影响卫星数据的处理，计划分两步走。在项目批复前，计划在2010年底前搭建试运行小系统，以检验各种功能的实现。第二步等项目批复后，开始全面建设完整系统，做到边建设边应用。

四　卫星测绘应用中心的建设进展

卫星测绘应用中心组建半年多来，在国家测绘局党组的正确领导下，卫星中心深入贯彻落实科学发展观，解放思想，扎实工作，本着“求实、创新、全面、高效”的方针，以推进资源三号卫星工程建设为主线，着力“建制度、引人才、抓项目、强能力、上水平”，扎实推进中心建设的各方面工作，推进卫星测绘事业发展。

根据国家测绘局关于卫星中心职责和机构设置的批复，中心组建了办公室、业务处、运行管理部、数据处理部、分发服务部、基准检校部和研究开发部，并选任了临时负责人；同时，本着“急用先定、先易后难、先粗后细”的原则，在国家法律法规和国家测绘局规章制度的框架内，开展了制度建设工作。

人才是第一资源，卫星中心的发展需要一批具有奉献精神的高级科学管理人才、高科技研发人才和经营型人才。卫星中心建设的首要任务是不拘一格选人用人，根据事业单位用人制度，按照“公开、公平、公正”的原则，采用统一调配、公开招聘和人才引进等多种方式选聘人才。目前，卫星中心有正式职工47人，人员结构初具金字塔结构，人员规模基本适应卫星测绘相关工作的逐步开展。卫星中心从澳大利亚联邦科学及工业研究组织引进了国家测绘局第一位“千人计划”科学家，大大提升了中心技术实力。

在国家测绘局有关司室的大力支持下，卫星中心具备了开展正常业务的基本条件。中心现已按内设机构规划布设了办公场地，购置了必要的办公家具和设备，创建了整洁、规范的办公环境和业务环境。

经费和项目是单位发展的重要保障。卫星中心从一开始就重视财务管理和固定资产管理，作为财政补助事业单位，积极争取国家的财力支持。《国产遥感卫星正射影像服务高技术产业化示范工程》项目获国家发改委批复，项目列入国家高技术产业化发展项目计划，国家补助1000万元，主要用于产业化研发和工艺技术示范；同时还积极申请国防科工局民用卫星应用项目。围绕资源三号卫星工程，开展了各种关键技术研究和相关试验。中标了环境减灾卫星影像控制点数据库建设项目，承担了局基础测绘安排的三个项目。中心注重加强与国内同行业的技术合作和国际交流，组织了多次技术交流活动。

针对卫星中心承担的应急测绘职能，组织制订应急预案，筹划建立应急信息系统，积极参与青海玉树地震应急救灾工作，组织开展了应急工作统筹协调和数据调配、地震救灾相关的卫星数据处理、影像地图制作和应用平台服务及影像地图打印等各项工作，并受到局宣传表彰。通过此项工作，锻炼了应急队伍，探索了应急测绘工作机制，为后续应急测绘响应协调机制的建立、应急队伍建设、装备配置、应急预案制定奠定了良好基础。积极参与了国家减灾委针对南方洪涝灾害的遥感监测工作。

五　资源三号卫星建设的近期主要工作

卫星中心上报了资源三号卫星应用系统的建议书，开展了可行性研究工作，并根据国家发改委评估意见，对建设内容进行了细化，积极与相关部门进行沟通和协调。

一是加快资源三号卫星应用系统立项进程。应用系统建设自 2009 年 4 月完成项目建议书评估以来，发改委还未批复立项，据测算，应用系统研发、集成、测试到正式投入运行最快需要一年左右时间，而资源三号卫星预计 2011 年发射，应用系统建设进度滞后，有可能出现卫星上天数据处理系统不就绪的风险。中心一定要在国家局的领导下，加大与发改委的协调力度，争取尽快立项。

二是加强与国防科工局和卫星工程各系统研制单位的沟通与协调工作，充分发挥卫星测图精度协调工作组工作机制，积极落实资源三号卫星工程研制中要求的各项技术指标，开展星地接口实验，参与卫星系统有关测试。

三是全面开展资源三号卫星数据处理、应用关键技术研究，开展相关技术实验和集成。年底基本建成资源三号卫星的测图原型系统，为应用系统建设奠定好技术基础。

四是完成应用系统建设可行性研究和初步设计，组织专家进行论证与评审，将可研报告和初步设计报送国家发改委。

五是适时启动应用系统建设工作。根据工程进度，适时启动应用系统部分设备和软件开发的招投标工作，开展应用系统网络环境建设和集成。

六是开展卫星地面几何检校场建设。编制卫星几何检校场建设详细实施方案，开展卫星内外方位元素几何检校场实地踏勘、资料收集和设备建设等工作，开展内外方位元素几何检校场高精度控制影像数据的获取工作，开展在轨国产卫星的几何检校试验及相关的辐射检校试验。

七是抓紧开展卫星网络频率协调、干扰分析等工作，积极通过国家无线电管理局开展卫星网络频率执照申请工作。

六 测绘卫星系列发展展望

资源三号卫星为测绘卫星系列建设奠定了良好的基础。测绘部门提出了今后的规划要求，希望资源三号卫星的后续业务星能够尽快立项，保证该系列的长期稳定运行；提出干涉雷达立体测图卫星、激光测高卫星和重力卫星等目标；要加快建设测绘卫星检测场，完善测绘卫星应用体系；认真做好国家科技重大专项中的高分辨率对地观测系统中的高分辨测绘卫星的相关研究。

国家测绘局卫星测绘应用中心将围绕资源三号卫星工程及其应用系统建设等主要任务，积极开展公益性服务、应急服务、卫星测绘科研开发和卫星技术应用开发等方面的工作。积极探讨建立卫星测绘技术联盟，促进地理信息企业发展。建立与各地测绘单位的业务联系，支持各地的卫星测绘技术能力提升。中心将以人才保障、研究开发、应急反应、应用服务、策划设计和后勤保障六大能力建设为专题，尽快搭建试运行的环境，利用其他卫星的数据进行生产试验，尽快形成初步生产服务能力，确保明年资源三号卫星发射后数据成果的及时处理。中心将积极争取新项目，充分利用外部智力资源，加快人才培养，努力创建良好发展环境，尽早发挥卫星测绘应用中心的应有作用，为推动中国从测绘大国向测绘强国的转变作出贡献！

海岛（礁）测绘工程

张全德*

摘　要：本文主要论述了国家海岛（礁）在维护国家权益及海域划界、海洋资源开发、保卫国家安全和旅游资源的开发等诸方面的作用和地位。从而论述了海岛（礁）位置和面积是国家重要的基础地理信息数据，获取该数据是测绘工作者的光荣职责和神圣使命，是历史赋予测绘工作者在21世纪为国家经济社会持续发展而作出贡献的最重要的任务之一。

关键词：海岛（礁）　测绘　基础地理信息

“数字中国”是基于地理信息的中国国民经济和社会的信息化，是指对中国的一切自然资源与人文社会现象在空间位置上的统一的数字化表示，对于全面、深刻地了解国情，更科学地制定经济发展战略具有十分重大的意义。“数字中国”是一个庞大而复杂的信息系统，需要全国陆地、海洋和领空的地理空间数据及与人类知识与活动相关的非空间经济社会数据。海岛（礁）测量数据在构成“数字中国”中占有极其特殊的地位，是国家重要的基础地理信息。根据1982年发布的《国际海洋法公约》规定：“海岛是四面环水并在高潮时高于水面的自然形成的陆地区域”。我国2010年3月1日实施的《中华人民共和国海岛保护法》定义海岛“是指四面环海水并在高潮时高于水面的自然形成的陆地区域”，海岛属于陆地，海岛是茫茫大海中的陆地。当我们从高空俯视我国的渤海、黄海、东海和南海时，会发现在这浩瀚无垠的海洋中，有这样众多突出海面的陆地。它们大小不一，星罗棋布，形态各异，姿态万千，这就是我国海洋中的岛屿，简称海岛。它们巍然矗立在我国的海面上，形成一道海上的“万里长

* 张全德，国家基础地理信息中心。

城”，是海上天然的屏障。这些海岛是国防的前哨，是海洋资源开发的基地，也是对外开放的“窗口”。

一　海岛（礁）是划分海域疆界的重要依据

海岛（礁）是领海基点最理想的设置点。领海基线是国家内水与领海的分界线，领海基线向大陆的一侧为内水，向海域方向一侧12海里是领海。领海基点的设置关系到国家的主权。依照《联合国海洋法公约》的规定，领海基线确定一般分为正常基线法和直线基线法。采用直线基线法确定的领海基线，即在大陆沿岸向海最突出的地方，或海岸附近的岛屿外缘确定若干个点作为基点，将相邻两点连为直线，从而形成一条沿着海岸一般走向的折线，故又称为折线基线。我国就是采用直线基线法确定领海基线的。1996年5月15日发表的《中华人民共和国领海基线声明》有关大陆领海部分的49个基点，绝大部分就是用海岛（礁）作为基点的。

领海基线又是划分专属经济区的起算线。新的国际海洋法律制度的建立，已彻底打破了以往领海以外为公海的传统海洋格局，从而形成了领海基线以内的水域为内水（内海），基线以外依次为领海、毗连区、专属经济区和大陆架、公海，以及国际海底区域的世界海洋新格局。《联合国海洋法公约》第五十七条规定：“专属经济区从测算领海宽度的基线起，不应超过二百海里。”在专属经济区内，沿海国家享有一切自然资源，包括生物资源和非生物资源的主权权利；从事经济性开发和勘探，如海水、海流和风力生产能的其他权利，以及人工岛屿、设施和结构物的建造和使用，海洋科学研究、海洋环境保护等方面的管辖权。

岛屿在海域划界中具有重要的地位，《联合国海洋法公约》根据其岛屿面积大小、自然地理位置，以及是否适合人类居住等因素，分别赋予岛屿拥有各类海域的权利。《联合国海洋法公约》第121条规定：岛屿可拥有自己的领海和毗连区，并且除不能维持人类居住或其本身的经济生活的岩礁之外，还可以拥有自己的专属经济区和大陆架。

正是海岛（礁）在海域划界中占有极其重要的地位，海岛（礁）逐渐成为各国争夺海洋权益、扩大资源开发的焦点。2007年，美国、俄罗斯、加拿大、挪威、丹麦等国将海洋权益争夺扩大到了北冰洋海域。近三十年来，越南、菲律宾、马来西亚陆续武装占据了我国南沙群岛44个海岛（礁），其目的就是侵占分割我南沙海域，以便非法掠夺我南沙海域资源。

日本为了在海上“圈地”，在距日本东京西南1740千米的无人居住的珊瑚礁冲之鸟岛实施人工造岛，并在人工岛上建生活设施和大型港湾。我国主张管辖的海域约300万平方千米，其中相当大一部分是以海岛（礁）为基点来确定的。国际海洋法及海域划界实践表明，除非相邻国家之间另有协议，在划中间线时所有海岛（礁）应予以考虑。我国南海诸岛特别是南沙群岛的主权不仅关系到群岛的岛、洲、礁、沙、滩的主权归属，而且关系到南沙群岛周围广阔海域的管辖权及其自然资源权益的获得。

为此，建立与陆地一致的海岛（礁）测绘基准，精确测定海岛（礁）位置，测制海岛大比例尺地图，准确掌握我国海岛（礁）的总体分布及其周边资源环境地理特征，是解决领海及海洋资源争端，维护国家主权和海洋权益的基本依据。

二　海岛（礁）是海洋资源开发的基地

在整个地球上，海洋覆盖着整个地球面积的71%，它蕴藏着极其丰富的资源。据专家预测，按年耗量2.5%累计，陆地主要资源只够用百年左右。海洋无疑将成为未来人类生存和发展的主要开发领域。据测算，在深海和大洋底，蕴藏着约3万亿吨的金属结核资源。仅太平洋内，锰的矿藏量就相当于陆地储量的52倍；镍的矿藏量相当于陆地储量的83倍；铜的矿藏量相当于陆地储量的9倍；钴的矿藏量相当于陆地储量的359倍。海洋的石油储量更是令人鼓舞，现已探明的就接近全球储量的一半。21世纪初，海洋石油的产量将达到1.3兆吨，占全球石油总产量的40%以上。另外，由海水流动产生的能量和海洋生物资源更是取之不尽。

丰富的海洋资源是解决诸如人口膨胀、陆地资源匮乏和环境污染等人类目前所面临的一系列问题的重要途径之一。开发和利用海洋资源已成为人类的共识，21世纪将是全世界大规模开发利用海洋资源、扩大海洋产业、发展海洋经济的新时期。

我国位于太平洋西岸，东、南两面濒临渤海、黄海、东海、南海，海岸线总长度超过32000公里，其中大陆海岸线长超过18000公里，岛屿海岸线长14000

公里，面积在500平方米以上的海岛（海南岛本岛和台湾、香港、澳门等所属岛屿外）共有近7000个。中国专属经济区和大陆架处在中、低纬度，南北纵跨热带、亚热带、温带三大气候带，自然环境和资源条件优越。我国主张管辖的海域面积约300万平方公里，中国近海及管辖海域蕴藏着丰富的海洋资源。党的十六大提出了“实施海洋开发”战略，正是为我国现代化建设和经济、社会可持续发展而作出的英明决策。

人类开发利用海洋的过程，是一个由海岸向近海，再由近海向外海及大洋的推进过程，在这一过程中，海岛（礁）就成为海洋开发的重要基地和走向外海及大洋的“岛桥”。在茫茫的大海中，海岛（礁）无疑是海洋各类资源开发最理想的生产、生活基地或资源深加工基地。

精确测定海岛（礁）位置，测制海岛地形图，是发展海岛经济的前提条件，是实施海洋开发的重要保证。准确掌握海岛（礁）位置、分布及其他基础地理信息，有利于加强对海洋国土资源利用的调控能力，科学把握海洋强国战略的整体布局，对促进海洋资源科学、合理的分配，推动海洋经济快速、有序、可持续发展具有深远影响和重要战略意义。

三　海岛（礁）是国家安全的屏障

海岛（礁）不仅是海上航行船只的参照物和地标，控制海洋交通线及其附近海域，还可以屯驻大量兵力，成为不沉的航空母舰。荒岛荒礁可以用于武器试验。第二次世界大战中太平洋战争几乎就是一场海岛争夺战。这场战争开始于对岛屿的战略偷袭，结束于对海岛的战略轰炸。

中国近代史是一部中华民族屈辱史，1840～1940年的100年中，帝国主义列强从海上入侵我国479次，规模较大的84次，入侵舰船1860多艘，兵力47万多人，迫使清朝政府签订不平等条约50多个。帝国主义列强从海上打破国门后进行烧杀抢掠，成千上万的中国人惨死在其屠刀下，中华民族几千年的文明遭到践踏，数不尽的财富被掠夺。历史的教训告诫我们，在广阔的海域建立牢固的钢铁长城，是国家安全的需要。

我国星罗棋布的众多海岛（礁）是国家安全的天然屏障，是控制海洋、支撑海洋战略通道的骨干，是军事活动的有力依托。海岛（礁）既可作为军事训练、武器试验和军事基地建设的理想场所，也是军事斗争的前沿阵地。由海岛组成的岛弧或岛链，恰如日夜镇守海防的卫士，构成了我国海上的天然国防屏障。如长山列岛、庙岛群岛、舟山群岛、万山群岛和南海诸岛，都是现代化国防的要塞。海岛也是反击侵略和战略追击的前沿阵地。

精确的海岛（礁）位置及地理信息对国防建设起着举足轻重的作用，对海上军事行动决策、武器装备作战运用等具有重要影响，是保障国家制海权所必需的基础信息，是提高海防现代化水平的重要保证。按照现代国防的特点，以海岛（礁）及海岸带基础地理信息为框架的海域数字战场环境是现代军事指挥自动化、武器攻击、战场监控、航行安全必备的信息平台，也是三军协同与部队机动的重要依据。

四　海岛（礁）具有丰富的旅游资源

随着经济的高速发展，人们的生活质量普遍提高。大多数国家的企事业单位，现已普遍采取了更加人性化的管理，带薪休假逐渐成为制度，度假旅游已成为人们生活中不可缺少的内容。据国家旅游局发布的2009年旅游经济运行报告，2009年，由于持续受金融危机影响，全球入境旅游者人数下降5%左右，但我国旅游业总体保持较快增长，旅游总收入实现较大幅度增长，预计全年旅游总收入约为1.26万亿元，比上年增长9%。其中，国内旅游市场持续快速增长，2009年前三季度，国内旅游人数为14.3亿人次，比上年同期增长9.4%；国内旅游收入7673亿元，增长15.4%。据此预测，全年国内旅游人数约为19亿人次，比上年同期增长11%；国内旅游收入有望突破1万亿元，增幅超过15%。2009年1月至11月，我国入境旅游人数为1.15亿人次；入境过夜人数4645万人次；旅游外汇收入362.3亿美元。据此预测，全年入境旅游人数约为1.26亿人次，外汇收入约为390亿美元。

海岛（礁）具有丰富的旅游资源，如泰国普吉岛每年接待游客100多万人次，收入外汇折合泰币70多亿铢，解决了大量人员的就业，是泰国旅游业的重要支柱之一。澳洲大堡礁作为巨大的海洋生物博物馆，其奇异的水下公园招来了世界各地的游客，每年带来42亿澳元、约合33亿美元的旅游收入。专家估算，一旦大堡礁里的珊瑚礁严重受损，澳洲失去了这一水下公园，到2020年将会造成80亿澳元的经济损失，以及丢失1.2万个就业机会。

我国海岛众多，且地处热带、亚热带和温带，大部分岛屿冬无严寒、夏无酷暑、四季分明，这种气候对开展游览、海洋游泳、垂钓和其他海上活动十分有利。我国海岛气候宜人、沙滩洁净、山石奇特，还有天然的生物乐园，这些都是发展海岛旅游业得天独厚的条件。我国海岛自然旅游资源的特色是海岛景色风光秀丽，海湾沙滩水碧沙洁。例如，大鹿岛、长山列岛、蛇岛、菊花岛、曹妃甸诸岛、长岛列岛、烟台和威海市诸岛、青岛诸岛、海州湾诸岛、长江口诸海岛、金山三岛、嵊泗列岛、岱山岛、普陀山、桃花岛、台州湾诸岛、洞头列岛、南麂列岛、海坛岛、湄州岛、厦门市诸岛、东山岛、南澳岛、珠江口海岛、湛江海岛、北部湾海岛、海南省沿海诸岛和南沙群岛等，仅海南岛就有风景名胜资源点241处。如果对这些具有旅游价值的海岛资源进行开发整合，实现海陆联动、以岛带海，不但可拓展旅游市场，带动国家旅游产业快速发展，为国民经济发展注入更大的活力，而且会改善和提高人民生活质量，为构建和谐社会发挥巨大的作用。

海岛（礁）基础地理信息有利于促进沿海经济社会的协调发展，对保护海洋和沿海地区生态环境，缓解沿海地区人口、资源和环境压力，推进海洋环境灾害防治信息化具有重要的现实意义，也是保障人民群众海上生产生活安全，发展海洋科技文化，拓展海洋旅游，改善和提高人民生活质量，构建和谐社会的重要保障。

五　获取海岛（礁）地理信息是测绘工作者的职责

我国海域辽阔，海岛（礁）众多，海岛（礁）精确的坐标和面积用常规的测绘方法又无法准确地获取，致使新中国成立60年来，我国对所管辖海域的岛（礁）从未进行全面测绘，没有摸清国家海岛（礁）的详细家底。1999年笔者参加南沙综合科学考察，采用GPS测量技术对渚碧礁、永署礁、华阳礁、赤瓜礁和南熏礁等岛（礁）进行了精确定位，经数据处理和坐标化算，将测量成果转绘到1996年由国家测绘局、国家海洋局共同编制出版的南海海域最新1∶50万地形图上，发现测量成果与图上表示的岛（礁）位置相差较大，有的达1700米以上，各岛（礁）方位变化且无规律。因此，可以排除在编图中存在平移或系统误差的可能性。经对产生的原因进行分析发现：空间大地测量技术是近二十年才得到广泛应用的，而在未采用空间大地测量技术之前，对于远离大陆的海岛，最精确的定位测量也只能采用简易天文测量方法。由于海上测量不论经费开支，还是测量困难程度都比陆地要大得多，获取测量数据很困难。所以，在海岛实测资料很少的情况下，编制海洋地形图，只好大量采用以前的有关海图资料，有的海域图件资料可能还沿用20世纪三四十年代由航海者采用简易天文方法测量的成果，由此产生较大的误差也就成为必然。上述例子不仅仅是几个海岛在海洋地形图上位置不准确的问题，它反映出了我国没有建立海洋大地控制网，绝大部分海岛没有实测，缺少精确坐标的现实状况。

20世纪80年代，GPS测量技术的出现，给大地测量带来了革命性的变化，可以实现对远离大陆的岛（礁）的精确、快捷定位。多年来我国测量工作者积极地跟踪、研究GPS技术，并在导航、精确定位、形变监测、气象预报等领域广泛地应用了GPS测量技术。在测绘基准建设方面，已完成了大陆GPS2000大地控制网的建设。当前，我国大地测量工作者完全有能力采用GPS测量技术手段，在海岛上布设GPS大地控制网，并与大陆GPS大地网进行联测，从而建立覆盖国家陆海国土面积的大地控制网，统一国家大地测量基准。

卫星测高技术在我国多个单位得到了研究和应用。卫星测高技术可获得2×2高分辨率和厘米级高精度的海洋大地水准面，由此可反演出1~2毫伽精度的海洋重力异常，其精度高于陆地重力测量推算的相应格网的平均重力异常。卫星测高技术为海域大地水准面的确定及其与陆海大地水准面的拼接提供了必要的手段，可以保障各海岛与大陆具有统一的高程起算系统。

GPS辅助空中三角测量技术在我国已成熟并得到广泛应用，该项技术可以大大减少甚至免除地面控制测量工作，从而为海岛航空摄影测量提供强有力的技术手段。此外，卫星相片的获取，为海岛小比例尺测图提供了必要的资料来源。高光谱、高分辨率的卫星影像，为不易/不宜到的岛礁周边浅水区域和海岸带区域的水深反演提供了基础。

机载LIDAR系统和无人机航摄系统的出现，使大范围大比例尺测图技术产生了历史的飞跃。机载LIDAR系统是一种主动式对地观测系统，是20世纪90年代初投入使用的一门新兴技术，该系统在三维空间信息的实时获取方面取得了重大突破，为获取高时空分辨率地球空间信息提供了一种全新的技术手段。

LIDAR 系统集激光测距技术、计算机技术、惯性测量装置（IMU）/DGPS 差分定位技术于一体，通过激光雷达传感器发射的激光脉冲经地面发射后被 LIDAR 系统接收，能直接获取高精度三维地表地形数据，是对传统摄影测量技术的重要技术补充。机载 LIDAR 系统与其他遥感技术相比具有自动化程度高、受天气影响小、数据生产周期短、精度高等特点，是目前最先进的能实时获取地形表面三维空间信息和影像的航空遥感系统。无人飞机航摄系统是传统航空摄影测量手段的有力补充，在小区域和飞行困难地区的高分辨率影像快速获取方面具有明显优势，特别是小岛，即使在能见度差的情况下，“无人机”能充分发挥全自动无人飞行、低空作业的高技术优势，获取高清晰数字影像。

多波束测深系统和机载 LIDAR 测深系统的出现，完全改变了海洋地理环境测量的作业模式。与传统的单波束测深仪相比较，多波束测深系统具有测量范围大、速度快、精度高、记录数字化及成图自动化等诸多优点，它把测深技术从原先的离散点线状扩展到面状，并进一步发展到立体测图和自动成图，从而使海底地形测量技术发展到一个较高的水平。多波束测深技术经过二十多年特别是最近几年的飞速发展，其仪器设备不论是结构设计还是观测精度，都已经达到相当成熟和相对稳定的阶段，不同类型仪器之间的性能差异也越来越小，目前在国际市场上，几乎所有的商用多波束测深系统的观测精度都能达到甚至超过 IHO S－44 标准。

作为浅水海底地形测量技术的一种补充手段，机载海洋测深系统将与传统的声学方法结合使用，标志着我国未来航空遥感测量技术在海洋测量领域的应用和发展。

测深和定位是海洋测量最基本的两项工作内容，随着卫星导航定位技术的快速发展和精密测深系统的推广使用，海洋环境测量精度已经得到大幅提高。新技术不仅为海洋测量提供高精度定位和深度信息，同时也拓展了获取海洋环境测量信息的技术途径。

近年来，GIS 技术在我国得到广泛应用，数字省区、数字城市的建设进展很快，这为海岛基础地理信息系统的建设奠定了技术基础。

综上所述，以 GPS 为代表的空间定位导航技术、以多波束为代表的水深测量技术、以机载 LIDAR 为代表的海岸带地形测量技术，以及以辅助的遥感水深反演和卫星测高为手段的陆海高程统一技术等均在我国得到了广泛应用，我国测绘工作者已完全具备了对海岛（礁）进行全面测绘的技术能力。

海岛（礁）是国家领土的重要组成部分，是控制海洋、开发海洋的关键点和制高点，其准确位置和有关基础地理信息是划分领海及专属经济区的重要依据，与国家主权密切相关；海岛（礁）是海防前哨，具有重要的军事战略意义，事关国土安全；海岛（礁）是发展海洋经济和海洋科学技术的基地，是实施海洋开发的基础。因此，全面准确地掌握我国海岛（礁）位置和地理信息，是维护国家主权、保障国家安全、实施海洋开发的重要保障。

获取海岛（礁）基础地理信息是测绘工作者的光荣职责和神圣使命，是历史赋予测绘工作者在 21 世纪为国家的经济社会持续发展作出贡献的最重要的工作之一。我们测绘工作者一定要按照胡锦涛总书记的“推进数字中国地理空间框架建设，加快信息化测绘体系建设，提高测绘保障服务能力”的指示去奋斗，争取通过获取海岛（礁）基础地理信息数据，将卫星定位技术、地球重力场探测技术、航空航天遥感与影像测图技术，以及地理信息技术等的集成与应用提高到一个新的水平。

参考文献

沈文周：《中国近海空间地理》，海洋出版社，2006。

国家海洋局海洋战略研究所：《专属经济区和大陆架》，海洋出版社，2002。

江泽民：《全面建设小康社会，开创中国特色社会主义事业新局面》，《中国共产党第十六次全国代表大会文件汇编》，人民出版社，2002。

国家旅游局：《2009 年旅游经济运行报告》，2009。

杨文鹤：《中国海岛》，海洋出版社，2000。

张全德、刘志赵、孙占义：《南海海域高精度大地控制网的建立》，《测绘通报》2000 年第 8 期。

张全德、孙占义：《要重视海陆大地控制网的建立》，《解放军测绘研究所学报》2002 年第 1 期。

航空遥感影像数据库建设

曹天景　黄 勇　孙晓鹏　辉 明*

摘　要：城市高分辨率遥感影像在城市建设与管理的多个领域有着广泛的应用。本文介绍了北京天下图数据技术有限公司开展的航空遥感影像数据库建设的基本情况，着重介绍了数据采集、数据处理、数据管理、数据分发和数据应用等关键技术环节。

关键词：航空遥感影像　数据库　技术

一　项目背景

城市高分辨率遥感影像，作为“数字中国”地理空间框架的重要组成部分，在城市建设与管理的多个领域有着广泛的应用。随着我国城市化进程的加快，国土资源调查、城市规划、数字城市建设、防灾减灾、环境保护、反恐维稳等方面急需大量高精度、高分辨率、高现势性的城市遥感影像资料。美国 Google Earth 的出现，使遥感影像，特别是城市高分辨率影像开始进入社会公众的日常生活，社会需求与日俱增，未来发展不可限量。

我国是一个处于城市化进程中的发展中大国。目前 13 亿人口中，有 5.8 亿人口生活在城镇，占总人口的 43.9%，只相当于发展中国家的平均水平，距 80% 的城市化目标还有近一半的距离。继续并不断加快城市化的进程是我国下一阶段必然的发展道路。城市化的一个显著特征，就是在大规模建设的过程中，城市面貌迅速变化。而这种大规模的城市建设和发展，在客观上必然要求有大量、经常、精细的遥感测绘服务保障。

---

* 曹天景，四维航空遥感有限公司总经理；黄勇、孙晓鹏、辉明，四维航空遥感有限公司。

近来兴起的城市三维实景建模技术和基于位置的信息服务（LBS）技术，将把航空摄影的应用推向一个新的阶段。三维实景模型逼真到如同目视实景，而且可以在计算机和手持电子设备上进行定位、量测和规划设计工作。这些技术应用于电子商务、医疗急救、社区保安、消防预警等诸多业务领域，将在更高层次上提升大众的生活水平。

目前，民用高分辨率卫星可提供亚米级分辨率遥感影像，但这类影像尚无法满足经济建设和人民生活的全部需要，且全部由欧、美发达国家控制。航空遥感影像因具有机动灵活、分辨率高、光学特性丰富等优点，现仍为我国城市高分辨率影像资料的主要数据源。然而，目前国内城市大比例尺空间信息基础数据库的建设和维护主要由地方政府完成，高分辨率影像获取投资渠道相对单一，加之不少地方经济欠发达、财政困难，使得影像获取的总体投入不足，发展很不平衡。据统计，目前我国 337 个主要大中城市中，约 60% 缺乏城市高分辨率影像，而现有 40% 城市的高分辨率影像也因为更新不及时等原因不能满足城市信息化建设的需要。此外，由于共享机制不健全、数据内容与形式标准不统一等原因，目前城市高分辨率航空遥感影像的共享程度很差。多数影像资料仅仅使用过一两次后被就束之高阁，其他用户为使用同样的资料只好再次投入人力物力重复采集。这一现状造成了数据资源的极大浪费，加剧了遥感影像资料的供求矛盾。

基于对市场需求和行业现状的以上认识，北京天下图数据技术有限公司提出引入多元化的城市高分辨率遥感影像数据采集投资主体，建立市场化的数据共享机制，实现数据资源共享，推动我国城市信息化建设和地理信息产业规模化发展的思路，即由专业化的地理信息服务企业投资进行数据的采集和经营，为用户提供涵盖数据获取、数据加工、系统应用和持续更新服务全过程的地理信息产品和服务解决方案，向用户提供融影像数据采集、加工、GIS 系统开发应用，数据和系统更新等服务为一体的空间地理信息产品和服务解决方案。

二　建设目标

以企业为投资主体，按照统一的数据采集标准和规划，采集全国 655 个县级以上城市大比例尺航空影像，建立城市高分辨率影像（包括航空摄影原始影像和标准 4D 产品）图库。建立市场化的数据共享机制，图库除无偿满足国家应急反应及反恐维稳需要外，将根据国家有关法规制度的规定，提供给有关部门和机构有偿使用。投资企业享有图库的所有权和使用权，可以以图库为基础延伸开发其他类型的影像、数据及软件产品，并根据国家有关法规制度的规定，将延伸产品提供给有关部门和机构有偿使用。根据市场供求情况，建立影像库数据动态更新机制，最大限度地满足不同时期、不同类型的用户对城市影像资料更新的需求，提高影像资料的使用效率和企业投资收益。

三 关键技术环节

（一）数据采集

本项目数据采集主要依靠航空摄影测量技术。考虑到目前的主流市场需求和技术发展现状，本项目主要采用数码航空摄影设备，采集规划范围内 0.15 ~ 0.2m 分辨率数码航空影像。在航摄规划方面，结合各地区建设发展规划，选择人口密集的城镇建成区、工矿区、规划发展新区及其毗邻地区划定航摄范围，同时适当考虑航摄作业组织及与其他数据产品邻接或融合等要求。根据各地区经济社会发展水平、战略发展规划和用户实际需要合理确定数据资料更新周期，将定期更新和不定期更新相结合，确保数据资料的现势性。在作业组织方面，结合各地气候特点、航摄生产能力和设备、设施条件，根据集约化、规模化生产要求组织航摄作业，提高生产效率，降低飞行成本。在技术手段方面，综合考虑各级、各类用户的实际需要，在条件允许的情况下放宽技术限制，尽量采用 POS 等对地直接定位技术，减少辅助工作环节，降低项目协调难度，压缩外业工作量。此外，在数据采集方面强调结合用户需求，推动常规数码航空摄影同卫星遥感影像、LIDAR 技术、无人机航空摄影技术、倾斜航空摄影技术等相结合，提高数据采集作业效率，降低生产成本，丰富影像数据产品类型，提高数据产品附加价值，拓宽遥感影像数据的应用领域，更好地满足社会需要。

（二）数据处理

本项目主要采用标准化、自动化数据处理工艺。充分发挥天下图公司现有的像素工厂（Pixel FactoryTM）大规模遥感数据处理系统的技术优势，实现多源遥感数据大规模并行处理，在极少量人工干预下，系统自动进行目标任务划分，自动选择最优数据处理策略和生产工艺，自动分派系统资源并处理各项任务，快速生成 DSM、DEM、DOM、真正射影像（True DOM）等标准数据产品及一系列其他中间产品。通过自动化数据处理，大大减少了人工劳动，缩短了数据加工周期，提高了工作效率。在影像库产品设计方面，建立起以数码真彩色原始影像、数字正射影像（DOM）和快速纠正影像为基础的标准影像数据产品体系。通过采取适当的价格和服务策略，引导客户选择标准产品，实现遥感数据生产的标准化、自动化、规模化和集约化，有效降低生产成本，提高市场竞争力，促进遥感影像数据的社会化应用。与此同时，数据处理工艺的灵活性和产品的多样化也是本项目关注的重点。除提供一系列标准化数据产品外，还将根据用户需要提供个性化的数据定制服务，针对一些行业和领域的应用需求推出基于标准高分辨率遥感影像数据的衍生增值产品，提高遥感数据的应用价值和企业的经济效益。

（三）数据管理

本项目专门开发面向海量遥感数据管理的大规模影像数据管理系统，管理各种高分辨率原始影像、正射影像、DEM 数据、业务相关元数据和文档数据等。在高分辨率影像固定存储、统一管理、简易检索的基础上，实现多源高分辨率数据快速录入、整理、转换、融合；根据不同条件对数据进行查询、浏览、统计、维护；并根据查询结果直接导出数据。建立有效的空间混合索引机制，对不同类型和用途的数据提供不同的空间索引技术。采用文件和数据库结合的存储方式，对于高精度、数据量巨大的影像可采用文件方式存储，对于低精度、数据量较小的影像可采用数据库方式存储，兼顾两种方式的优点，压缩数据规模，提高外部请求响应速度。在系统安全方面，除着重考虑系统灾备、安全认证（包括用户识别、用户权限限制和密码验证技术）、日志管理、系统运行监控等常规技术外，还考虑采用影像数据加密、数字水印等技术，防止影像数据的非法复制、传播和使用。

（四）数据分发

本项目专门开发的高分辨率遥感影像数据网上分发服务平台，具有数据分辨率高、数据量大、格式多样、交易手段便捷、数据加密保障措施完备等特点。该平台以高分辨率影像库为基本对象，对数据进行分布式存储、集中管理。系统采用开放语言和技术标准编写，具有很好的开放性，不受硬件平台、地域和时间限制。基于 Internet 的系统架构为系统功能拓展和满足大规模并发访问提供了便利，有利于系统应用的社会化。平台本身提供多种方式（API、WebService、HTML + XML 等）、多种规范（WMS、自定义规范等）的接口服务，用户可通过互联网、PDA 等多种接入方式调用这些接口，方便对影像数据进行浏览和调用。由于该平台基于统一的数据库，共享统一的数据模型，有利于各类用户进行多维度查询、检索及分析。同时，用户自建的应用系统则可以根据获得的影像数据，结合自有的专题数据，构建其应用数据库和应用数据模型，从而实现数据共享。

（五）数据应用

本项目数据应用的主要方向包括两方面，一是传统的遥感影像专业应用领域，主要包括各级、各地测绘制图、国土资源管理、城市规划、交通、水利、能源等部门，数据利用方式主要是为用户部门生成或更新各项专业图件或专业 GIS 基础数据提供标准的基础图件或数据，目前主要采取离线数据交付的方式提供数据。随着经济社会的高速发展，遥感影像专业应用领域不断扩大，对影像数据空间分辨率和现势性的要求不断提高，对遥感数据和 GIS 系统应用一体化和网络化的需求日益迫切，为高分辨率遥感影像库的建设和发展奠定了基础。另一方面，众多新兴的遥感影像应用领域开始出现，如高分辨率遥感影像与三维建模技术相结合，构造三维实景模型，可用于广告宣传、游戏娱乐、影视制作、个人导航、旅游接待、信息咨询、安全保卫等，直接服务于社会公众的日常生活。未来这些应用将主要通过互联网实现数据服务的在线调用，对终端个人用户免费或仅收取少量费用方式提供使用，普遍采取第三方付费方式进行数据成本回收。

四　项目进展情况

目前，北京天下图数据技术有限公司已完成本项目数据获取的总体规划，计划利用3年左右的时间，基本完成300余个主要大中城市高分辨率航空影像全覆盖，并根据各地需求情况开展数据更新，未来将进一步把数据获取和定期更新的范围扩大到全国600个左右重点城镇。目前，该项目已获国家发改委产业投资基金的支持，影像数据获取和数据库建设工作正在顺利进行。未来，项目公司将积极吸纳社会资本，快速推进数据积累和技术研发，努力加强品牌建设，打造核心竞争优势，推进遥感信息的产业化发展和社会化应用。

应急救灾篇

EMERGENCY RESPONSE

关于新疆测绘应急服务建设的思考

刘戈青*

摘　要： 新疆测绘面临全国其他省区所没有的诸多困难和矛盾：一方面新疆地域辽阔，无图区多，需要进行基础测绘的面积非常大，经济的相对落后和财政拮据使得基础测绘投资不足，历史欠账多；另一方面新疆是个自然灾害频发、社会环境敏感的地区，“天灾人祸”对测绘应急服务需求迫切。如何破解难题，切实有效地发挥测绘应急保障服务作用，本文作了深入思考。

关键词： 新疆　测绘　应急服务

一　加强新疆测绘应急服务的重大意义

新疆地域辽阔，资源丰富，与 8 个国家接壤，边境线长达 5600 公里，是我

---

* 刘戈青，新疆维吾尔自治区测绘局党组书记。

国西北的战略屏障、实施西部大开发战略的重点地区、我国对外开放的重要门户和我国战略资源的重要基地。新疆的发展和稳定，关系全国改革发展稳定大局，关系祖国统一、民族团结、国家安全，关系中华民族伟大复兴，在党和国家事业发展全局中具有特殊重要的战略地位。同时，新疆自然环境复杂严酷，地震、雪灾、沙尘暴、洪水、泥石流等自然灾害频繁发生，每年都造成大量人员伤亡和巨大财产损失。新疆周边环境十分复杂，境内外敌对势力始终没有放弃对我实施“西化”、“分化”的图谋，分裂与反分裂斗争形势十分严峻。因此，新疆应急管理工作不同于内地省市，有着相当的复杂性和特殊性。加强应急管理工作，妥善预防和处置突发公共事件，切实保障各族人民群众生命财产安全，确保新疆改革发展稳定大局，既是促进经济繁荣、维护社会安全和新疆稳定、建设社会主义和谐社会的迫切需要，也是与全国同步建设小康社会、提高各族群众物质文化生活水平的迫切要求。

测绘作为准确掌握国情国力、提高决策管理水平的重要手段，通过提供与地理位置有关的各种空间数据和信息，不仅广泛服务于经济建设、国防建设、行政管理、人民生活等领域，而且在应对自然灾害、事故灾难、社会安全等突发事件方面发挥着越来越重要的保障作用。鉴于新疆的特殊区情，完善应急管理机制，有效应对各种风险，迫切需要加强新疆测绘工作和测绘应急服务能力建设，以适应新疆大开发、大建设、大发展和社会大局稳定、国防安全的需要。

二　新疆测绘应急服务建设初见成效

近年来，新疆测绘部门不断完善测绘应急保障工作机制，开通测绘成果应急保障绿色通道，为党政军各部门和领导宏观决策等提供了大量及时、可靠的测绘应急服务。

（一）建设新疆应急地理信息平台

根据“十一五”期间新疆突发公共事件应急体系建设的目标，2007 年 7 月启动了由国家测绘局和自治区人民政府共同投入建设的“新疆维吾尔自治区应急平台体系基础地理信息平台”（以下简称“新疆应急地理信息平台”）项目，平台于 2010 年建成，现已试运行并在乌鲁木齐“7·5”事件应急处置中发挥了积极作用。平台建设包括新疆突发事件数据库、突发事件应急基础地理信息平台、信息标准与运行机制、地震灾害应急示范应用等四个方面内容。平台建设旨在推动基础地理信息在西部地区应急指挥方面的应用，建立基础地理数据与部门专业数据的协调与共享机制，增强政府处置各类突发事件的能力，提高政府应急管理水平。平台建成后，将为新疆维吾尔自治区人民政府实时直观掌握区内各方面信息、预测事件发展动态、辅助决策指挥调度、与各相关部门专业指挥部保持信息畅通等提供反应灵敏、快速准确、高效便捷的各级各类突发公共事件指挥处置服务。当前，新疆应急管理部门正积极推进地、县两级应急地理信息平台建设工作。

（二）为维护国家和社会安全稳定提供有力支持

为中哈、中吉、中巴等国际联合反恐演习和上海合作组织框架内中国与哈萨克斯坦联合反恐演习提供基础地理信息资料。为国家安全和各级公安部门提供奥运火炬在新疆境内传递的基础地理信息，紧急制作《奥运会火炬在新疆传递路线安保图》。为新疆军区提供了新疆 50 个县（市）中心城区的测绘成果资料，制作了有关的管理信息系统。向克州公安、武警部队紧急提供基础测绘成果，成功摧毁新疆南部“东突”恐怖分子训练基地。

（三）为处置突发事件提供及时有效服务

2009 年乌鲁木齐“7·5”事件发生后，新疆测绘部门启动测绘应急保障预案，紧急向中央办公厅提供乌鲁木齐街区图，服务中央领导及有关部门科学决策，为平息“7·5”事件提供了及时保障。同时，编制《乌鲁木齐市城南维稳处突工作用图》，向维稳一线武警、公安等部门提供各类地图 5300 多幅（册）；为新疆通信管理局、无线电监测站紧急提供用于侦测非法无线电信号、定位等应急反恐工作的基础地理信息数据；积极协调国家基础地理信息中心、北京天目创新科技有限公司提供测绘成果资料和最新卫星遥感影像图，有力地保障了乌鲁木齐乃至新疆境内突发事件应急处置和维护稳定工作。此外，还为 2004 年发生在乌鲁木齐国际机场的阿塞拜疆飞机坠毁事件、2008 年发生在吐鲁番地区的烟花爆竹爆炸事件、搜救徒步旅行失踪者、搜救俄罗斯漂游失踪人员、搜救被冰雪灾害围困的牧民等应急工作提供了及时、可靠的地理信息保障服务。

（四）为防灾减灾救灾提供保障服务

充分利用全球定位系统、地理信息系统、卫星遥感技术等，及时掌握、分析突发事件及灾害情况，为防灾减灾提供地理信息支持。为新疆地震局制作了用于“新疆防震减灾指挥系统”的多种比例尺地形图数据，为新疆气象部门提供了气象灾害监测预报预警工作保障服务，为塔城地区行署提供了抗旱救灾保障服务，为草原管理部门提供了阿勒地区灭蝗应急保障服务，为乌鲁木齐市农产品质量安全检测中心提供了防止外来有害生物刺萼龙葵所需的基础地理信息服务。

三　新疆测绘应急服务面临的严峻形势

由于历史、自然、经济、社会等原因，新疆测绘事业发展与东部、中部等地区相比还有较大差距，存在基础测绘投入严重不足、基础地理信息资源战略性短缺、测绘基础设施薄弱、复合型人才短缺、测绘应急服务体制机制不健全等诸多问题，严重制约了新疆测绘应急保障服务工作。

（一）基础测绘投入严重不足，基础地理信息资源严重短缺

长期以来，新疆各级财政收入严重不足，一直以“吃饭财政”为主，包括测绘在内的许多基础工作所需经费都未列入财政预算，基础测绘科学合理的投入机制尚未完全形成。

新疆面积166万多平方公里，需进行基础测绘的区域大于内地省区几倍，甚至十几倍。新疆1∶1万地形图测绘自1998年实施以来，投入力度逐年加大，但资金未列入本级财政预算且来源相对不稳定，90%左右都是从矿产资源补偿费中列支，主要用于测制经济社会发展基础较好、见效较快的重点优先发展区域的1∶1万地形图。列入“十一五”基础测绘规划的1∶1万基础地理信息数据库建设及城镇规划建设和国土资源管理所需的1∶2000、1∶1000、1∶500等地形图测绘（含基础地理信息数据库建设）经费没有保障。此外，5600平方公里边境区域（10个地州、32个县市，面积约62万平方公里，包含331个乡镇、56个团场，人口约468万）的1∶1万地形图测绘和贫困地区（新疆90个县市中有27个国家级贫困县、3个自治区级贫困县，含有3606个村，村民居住地面积约3600平方

公里）的 1∶1000 地形图测绘由于经费不足的原因至今没有开展，严重影响了这些地区乃至新疆的发展。此外，同样由于经费原因，各种卫星遥感影像资料十分短缺，难以满足新疆应急服务和各行各业的发展需要。

经过 12 年的艰苦努力，新疆 1∶1 万基础地理信息数据已覆盖范围约 29.95 万平方公里。由于财政投入有限，1∶1 万地形图测绘与新疆开发建设步伐加快提出的需求之间的矛盾日益扩大。2003～2007 年，各地申请测制 1∶1 万地形图 14937 幅，实际测制 5679.2 幅；2008～2009 年，各地申请测制 1∶1 万地形图 11172 幅，实际测制 4237 幅。同时，按新疆 1∶1 万基础地理信息数据必要覆盖面积 80 万平方公里计算，现只达到应覆盖面积的 37% 左右，还有 63% 左右为空白区。随着国家对新疆发展稳定支持力度和内地省市对口援疆力度的加大，新疆一大批高起点、大规模的基础设施和基础产业项目陆续开工建设，对各种基本比例尺基础地理信息资源的需求将急剧上升，基础测绘滞后带来的瓶颈制约将更加凸显。

（二）现代化测绘基准等基础设施建设滞后，制约了基础测绘各项工作的开展

2008 年 7 月，2000 国家大地坐标系正式启用，但是在新疆点位分布稀少，功能难以有效发挥。同时，新疆区域精化似大地水准面工作尚未开展，测量标志破坏严重，用于位置定位、空间监测等服务的连续运行基准站数量偏少，这些都严重阻碍了基础测绘各项工作的开展，不利于测绘应急服务功能的及时有效发挥。

（三）基础地理信息更新缓慢，影响基础地理信息数据的现势性和使用效果

社会经济的发展和自然环境的变化使得基础地理信息处在不断变化的过程中，这种动态变化特点要求基础地理信息必须及时更新以增强其现势性，现势性越强，其使用价值越大。内地部分发达省市基础地理信息数据已实现每三年更新一次，急需的基础地理信息数据及时更新。目前，新疆基础测绘工作重点是填补空白区，基础地理信息数据更新工作尚未提上日程。按目前新疆的投入实际，根本达不到国家规定的更新周期，不能充分提供自然灾害多发地区以及国民经济、

国防建设和社会发展急需的现势性强的基础地理信息数据，测绘应急服务显得力不从心。

（四）测绘应急服务体制机制不健全，制约测绘应急服务工作长远发展

长期以来，新疆测绘部门在本部门内部建立了测绘应急服务的非常设工作机构和有关制度，与党政军等各级部门通过直接提供服务、合作开发专题地理信息系统、基础地理信息资源共建共享等方式建立了密切的测绘应急服务合作关系，但是仍然存在诸多体制机制障碍。第一，测绘应急服务工作涉及本区域或其他区域内的政府部门之间、军地之间、兵（团）地（方）之间、政企政事之间、事企之间的方方面面，涉及保密、技术、更新、存储、加工、制作、交换、使用等各个环节，而新疆测绘应急服务目前总体上还缺乏整体战略考虑，缺乏集中统一领导，缺乏便捷高效服务，缺乏系统规划建设，依然以提供纸质地图、电子数据等为主要服务方式，服务水平较低，停留在半封闭、单方面、小范围的合作局面，测绘应急服务机制还没有引起上层领导和有关部门高度重视并纳入维护新疆稳定和促进国防信息化建设的大局给予统筹安排。第二，测绘应急服务纵向、横向组织保证和制度保障体系不完善，缺少政策支持和明确清晰的定位。第三，测绘统一监管体制不协调等问题非常突出，在一定程度上制约了新疆测绘服务领域由服务地方经济社会发展向服务国防建设和新疆安全稳定的延伸。第四，提供应急服务和接受应急服务双方彼此之间有关信息不对称，不能实现共享，造成重复测绘和资源浪费。第五，测绘成果的保密制度和军队等部门管理的特殊性，也在一定程度上制约了军地测绘双方的进一步合作。测绘成果与国家安全息息相关，地方基础测绘成果和军队基础测绘成果均属于涉密成果。地方可以对军队提供秘级测绘成果，军队却不对地方提供军队测绘成果。军事管理区和军事禁区及边境地区，不允许地方开展测绘工作，这在一定程度上使地方测绘工作受阻，测绘应急服务难以及时到位。

四　加强新疆测绘应急服务的主要任务

现代社会，突发事件层出不穷，让人措手不及。妥善处置突发事件已成为政

府应对危机能力的巨大挑战。完善应急管理机制，有效应对各种风险，迫切需要测绘保障服务。建立统一高效的应急信息平台，形成统一指挥、反应灵敏、协调有序、运转高效的应急管理机制需要丰富的地理信息。有效应对自然灾害、事故灾难、公共卫生事件、社会安全事件等需要可靠、及时、准确的测绘保障。加强国防建设，保障国家安全，维护社会稳定，有效应对各种安全威胁，测绘是重要的基础工作。

（一）完善测绘应急服务体制机制，切实发挥测绘在应急服务工作中的基础性作用

鉴于测绘工作在国民经济建设、国家应急管理中的重要基础性作用和在国防建设、维护安全稳定中的特殊性作用，首先，应尽快将测绘应急保障体系纳入地方国防动员体系和政府应急管理体系，成立地方国防动员委员会测绘应急保障办（地方人民政府测绘应急保障办），将之列入本级党政议事决策机构序列，赋予本区域内测绘应急保障服务政策研究、领导管理、统一协调、长远规划建设的职责。其次，在测绘部门增设测绘应急保障机构，负责测绘应急保障日常工作；增设地理信息监测机构，负责突发事件易发多发频发高发区域、领域或经济社会、能源发展等重点区域、特殊地方的基础地理信息需求监测工作。最后，组建成立地方应急测绘中心，承担突发事件、紧急工作等的基础地理信息数据采集、更新、制作、加工、处理、交换等工作，并为其配备无人驾驶航空摄影小飞机等先进装备以提高测绘应急服务能力。

（二）推动国家和地方加大基础测绘工作投入力度，切实提高新疆测绘应急保障服务能力

测绘部门要始终紧紧围绕自治区党委、人民政府的战略部署和新疆开发建设的主战场开展基础测绘工作，重点在新疆新型工业化建设、产业升级及基础设施和生态环境建设、改善民生工程建设、城乡区域协调发展、公共突发事件应急保障等方面，继续扩大基础地理信息数据的必要覆盖，进一步提升测绘为促进新疆经济平稳较快发展和维护社会稳定的保障服务水平。一是继续争取国家和地方加大基础测绘投入力度，争取在“十二五”至“十三五”期间实现近50万平方公里区域（含边境区域和贫困地区）1∶1万地形图空白区基础地理信息数据全覆

盖。二是争取将基础测绘工作经费纳入各级财政预算，逐步建立健全基础地理信息更新机制，进一步提高基础地理信息的现势性，进一步丰富各种航空航天遥感影像资源。三是以全国对口支援新疆工作为契机，指导地、州市、县（市）加快发展基础测绘工作，重点开展好县（市）1∶2000、1∶1000、1∶500 大比例尺地形图测绘工作。四是购置先进仪器设备，引进先进测绘技术，优化人员配备，加快复合型测绘人才培养，全面加强和提高测绘应急服务能力。

（三）加快基础地理信息数据库建设，构建“数字新疆”地理空间框架

新疆基础地理信息数据库是自治区“十一五”期间建设的重要的省级基础数据库，也是“数字新疆”地理空间框架的重要组成部分。要加快建设新疆基础地理信息数据库，建立多级比例尺、多源数据组成的统一的、标准的地理信息数据平台，为进一步搭建自治区地理信息公共服务平台打下坚实基础。积极利用基础地理信息数据库为自治区党委、政府及有关部门提供基于地理信息的决策支持，提高决策的科学性和准确性；在国土资源管理、城乡建设、交通运输、国防建设、邮电、通信、旅游、民航、农业、环境、卫生等多领域、多行业广泛推广应用，促进新疆经济社会大发展和信息化建设，促进新疆安全稳定。

（四）实施测绘基础设施的改造建设，服务新疆基础测绘和应急服务工作

实施新疆现代测绘基准体系改造建设项目，优先规划、改造建设新疆区域内测绘基准，充分发挥 2000 国家大地坐标系的作用。在新疆布设密度科学适宜的测绘基准网络，充分发挥其使用效益。加快测绘成果档案存储与分发服务设施建设。推进测绘档案馆现代化改造，改善测绘成果档案存储管理条件。加强测绘管理、科研、培训、科普、宣传及仪器检测方面场地、场所和技术装备等基础设施建设。

（五）扩大基础地理信息资源整合范围，提高新疆应急管理工作的科学化、信息化水平

在新疆应急地理信息平台现有信息资源的基础上，进一步整合交通、能源、

水利、各种公共设施、重点单位、要害部位、危险源分布等与应急工作相关的所有信息，并将这些信息进行空间定位和可视化展示，提高决策部门和决策者的科学分析能力和决策判断能力。在新疆应急地理信息平台运行的基础上，加快形成和建立应急数据报送机制、地理信息数据及应急工作相关信息更新机制、各部门应急联动机制、政府突发事件快速反应和科学决策机制，提高新疆应急管理工作的科学化、信息化水平，最大限度地保障和维护人民群众生命、财产安全，保障社会平安稳定，最大限度地减少突发事件影响范围，有力支持防灾减灾。坚持“边测、边建、边用”的原则，加快地、州市、县（市）应急地理信息平台建设。

遥感技术支撑测绘应急保障体系

李吉平*

摘　要： 遥感技术是人类认识灾害的重要观测手段，在测绘应急保障中具有重大作用和巨大潜力。本文对遥感技术在测绘应急保障不同阶段的作用进行了介绍，并对完善遥感测绘应急保障体系提供一些建议。

关键词： 测绘　应急保障　遥感技术

一　前言

遥感作为一门新型的高科技对地观测技术，是人类认识灾害发生规律、灾害破坏程度的重要观测手段。20 世纪至今，各国纷纷展开“对地观测”行动，各种携带光学、雷达和高光谱传感器的卫星上天及各种机载传感器遥感任务的执行，为人类认识地球、研究各类自然灾害提供了丰富的信息，为遥感技术的新领域应用奠定了基础。

进入 21 世纪以来，许多国家启动遥感技术应急保障。2005 年，在日本兵库召开的联合国世界减灾会议正式通过了《2005～2015 年兵库行动框架》，将减灾作为国家和地区的首要执行任务，并提供强大的制度支持；明确将对地观测技术纳入识别、评估、监测灾害风险并加强早期预警能力和灾后恢复建设的减灾任务中。2006 年，欧洲委员会和欧洲航天局联合资助“全球环境与安全监测（GMES）”行动计划，旨在获取精确、及时信息，用于管理环境、了解并减缓全球变化带来的影响，确保国民的安全，其六大服务领域之一为应急响应服务。2008 年两院院士大会上，国家主席胡锦涛在谈及防灾减灾问题时指出，要通过各种对地观测数据加强对自然灾害孕育、发生、发展、演变、时空分布等规律和

* 李吉平，北京东方道迩信息技术有限公司副总经理。

致灾机理的研究，为科学预测和预防自然灾害提供理论依据。要加强自然灾害监测和预警能力建设，构建自然灾害立体监测体系，建立灾害监测—研究—预警预报网络体系。要深入研究各种自然灾害之间、灾害和生态环境、灾害和经济社会发展的关系，加强防灾减灾关键技术研发，强化应对各类自然灾害预案的编制。通过各种对地观测数据形成各种专题数据底图，应对各种突发事件的应急需求。

二　遥感技术支撑测绘应急保障

测绘应急保障的核心任务是为国家应对突发自然灾害、事故灾难、公共卫生事件和社会安全事件等突发公共事件高效有序地提供地图、基础地理信息数据、公共地理信息服务平台等，并根据需要开展遥感监测、导航定位、地图制作等技术服务。它是国家灾害应急体系的重要组成部分。根据《国家测绘应急保障预案》，将成立专门的国家测绘应急保障中心，负责响应各级突发事件、应急进展和相关信息的分发工作。国家测绘应急保障中心由领导机构、办事机构、工作机构、地方机构和社会力量构成。其中社会力量指的是具有测绘资质的相关企事业单位，根据总体部署，承担相应测绘应急保障任务。目前，国内卫星遥感市场上除了我国自主发射的卫星资源外，国外卫星数据资源均需从国内代理机构向卫星方申请获得。国内各家卫星代理机构，是社会力量中的卫星遥感数据的主要提供者和数据处理及专题信息提取技术支持者。

测绘应急保障的遥感数据源主要为星载/机载光学和雷达遥感数据。遥感技术可应用于测绘应急保障体系的各个阶段：预报预警阶段、预防阶段、积极干预阶段和灾后恢复重建阶段，为灾害应急保障提供决策支持和全程支撑。以地图、数据集、报表和定向警报等形式进行信息输出，帮助人们和相关组织采取行动、制定合理的方针政策，决定必要的投资。

（一）预报预警阶段

综合多年或长期遥感数据和“现场数据”，进行全国自然灾害清单及其灾害敏感性普查/排查，对重点地区进行长期监测，做到重点灾发区实时灾害预测、预报和预警。利用遥感数据对行政区划图、道路交通图、医疗点和学校分布图进行更新，以备发生突发事件时指导人员撤离、伤员救助、道路疏通等应急工作。

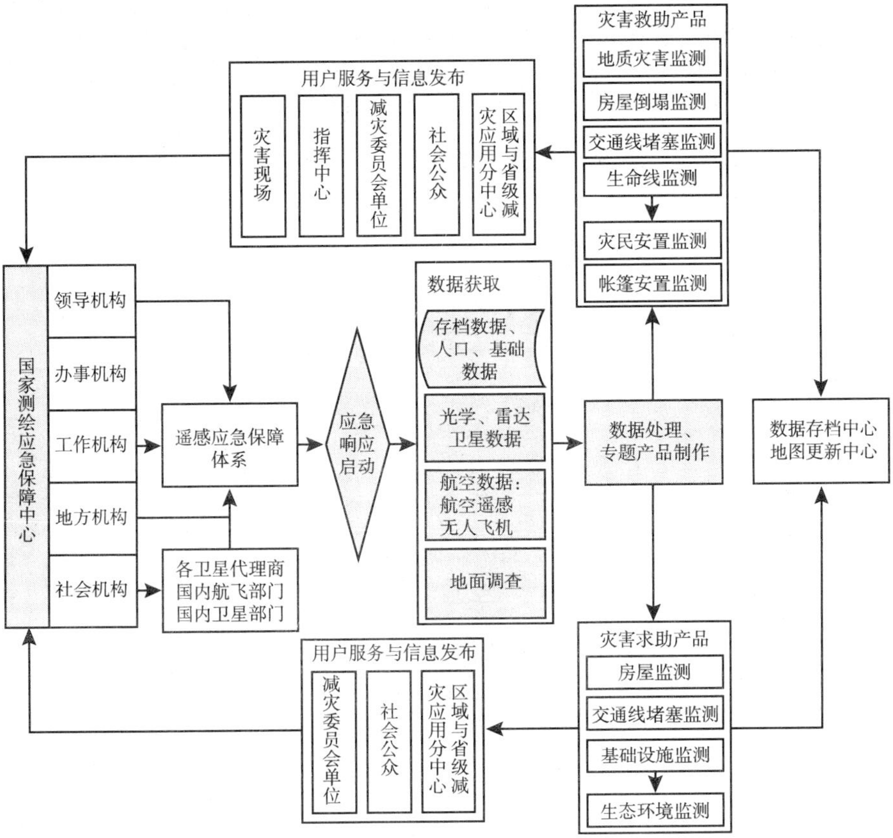

灾害救助产品
地质灾害监测
房屋倒塌监测
交通线堵塞监测
生命线监测
灾民安置监测
帐篷安置监测

用户服务与信息发布
灾害现场
指挥中心
减灾委员会单位
社会公众
区域与省级减灾应用分中心

国家测绘应急保障中心
领导机构
办事机构
工作机构
地方机构
社会机构

遥感应急保障体系
各卫星代理商
国内航飞部门
国内卫星部门

应急响应启动

数据获取
存档数据、人口、基础数据
光学、雷达卫星数据
航空数据：航空遥感无人飞机
地面调查

数据处理、专题产品制作

数据存档中心
地图更新中心

灾害求助产品
房屋监测
交通线堵塞监测
基础设施监测
生态环境监测

用户服务与信息发布
减灾委员会单位
社会公众
区域与省级减灾应用分中心

图1　遥感在测绘应急保障体系中的作用

（二）预防阶段

针对重点灾发区，根据灾害敏感性高低，采取相应预防措施，如对大型滑坡体和不稳定道路边坡，采取边坡加固防护等工程措施或指导灾害影响范围内人员撤离。

（三）积极干预措施

对于已经发生的灾害，利用遥感手段进行灾后灾区快速制图，结合已有基础地理信息资料和“现场数据”，进行灾情信息专题提取如交通设施损毁情况制图、房屋倒塌制图、水淹区域制图及灾情发展趋势专题制图，指导灾后应急救援工作如生命线疏通、灾民安置规划以及帐篷安置规划等。

（四）灾后恢复重建阶段

利用遥感技术提供最新灾区遥感图像，指导房屋重建、交通线恢复、基础设施恢复和生态环境恢复监测工作，确保灾后灾区人民生命、生活和生产安全。

针对不同的突发事件类型，遥感在灾害应急保障中扮演的角色也不一样。表1为遥感技术为不同突发事件类型提供的数据资料。

表1 不同类型突发事件中遥感技术的应用

突发事件	突发事件类型	遥感技术提供的数据资料	对遥感时间响应、空间分辨率要求
自然灾害	洪涝灾害	实时洪峰数据、水淹面积和发展趋势	高时间响应、中低空间分辨率
	气象灾害	实时动态气象数据如气象云图	高时间响应、低空间分辨率
	地震灾害	及时准确的灾后交通、村庄毁坏、次生地质灾害如滑坡泥石流灾害的专题数据，灾后灾区更新地图	高时间响应、高中低空间分辨率结合
	地质灾害	事态发展实时数据，行政规划数据，灾后道路、村庄毁坏等专题数据；灾区气象数据	时间响应依灾害性质而定、高空间分辨率
	海洋灾害	广域海面的大气洋流数据、温度数据及海上船只数据等	高时间响应、低空间分辨率
	生物灾害	灾害发展态势数据如蔓延速度、影响方位和影响强度数据等	时间响应依灾害性质而定、高空间分辨率
	森林草原火灾	准确的火点源数据、风向和风速数据，森林覆盖和森林周围交通和居民点数据；灾区气象数据	高时间响应、中低空间分辨率
事故灾难	工矿商贸等各类安全事故	如矿区塌陷，及时准确获取的塌陷范围、塌陷强度和深度	高时间响应、超高空间分辨率
	交通运输事故	最新遥感更新行政区划图、道路交通图、医疗点和学校分布图进行更新	超高空间分辨率
	公共设施和设备事故	最新遥感更新事故周围的交通、居民、建筑图	超高空间分辨率
	环境污染和生态破坏事件	及时准确的环境污染态势数据如污染源、污染面积、污染扩散速度；最新遥感更新污染事件所在区域的行政区划图和交通、居民点图	高时间响应、高空间分辨率
公共卫生事件	传染病疫情	最新遥感更新疫情区医院、学校等高危场所图等	高时间响应、高空间分辨率
	群体性不明原因疾病	最新遥感更新疫情区医院、学校等高危场所图等	高时间响应、高空间分辨率
社会安全事件	恐怖袭击事件	最新遥感更新事件周围交通图、医院和避难场所位置图，指导人员疏散	超高空间分辨率

说明：①空间分辨率：低，20~30米；中，5~10米；高，2~5米；超高，优于1米。②在多云雨灾害区域，采用雷达数据。

三　完善遥感测绘应急保障体系

“5·12”汶川大地震、玉树地震，充分体现了遥感技术在测绘应急保障体系中的重要作用和巨大潜力。但是，遥感技术在应急保障中应用的机制非常欠缺。首先，遥感尚未或很少被纳入现在执行的各类应急章程。例如，1995年制定的、目前依然有效执行的《破坏性地震应急条例》中，通篇未提到“遥感”二字。其次，遥感信息共享机制不完善。目前，我国有各种遥感机构250余家，分布于各个行业和部门，但是缺乏统一的应急指挥、协调和信息共享机制，在一定程度上造成了重复工作。再次，未充分调动社会力量中具有遥感数据代理、接收和处理能力的各大遥感公司，具有航飞资质和能力的遥感科研单位共同参与。最后，缺乏对具有遥感数据代理、接收和处理能力的各大遥感公司，具有航飞资质和能力的遥感科研单位的数据获取任务的统一调度。

针对上述状况，应尽快建立一套完善先进的遥感应急保障体系。国家测绘局是国土资源部管理的主管全国测绘事业的行政机构，将负责统一领导、统筹、组织遥感测绘应急保障工作。作为测绘应急保障工作的具体实施执行机构如工作机构、地方机构和社会力量，将遵循统一领导、协调工作原则，充分调动社会力量参与。

（1）明确各遥感企事业单位的应急保障职责，对各遥感企事业单位进行应急响应领域划分和应急响应能力分级。

（2）实现对各遥感企事业单位的最高层面统一指挥管理。

（3）建立以需求方为主导的遥感信息共享机制。

（4）做好各种遥感数据资料的储备和基础地理信息地图更新工作。

（5）完善遥感资料和信息的分发和应用服务。

（6）编制针对不同灾害类型和灾害危害级别的遥感应急保障预案。

成熟的遥感应急保障体系需要不断完善，不断从面上进行扩充、从点上进行深度挖掘，这又需要大量的遥感数据的支持，同时还需要诸多领域的专业知识和数据库集成分析，才会发挥最大的应急应用潜力。

防灾减灾、救灾救援、灾后重建是国家和人民共同的使命，应充分调动社会力量的参与，建立与不断完善社会力量参与的机制，追求“一方有难、八方支援”，实现社会力量参与的制度化、专业化和有序化。

河南省遥感影像三维地理空间信息应急指挥系统研建综述

禄丰年*

摘　要： 河南省基于遥感影像三维地理空间信息应急指挥系统依托河南省应急平台搭建的软硬件环境，充分利用“数字河南”地理空间框架建设的成果和河南省应急数据库建设成果而建立。本文介绍了该系统建设的总体情况、技术路线和方法。

关键词： 遥感影像　三维地理空间信息　应急指挥系统

一　项目概况

预防和处置重大突发性紧急事件和自然灾害的应急救助、安全防御、反恐等公共安全系统设施建设，已经成为全世界不同国家和地区主管政府的重要政治工作内容。随着我国经济加入全球一体化进程的快速推进，我国已经并将更加广泛深入地融入经济全球化的环境中，城市遭遇各种重大突发性公共安全事件的风险也相应显著增加。一个孤立的突发事件就可能产生扩散效应，演变为巨大的社会灾难，对国家安全、社会稳定和人民群众的正常生活造成严重威胁。2008 年上半年，我国经历了冰雪、地震、洪水、干旱等各种各样的自然灾害，造成了巨大的经济损失。面对重大的防灾减灾任务，我国各级政府已经意识到了防灾减灾应急指挥系统的重要性，普遍重视利用高科技手段，建立各种智能化的防灾减灾应急指挥系统。

---

* 禄丰年，河南省测绘局副局长。

随着网络技术和GIS技术的发展，GIS技术已在应急指挥系统中发挥着不可替代的作用。GIS将复杂的地形地貌环境、交通状况、行政区划等地理要素和公安、医疗、环境、水利、气象等各部门的应急资源整合在地理信息平台上进行管理、定位、查询和分析，可以在灾前预警分析、灾中紧急救助、灾情评估、灾后重建和灾情信息发布等方面发挥重要作用。

近年来河南省信息化测绘取得了长足发展。覆盖全省的多尺度地理空间信息数据库已经建成，“数字河南”地理空间框架建设步伐加大，河南省测绘局也在逐步建立健全应急测绘保障机制，为突发公共事件的防范处置工作提供及时的地理信息和技术服务；纳入国家应急平台体系建设的河南省应急数据库基本建立，并已实现空间数据、属性数据的一体化管理；覆盖全省18个省辖市和省政府部门的电子政务内外网投入使用，为河南省应急平台体系各应用系统的建设奠定了良好的基础。

为深入贯彻《国务院关于全面加强应急管理工作的意见》，全面落实《河南省突发公共事件总体应急预案》，提高河南省应对突发公共事件的能力，河南省启动了“基于遥感影像的三维地理空间信息应急指挥系统”建设项目。该项目由河南省应急办主持，河南省测绘局与中测新图（北京）遥感技术有限责任公司联合进行系统开发。

二　总体目标和工作内容

（一）总体目标

借助网络技术、地理信息技术、数据库技术，依托河南省应急平台搭建的软硬件环境，充分利用“数字河南”地理空间框架建设的成果和河南省应急数据库建设成果，建立河南省基于遥感影像三维地理信息应急指挥系统。通过三维地理信息平台，管理全省范围基础地理数据，以三维立体方式直观浏览全省范围地形地貌，显示城镇、村庄的地理位置，掌握铁路、国道、省道、县乡道等各级道路的通达情况及河流、水库的分布；通过基于三维系统的空间查询，从多比例尺度掌握各类应急资源的空间分布及其救灾人力、物资储备状况，为灾前预警分析、灾中紧急救助指挥调度、灾情评估、灾后重建提供辅助决策支持。

（二）工作内容

1. 建立灾害应急基础地理空间信息数据库

根据应用需求，集成全省范围 2.5 米 SPOT－5 数字正射遥感影像、1∶50000数字高程模型（DEM），河南省市、县、乡镇、村各级行政地名和省、市、县三级行政境界，建立影像库、数字高程模型库、地名数据库和行政区划数据库。

2. 基于影像特征的三维地理空间信息系统开发

以基础地理空间信息数据库为基础，采用网络技术、三维仿真技术、GIS 技术，建立基于网络的、以遥感影像为表征的、三维可视化的地理空间信息快速浏览系统，建立河南省数字地理空间信息浏览、查询和可视化分析的基础平台，为应急指挥系统提供三维基础地理空间框架。

3. 河南省应急数据库接口定义和三维应急指挥系统集成

为充分利用河南省已建立的应急资源数据库，定义和开发应急资源数据接口，在基于影像特征的三维地理空间信息系统中集成应急资源数据，并实现数据的空间可视化表达、空间数据查询、空间分析、三维导航等功能。

三　技术路线与方法

（一）系统总体框架

系统开发基于客户端/服务器运行模式，采用 http 网络通信协议，运行于网络化运行环境。系统由数据库及其管理软件、遥感三维基础平台、应急资源数据接口、应急指挥专题应用等若干模块组成。系统总体逻辑结构如图 1 所示。

（二）地理信息数据处理和建库

本项目地理信息数据包括：遥感影像、数字高程模型、数字线划图及具有空间信息属性的应急数据。数学基准采用 1980 西安坐标系（经纬度坐标）和 1985 国家高程基准。

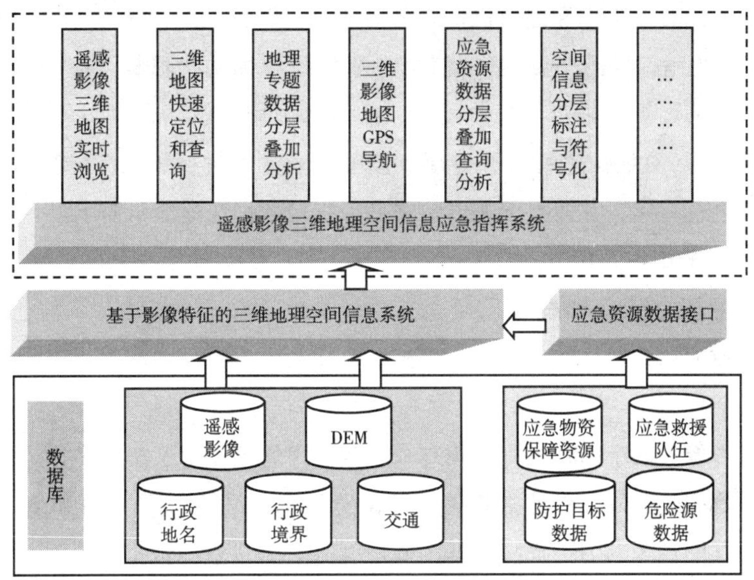

图1　系统总体架构

1. 数据处理

（1）遥感影像数据源包括 MODIS 数据、ETM + 数据、SPOT－5 数据等数据类型，具体指标和用途如表1所示。

表1　遥感影像数据情况

遥感数据类型	分辨率	覆盖范围	用　途
MODIS	1000 米	全　球	构建全球影像背景
ETM +	15 米	河南省	构建全省小比例尺影像背景
SPOT－5	2.5 米	河南省	构建全省大比例尺影像背景

遥感影像处理利用数字高程模型数据和相应的地形图作为控制资料，ERDAS 或 PCI 软件对影像数据进行正射纠正，正射纠正后的数据经过数据融合、色调调整、镶嵌、裁切，最终形成数字正射影像。

（2）利用全省1∶10000DLG 数据，将其中的省、市、县三级行政境界进行处理，生成 Shape File 格式的矢量图层文件，并进行投影转换，生成1980 坐标系下的 Geographic（Lat/Lon）数据。

（3）以1∶10000 地名数据库为基础，以行政区划代码为依据进行分级组织管理，提取辖区省、市、县、乡镇、村各级行政地名，建立地名数据库，为应急服务系统中位置的查询和定位提供地名参考。

（4）对河南省全省应急基础信息包括危险源和防护目标、应急保障资源、环保等方面的数据，进行可视化处理，按照《国家应急平台体系信息资源分类与编码规范》，对数据进行分类分层。按图层对数据进行组织和管理，按 Shape 文件格式进行存储，并建立图幅索引文件，满足数据快速显示需求。

2. 数据的组织管理

（1）数据的组织方法

矢量数据如交通、境界、地名等核心要素及应急数据图层等，以 Shape 文件存储。

遥感影像和数字高程模型采用 Oracle 数据库管理。为了实现多分辨率、海量遥感影像数据的存储、快速查询检索和浏览显示，系统采用 R 树和金字塔结构进行数据存储管理。为了提高数据读取速度，对海量空间数据主要采用 JEPG 压缩方法，以 JEPG 格式进行存储。

（2）数据库设计

根据系统所需的数据内容建立遥感影像数据库、数字高程模型（DEM）数据库和地理框架要素数据库，数据库表包括数据实体表和索引表，每一个数据库的表结构取决于数据的组织方式。总体而言遥感影像和数字高程模型（DEM）均采用的是金字塔方式进行数据组织，采用 R 树构建索引，统一为栅格数据库。

栅格数据表结构主要记录图层号、影像块坐标、影像块，因为栅格数据具有规则格网分布，且分块大小和分辨率固定，所以块坐标和行列号具有一一对应关系，结构如表 2。

表 2　栅格数据表结构

字段名称	字段类型	字段含义
PICLAYER	NUMBER	层　号
PICROW	NUMBER	行　号
PICCOL	NUMBER	列　号
PHOTO	NUMBER	数据块

设定按金字塔结构组织的遥感影像数据分为 N 层，每一层有 M 块影像。考虑到 Oracle 数据库最多存储 70 万条记录，因而对于影像块数大于 70 万的影像层

需要采用多个表记录。

（3）数据分层设置

数据采用R树和金字塔结构的分级存储策略，将不同分辨率或精度的数据进行分层和切割处理。数字高程模型（DEM）划分为10层，按150×150像素分块；遥感影像分为14层，按512×512像素分块。

（三）软件系统的开发方案

1. 系统开发环境

开发语言：Microsoft Visual Studio 2008、DirectX9.0、OpenGL。操作系统：Microsoft XP、Microsoft Server 2003。硬件环境：配置高性能微机。

2. 遥感影像数据库管理系统开发

主界面功能设计，与用户交互的界面，整个程序的入口点；数据内容操作模块，待处理数据文件相关的处理操作；数据库操作模块：数据库相关的操作；日志文件模块，操作过程中异常及重要信息的记录，程序每次运行生成新的日志文件，过一段时间后自动清空。支持多文件批处理入库方式；数据库发布系统开发，包括遥感影像和数字高程模型（DEM）数据的发布，发布软件采用Microsoft Visual Studio Asp. net 2005进行开发，用Internet Information Server（IIS 5.0）建立站点进行数据发布。

3. 面向应急服务的三维地理空间信息系统应用功能开发

（1）应用功能

在海量遥感影像三维显示和漫游基础上，针对河南省应急办业务需求，设计开发专题应用功能。全省地形地貌三维浏览、地图搜索定位、区域三维场景记录、应急资源专题数据图层管理、空间量测，基于三维地图的点、线、面图形标注，GPS导航等功能。

（2）系统运行环境

——系统网络拓扑图：系统基于Internet局域网的环境运行，网络拓扑图见图2。

——系统软件分布

服务器端：Oracle管理的遥感影像和数字高程模型数据库、基于IIS的数据库信息网络发布服务软件。

客户端：客户端三维浏览软件及各应用模块组件。

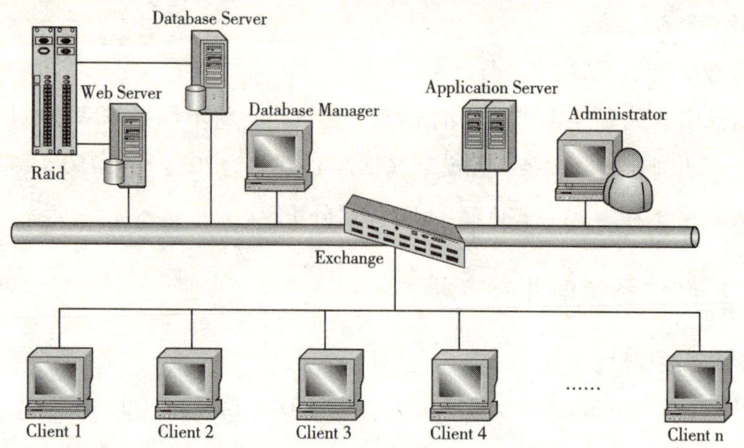

图2　系统网络拓扑图

——系统硬件和运行环境配置

服务器配置：双 CPU 3.0GHz 以上；硬盘 200G；内存 4G 以上；操作系统 Windows 2000 Server 或 Windows 2003；配置 Oracle 10g。

客户端：内存 1G、CPU 3.0GHz 以上；显卡：128M 显存，兼容 DirectX 驱动；安装 Dot Net Framework、DirectX 9.0c 以上版本。

四　结束语

该系统建设通过开发专门的数据建库软件，建立了海量遥感影像快速处理和建库的标准化流程，实现海量遥感影像的快速组织和管理，满足快速应急保障服务的要求。系统采用 R 树索引、金字塔分层、数据压缩、三维建模、视点相关等关键技术，解决了海量的、多尺度的、大范围遥感影像快速浏览和实时三维显示。系统采用数据库技术、IIS 网站数据发布、HTTP 网络访问技术，实现基于 C/S 模式下不采用网络访问负载平衡技术 50～100 多用户并发访问。系统基于 COM 组件方式，采取面向应用的插件模式开发，功能插件可以自由组合，系统功能易于扩展。

目前，系统已在河南省应急指挥中心运行。随着应用的深入和应急需求的增加，将对系统进行逐步完善和扩展，为河南省突发事件的处置和日常应急管理工作提供高效的技术手段。

高分辨率影像在抗震救灾中的应用

关鸿亮　向宇*

摘　要： 在抗震救灾行动中，基于航空摄影数据可提供高分辨的影像图和三维景观图等测绘产品，能帮助救援队伍及时制订出有效的救援计划并进行合理的人员调度。因此，如何能快速、高效地对航空摄影数据进行处理，及时生成各类测绘产品，成为抗震救灾中测绘应急响应的关键。本文在广泛调研的基础上，结合我单位在汶川、玉树地震抗震救灾中的工作实际，介绍了高分辨率影像在抗震救灾中的应用。

关键词： 航空摄影　高分辨率影像　抗震救灾

一　利用高分辨影像进行抗震救灾的基本情况

2008 年四川汶川"5・12"地震达到里氏 8.0 级，是新中国成立以来破坏性最强、波及范围最大的一次地震，受灾范围约 50 万平方公里；2010 年青海玉树"4・14"地震达到里氏 7.1 级，灾区海拔 3700 米以上。两次特大地震灾难造成了巨大的经济损失和人员伤亡，其波及范围之广和灾区海拔之高，给人员搜救、物资运输等抗震救灾工作带来极大困难。在汶川、玉树地震灾害发生后一系列的应急响应中，航空摄影技术体现出了强大的辅助决策作用，所参与的单位之多、技术手段之新、使用的数据源之广，都是以往的应急灾害中绝无仅有的。

两次大地震发生后，国务院立即组织相关部委迅速采取了相应的救灾行动，相关单位积极响应。利用空间信息技术进行减灾救灾的政府部门包括国家测绘局、国家民政部、国土资源部、科技部、水利部、交通部、国家气象局等国家部

---

* 关鸿亮，四维航空遥感有限公司常务副总经理；向宇，四维航空遥感有限公司。

委；相关的大学、研究机构也根据自身技术优势，辅助各涉灾职能部门完成减灾工作，主要参与的大学和科研院所包括武汉大学、北京师范大学、首都师范大学、国家基础地理信息中心、中国科学院、中国测绘科学研究院、中国水利水电研究院、中电集团相关研究所等；除了政府部门、事业单位、科研机构对地震灾害的积极响应外，航空遥感企业主动请缨，免费为相关救灾部门提供航空摄影服务和所需的卫星影像；北京天下图及中航四维公司免费为灾区进行航空摄影拍摄，及时提供了影像资料，尤其是于汶川地震中在协助相关部门寻找失踪直升机及玉树地震中使用无人机技术进行地震影像获取等方面起到了十分重要的作用。

二　高分辨率影像在抗震救灾中的应用情况

（一）航空航天影像数据为抗震救灾、灾后重建提供保障

汶川强烈地震发生后，国家测绘局协调安排了多颗高分辨率、雷达遥感卫星对准灾区，做好了灾区卫星影像获取准备。调集飞机在南充机场、太平寺机场待命，择天气情况赴灾区航空摄影；可用于短距离飞行的无人机等飞行器于5月13日分别从贵州、北京抵川，作为航空摄影备份方案。有关测绘人员和其他先进测绘技术装备13日晚便赴灾区实施航空摄影，全力服务抗震救灾和灾情评估。

5月13日，根据国家有关部门的统一部署，我公司决定暂停正在执行的几个项目，抽调最优秀的航空摄影人员，调配航摄飞机及相关设备，计划从5月14日开始，对汶川、都江堰、茂县、映秀、漩口等地震中心地区实施航空摄影，随后制作灾区影像图，以最快的速度为抗震救灾指挥部门提供最新的灾区影像资料。

所获取的资料主要用于测制灾区恢复重建用图，加强灾情评估和灾害分析。另外，还继续对灾区开展更大范围的航空摄影工作，尽快恢复灾区测绘基础设施，综合灾区震后航空航天遥感影像和已有基础测绘成果，快速测制灾区1∶2000影像地图，完善玉树地震灾区地理信息服务平台，并及时提供灾区恢复重建各有关方面使用。

在汶川地震发生时，由于经验不足，应急机制尚未完善。玉树地震后，国家测绘局启动了测绘应急保障服务预案，开通了测绘成果提供绿色通道。测绘部门

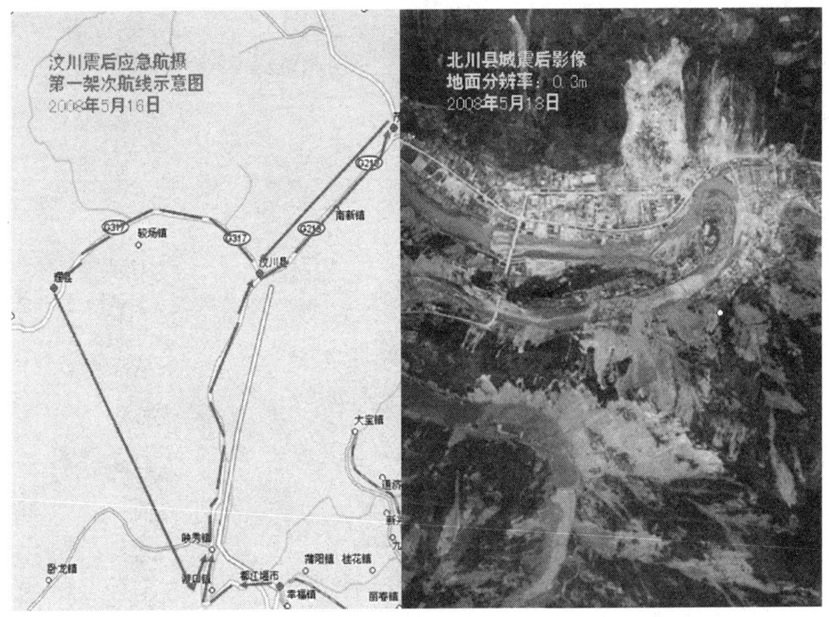

图1　灾区数字影像

与其他各部门配合非常默契，根据应急响应机制，流程化地往下走。玉树地震后，国家测绘局一共使用了七架飞机：一架“空中国王”型飞机，一架“奖状”型飞机，五架高原型无人机。通过在飞机上安装数码航摄机（即高端数码相机）和机载合成孔径雷达系统，高空拍摄，来获取灾区的第一手影像资料。

高空飞机主要是大规模、大面积地获取影像，而无人机是对灾区局部地区获取更精细的影像数据，拍摄的高分辨率灾区影像图将对抗震救灾起到指导作用。在道路阻断、能见度差的情况下，“无人机”能充分发挥全自动无人飞行、低空作业的高技术优势，完成受灾严重地区的航摄任务。

在青海玉树地震发生后，公司领导立即与国家测绘局取得联系，停止我公司“无人机”航摄任务，紧急调集全自动无人飞行机前往灾区，力争以最快的速度获取灾区震后高分辨率航空摄影影像，为抗震救灾指挥决策、灾民安置、灾情评估和灾后重建等提供服务。

在国家测绘局领导的指导下，青海省国土厅、青海省测绘局的协助配合下，4 月 19 日 11 时，无人机顺利完成了对玉树地震灾区结古镇的 1∶1000 比例尺航摄数据采集工作，获得了 0.1 米分辨率的影像数据。此成果可用于灾区抗震救灾、移民安置、城乡规划、基础设施建设等，为救援机构提供了第一手详尽资料。这次飞行任务的完成标志着我国首次在青藏高原高海拔地区使用无人机成功获得遥感影像数据。

图2　无人机获取的玉树灾区影像图

（二）高分辨率影像数据用于灾情判读

地震重灾区通信中断、道路堵塞，利用遥感技术制作遥感图像成为及时了解灾情的最佳途径。5月12日下午汶川地震发生后，中科院迅速组织着手收集、处理灾区的卫星遥感数据。由于当时灾区阴雨连绵，卫星一时难以获得清晰的地面光学数据。于是，5月13日，来自对地观测中心和电子所的16名专家和16名飞行人员很快准备就绪，遥感飞机和观测分析设备整装待命。对地观测中心的2架高性能遥感飞机及相关专家从北京启程，飞赴灾区；遥感所和地理所的数名科研人员也携带3架无人飞机飞抵都江堰。在处理遥感飞机数据的同时，对地观测中心的专家们还随时接收来自16颗国内外卫星的遥感数据，加工制作出“汶川震后卫星影像图”、“德阳市卫星影像对比图”等数百幅灾区的图像。为让抗震救灾的有关地方和部门在第一时间获取遥感资料，对地观测中心于17日在网上公布了第一批卫星数据，供各有关部门免费下载使用。这些图像为评估灾情、防控次生灾害等提供了及时、可靠的决策信息。

在获取玉树地震数据后，中科院一方面迅速分析，一方面向有关部委、地方及单位及时提供航空遥感数据，并向国家减灾委、国家地震局、国土资源部、科技部、总参测绘局、青海省等提供了这些数据，同时提供高分辨率卫星数据供网上免费下载，这些数据正在为各部门抗震救灾发挥着重要作用。

（三）激光雷达数据用于堰塞湖监测

在地震发生后的十多天中，武大科技人员开展了大量抗震救灾科技服务工作，受国务院抗震救灾指挥部指令，专家完成并提交唐家山堰塞湖最精细的三维实景图像，成为排险决策的重要工具。

5 月 24 日，武大李德仁院士接到国务院抗震救灾专家组副组长、中国水利水电科学研究院陈祖煜院士急电，对方咨询如何利用遥感手段帮助四川灾区处置堰塞湖问题。25 日下午，陈祖煜飞抵武汉，因时间紧急，他与李德仁等在天河机场召开紧急会议，共商处理堰塞湖的有效方法。26 日，李德仁的团队成员马洪超教授等携设备紧急入川。随后由国家测绘局牵头实施机载三维激光扫描工作，交前方指挥部和相关设计研究单位使用。31 日，飞机在空中 3300 米处，对唐家山堰塞湖进行三维地形扫描。不久，他们用机载激光雷达和数字扫描仪获得该湖最精细的真三维实景图像，如实反映了堰塞湖上游至绵阳市整个流域的三维地形，完整再现了 2. 4 亿立方米的“悬湖”之险。

北川县唐家山堰塞湖数字高程模型（DEM）影像图

根据2008年5月31日机载激光扫描影像制作

图 3 堰塞湖 DEM 影像图

被堵塞26天后，汶川大地震后形成的“头号”悬湖——唐家山堰塞湖终于泄洪，随后险情全部排除。随着该湖的不复存在，他们完成的三维图也成为当时最危险时刻的绝版记录。

（四）雷达等多源数据用于解译、次生灾害防治

据统计，汶川地震发生后，国土资源部抗震救灾应急指挥领导小组办公室已提交重灾县震后遥感影像解译图和专题解译图及解译报告60余件，向国家防汛抗旱总指挥部、交通部、住房和城乡建设部等17个部门提供108件有关地震灾区的航摄影像图、解译报告等资料，对公路损毁、房屋损坏、堵江、崩塌滑坡泥石流、堰塞湖和潜在的地质灾害等内容作了清晰标注。

玉树地震灾害后，按照国土资源部的统一部署，国家测绘局机载多波段多极化干涉SAR测图系统已于4月17~18日获取了灾区约2000平方千米的0.5米和1米分辨率机载X、P波段雷达影像。18日晚，测绘专家初步完成了对玉树县结古镇区域机载雷达影像的纠正、镶嵌、解译和对比分析工作，对地震灾区的倒塌房屋、学校、医院、道路、基础设施和滑坡体进行了标注，制作完成了首张玉树地震灾情雷达影像解译图并提交国土资源部使用。

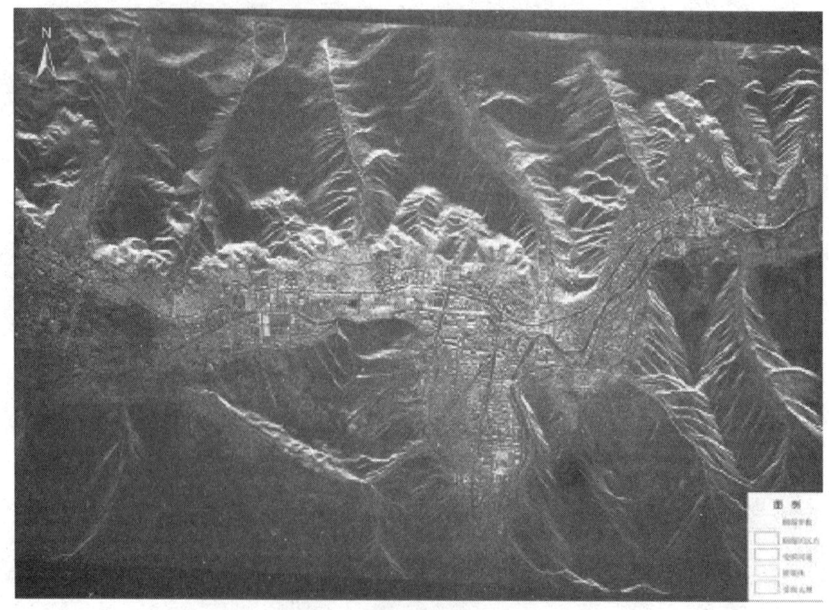

图4 玉树灾区雷达影像图

雷达影像具有与可见光影像不同的特点，可以判别分析出地物的材质，如倒塌房屋的结构等。经初步解译，专家认为地震灾区土木结构房屋毁损严重，钢混结构房屋毁损情况相对较好；灾区未发现重大山体垮塌；灾区目前交通状况良好，没有大的拥堵现象。

国土资源部、国家测绘局组织专家进一步对灾区更大范围的机载雷达影像开展精细解译工作，及时为科学评估灾情、防控次生灾害、科学规划重建提供支撑。

图5　玉树灾区影像解译图

三　应用关键分析

航空摄影测量是一种传统的测绘方法，但在应急响应中，特别是在汶川大地震发生后的第一时刻，它难以按常规的航空摄影进行影像的获取。在这样的情况下，若要快速、高效地对海量“非常规”航空摄影数据进行处理，并及时地生成DEM、正射影像图等测绘产品，为救援行动提供精确、可靠的测量数据，就必须改变已有的传统作业方法，在关键算法和数据处理机制上提高计算的稳健性和效率。

（一）抗震救灾中的应急航空摄影

航空摄影一般需按航空摄影规范进行航线的设计，然后按预设的航线进行飞行和影像的获取。在常规航空摄影中，影像间的重叠度固定，并且旋偏角很小，这样才能保证空中三角测量的精度和测图要求，并且有利于匹配的自动化，减少数据处理的难度。但是在应急响应中，为了第一时间获取通往灾区的主要道路、桥梁等交通设施的毁坏情况，及时地为救援行动提供决策参考，就必须进行“非常规”的航空摄影，即沿着主要的道路进行飞行，当飞机到达城镇上空时，需进行盘旋飞行以获取居民区更多的地面信息。这种“边飞、边看、边摄影”的“航空侦察兵”式的航空摄影所获取的航空影像具有以下特点。

1. 旋偏角大（最大旋偏角30°），难以进行灰度相关，匹配困难。

2. 由于大旋偏角和高山区的地形起伏造成影像间的重叠度变化大，难以自动确定匹配搜索范围，匹配自动化困难。

3. 由于应急时没有布设GPS基站和地面控制点，因此GPS/IMU系统没有经过检校，获取的POS数据精度较差。

以上特点给数据的自动化处理带来了困难，如何对海量应急航空摄影数据进行全自动、快速处理，并及时地生成灾区正射影像图，是一项艰巨并具有挑战性的任务。

（二）数据的快速处理

1. DPGrid系统并行处理机制

DPGrid是在国家985工程支持下，由武汉大学遥感信息工程学院研制的具有完全自主知识产权的全数字摄影测量并行处理系统。DPGrid系统由空中三角测量、平差解算、正射影像生成、影像匀光、正射影像快速更新和城市三维建模6个模块组成。在此次对“航遥中心”获取的汶川震区DMC影像进行的快速处理任务中，主要利用了该系统的空中三角测量、平差解算和正射影像生成3个模块。

DPGrid使用集群计算机系统作为数据处理平台，利用高效的刀片服务器作为计算节点，基于全新的数字摄影测量处理理论和算法，可实现对海量航空影像的快速、并行处理。

2. 非常规航空摄影数据的全自动匹配

在非常规的应急航空摄影中，影像间的重叠度和旋偏角变化大，并且对于系统而言，在没有POS数据的情况下，匹配算法也必须能自适应地计算出影像间较精确的旋偏角和重叠度，以保证匹配的速度和可靠性。

3. 无地面控制点的POS辅助平差

由于灾情紧急，虽然在飞行过程中记录了影像的POS参数，但由于没有在地面布设GPS基站和外业控制点，因此无法对POS系统进行检校，POS数据存在较大的系统误差。特别是对“转圈飞行”的影像，由于POS的线性漂移，使得“进圈”影像和“出圈”影像之间的POS参数存在较大误差。因此，必须能在无地面控制点的条件下对POS数据进行平差，以消除POS数据间的相对误差。

4. 正射影像的并行纠正

在完成空三平差解算以后，可以利用密集匹配点和影像的外方位元素生成DEM，进而可对原始影像进行数字微分纠正，生成正射影像图。传统数字摄影测量工作站的正射影像图制作是按单模型进行数字微分纠正，并且由人工选取拼接线，这极大地限制了正射影像图的制作效率，远远不能满足海量航空影像的正射影像图快速生成和应急响应的需求。因此必需能够自动生成拼接线，并且能对正射影像进行并行纠正。这种自动拼接线和并行数字微分纠正的方法能成倍地提高正射影像纠正的效率。

（三）部分成果应用与分类

第一类是正射影像图。胡锦涛总书记亲赴前线指挥时，查看的那幅灾区地形图及墙上悬挂的那幅地图都是这种“正射影像图”。通过这幅地图，可以清楚地了解地震灾区的实际状况，例如，房子倒塌情况、村庄毁损情况等；也可以了解救援情况，如已经搭建了多少帐篷、哪些地区已经饱和、哪些地区还要追加等。

第二类是三维影像图。正射影像图是平面的，而三维图就相当于把实际地貌搬到了屏幕上。某个校舍有多高，处于什么位置，一目了然。汶川大地震中，地形地貌特别复杂，道路不通，当时中央电视台播放的灾区影像使用的就是三维影像图。

第三类是灾情信息图。测绘部门组织专家对地图上损毁的信息进行判读，并予以标注。例如，有多少房子倒塌，其中，多少校舍，多少民居等，附有相应的统计报告，这样，相关部门就可据此进行灾情评估和分析，并采取相应措施。

第四类是专题图，是为各个不同部门提供的。比如地震灾害部门需要的是灾区滑坡、泥石流情况及塌方情况，测绘部门把它们绘制出来，提供一个专题图。

第五类是地形图。据介绍，灾区震后，测绘部门将适时绘制新的地图。这些地形图提供给各行各业，有关部门就以此为基础，加注本部门的信息。譬如，为水利部门提供的地形图就可以把水利工程的信息加注上去。

（四）其他

在空间信息技术辅助汶川地震救灾过程中，我们可以看到，高分辨率航空航天遥感技术是十分有效和及时的，但是，在这两次抗震救灾中也暴露了一些需要我们认真对待和切实加以解决的有关空间信息应急响应的重要问题。

1. 需要提高我国高分辨率对地观测数据获取能力。这包括机载和星载光学和 SAR 图像的空间分辨率和时间分辨率，必须做到卫星图像 0.5 ~1 米和航空影像 0.1 ~0.5 米的空间分辨率和每天对灾区的重复成像能力。

2. 需要提高我国对地观测数据处理和信息提取能力。用自动/半自动化方法和不依赖地面控制（因为地震破坏了地面控制测量系统）的算法实现实时/准实时（数据获取后的 1 ~2 小时之内）的数据加工处理，才能及时地保证抗震救灾的需要。

3. 需要建立国家级对地观测灾害应急响应系统，实现多部门之间的统一指挥、数据共享和优势互补。应当学习全球 GEO 和 GEOSS 的模式，建立中国的 GEOSS（Global Earth Observation System of Systems）。

4. 需要抓紧启动我国高分辨率对地观测系统，实现空天地一体化高空间分辨率、高光谱分辨率和高时间分辨率的对地观测。应切实重视改进传感器和关键器件的性能，提高影像几何和辐射质量，深入研究光学，特别是多波段、多极化雷达数据处理和信息提取的理论与算法，提高数据处理的精度、速度和自动化程度。

大众生活篇

PUBLIC LIFE

发展地图文化产业，服务百姓生活

赵晓明*

摘　要：本文指出满足公众需求是地图文化产业的出发点，介绍了我国地图文化产业的现状，提出了发展文化产业的几点建议。

关键词：地图　文化　产业　建议

地图作为广大测绘工作者勤劳智慧的结晶，是融科学和艺术于一体的重要测绘成果，在经济建设、国防建设、科研教育和百姓生活中发挥着越来越重要的作用。在当今的信息社会里，地图作为一种描述、研究人类生存环境的信息载体，在为领导和有关部门决策提供直观可靠的科学依据方面发挥着越来越重要的作用。同时，地图在反映国家疆域、行政区域及地理名称等方面，代表着国家的意志和立场。正确的地图表达是维护国家尊严、领土完整和行政区划严肃性不可缺

* 赵晓明，中国地图出版社社长。

少的手段。地图也不断融入百姓的生活，各种丰富的地图产品成为各行各业生产、科研、教学必不可少的工具，它们走进了千家万户，服务于百姓日常生活，成为居家、出行的好伴侣。

随着科学技术的飞速发展，测绘工作从传统测绘发展到数字化测绘，进而向信息化测绘迈进。作为测绘重要成果的地图，为更好地服务国民经济建设，满足公众需求，服务百姓生活，无论在产品内容和形式上，还是在地图的使用方式上，都发生了深刻变化。地图文化产业也获得了前所未有的发展契机，迎来了空前的繁荣。

一　满足公众需求是地图文化产业发展的出发点

大力发展文化产业是提升国家软实力的重要实现形式，文化产业在我国已经发展成为国民经济的重要组成部分，并且在国民经济中的增长性、带动性和辐射性非常强。地图文化产业是一个既古老又新兴的产业，地图的产生已经有几千年的历史，在地图发展演变的过程中积淀了厚重的文化，使地图具有了丰富的文化内涵和底蕴，时代的发展、科技的进步和人们精神文化的需求又为地图文化的产业化提供了基础和发展条件。

1954 年，国家成立了中央级专业地图出版机构——地图出版社，目的是编绘和出版各类学校地理教学用图和一般实用地图，以满足学校师生和人民群众学习、工作、旅行的需要。到 20 世纪 70 年代末，我社陆续编制出版了《中华人民共和国地图集》、《世界地图集》、《中国地图册》、《中华人民共和国分省地图集》、《世界全图》、《世界交通图》、《中国旅行游览图》等。这些地图展现了我国测绘事业的巨大成就及地图编制的先进水平，受到了社会各界的欢迎。

改革开放后特别是 20 世纪 90 年代，随着经济建设的飞速发展、人民生活水平的不断提高，广大人民群众对地图产品产生了巨大需求。这种需求催生了地图产品从内容到形式的变革。同时，在各地成立了许多地图编制和出版单位，带动了实用参考地图的飞速发展，编制出版了包括中国和世界的政区、交通、旅游、生活和其他专题类地图，大量设计精美、适销对路的地图产品以崭新的形式进入百姓家庭，方便了人民群众出行，丰富了人民的精神文化生活。

全国中小学地理、历史教学地图的编制出版也取得了很大成绩，基本实现了教学地图品种的配套化、系列化和专业化。仅中国地图出版社就累计出版了2000余种教学地图，发行20亿册（幅），惠及全国2亿多中小学生。

21世纪的头十年，伴随着测绘科技的发展，地理信息产业突飞猛进。地图产品也由相对单一的纸质地图、地球仪、立体地图等扩展到电子地图与网络地图领域。多媒体电子地图广泛应用于政府决策、辅助教学等领域，满足了社会公众对地理信息的新需求。经过近10年的发展，导航电子地图的应用已从车载导航仪扩大到手持导航仪（PND），并进一步扩大到手机，特别是普通多媒体GPS功能手机的出现，意味着导航电子地图市场开始扩大到了大众化消费者市场，为公众提供了越来越便捷的交通导航服务。网络地图异军突起，地图服务方根据用户提出的地理信息需求，通过自动搜索、人工查询、在线交流等方式，为用户提供准确、快捷的地图及出行交通指引资讯的网络信息服务。网络地图搜索服务正在以前所未有的速度发展，成为众多人士出行地图查询的首选。导航电子地图与网络地图正逐渐成为地图文化产业发展的生力军，前景十分广阔。

党的十六大指出："文化产业是市场经济条件下繁荣社会主义文化、满足人民群众精神文化需求的重要途径。"作为重要的文化产品，为满足人民群众随着物质生活不断提高而增长的精神文化需求，地图正朝着多元化、个性化、信息化的方向发展。

多元化。实用参考地图市场需求从单一的普通地图向交通地图、旅游地图、生活地图、特型地图等多个方向扩展；地图类的出版物也从单一的地图集、地图册不断地扩展到地理类、历史类、文化类等相关的出版物；原先仅有的纸质地图，更是发展到了电子地图、网络地图。

个性化。随着经济发展和生活改善，人们的文化生活也有了很大扩展空间，对地图不再满足于千篇一律的大众产品，在内容形式设计上要求彰显个性色彩，个性地图、定制地图应运而生。高科技的地图编制手段更有助于个性地图的创意成果不断出现。

信息化。今天，人们对地图产品最看重的就是及时的信息更新、精准的信息表示、快捷的信息查询。无论纸质地图、电子地图还是网络地图，都是地理信息产业发展的结果，都是科技的进步推动地图文化产业不断满足广大人民对地图产品信息化的需求的产物。经济大发展，城市建设日新月异，虽然地图产业的信息化建设与人民的需求还有一定的距离，但现实与目标的差距正在逐渐减小，现势性、精准性、实用性已经成为满足地图产品需求的核心。

为满足公众对地图的新需求，国家测绘行政主管部门正大力推进测绘成果的开发利用，积极建设地理信息公共平台，制作、完善并发布一批多语种、多尺度的标准地图，免费提供给社会各界使用；同时，鼓励和扶持各地图编制和出版单位自主创新，积极引进国外地图编制先进理念和先进工艺，打造一批精品地图；支持互联网地图、三维地图、影像地图、智能交通、物流监控等新型地图服务的发展，促进地图市场繁荣。地图产品和服务日益丰富，成为满足人民群众精神文化需求的重要途径。

二　地图文化产业发展的现状

（一）地图内容品种丰富，覆盖大众生活的方方面面

随着经济建设的飞速发展，人民群众的物质、文化水平极大提高，对地图产品产生了巨大的需求，带动了地图文化产业的跨越式发展。目前我国每年公开出版的地图约2000多种，近3亿册（幅）。地图市场不仅从计划经济模式过渡到市场经济模式，更从单一产品的市场模式向多元化的细分市场模式转变，地图产品也以更加新颖的内容和更加多样的形式进入百姓生活。

社会生活日趋多样化、个性化，使地图市场细分成为必然趋势。地图市场细分，就是根据不同类型、不同层次的阅读对象，将传统的大众化市场在横向和纵向上切分为若干小市场，有针对性地为各类特定读者群体“量身定做”地图产品。市场细分是市场经济深入发展的客观要求，是现代产业发展的方向，也是以人为本、建立和完善服务型市场体系的重要体现。

细分市场带来的结果就是产品多样化：通过地图功能的细分，市场推出了包括中国和世界的政区类地图、交通类地图、旅游类地图、生活类地图和其他专题类地图等地图产品；针对不同消费层次的市场需求，推出了精、平分装，开本多样，繁、简有别的地图产品系列，使地图在内容、装帧和价格档次上形成高、中、低配套的格局；针对不同年龄读者的市场需求，推出了幼儿地图、青少年地图、学生地图、老年地图等产品；针对不同语言的读者推出了外文版地图、少数民族语地图；针对特定人群读者推出了盲文（触觉）地图和语音地图。

此外，还有为满足信息社会发展，采用数字技术制作的电子地图、网络地图、导航地图和手机地图，以及使用新型材料制作的丝绸地图、PP 纸（撕不烂）地图、立体地图、地球仪等产品。

通过市场的细分，地图产品类型更加丰富，出现了一大批深受读者喜爱的出版物。这些新型的地图产品，既反映了科学技术飞速发展和人们物质文化生活水平不断提高的需要，也培育出大量新的地图购买人群，从不同的角度满足了读者的需求，推动了地图文化产业的发展，成绩卓然。

（二）地图服务，触手可及

近年来，伴随着科技的进步，人类进入了信息社会，大众传媒业的发展突飞猛进，地图也随之进入到人们生活的方方面面。人们获取地图的渠道由单一的新华书店，扩展到书摊、报亭、邮局、车站、地铁、机场、酒店、加油站等，而地图的传播媒介也从以纸质为主，扩展到广播、电视、网络、电脑、手持/车载导航仪、手机等。丰富的传播方式，为各类人群提供了便捷的地图服务，尤其是网络地图以其简单快捷的查询方式和海量的数据支持，逐渐进入百姓生活，发展迅速。地图已经成为许多新媒体必备的功能。

地图载体的丰富，扩大了地图产品的覆盖面，推动了地图文化的传播。地图产品从城市走到农村，从书架走到网络，从工作走到生活，从学者走到大众，覆盖范围不断扩大，涉及人群不断增多。经济的发展，让人们对地图产品的需求不断扩大，地图已经深入到社会的各个层面。

随着市场的不断扩大，原有的地图编制出版单位不断壮大，新的高科技企业也进入地图市场，为整个地图文化行业带来了生机和活力。而地图传播途径的多样化，又带动了相关产业的发展。例如，网络和电子地图的普及促进了地理信息产业的发展，导航地图的热销带动了车载导航仪的生产。地图与其相关产业，已经形成一个新兴的门类，为经济的快速发展作出贡献。

（三）不断创新，满足百姓的更高需求

地图的内容、精度和工艺，标志着地球科学和测绘技术的发展水平；地图应用的广度和深度，反映了人类文明和社会进步的程度。当前，我们正处在一个经济大发展、信息大爆炸、思想大解放的时代。在这样的时代中，新

思想、新思潮、新观念、新时尚风起云涌，社会生活方式丰富多彩，不同的社会群体需求日益呈现个性化和多元化。地图文化产业也必然要围绕服务民生、关心民众，不断创新，推出一系列符合人民群众实际需求的地图产品，方便百姓生活。

地图内容的创新。地图文化产业属于内容产业范畴，内容的推陈出新，最大限度地满足了社会大众对地理信息服务的需求。应充分利用地图这个平台，开发不同主题的地图产品，如面向百姓生活的购物地图、餐馆地图、汽车地图、休闲地图、环保地图等，不但方便百姓生活，同时也引领大众生活。

制图技术手段的创新。传统制图手段不但工艺复杂，成品质量不高，而且作业时间长，更新困难，产品面市时也往往成为“历史地图”，这也是地图时常被人诟病的原因。数字化、信息化制图技术的应用，特别是空间数据库的建立，为快速制作各种类型、各种主题、特定区域的地图提供了技术保障，航空航天及遥感技术的发展也为地图的快速更新提供了基础。这些新技术的应用不但使地图的实用性得到了保障，同时也为地图产品带来更大的发展空间。

地图形式的创新。地图内容的表达由单纯的强调科学性向科学性与艺术性并举的道路上迈进，地图变得更形象、更直观了。各种手绘地图实用之余，还可以作为纪念品。地图在满足实用的前提下，也逐渐在办公场所、家庭成为了一件颇有品位的装饰品，面目一新的挂图、别致的地球仪产品给环境增添了许多文化气息，还有别具特色的各类地图商务礼品，更让人爱不释手。技术的进步、各种材质的利用，促进了地图产品的创新。丝绸地图融东方古老神韵的丝绸艺术和现代高科技的制图工艺于一体，精致小巧，携带方便，经久耐用，实用美观。竹简地图、铜板地图更是颇具品位的艺术品。

地图使用方式的创新。科技的发展、e 时代的生活方式，促进了新媒体地图的创新发展。基于互联网的网络地图，依靠海量数据库的支持，基本满足了人们“按图索骥”的要求。在哪里？怎么去？基本上一键就能解决问题。车载导航电子地图，好比一个永不疲倦的向导指引着车子的前进方向。与 GPS 相结合的手机地图，解决了人们出门关注的 3w 问题：“where”（我在哪里）、“what”（我附近有啥）和“where”（目的地在哪里）。新媒体地图的应用，极大地改变了人民大众的生活方式。

地图服务方式的创新。随着经济发展、生活水平提高，人们的个性化活动内容日益丰富多彩。将个人经历、感受在地图上留下记录，复制收藏，用以自我欣赏，或传予后代，或馈赠亲友，或惠及社会，是一种很有文化内涵的活动。与人的个性化类似，企业也需要个性化来体现自身的企业文化特征，将企业文化用地图这个独具特色的文化载体表现出来，已经逐渐成为一种文化时尚。有些地图网站也推出了个性化网络地图服务，每个人都可以在地图网站上建立衣、食、住、行等各类个性化地图，制作成自己的电子地图“名片夹”，“我的地盘我做主”，这些极大地满足了大众的个性化地图需求。

（四）存在的主要问题

1. 地图普及程度较低，公益性地图服务缺位

公开版地图市场的繁荣是社会经济繁荣的重要标志。当前市场上地图品种多、数量大、销势日趋旺盛，已初步形成繁荣景象。但在广泛而深入地服务于国民经济建设和人民生活方面，我国的地图文化产业还没有完全发挥应有的作用。与国外地图的普及程度相比，我国目前公开版地图对城乡居民的满足程度还很低，人均年消费仅有 0.5 元。在农村，地图的普及率就更低了。这既反映出我国地图的开发广度和深度还有很大不足，也显示出我国潜藏着一个很大的有待开发的地图市场。

另一方面，广大人民群众目前对地图的认知水平普遍偏低，还没有全面深刻地认识到地图产品在各领域所能起到的作用。因此，只有扩大地图的服务领域，培育、开拓出新的地图市场，才能让地图全面地进入百姓生活，渗入到国家经济建设的各个层面，促进地图市场的真正繁荣。

我国测绘行业长期对“为政府、科研和教学单位提供测绘服务”比较重视，但对广大民众的地图需求重视不足，尤其在提供公共地图服务方面。在西方一些发达国家，地图则淋漓尽致地扮演着城市向导的角色，免费城市地图在机场、宾馆、旅游信息中心等地随处可得。在我国，公共场所指南等公益性地图服务缺位，许多公共地图服务的需求被忽视。

2. 基础测绘成果到地图产品的转化率低

积极推进基础测绘成果在国民经济和社会发展各个领域的应用，大力开发基础测绘公共产品，是基础测绘服务于经济社会、发挥基础测绘效益的重要体现。地图作为地理信息的基本载体，是测绘产品在市场上流通的主要形态，也是测绘工作服务于国民经济和社会发展的重要手段。国家每年都投入大量的人力和物力进行基础地理信息的数据更新，但由于条块分割和部门利益等诸多因素，大量的测绘成果还锁在库中，最新的测绘成果不能尽快地转化为公开的地图产品。

3. 地图产品质量有待提高，生产工艺有待改进

当前国内的地图产品在内容详细性、实用性、现势性方面，在装帧设计和整体形象设计方面，以及在地图产品系列化方面，与发达国家的地图产品存有较大差距，还无法充分满足经济建设和人民生活的实际需要。我国地图市场难见精品，华而不实的平庸之作屡见不鲜。电子地图、导航地图虽然功能强大，但缺乏针对公众需求的专业研究，许多功能人性化程度不高，可视化设计较差，操作复杂且实用性不高，与国外最新的科技产品有较大差距。网络地图虽然发展迅速，但整体发展还处于初期，现势性较差，功能尚有欠缺，最重要的是产业不够规范，亟待整顿。

无论是纸质地图产品，还是电子导航地图和网络地图，都是基于地理信息产业的发展而不断提高的，数据的编辑制作和维护更新是其核心竞争力。以地图数据库为基础的地图编制出版生产工艺，已成为地图生产方法的主流。而当前我国公开版地图的编制生产工艺还处在计算机辅助制图向数据库制图过渡的阶段，出版的地图产品缺乏统一规范，各类地图成图周期较长，更新速度较慢，无法实现数据资源的共享，地图生产编制工艺已成为地图文化产业进一步发展的瓶颈。

4. 地图市场秩序仍待规范

地图市场仍存在不规范行为：一是由于社会各方面对地图产品需求的不断增加，受经济利益驱动，违法违规编制出版地图的现象十分严重。一些不具备编制出版地图资质的单位、私营工作室等非法编制出版地图。二是有的出版社无编制出版地图或编制出版中国地图、世界地图、教学地图的资质，超范围经营地图出版。三是地图侵权盗版、抄袭现象普遍。四是知识产权保护难。电子地图这个行业能不能发展起来，知识产权的保护是最重要的。地图数据初期投资巨大，维护成本也很高，但是也很容易被复制，这样就会导致投资者的利益无法得到保障。五是地图市场恶性竞争严重，大打折扣战，市场有待规范。

三 几点建议

（一）完善政策，创造良好发展环境

国家有关部门要进一步加大对地图企业的政策扶持力度，在资金、政策、技术等方面提供支持，千方百计为广大企业加快发展创造更加良好的外部环境。要积极支持鼓励科技型、市场型、社会服务型企业的发展，培育一批面向市场、拥有自主知识产权的高新技术、起示范带头作用的地图相关产业，帮助企业做大做强。同时，围绕优势产业和大型企业，积极发展自主创新能力，加快建立以企业为主体，产学研相结合的自主创新体系，加大研发投入，加快成果转化，加强知识产权保护，推进企业信息化建设，大力提升地图相关产业的整体素质和综合竞争力。

（二）健全法规，保护地图知识产权

随着科技的进步，数字技术革命正深刻改变着我们的生活。目前，地图相关产业蓬勃发展，市场逐渐扩大，经济增长迅猛。正因如此，不论是不法商贩还是正规单位，似乎都看中了地图相关产业市场。通过科技的进步，原先很难造假盗版的地图产品，如今也变得非常容易。一些不法分子在未征得著作权人许可的情况下，采取各种手段大量抄袭正版地图中的有关地理信息，稍加修改后就堂而皇之地投入市场，导致著作权人的合法权益受到侵害。尤其是一些企业的盗版行为，造成的危害更大更直接。

因此，地图产业要进一步良性发展，知识产权保护就必须受到重视。为此，第一要健全和完善相关知识产权保护的法律法规，做到有法可依。第二要进一步加强与公安、新闻出版、扫黄打非等部门的合作，整合行政执法资源，对侵权盗版行为加大打击力度。第三要增强著作权人的维权意识，鼓励著作权人运用法律武器维护自己的合法权益，积极支持和主动配合司法和行政机关，使侵权盗版者受到法律的制裁。第四要在业内和全社会开展广泛的尊重知识产权教育活动，加强行业自律，尊重著作权人的合法权利，共同营造良好的市场秩序。第五要推进科技创新，研制开发先进的防盗版技术，为维权提供必要的技术保障。

（三）加强监督，维护地图市场秩序

健全法规、保护地图知识产权的同时，必须加强对地图市场的监督，依法履行政府职责，维护地图市场秩序。在我国地理信息市场蓬勃发展的同时，也出现了非法获取、提供和使用涉密地理信息，擅自生产、出版和传输地理信息，一些外国组织和个人在华非法测绘等问题，从而不仅扰乱了地理信息市场的正常秩序，也对国家安全构成威胁。对此，一是严格规范获取、提供和使用涉密地理信息行为；二是严厉打击非法从事地理信息生产、出版、传输的行为，保护知识产权；三是防范和制止非法测绘活动；四是加强地图等出版物的审查力度，避免"问题地图"的产生；五是加强法律法规宣传教育。通过这样一系列的措施，加强市场监督，维护地图市场秩序，并针对存在的问题及隐患，组织整改，完善相关制度，建立长效监管机制。

（四）鼓励创新，更好服务公众需求

促进研究，拓宽地图发展新领域，鼓励创新，更好服务公众需求，是地图产业发展的方向。进一步推动地图文化发展离不开创新。鼓励创新，则必须在产业制度、制图技术、产品设计等多方面给予政策支持、资金保障。

制度的创新是发展的根本，灵活合理的制度能够解放思想，开阔视野。技术的创新是发展的源泉，先进实用的技术能够解放生产力，提高生产效率。设计的创新是发展的灵魂，新颖独创的设计能够激发创作热情，引领时代潮流。对于地图产品本身，只有简单的复制而没有原始的创造，产品是没有生命力的。尝试运用新技术、新材料、新理念全新地设计编制地图产品，为百姓提供符合当代潮流的地图文化产品，这才是我们追求的目标。只有创新，才能繁荣地图文化市场，推动产业发展，更好地为公众服务。

导航电子地图发展现状与趋势研究

姜德荣*

摘　要： 在高新技术创新、市场环境与用户需求等因素的影响下，我国导航电子地图产业进入高速发展期。本文简述了导航电子地图的发展现状及市场情况，并展望了未来导航电子地图的应用前景。

关键词： 导航电子地图　现状　前景　趋势

在经过近十年的不断创新和发展之后，中国导航电子地图应用市场及其相关产业已形成，并呈现出蓬勃发展的态势；在过去十年间，电子硬件产品（导航仪、智能手机等）性能不断提高、成本不断降低，互联网、无线通信网络不断普及，汽车销量不断增加等一系列因素，都促使导航电子地图应用的不断普及及其产业飞速发展，从而大大推动了导航电子地图产业的技术革新、市场拓展和产业成熟；导航电子地图的应用已经从初期的单一应用（车载导航仪）发展为现有的多元应用（包括：车载导航仪、PND、手机、互联网等）。随着导航电子地图产业不断发展、用户群体不断增加，其相关应用也与大众日常生活的联系日益紧密，影响也日益深远，这也促使大众对导航电子地图应用的服务内容、服务形式和服务质量提出更高的要求。因此，在用户需求、市场环境和技术条件的推动下，导航电子地图产业正处于亟待调整、整合，以待更强劲发展的阶段。

一　发展现状与市场情况

（一）导航电子地图产业发展现状

世界范围内，导航电子地图产业发展已将近二十年，主要经历了三个发展

---

* 姜德荣，高德软件有限公司副总经理。

阶段。

第一个阶段为1992～2001年，导航电子地图的主要应用是车载导航仪，而导航仪的销售对象主要是新车用户。在这一阶段，日本车载导航仪的新车装配率从0.4%提高到35%以上，欧洲和北美车载导航仪市场则从1998年到2000年开始发展。

第二个阶段为2002～2007年，导航电子地图的应用从车载导航仪扩大到手持导航仪（PND），2002年欧洲市场开始出现PND。PND以其成本低、安装和操作简便的优势在很短的时间内迅速普及，到2007年，欧美市场PND的年销售量已超过2000多万台，是车载导航仪销售量的四倍多。

第三个阶段从2007年下半年开始，导航电子地图的应用进一步扩大到手机，特别是GPS智能手机的出现，意味着导航仪市场扩大到了大众化消费者市场。市场调研机构Strategy Analytics的最新调查显示，2009年全球GPS手机出货量达到7700万，相比2008年的5700万上涨了34%。Gartner数据显示，2009年全球智能手机销售达1.72亿部，较2008年上涨了24%。

中国车载导航仪和PND市场的发展远远落后于日本和欧美，2009年中国车载导航仪的装配率不到4%，远比日本的80%和欧美的20%低得多。2009年中国的PND销售量为154.9万台，不及欧美市场的1/3。但是，随着第三个发展阶段的到来，中国有可能走出一条跳跃式发展的道路，凭借着7亿个手机用户的优势，在手机应用方面将有可能超过世界发达市场的发展步伐。

（二）导航电子地图产业市场分析

中国的城市化建设与城市道路的巨大变化带动消费者对导航电子地图服务需求的迅速增长，各类导航电子地图产品的出现为大家的生活带来巨大便利，这也推动了中国导航电子地图市场近年来的蓬勃高速发展。易观国际数据显示，2009年导航电子地图产品销售额已达到10亿元，主要集中于车载前装、PND、无线位置服务和互联网位置服务等四个领域。

1. 车载前装领域

中国汽车产业的高增长推动了车载导航市场的发展，2009年，中国汽车市场继续呈现良好发展态势，汽车产销分别完成1379.10万辆和1364.48万辆，比上年同期分别增长48%和46%，其中乘用车产销分别完成1038.38万辆和

1033.13 万辆，同比分别增长 54% 和 53%。截至 2009 年底，中国民用汽车保有量 7619 万辆，同比 2008 年增长了 17.8%；其中民用轿车保有量 3136 万辆，增长 28.6%。

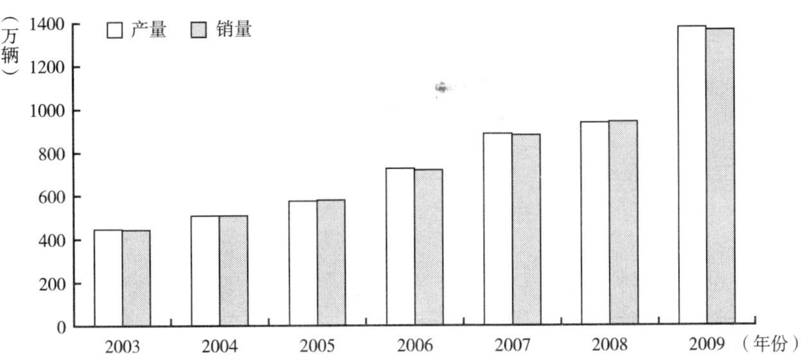

图 1　2003～2009 年中国汽车产销量

数据来源：中国汽车工业协会。

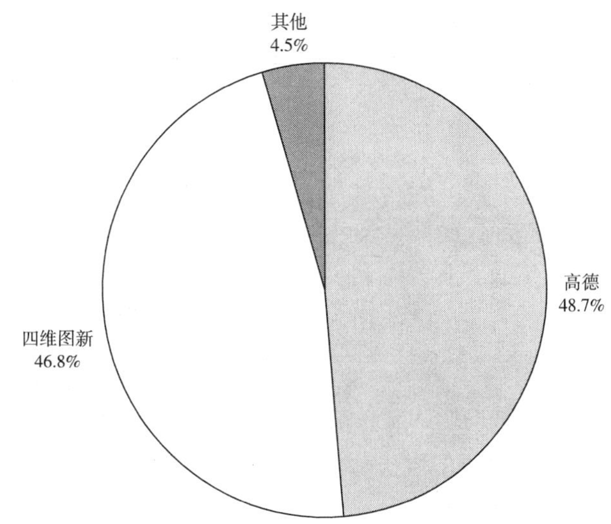

图 2　2009 年中国车载前装导航图资市场厂商占比

数据来源：易观国际，2010.1。

2009 年的中国前装导航图资市场呈现了双寡头的垄断局面，绝大部分的市场份额被高德及四维图新两个厂商占有，其市场占有率分别为 48.7%、46.8%，两者市场份额之和超过95%，为后续进入厂商树立了较大的壁垒。

2. 后装 PND 领域

中国PND市场自2005年起形成规模，2006年、2007年市场规模陡增，销量同比增长都在100%以上；2008年后增长开始明显放缓，2009年底，PND销量为154.9万台，同比增长25.1%。

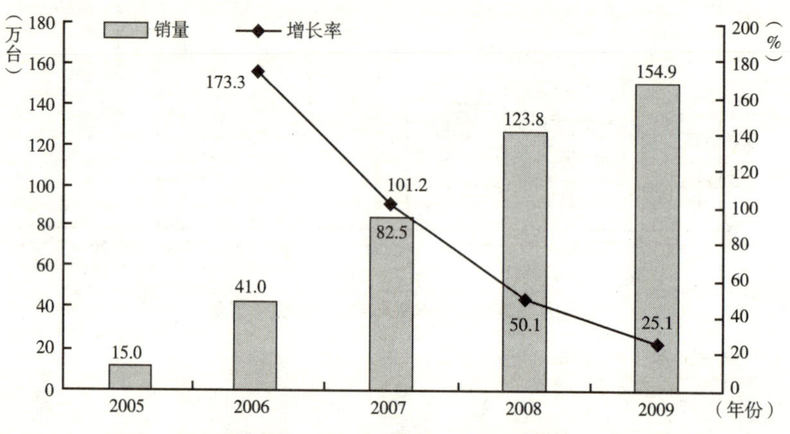

图3 2005～2009年PND市场现状

数据来源：易观国际，2009。

在国内PND导航地图市场，目前具有导航电子地图制作资质的单位有11家，但推出导航电子地图产品的仅有高德、凯立德、四维图新、城际高科、瑞图万方、灵图、易图通7家企业。以PND装机量统计，高德、四维图新、凯立德分列前三位，这三家电子地图品牌的占有率分别为30.3%、18.8%和18.6%，合计接近70%（见图4）。

受手机导航迅速发展的影响，目前国内PND市场的增速放缓，但在未来数年内仍将维持年均20%以上的增长。

3. 移动位置服务领域

移动互联浪潮和智能手机的发展，推动了移动位置服务的迅猛发展。目前，包括诺基亚、三星、摩托罗拉等主要手机厂商均推出了手机导航。同时也出现了以谷歌为代表的免费地图服务模式。在运营商移动位置服务领域，目前中国移动是唯一具备完整全网商用服务的运营商，而高德是其唯一全网性地图合作伙伴。

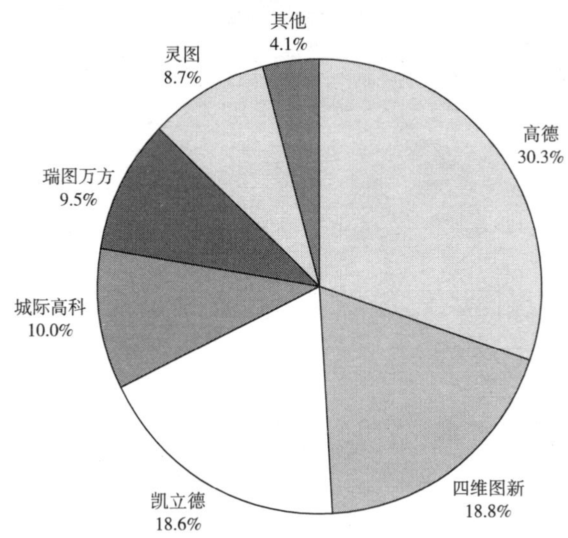

图 4　2009 年 PND 地图数据提供商市场占比

数据来源：易观国际，2010. 1。

在个人用户的手机客户端应用方面，谷歌的手机地图以约 52% 的用户使用率排名第一，高德的迷你地图则以 35% 的使用率居第二。

4. 互联网位置服务领域

中国本土主要地图厂商在互联网领域的地图供应情况如表 1 所示。

表 1　中国本土主要地图厂商供应情况

地图厂商	互联网地图服务提供商
高德 MapABC	Google、Microsoft MSN、新浪、腾讯等数千家网站
四维图新	MapBar

由于 Google、新浪爱问、腾讯等众多国内领先网站的相关服务都是调用高德 MapABC 的基础地图服务，所以高德 MapABC 的互联网位置服务市场占有率也是第一，达到 49. 7% 。

（三）导航电子地图市场存在的问题

中国导航电子地图市场的发展较日本、欧美国家起步晚，各项与其发展相配套的技术、政策、市场环境、产业制度都未成熟，从而导致导航电子地图市场发

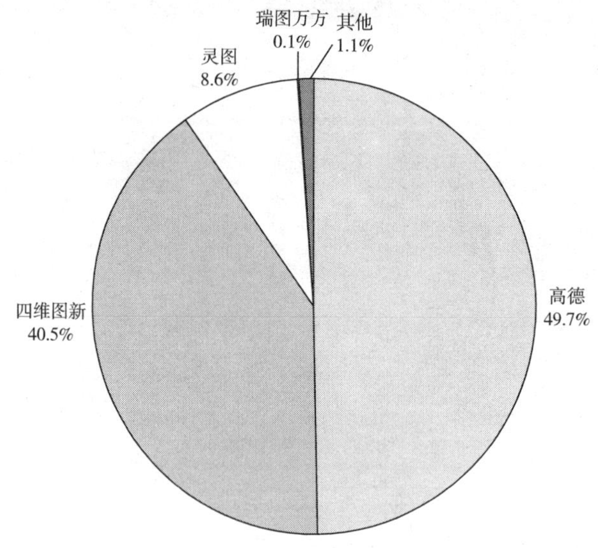

图5　中国互联网导航市场占有情况

数据来源：易观国际，2010.1。

展较为缓慢与人们对导航电子地图应用市场较高要求之间的矛盾。

现有导航电子地图的采集、生产技术和生产体系需要进一步提升，需要不断转变导航电子地图产业服务方式。持续革新、升级导航电子地图产业相关核心技术，提高导航电子地图数据的现势性以满足市场应用的需求。企业规模较小，产业结构相对分散紊乱，亟待加强数据生产与应用等各个环节的整合，以提高生产能力，降低生产成本。商业模式相对单一，急需探索创新导航电子地图商业模式，以满足市场与用户需求，提高企业利润。进一步完善符合国内导航电子地图需求和发展的行业标准，完善相关法律、法规。严格执法，建立市场秩序，维护公平竞争。

国内导航电子地图市场在面对危机和问题时，迫切需要导航电子地图厂商能够积极做出卓有成效的变革措施，以保证导航电子地图数据质量和服务内容，提高用户和市场满意度，降低生产成本，推动导航电子地图产业化进程，从而形成包含采、产、用各个环节完善的导航电子地图产业链。

二　发展趋势与应用前景

由于中国导航电子地图市场不断发展，在车载前装、后装 PND、移动互联网和互联网等领域都有长足发展，导航电子地图用户群体与规模也日益扩大；同时，大众客户也对导航电子地图服务与产品提出了更高的要求，期望其在日常生活和工作中能够切实提供诸多便捷，能与各类社会生活娱乐信息相融合，提供更为丰富全面、更有深度的导航电子地图信息服务；那么，这就要求导航电子地图产业在服务方式、核心技术、商业模式、产业结构等各个方面都作出变革与调整，以适应与满足市场需求。

（一）服务方式转变

要推动导航电子地图产业快速发展，以满足日益提高的市场和客户需求，首先需要转变的是导航电子地图服务方式，即需要导航电子地图厂商从目前传统、单一的数据生产商角色逐步转变为能够提供立体化、个性化信息的服务提供商。

新一代导航电子地图厂商应致力于生产集成各类与位置服务相关的信息，如社会生活娱乐信息、实时交通信息和汽车安全维护信息等，为客户提供更为丰富、更为全面、更有深度的立体化信息服务，即在导航电子地图数据的基础之上集成如下信息。

1. 广度信息

指采集融合覆盖各个领域的兴趣点信息，如：地标、地名、餐饮、旅游、酒店等。

2. 深度信息

指在广度信息的基础上挖掘融合与之相关的深度信息，如餐馆的特色、菜系、消费水平等。其出发点为：客户在享用 LBS 服务时往往不仅仅是为了查询定位 POI，更希望在查询定位基础上能够了解更深度的信息，如查询某电影院同时希望了解该影院放映影片的信息，查询某餐馆同时希望了解餐馆菜系等。

3. 动态信息

除了广度、深度信息之外，用户还希望及时、准确了解某些当前正在发生的动态信息，如动态交通信息、停车场当前停车位等，从而为下一步行动提供最直接、准确的决策依据。

立体化信息的形成，也必然影响与推动与之相匹配的服务方式产生巨大转变，即传统服务方式（仅向车厂提供导航电子地图数据库）已无法满足未来市场与客户需求，必然要求其向基于立体化信息的综合服务平台转变。

（二）核心技术革新

立体化信息的构成以及相关服务方式的转变，一方面必将推动导航电子地图产业采集、生产、发布、应用等各个环节所涉及的核心技术的革新；另一方面相关核心技术的革新与升级也会有助于促进导航电子地图产业进一步发展，增强其服务能力，丰富其服务内容与服务手段。

采用传统的内、外业人为采集法，已远远不能满足人们的需求，即内容丰富、数据准确、更新快捷、服务多样、成本低廉等，需要不断引入新的采集、发现手段和工具，不断丰富和完善导航电子地图数据采集和发现机制。

循环式导航电子地图数据生产体系，采用在产品应用环节中加入“发现采集上传导航电子地图数据信息（如 POI 信息、路网信息、动态交通信息等）功能”的方式，从而形成一个从数据采集、数据融合、数据发布到产业化应用、再到数据采集的一个循环结构，以达到拓展数据发现采集方式与手段、扩大采集范围、降低数据采集维护成本、提高导航电子地图数据现势性的目的。

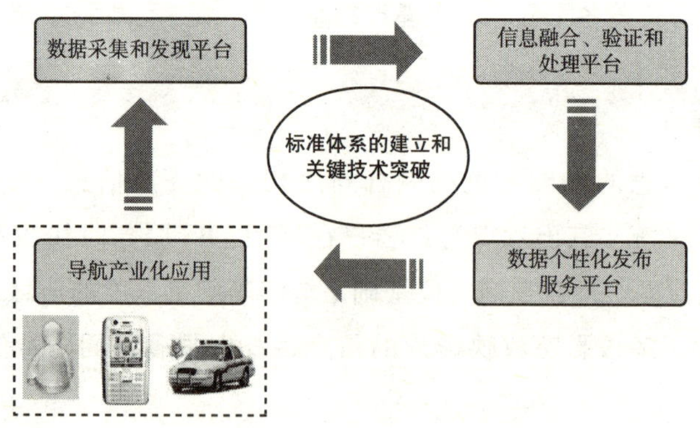

图 6　循环式导航电子地图数据生产体系基本架构

1. 基于卫星影像的数据发现采集与差异化更新

基于卫星影像的数据发现采集与差异化更新，就是从不同时间获取的遥感影像中，定量分析和确定地表变化特征，并在不同时间相获取的卫星影像之间进行变化检测以发现其中差异，进行比对验证之后提取为导航电子地图数据，插入或修正导航电子地图数据库，达到及时准确发现采集导航电子地图数据、降低数据采集维护成本的目的。

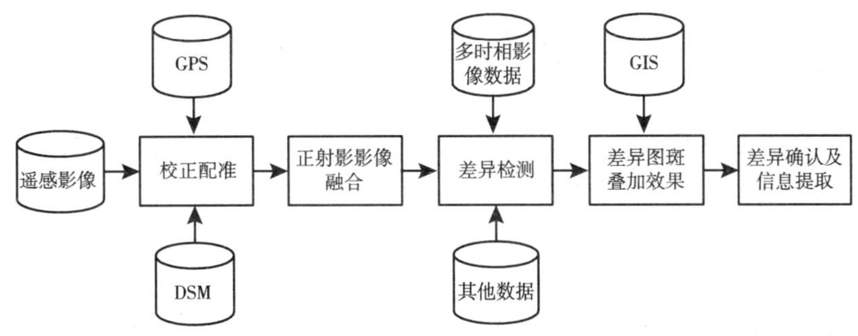

图 7　基于卫星影像的数据发现采集与差异化更新流程

2. 导航电子地图数据增量更新与发布

导航电子地图产业已在中国兴起，并逐渐深入人们的日常生活中，被认为将成为新的经济增长点。同样，无法及时、便捷地更新导航电子地图导致导航电子地图产品几乎成为摆设，且数据更新成本过高，已经成为阻碍导航电子地图产业发展的最主要瓶颈之一。

导航电子地图闭环式增量更新体系，采用导航电子地图数据自动差分识别采集技术快速、高效地发现采集导航电子地图数据，在对增量信息进行有效组织与快速编译之后通过版本控制方式增量式发布导航电子地图数据，从而保证用户可

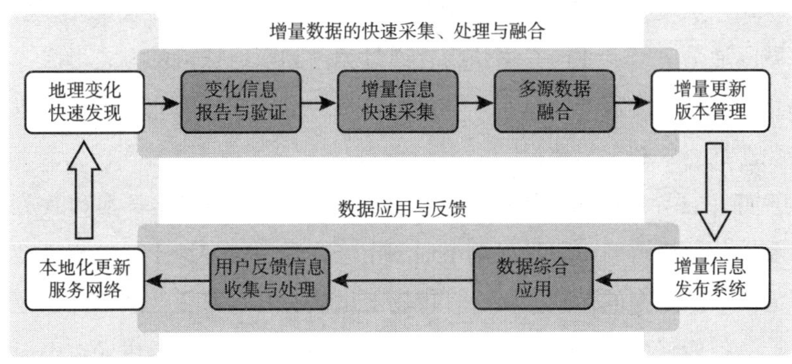

图 8　导航电子地图闭环式增量更新体系

以使用更高现势性、更高精度、更加精细化的地图产品，更好地满足用户需求，扩大市场消费，提高导航电子地图产业服务水平和服务质量。

（三）商业模式摸索

任何产业都需要关注商业模式。商业模式的创新能带来很大的经济效益。随着3G网络的完善，下一代移动互联网离我们的生活越来越近，这使得带有双向通信功能的导航电子地图产品将成为应用趋势。未来的导航电子地图产业商业模式将围绕移动动态信息与车载终端、手持终端之间的有效互动展开。由此可见，以DVD光盘方式为主的传统商业模式，已不能满足当前技术和市场的发展要求，急需多样化、混合型商业模式的出现。

对于地图软件厂商来说，借鉴新兴的移动运营商、新媒体运用等先进的商业模式将会极大地提升导航电子地图市场的商业水平。比如，面向个人消费者，可以提供在线商务服务平台、电子交易平台、交互式信息交流平台等。此外，由于导航电子地图产业客户群一般都是具有一定消费能力的用户，因此，可以针对这些用户进行一些类似于广告信息发布、定制信息Push等的商业推广模式。

（四）产业结构整合

导航电子地图产业是一个要求提供高精准度的信息产业，同时也是一个高技术、高投资的高门槛行业，随着国内导航电子地图市场竞争不断加剧，国内市场也必然会走向一个相对集中的市场，形成由一两家或者几家企业主导的市场。

虽然目前国内拥有11家企事业单位获得国家导航电子地图甲级资质（见表2），但推出导航电子地图产品的仅有四维图新、高德、凯立德、易图通、万方、灵图、城际通等7家。业内专家认为，通过竞争和政府扶持的方式形成3家实力相当的企业是比较合理的，只有在三足鼎立形势下，才能有充分有效的竞争，也才能避免恶性竞争和重复建设。

2009年中国导航电子地图产业销售额仅为10亿元，根据日本和欧美的发展经验来看，如此规模的中国导航电子地图市场，是很难容纳十几家规模较大的导航电子地图厂商生存的。欧、美、日市场上虽然有几百家企业从事电子地图的测绘和生产，但能够为汽车厂商、手机厂家、互联网高端客户提供导航电子地图服务的地图供应商，在欧美市场只有Navteq和TeleAtlas两家，在日本市场也主要

表 2　国内具甲级资质的导航电子地图制作单位

序号	单位名称	等级	发证日期
1	北京四维图新导航信息技术有限公司	甲	2001－1－1
2	高德软件有限公司	甲	2004－6－14
3	北京灵图软件技术有限公司	甲	2005－5－13
4	北京长地万方科技有限公司	甲	2005－5－13
5	深圳市凯立德计算机系统技术有限公司	甲	2005－6－24
6	易图通科技(北京)有限公司	甲	2005－7－18
7	武汉武大吉奥信息工程技术有限公司	甲	2005－7－29
8	北京城际高科信息技术有限公司	甲	2007－4－29
9	国家基础地理信息中心	甲	2006－1－12
10	北京科菱航睿空间信息技术有限公司	甲	2007－6－15
11	武汉立得空间信息技术发展有限公司	甲	2007－6－15

是 Zenrin 一家，并且这 3 家导航电子地图厂商垄断了欧、美、日 95% 的市场份额。因此，导航电子地图产业结构的有效调整与整合，既可以有效避免业内的恶性竞争和重复建设，又有助于统一行业内标准规范，降低生产运营成本，丰富产品服务内容，增强服务质量，从而极大地推动导航电子地图产业健康、快速发展。

（五）政策支持与产权保护

由于导航电子地图的制作涉及国家安全机密，且中国导航电子地图行业发展相对还比较落后，因此，需要政府在大量资金扶持与倾斜的同时，尽快建立统一的地图标准；产业标准的统一是推动整个产业进入轨道、高速发展的必要因素之一，这也正是目前导航电子地图产业最缺乏的。目前，多个相关行业组织和公司机构都纷纷提出了关于地图标准不统一的问题，希望尽量打破当前市场上各自为政、互不兼容的局面，避免低水平的重复建设，迫切希望达成导航电子地图产业的统一标准；标准的统一不仅可以节约企业资源，而且通过将企业在实际应用中开发的电子地图联入国家标准电子地图中，可大大节约国家电子地图更新的成本，提高地图更新的效率。

另外，导航电子地图行业投入成本非常高，而盗版却不需要投入任何成本，这已经成为制约中国导航电子地图行业发展的一大难题。对此，政府应当加强执法力度，坚决取缔无测绘资质的导航电子地图制作企业，严厉打击导航电子地图的盗版行为，维护公平竞争，让优秀企业在市场竞争中胜出。我们相信随着消费者意识的提高，以及国家监管力度的加大，盗版问题一定可以妥善解决，从而保证导航电子地图产业健康、稳定发展。

（六）应用领域拓展与深化

越来越多高新技术的不断涌现与推广应用，不仅在逐步影响着人们日常生活的方方面面，还极大推动和深化了导航电子地图应用领域的发展。目前，导航电子地图应用服务主要集中于车载前装、后装 PND、移动互联网和互联网等四个领域，这四个领域内相关技术的提升与革新也必然促进导航电子地图产业应用的日益拓展与深化。

1. 移动互联网技术（3G 等）推动导航电子地图产业发展

随着 3G、CMMB 等移动互联网技术的迅猛发展及移动通信设备功能的不断增强，由于其自身所具备的通信流量大、计算能力强等优势与特点，必将极大推进导航电子地图产业应用的拓展与深化；之前无力实现或无法支持的产品和服务（例如，导航电子地图数据在线更新功能、智能手机本地路径规划功能等）在这些技术能力的支持与推动下也纷纷涌现与投入应用。

2. 车载综合信息系统（Telematics）增强导航电子地图产业服务内容与服务能力

随着中国汽车市场的快速成熟，人们提高生活品质的需求和城市交通发展需求将推动国内 Telematics 系统的发展。为了推动中国 Telematics 系统发展，并形成中国自主知识产权的产业化体系，需要国家从产业政策和资金方面，从提升卫星导航应用角度给予产业发展支持，使中国尽快形成自主知识产权的 Telematics 系统，推动汽车电子信息化发展，促使中国 Telematics 领域跨越式发展。

同时，Telematics 系统及其配套车载前装终端所涉及的产业链比较复杂，相关角色包括汽车厂家、终端制造厂家、导航电子地图厂家、移动运营商，以及各类信息服务提供商等，即 Telematics 系统的推广运营，必能促使导航电子地图产业与其他产业合作与融合，拓展导航电子地图产业市场与用户规模，深化其服务内容和服务方式，增强其服务能力和服务质量，提高用户满意度，极大便捷公众特别是汽车驾驶人员的日常出行。

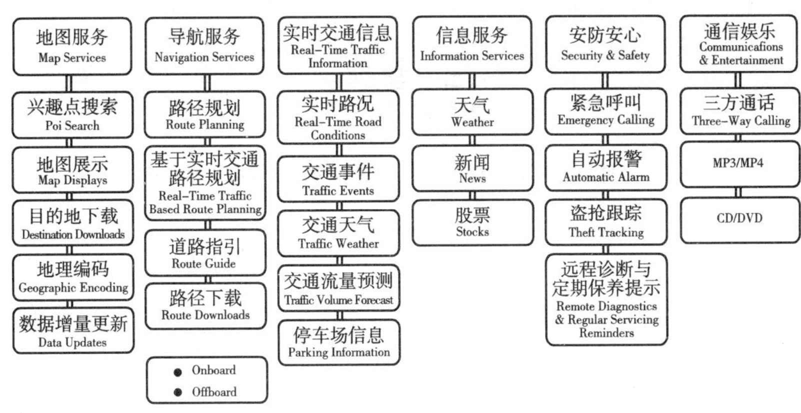

图9 Telematics 系统服务功能列表

3. 实时交通信息的引入将增强导航电子地图产业应用的实际使用价值与用户感受

基于实时交通信息的导航电子地图产业应用，能够保证用户及时准确地了解与掌握当前交通状况，并为公众提供更为便捷、舒适的出行方案，从而能够帮助用户规避交通拥堵路段，尽可能减少其出行时间与成本；与此同时，也达到改善城市交通状况、缓解交通拥堵和节能减排的目的。

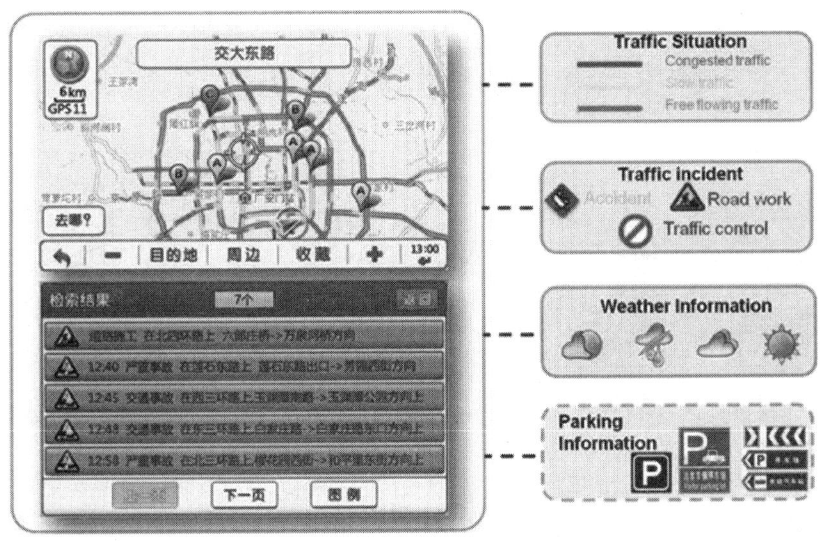

图10 基于实时交通信息的导航电子地图产业应用服务内容与服务形式

三 总结

近年来，随着社会信息化日益深入，导航终端价格持续大幅下降，终端功能日益丰富，导航电子地图产业相关技术水平日新月异，市场与用户规模逐步扩大，消费者对导航电子地图产业应用服务需求日益强烈，这些必将极大地推动导航电子地图厂商在服务方式、核心技术、商业模式和产业结构方面作出开拓性的创新与变革，以适应市场发展需求。

简而言之，在高新技术创新、市场环境与用户需求等因素的影响下，中国导航电子地图产业即将迎来一个高速发展的机遇期，其强烈要求中国导航电子地图厂商在国家政策扶持与引导下，务必开拓创新、勇于探索，资源整合、优势互补，不断拓展和深化导航电子地图产业应用领域与服务群体，为服务人民生活、共建和谐社会贡献力量。

服务公众的浙江地理信息应用工程

马建平*

摘　要：本文简要介绍了浙江省地理信息应用的一些实例，包括数字城市建设、导航地理数字框架建设、多样化地理信息产品、区域地理空间信息共享平台建设等。

关键词：浙江省　地理信息应用　数字城市　导航地理框架数据　地理信息共享平台

如何最大限度地发挥地理信息及其技术在社会信息化中的促进作用，一直是浙江省测绘与地理信息局关注的问题。近年来，浙江省测绘与地理信息局始终站在地理信息共享与交换的前沿，加大与各个部门、各个行业的合作力度，大力开发推广地理信息应用项目，提升了地理信息应用的支持与服务能力。在信息技术飞速发展的今天，浙江地理信息应用工程已渗透到各个领域，正深刻影响着当地的经济社会发展进程。

一　3S 技术助推数字城市建设

基于 3S 技术构建的数字城市地理空间框架是以地理信息数据库为基础，结合政府部门、行业领域和公众服务对基础地理信息应用的多样化需求，综合运用 RS、GPS、GIS 和计算机网络等技术，制定相应的政策法规和标准体系，建设多尺度、多分辨率、多种类的城市空间数据体系，构建统一的城市地理空间基础平台，从而为城市政府、企业、社区和公众提供高质量的基于空间位置的

---

* 马建平，浙江省测绘与地理信息局副局长。

应用服务，实现同一框架（即城市基础地理信息）下的资源共享和信息服务。数字城市地理空间框架是“数字城市”的重要组成部分，也是整个数字城市建设的关键。

浙江省坚持以地理信息资源开发利用为核心，以地理信息公共服务平台建设为突破口，以提高服务能力为目标，在信息资源整合、平台建设、系统应用、服务公众等方面做了大量工作，取得显著成效。人们发现自己生活的这座城市，改变似乎都在不经意间发生着，而基于这些变化的基础，是3S技术不断加快助推数字城市建设。

一是通过地理空间框架建设，促进电子政务的进程，政府部门利用地理信息公共服务平台向公众提供更多的信息，并提高了为公众办事的效率和服务能力。

二是公众足不出户就能享受到地理信息公共服务平台的服务，在线电子地图信息服务进入寻常百姓家。人们可以在电子地图上加载各种专题信息，为旅游、出行、娱乐等提供各种信息服务。

二　导航地理框架数据建设促进地理信息产业发展

位置服务（LBS）是近年来新兴的一种服务形式，即通过移动终端和移动网络的配合，确定移动用户的实际地理位置，从而提供用户所需要的与位置相关的服务信息的一种移动通信与导航融合的服务形式。随着GPS民用化水平的提高，车载导航及位置服务与社会公众的结合越来越紧密，目前整个产业正在国内以快速的态势增长。

电子地图是车载导航与位置服务产业发展的一个关键因素，电子地图的存在与否、优劣差别直接影响产业服务应用的效能和专注度。受国家相关地图保密政策及地图盗版无法有效控制等因素的影响，目前电子地图正日益成为制约整个产业发展的瓶颈。

为了促进地理信息产业中卫星导航和位置服务业的发展，消除阻碍该产业发展的瓶颈——地图保密和盗版，2009年初，浙江省完成了全省导航和位置服务电子地图基础数据库的生产和建库工作，并专门组织成立了导航和位置服务测绘分院负责促进推广应用和基础数据库数据的持续更新工作。

浙江省导航地理框架数据是在省基础地理信息数据的基础上，经过加工处理生成的面向导航应用的地理框架数据集，主要包括道路网络数据、道路附属设施数据、地名数据与背景数据。导航电子地图生产企业在此基础上添加交通信息与社会经济信息，可以生产出最终用户使用的导航电子地图产品。目前，该数据已经广泛应用到车载导航和位置服务产业中。

导航及位置服务应用需要强大的地理信息数据的支持，本着“权威数据来自权威部门”的建设原则，浙江省还提出了由地方测绘主管部门负责基础地理框架数据的生产与更新维护的导航地理框架数据建设方案，该方案既有助于节约社会资源，减少低水平的重复建设，有助于提高基础测绘保障能力与服务水平，更有利于形成合理的产业链，促进导航市场的发展和繁荣。

三　多样化的地理信息产品满足公众生活需求

目前，地理信息已成为人们日常生活中一类不可或缺的关键信息。而作为地理信息重要载体的纸质地图早已深入公众生活的方方面面。为满足公众日常生活需要，省内多家地图编制单位以地图学为理论基础，以地图语言综合反映各地的自然条件、资源环境、人文社会、经济发展、历史文化等要素，编制了遍及全省的旅游图、交通图、贸易图、经济区域图、公交指南图、挂图及图集、图册等产品。同时，通过对编制图集的工作流程、计算机制图出版技术的优化等的研究，进一步提高了生产效率，增强了服务能力。多年来，这些地图产品不仅为各级政府、行政主管部门和广大企事业单位的日常工作开展提供了翔实的参考资料，也是普通老百姓了解浙江的重要窗口，大大加快了地理信息向公众传播的速度。

在做精做好传统纸质地图产品的同时，浙江省积极探索拓宽地理信息产品体系的方式，相继推出了浙江省地图网、三维仿真城市、触摸屏电子地图等多种类型的产品，将服务公众生活的形式从单一的纸质地图逐步延伸到电子地图、网络地图等多样化载体的形式。

浙江省地图网是浙江省正在建设的省地理空间数据共享与交换平台的先行项目，主要依托互联网为公众提供地理信息和位置服务。目前，网站推出了电子地图频道、影像地图频道和出版地图频道，涉及的数据包括电子地图数据、影像数据、公共兴趣点数据和出版地图数据等。数据种类丰富，覆盖面广，信息量大，为公众提供了详尽、精确、便捷的在线地理信息服务，包括地图浏览、信息查询、空间搜索、地图定位等，用户可以各取所需，选择相应的服务。电子地图频道以覆盖全省的多比例尺电子地图为媒介，搭载政府机关、企事业单位、教育医疗等兴趣点数据，为用户日常出行、购物提供便利；影像地图频道集成全省多分辨率卫星影像数据，与道路、地名等信息进行叠加，为用户提供不同的地图视觉感受；出版地图收集省内多家地图生产单位历年来编制的单张旅游图、图集、图册等，通过互联网提供浏览和查询服务。

三维仿真城市建设是浙江省为丰富地理信息产品表现形式的又一个探索。通过这种形式表现的地理信息可为用户带来强烈的视觉冲击体验，用户在使用时可以体验到更加直观的地图。同时在系统中还增加了公交查询功能，所有的公交线路一目了然，极大方便了用户出行。目前，全省 11 个设区市大部分已经完成建设并投入使用。

四　区域地理空间信息共享平台服务长三角一体化发展

地理信息的时空特征决定了其在使用上具有区域效应，随着上海世博会等大型国际活动的举办，长三角地区一体化发展面临新的形势和机遇。沪、苏、浙相关部门迫切需要建立地理信息公共服务平台来统一信息源和建立在线共享机制。地理信息是平台建设和运行的基础，以地理信息为载体，能更有效地整合专题信息和公共服务信息，更直观地展示专题信息和公共服务信息的位置、周边环境（包括地方和区域），帮助公众和企事业单位及时进行定位，了解自己或兴趣目标的周边情况，最终实现针对不同需求、不同层级提供长三角区域大范围的地理信息服务，让大家在一个平台上实现信息共享、联动办公、科学决策，提升工作效率和生活水平，从而更好更快地为长三角区域经济社会发展服务。《关于落实长三角地区主要领导座谈会精神，推进区域基础地理空间信息共享平台建设的意见》明确了平台建设的总体目标，即通过地理空间信息资源整合，打破地理空间信息数据的省市分割，实现多源、多分辨率、多种地理空间信息数据的在线共享，并使之成为区域内各种专题信息系统与平台的基础。目前，该平台的重要基础性工作——长三角公益性地图网的建设已启动。

五　地理信息技术保障新农村建设

新农村建设是党中央提出的一项重大决策，为服务好新农村建设，浙江省除提供测制地形图、编制新农村地图外，还采用了地理信息系统技术为新农村建设提供保障，先后为磐安、庆元、金华、景宁等地建设了新农村地理信息平台，通过对基础地理信息数据和专题数据进行加工、整合，以地理信息技术为支撑，建立一个体现当地新农村建设，面向政府、公众的地理信息服务平台。平台在提供最基本的空间位置服务的同时，对各种其他地理信息资源实行一体化、集成化处理，实现地理信息资源的共享与充分利用。主体平台以县级新农村规划纲要为蓝本，将地理信息、农村基本情况与规划设计有机联系在一起，一方面实现各类村庄信息的一体化管理，体现新农村规划的效能，为各级领导决策提供信息服务，为持续推进新农村建设提供决策支持；另一方面能及时、全面地展现新农村工作所取得的成果。

新农村平台建设还通过引入“数字城市”的概念，利用网络技术实现在线实时数据共享，方便授权用户单位在线调用主体平台中的地图数据和功能，快速搭建自己的专业系统，从而大大提高数据利用率，大幅度减少重复建设，节省财政投入。

服务大众、服务社会是我国今后一段时期地理信息发展的方向，浙江省测绘与地理信息局紧紧抓住这一发展方向和战略机遇，不失时机，进行了大胆的探索，深化了对地理信息公众服务的认识，明确了浙江省测绘服务发展的努力方向，取得了积极成果。随着计算机技术、信息技术、测绘科学技术的迅猛发展和社会大众对地理信息服务的强劲需求，对服务体系的认识与实践也必将有一个不断深化的过程，我们将进一步提高地理信息服务水平，为促进地理信息更好地服务社会民生而努力。

丁丁网：旅游生活好伴侣

徐匡时*

摘　要：互联网在线地图服务目前发展迅速。本文介绍了上海颇具知名度和影响力的本地生活搜索平台——丁丁网的基本情况，介绍了丁丁网的基本功能和丁丁网旅游频道的应用情况。

关键词：丁丁网　互联网　位置搜索

互联网已从开始的分类检索时代转换为搜索时代，如今的用户早已习惯了通过搜索引擎来查找商家信息，但是普通的搜索引擎仅提供文字信息，不能提供基于地图的位置信息和路线指引信息，因此当用户想要找到这些商家的具体位置时，不得不面临新的苦恼。于是，GIS、GPS、RS（简称3S）技术的大规模应用和推广显得越发迫不及待，这也使地图和位置搜索成为互联网搜索服务新的兴奋点。

互联网在线地图服务和基于位置的生活搜索网站自2005年逐渐浮出水面，成为广大老百姓最新型、最时髦的互联网使用工具。随着社会需求的不断增大，地理信息系统（简称GIS）技术的应用领域迅速扩大，在线地图服务市场成为最有潜力的互联网应用市场之一。据专家估计，在经济建设、日常生活所涉及的数据中，80%与地理信息系统密切相关，上百亿元的市场潜力更是使得GIS被公认为21世纪的支柱产业。

2010年上海世博会的召开对于上海的在线地图服务是个全面的考验。届时，将有超过7000万的世博游客光临上海。对于这些游客而言，寻访一个陌生的目的地仅仅靠着一张地图很可能会找不到方向，而使用带有精准搜索和定位功能的

---

* 徐匡时，丁丁网数据部总监。

在线地图将是他们的首选。

丁丁网抓住这个契机，升级电子地图技术，使得城市、世博景区、地图不再是一张平面化的信息。游客事先可以通过查询丁丁网的电子地图，了解各个商户和酒店的位置、经营信息及周边环境情况，当到达旅游地后旅游者可以通过事先查找的位置图及交通线路直接到达酒店，然后利用地图查询要去的园区景点信息，可进入丁丁网公交查询系统选择最近路径和公交线路及沿线情况。公交查询系统不再是传统的直线数字式，而是将其傻瓜化，游客只需输入目的地即可显示路径和公交线路，提示在哪一站下车。在园区景点处还可显示景点导游词和旅游商店位置及信息，给旅游者提示正规的商店和特色商品。

一 关于丁丁网

丁丁网创立于2005年，是上海最具知名度和影响力的本地生活搜索平台。丁丁网在提供精准的电子地图服务的同时，也在整合旅游、餐饮、娱乐、购物等相关增值信息，为用户提供“非可替代价值”并获得商业回报，并向整合高科技产业与传统旅行业的方向迈进。它逐步向用户提供集酒店预订、票务预订、度假预订、商旅管理、特惠商户及旅游资讯在内的全方位旅行服务，被誉为互联网和传统旅游无缝结合的典范。

从网站功能上来看丁丁网属于提供实用性旅游信息查询和产品预定中介服务的综合性旅游电子商务网站，目标市场为休闲用户（88%）和商务用户（12%）。

二 GIS在丁丁网中的功能简介与分析

（一）功能简介

GIS在丁丁网中的应用主要体现在公交查询、周边信息查询、地址定位等。进入网站网页，界面主体显示为左部的检索查询区和右部的地图区。

地图的基本操作可实现地图的放大、缩小、移动、标注、清除和测距。地图的查询功能提供模糊搜索。周边查询功能可查询到该网点从200米到2千米范围内的餐饮、娱乐、商务大厦、商务场所等地的信息。

丁丁网地理信息系统采取ArcIMS和Dreamweaver作为开发平台，以Javascript为开发工具，最终建立了一套集基本地理信息、景区景点旅游信息、地区旅游宣传促销等有关基本信息采集、信息查询、信息管理及强大的地图查询功能于一身的“旅游网络地理信息系统”。

（二）功能分析

1. 内容设置指标

（1）信息的实用性：丁丁网的旅游频道涉及食、住、行、游、购、娱多个方面。在查询功能中提供的类别查询，很好地体现了旅游基本要素的要求。

（2）信息的准确性：每日都有数十万的本地网友通过丁丁网搜索餐饮、娱乐、休闲、购物、生活类信息，每一次搜索结果都精准无误。

（3）信息的时效性：丁丁网的信息实时更新，更有独家产品的旅游线路及其报价、特别推荐的酒店的信息、首页的动态广告等。电子地图的更新周期是相对较长的，但与各个地区日新月异的变化基本同步。

（4）空间操作：在丁丁网的电子地图中，主要体现为对某地周边的景点、餐饮业、商场等的查询，以及两地间距离的测算。

2. 技术组织指标

（1）界面设置：丁丁网的整体界面设置风格是简洁大方的。在电子地图板块，其与主体界面保持一致，给用户以友好、便捷之感。在色彩上，蓝白搭配惬意非常。功能上，图形区和查询区一目了然。

（2）检索功能：丁丁网的各个主要功能模块区均提供检索功能，且可以实现精确查询和模糊查询，方便了用户使用。

（3）链接功能：丁丁网在这方面的信息比较全面，在链接的实现上基本能够体现快捷性和准确性。

（4）多媒体的品质：这是丁丁网目前正在全力研发的产品。丁丁网考虑用户的需求，充分发挥GIS的优势，逐步向用户提供如酒店、景点、商场等的图片、视频及上海地标景点的三维模型。

三　丁丁网旅游频道

（一）国内旅游网站的现状

旅游网站（tourism website）是指在因特网上，根据一定规则使用 HTML 等工具制作的用于展示旅游信息的相关网页的集合。简单地说，旅游网站是一种通信工具，就像布告栏一样，人们可以通过旅游网站来发布自己想要公开的旅游咨讯，或者利用旅游网站来提供相关的旅游网络服务。

目前中国最著名的旅游网站有携程、乐途、同程、e 龙、途牛、中国通用旅游等，人们可以通过网页浏览器来访问网站，获取自己需要的旅游咨讯或者享受网络服务。许多旅游公司拥有自己的网站，利用网络进行宣传、产品咨询发布、人才招聘等。

中国现有涉及旅游服务的 650 多家网站大致可以分为两类：一类是综合门户网站的旅游频道，旅游只是整个网站的补充，在旅游信息的权威性、全面性和实用性方面没有优势，所以不是旅游行业 B2B 和 B2C 的主流。另一类是旅游专业网站，包括一些景区、酒店网站，更高层次的旅游网站则依托大旅行商，并开展信息交流、网上预定。相比较而言，这一类旅行网站是今后发展的主流。

由于旅游借助互联网，能够解决传统旅游业不能解决的适应游客行、吃、住、游、玩一体化的需求；同时还由于旅游业作为一个整体的商业生态链，涉及旅行服务机构、酒店、景区、交通等，利用互联网可以将这些环节连成一个统一的整体，进而可以大大提高服务的水平和增加业务的来源。

（二）丁丁网旅游频道的发展

1. 迅速地进入并占领目标市场

丁丁网以诚信为本，奉献最好的服务，树立良好的品牌；不断加大技术投入，有效阻挡可能发生的网络黑客；与银行联手解决电子支付问题；开发新的特色旅游产品，领导旅游市场的潮流；与旅行社建立稳固的联盟，保持一条龙服务体系。同时，也充分利用法律保护自己的知识产权。

2. 与旅行社、旅游景点联合，建立一条龙的特色服务体系，从而实现双赢

丁丁网与多家国内知名的旅行社、旅游景点合作，实现了旅游信息的全面、权威与实时更新。同时，这些知名旅行社、旅游景点也很好地利用了丁丁网这一上海最具知名度的生活平台展示自我，发布旅游信息及利用BBS与用户加强沟通等。

3. 依托特色技术支持拓展产品销售

丁丁网旅游产品销售的扩展依托了特别的技术支持。友好且便于使用的用户界面、精确的搜索引擎是增加消费者访问流量的重要驱动力。丁丁网利用了预订系统的客户端实现网站和企业管理信息系统的信息集成，加强了维护商务信息和网络订单管理。

丁丁网通过突破传统、整合资源、技术支持等一系列强势手段完成了由原有的旅游资讯网站向旅游专业网站的转型；满足了消费者渐趋理性化、个性化、休闲化的度假要求，突破单一的出游方式。

四　总结

GIS技术对传统旅游业的影响和对旅游消费成熟的促进，将使旅游业快速地向个性化方向发展。在旅游业中引入网络技术和GIS技术，将改变旅游业的运作方式，大大提高企业在管理和营销方面的能力，同时扩大了消费者的权力，使旅游市场规模不断扩大。GIS技术在旅游建设和旅游宣传中也将发挥重要作用。随着“数字地球”、“数字城市”概念的提出，GIS成为“数字城市”的核心部分，“数字旅游”将是GIS新的应用领域。GIS系统最终将通过网络联成一个整体，实现系统资源（数据、软件、硬件、网络和人才）的共享和系统的互动，为游客建造一个虚拟的旅游地理信息空间，使人们在现实空间与虚拟信息空间之中畅游，从而极大地激发民众的旅游热情。GIS正朝大众化、网络化方向发展，以GIS技术为核心的旅游信息系统已现雏形，GIS终将像Internet一样得到极大发展，并渗透到社会生活的各个领域。

车载导航市场发展向好
创新应用引领科技生活

——车载导航产品应用于百姓生活方式的调查报告

凯立德技术有限公司

摘　要：本文简述了车载导航市场的发展历史及现状，阐述了车载导航战略转型的方向，分析了车载导航融合网络平台的发展趋势。

关键词：车载导航　战略转型　内容服务　创新　应用

1956 年，新中国第一辆汽车下线。经过半个多世纪的发展，2009 年，我国汽车年产销量突破 1300 万辆，比 2008 年的 938 万辆增加超过 40%，超越美国成为世界第一汽车产销大国。从最早的满足国防、生产需求，逐渐发展为为百姓制造大众消费品，到今天已让汽车走进千家万户，可以说中国的汽车产业始终在变革。

与此同时，我国的另外一个基础产业——地理信息产业也在快速发展。在现代测绘技术的推动下，数字化的测绘仪器不断涌现、测绘数据存储和利用方式不断进步，地理信息数据的丰富性、现势性、准确性方面都得到了极大的提升。这些都将地理信息产业推向前所未有的发展新高度。

汽车产业与地理信息产业的共同进步迸发出了全新的市场火花——车载导航产品应运而生。作为未来汽车电子化、智能化、网络化的代表性应用之一，车载导航应用在最近几年迅速普及，直接影响了百姓的出行方式和日常生活。

一　车载导航市场高速发展，市场进入普及期

2006 年，中国以 PND、导航手机、改装 GPS 为代表的民用导航市场开始启

动，并于2007年整体喷发。经济的发展拉动了消费，而价格的大幅下降更是刺激了民用导航产品销量的增长。随着导航方案的成熟，以及芯片、液晶显示屏等核心器件价格大幅下降，束缚GPS广泛应用的硬件成本限制开始松动。珠三角民用导航企业借势而上，刺激了GPS导航产业分工进一步细化，形成了从上游元器件、液晶模组、外壳模具、导航软件和地图数据的生产，中游电子设计方案提供、OEM电装加工，到下游导航终端厂商、各级代理商分销商的清晰完整的导航产业链。

2008年底，国际金融危机的影响使得整个电子信息产业遭遇前所未有的困难，国务院及时推出“保增长、扩内需、调结构”的一系列政策措施加大对基础建设的投资，推动了土地测量、资源勘探、工程测量、港口建设、海洋渔业、精密机械控制等各方面应用市场需求的增长，民用市场包括汽车导航、智能交通、个人位置服务等各细分消费市场需求的增长更为显著。

按照中国电子信息产业发展研究院的统计，中国车载导航仪（包括嵌入式车载导航仪和便携式车载导航仪，不包括GPS导航手机）2009年的销量达到380.1万台，整体的产业应用产值达到586.6亿元。

表1　2006～2009年中国嵌入式车载GPS市场销售量及增长比较

年　份	2006	2007	2008	2009
销售量(万台)	42.2	59.5	85.1	169.5
增长率(%)	—	40.9	43.0	99.2

表2　2006～2009年中国便携式车载GPS市场销售量及增长比较

年　份	2006	2007	2008	2009
销售量(万台)	39.3	96.0	164.5	210.6
增长率(%)	—	144.2	71.4	28.0

资料来源：赛迪顾问2010.02。

车载导航市场的发展向好，一方面是市场自身的庞大需求使然，一方面也与地理信息产业的持续进步、中国制造业的优势等密不可分。从地理信息产业发展来讲，国家测绘局等有关部门制订了地理信息产业的发展规划，并不断对市场进行调研，即时解决这一新兴产业出现的各种问题，规范产业的发展。在国家相关部门的指导下，地理信息产品更加规范和完善，这对车载导航应用体系的提升产

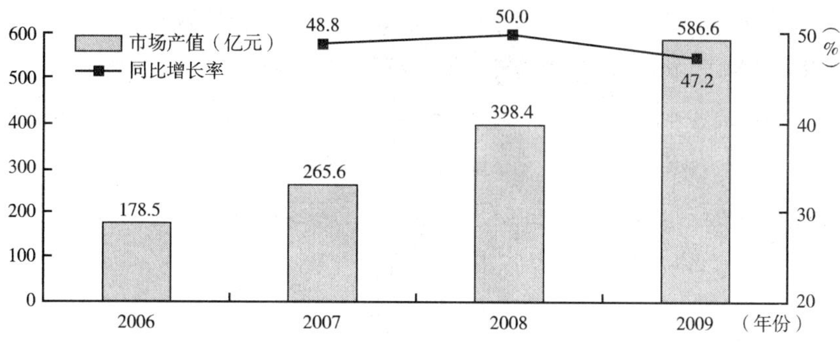

图1 2006～2009年中国GPS产业应用市场产值及增长

资料来源：赛迪顾问2010.02。

生了积极的推进作用。比如凯立德2006年推出的全国第一张“全覆盖”导航电子地图、2009年推出的实景地图等，都帮助车载导航市场掀起了相应的销售热潮。从制造业上讲，成本的优势和制造工业的提升，使得车载导航系统质量更加可靠，价格也更加容易接受，这些都促进了车载导航市场的持续良性发展。

二 车载导航面临战略转型，基于地理信息的内容服务成为发展的关键

由于地理信息产业的升级和车载导航产品的普及，一些新的产品类型和应用模式将不断被创造出来，这是未来车载导航市场最大的想象空间。

GPS应用研究刚开始兴起时，只是采用仪器作为辅助工具以轻松地完成烦琐的工程，提高管理水平及工作效率。时至今日，单纯的导航业务已经不能满足用户的需求，越来越多的科技人员开始关注GPS在传统行业中的开发应用。GPS产业步入一个特定的转型期，服务整合、功能融合、应用细分三大趋势成为未来发展的潮流。GPS不断与传统行业进行融合，并向外拓展出多种应用，持续挑战着人们的想象空间。

近年来，随着移动互联网络的兴起，车载终端已经发展成了个人远程通信平台。基于业务提供商提供的各式业务数据库，用户可以通过车载终端辨别方向和驾驶路线，查找所需要的各种信息。国外的汽车电子制造商也正从提供产品向提供服务转型。与其他消费电子产品的功能融合、与消费者进行双向交互式的应

用，以及其他创新应用业务的大量涌现，已成为 GPS 消费性应用发展的主要趋势。其中，GPS 消费应用的内容和服务是转型成功的关键。

内容提供商主要为服务提供商生产文本、图像、音频、视频或多媒体信息，而服务提供商会使用到这些信息。地图软件厂商作为最重要的地理信息内容提供者，则要及时更新服务内容中的信息，确保服务价值，以及基于各种信息的创新业务开发。而服务提供商所提供应用的好坏直接影响最终用户对导航位置服务的使用，这也就要求该环节必须按照最终用户的需要提供服务。

从国外的发展来看，第三代联网式汽车导航仪在 2000 年首次问世，就以应用与服务功能突出而著称。它更小巧便携，更准确可靠，能够将导航与通信、娱乐和移动办公等多种功能集于一身，并且能够支持通信网络，能够实时提供交通信息。如今，日本、欧美市场上的汽车导航产品也已全面支持实时交通信息系统。近日，部分搭载 TMC 智能交通服务的新车型在国内面市，也让“智能交通”走近中国百姓，广受关注。尽管中国目前的智能交通系统还很不健全，但就发展趋势而言，导航产品广泛的应用和爆发式增长，将促进智能交通的快速发展。

目前我国的导航产业也伴随着移动互联网的兴起逐渐转型，包括地图供应商和 GPS 导航硬件制造商都在向内容提供商转型。目前，凯立德已经在构建基于 3G、WIFI 等无线通信技术的应用服务平台，提供包括实时路况信息服务、实时救援等各项位置服务。而天派、飞歌、华阳 - 飞利浦等公司同样也在探索汽车导航服务运营平台建设。中国的汽车导航产业逐渐成熟以后，基于地理位置的应用服务必将是汽车服务的关键功能之一。

三　车载导航融合网络平台，创新应用改变移动生活

新内容与新服务的出现离不开移动互联网的支撑。移动互联网使虚拟世界和现实世界建立了映射关系，将个人位置与信息结合起来。这将在安全、娱乐、管理、商业等各个领域改变人们传统的生活方式。而当这些与车载导航产品结合起来之时，将为用户创造更多的应用价值。

在安全方面，医疗监护、紧急救援、安全监控都是可预见并且可实现的热点服务。例如车辆跟踪系统，主要用于防盗、测绘等。当汽车被盗时，车主最想知道的莫过于车在哪里，如果安装了 GPS 系统终端，就可以通过其 GPS 模块、无

线通信模块和服务中心监控系统，获得车辆的精确方位，协助公安部门抓获盗窃者。它们让我们的财产和人身安全更有保障。

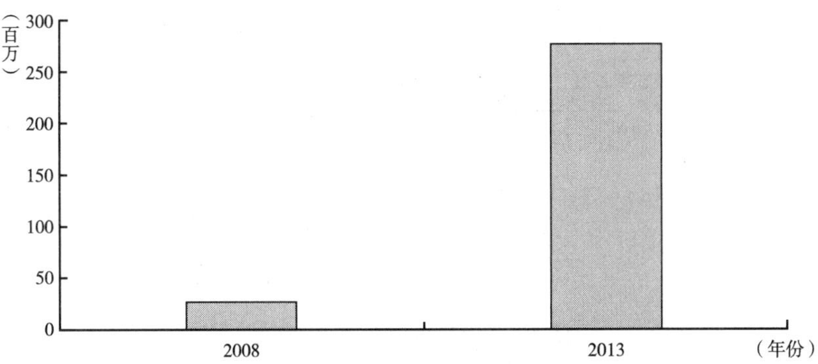

图 2　2008～2013 年中国智能交通信息服务应用增长情况

数据来源：《中国经济时报》。

更细分的社区团体将同时基于虚拟的网络与现实的地理位置而紧密地连接在一起，GPS 会为位置社区提供聚会与游戏的可能；基于位置的游戏交互也会越来越丰富。就如同今天的网络游戏一样，今后的网络与现实一体的娱乐系统，能够面向更广泛的大众，随时随地满足个人对于信息和娱乐交互的渴求。

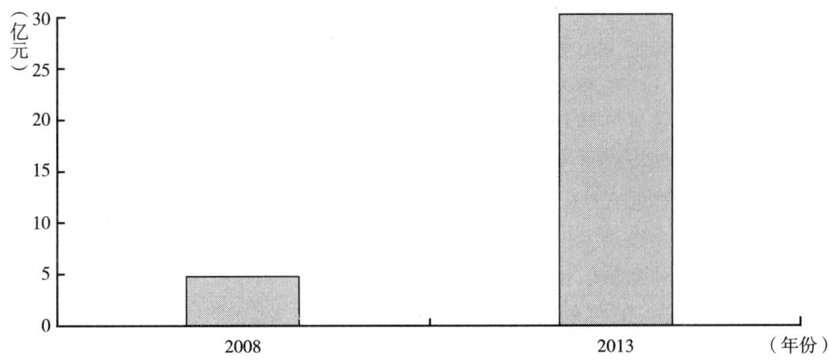

图 3　2008～2013 年中国互联网地图服务应用增长

数据来源：ABI Research。

车载导航的发展，同样也会催生新的商业营销模式，例如 POI 广告业务的开展，位置信息服务的广告链条也将出现。地理商业广告将会成为一种全新的广告存在，由于较强的客户定向性和精准投放，广告价值会更加突出。地理数据服务提供商和POI广告公司也将因此获得较大的赢利空间。

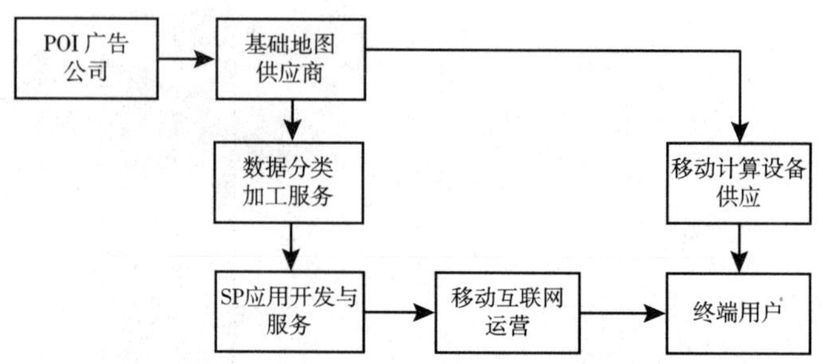

图4　位置信息服务基础供应链

根据国外市场调研机构ABI Research的数据，移动互联网所提供的位置服务市场规模将会由5.15亿美元增长到5年后的133亿美元。运营商将会作为核心驱动力量获得巨大发展。目前运营商还在为定位系统与移动互联网之间的互联互通、支持全网漫游进行投入。中国移动已经将LBS等相关位置服务列为下一代的核心业务并且开始试行。

表3　GPS导航消费应用价值业务创新价值倍增示意

服务类型	服务内容	利润来源
产品服务	GPS导航、实时交通	消费者
	个性化广告、植入式广告，增强广告效果和目标到达率	广告主
	视频通信、电视QQ，增强消费者体验	消费者
	电视购物、交互视频业务等增加消费者价值	消费者
	多媒体电子商务，降低企业成本，提高效率	企业客户
	一次制作，多点应用，多通路分发	运营商降低成本
	新的体验方式：移动和娱乐，移动和宽带	消费者
网络服务	更丰富的内容和应用带来更大的流量	广告主

观点来源：赛迪顾问。

GPS导航市场与移动互联网的崛起，已经为未来开启了一个巨大的商业市场。新的技术加上一个成熟并且高速发展的硬件载体，将极大地激发用户新的需求，为用户提供新的生活体验，这使得未来的GPS市场孕育着无限的商业可能。

国际动态篇

INTERNATIONAL TRENDS

国际车载导航应用的现状及趋势

丁 芳*

摘 要： 随着车载导航应用技术的不断发展，车载导航系统功能不断完善，应用范围不断扩大。本文重点阐述了国际车载导航应用的功能和市场现状，以及未来与无线通讯、信息通信和娱乐及高级驾驶辅助系统等相结合的发展趋势。

关键词： 国际车载导航 应用 现状 趋势

车载导航系统是指通过接收卫星信号，配合电子地图数据，通过自导航随时掌握所处位置的汽车电子系统，可分为车载前装和车载后装两种。参照欧美和日本的情况，车载前装导航系统已成为汽车标配趋势。车载导航应用技术已经发展成为全球性的高新技术产业，并随着产品和需求认知的不断成熟而快速发展。

---

* 丁芳，北京四维图新科技股份有限公司。

本文重点阐述国际车载导航应用的功能和市场现状，以及未来与无线通信、信息通信和娱乐及高级驾驶辅助系统等相结合的发展趋势。

一 国际车载导航应用的现状

车载导航一般是指导航仪与汽车总线相连接、在出厂时即已安装也可后期通过改装完成、可以实现自导航功能的汽车电子系统。从1990年发展至今，车载导航系统功能不断完善，应用范围不断扩大。

（一）车载导航功能概述

1. 车载前装导航系统的基本功能

（1）目的地检索功能

目的地检索功能是指导航系统可以通过POI（或兴趣点）名称检索、设施地址检索、拼音检索、交叉路口检索、历史信息检索等多种查询方式获得与目的地相关的信息，并能够对查询结果按照与当前位置的距离进行排序。高级目的地检索也可以支持模糊查询，从而帮助使用者更便捷、高效地获得目的地信息。

（2）地图显示功能

地图显示功能是指使用者可以在导航仪界面上直观地看到自己的当前位置及目的地位置，以及其间的距离、行驶路径、预计到达时间、路口放大图、交通流状况等导航相关信息。

（3）路径规划功能

路径计算功能是车载导航系统的基本功能，即使用者在车载导航系统上标注出目的地后，导航系统便会自动根据当前的位置，为车主设计最佳路线，并且如果使用者在行驶过程中没有按照导航仪规划的线路行走，系统会根据车辆所处的当前位置，重新为使用者设计一条到达终点的最佳线路。

（4）语音提示功能

行驶过程中，车辆只要遇到路口、转弯或者摄像头等，车载语音系统便会发出语音提示，提醒车主，并能够通过全程语音提示，帮助驾车者无需查看显示界面就可以实现导航的全过程，使得行车更加安全舒适。

2. 结合了动态交通信息的车载导航应用功能

城市的快速发展使得城市拥堵日益严重，人们出行所需时间越来越长，人们除了需要导航仪能够规划路径实现引导外，还希望能够获知实时交通信息状况，包括交通流信息和交通事件信息，甚至于与交通出行相关的天气预报、停车场、加油站等信息。传统的车载导航只能实现静态引导，动态交通信息服务的出现使得出行者可以获得更多与出行相关的动态信息，导航仪也可以根据实时的交通信息甚至历史交通信息数据进行出行路线的规划，从而帮助使用者规划合理路径，有效避开拥堵路段，提高行驶效率，减少二氧化碳排放。动态交通信息服务拓展了车载导航应用，促进了车载导航市场的发展。

（二）车载导航市场概述

1. 车载导航市场发展迅速，中国市场成长空间巨大

根据车载导航应用成熟度和市场规模，目前国际车载导航市场主要分为日本、欧洲、北美、中国四个市场。

日本是车载导航产品概念的提出者和市场的推广者，经过多年的技术发展和市场推广，产品的技术和工艺日趋成熟，并在产品的技术先进性方面处于国际领先地位。日本的车载导航研究开始于 1990 年，日本现在已经成为全球最大、最成熟的车载导航市场。日本新车标配车载导航仪的比例即新车装配率，1992 年为 0.4%，1996 年提高到 12%，2000 年提高到 33%，2007 年达到 79%。

继日本之后，欧洲市场于 1998 年启动，北美市场于 2000 年启动，北美市场增速快于欧洲市场，据不完全统计，2007 年欧洲车载导航系统新车装配率为 13.6%，同期北美车载导航系统新车装配率为 10.2%。

2002 年中国第一辆具有车载导航功能的丰田威驰车下线，标志着中国车载导航市场的正式启动。2003 年中国市场车载导航系统销量为 0.35 万，2004 年销量 2.05 万，2008 年达到了 34.65 万的规模，年均复合增长率达到 150%。作为世界第一大汽车产销国的中国，2009 年的新车装配率（以乘用车为基数）仅为 4.68%，成长空间巨大。从国外同比的角度看，车载导航设备成为汽车标配已是市场趋势。预计到 2013 年，中国车载导航市场销量将达到 132 万台，年均复合增长率将超过 30%。

2. 车载导航核心部件导航电子地图市场集中度高

导航电子地图作为汽车零配件，是车载导航系统的核心部件之一，车载导航

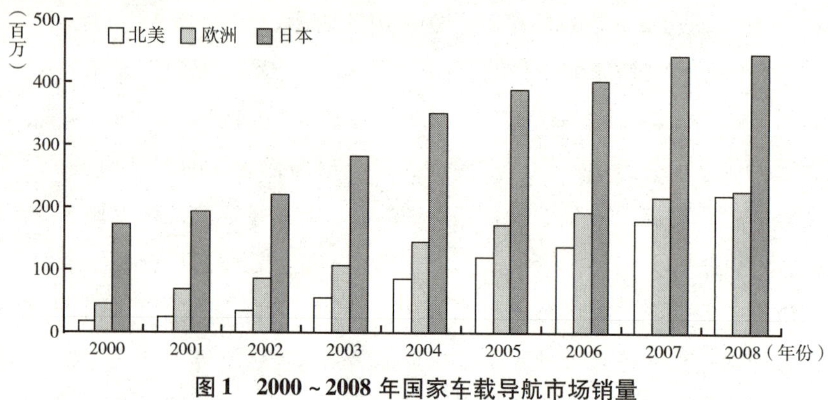

图1 2000～2008年国家车载导航市场销量

数据来源：Frost & Sullivan。

仪接收到的GPS信号必须与导航电子地图匹配，才能在屏幕上显示并最终被驾驶者使用。

汽车行业对零配件质量控制非常严格，要通过汽车制造商一轮轮的测试，导致市场不断流向少数具有技术实力和产品品质过硬的企业。国际导航电子地图行业规模效应明显，较早进入的企业已经进入收获期，利润水平和现金流状况迅速改善，但后进入者在得不到后续强大资金支持和含金量更高的客户的情况下，则面临着生存艰难的局面，从而使得先入企业优势明显，市场趋于高度集中，强者愈强，行业从自由竞争逐步向自然垄断演化。

国际上主要的导航电子地图提供商有Navteq、Tele Atlas、Zenrin、Mapmaster和IPC。欧美导航电子地图市场由美国Navteq、荷兰Tele Atlas两家企业垄断。日本导航电子地图市场由开始时的13家演变成由Zenrin、Mapmaster、IPC 3家企业垄断。目前这5家企业占领了国际导航电子地图市场95%左右的份额。

中国车载导航市场完全符合车厂品质要求的只有两家地图提供商——四维图新和高德，其中四维图新连续七年在车载导航地图市场的份额超过60%。

二 国际车载导航应用的发展趋势

1. 车载导航新车装配率不断提高，中低端车型普及率提高

随着车载导航应用的益处越来越被人们所了解，对车载导航的需求将越来越大，车载导航应用将从高端车型向中低端车型普及。车载导航仪最早基本都预装

在中高档轿车上，现在十万元以下的汽车也开始预装车载导航仪，可以预见，车载导航成为汽车的标配组件已成趋势。

2. Telematics 服务快速发展

Telematics 即车载通信系统，它融合了汽车、通信、IT 等领域的前沿技术，是一种整合了通信与信息的新兴车载应用，它改变了人与车、车与信息之间的关系，提升了车内服务的更新速度，使得车主的驾乘体验更贴近生活体验。目前在北美、欧洲、日本等汽车工业发达国家有较快的发展。

Telematics 包括了信息娱乐、导航、远程诊断、安防、通信等功能，可以接收到股市、天气、娱乐等各种信息，在行驶的途中实现移动办公及车内娱乐等功能。重要的是 Telematics 形成了人车互动的关系，使车辆变得更加人性化，在行驶过程中，可以通过呼叫中心获得实时路况信息，对行驶路线作出合理规划。

Telematics 改变了导航电子地图更新的方式，从 DVD、HDD 等静态更新变为动态在线更新，使导航电子地图更新更及时更准确。

随着 Telematics 应用的推广，Telematics 逐渐在交通安全中发挥着重要作用。通过安装带 GPS 功能的车载通信模块，车辆和 Telematics 服务供应商随时保持着信息的交互，不仅提高了车辆安全性，也提高了道路安全性。

有研究机构调查显示，2009 年全球超过 1400 万辆汽车安装了 Telematics 系统。在北美市场有 490 万辆新车装配 Telematics；在欧洲市场装配有 Telematics 系统的汽车达到 320 万辆；在日本 Telematics 系统销量达到 620 万台，成为全球最大的 Telematics 市场。而预计在北美、日本及欧洲这三大 Telematics 市场上，Telematics 系统的年销量有望在 2010 年达到 1750 万台。

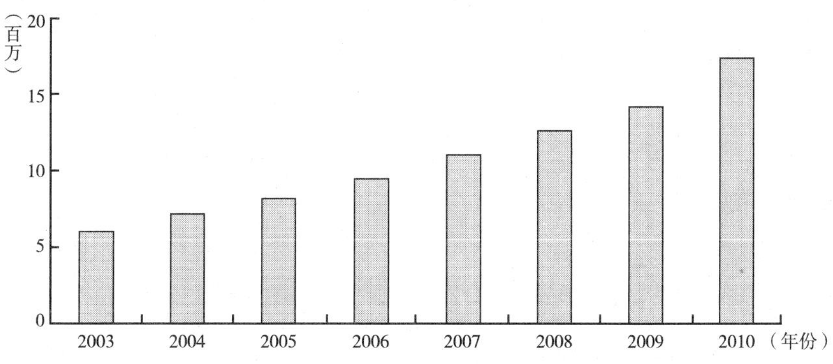

图 2　2003 ~ 2010 年国际 Telematisc 系统销量

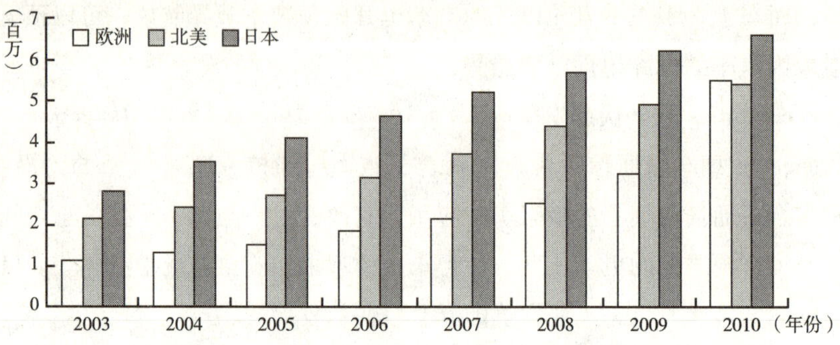

图3　2003～2010年北美、欧洲、日本市场Telematisc系统销量

数据来源：Frost & Sullivan。

3. 导航语音识别与合成技术逐渐成熟

语音导航和人机交互系统是未来车载导航的高级应用。从全球汽车产业发展状况来看，语音技术在车载导航中的应用是一种新的趋势。传统的车载导航产品，是用眼睛看的方式获取相关信息，对汽车驾驶者而言存在一定的安全隐患。因此，基于广大汽车驾驶者安全性、舒适性考虑，将语音技术应用于导航领域是必然趋势。

语音技术在车载导航中的应用成为国际汽车发展的必然趋势，将真正实现人机语音交互。目前，雷克萨斯采用了来自Voice Box Technologies公司的语音识别（VR）解决方案。奥迪也正在专注于改善其语音识别，并推出了新的升级版软件来更新其MMI，使其变得更加友好。同时更多整车厂也在为车载导航产品积极寻求适合的语音技术解决方案。

语音技术在车载导航设备上的应用，对整个汽车产业链的发展具有重要意义，提供了新的、广阔的增值空间。在不远的将来，语音车载导航技术及整车语音技术的应用水平，将成为衡量高端车型的一个重要标准。在更长远的时间里，语音技术在汽车上的应用将更为普遍，成为汽车的一项基本配置和功能。

4. 车载导航由静态向动态发展

面对当今全球化、信息化的发展趋势，传统的交通技术和车载导航手段已不适应经济社会发展的要求，发展智能交通系统是必然选择。通过与智能交通系统相结合，实时获取道路的动态信息，及时提供动态交通信息服务及与出行相关的更丰富的动态信息，如附近的加油站、取款机、酒店、商场等，以及提醒司机如何避开危险地区或是交通堵塞，从而帮助驾车人获得更好的导航服务，车载导航应用从静态导航向动态导航发展已是趋势。国内外研究表明：30%的车辆使用动态交通信息，行驶时间最多可缩短18%，CO_2 排放量最多可减少20%，可见动态交通信息服务能有效帮助提高城市的整体运行效率，提高城市的核心竞争力，促进节能、减排、降耗，符合低碳经济发展趋势。

最早研究动态导航的是日本和欧美的发达国家，初衷是为了解决城市交通拥堵的困境。这些国家的政府和企业投入了大量精力和资源进行动态交通信息服务的研究与应用，并从中获得了显著的社会效益和经济效益。中国积极跟踪国际动态交通领域的发展，也已经取得了一定的进展。

日本在1996年开通道路交通情报通信系统（Vehicle Information and Communication System—VICS），通过车载导航设备、无线数据传输、FM广播系统为驾驶员提供动态交通信息服务。经过近年来的不断发展和完善，VICS系统能够提供多种出行信息的实时发布和服务，包括实时路况、停车场信息、交通事故信息等，在改善日本交通安全、道路通畅和环境保护等方面作出了贡献。

欧洲目前把RDS－TMC服务确定为现阶段唯一的大规模交通信息解决方案。TMC（Traffic Message Channel，交通信息频道）能产生连续的交通信息流，包括一定地域范围内的交通状况，如交通拥塞或事故等，可以报告出事地点与时间、结果。将TMC信息与导航电子地图结合起来，提高了对路况预测的准确性，同时提高了出行的效率。目前欧洲有超过18个国家实施了该项目。美国在日本、欧洲等国研究活动的影响下，加大了对ITS（Intelligent Transport System，智能交通系统）的支持和发展。

中国的动态交通信息服务也已经具备了完善的产业基础，上下游企业如终端厂商、图商、运营商、信息服务提供商、科研机构等在政府相关部门的引领和指导下，已经基本构成了动态交通信息服务市场的产业链，为市场的发展奠定了基础。2008年1月，四维图新旗下的世纪高通在中国市场首个发布了商业化的动态交通信息服务，标志着中国动态交通信息服务商用化的正式启动，也标志着中国动态导航时代的到来。

5. 高级驾驶员辅助系统（ADAS）得到推广

高级驾驶辅助系统（ADAS）是一种应用于豪华轿车的最新发展起来的系统。通过传感器收集车辆行驶状况及车辆周边环境的信息，通过车载导航系统向驾驶员报告，对驾驶员提醒危险、提高安全的系统，在欧洲已经实现了应用。

在行驶过程中，ADAS 系统对前后车距的大小、左右车道车辆的密度、交通信号的变化、天气变化、转弯和上下坡等路况信息的变化等随时保持监控，通过详尽的 GPS 与导航电子地图匹配，对道路交通情况进行实时分析，自动选择最佳行驶路线，避免交通拥堵，避免交通事故的发生。

举例来说，日产汽车研制成功转弯辅助驾驶系统，针对车辆转弯的弯度、距离十字路口以及目的地的里程数，利用导航电子地图内的信息，综合控制发动机和变速器，有效调节发动机的制动性，以此达到节省燃料、提高行驶稳定性的效果，以辅助驾驶者更好地操控汽车，为驾驶者提供环保驾驶支援。

车载导航系统成为车辆标配以及车主对 ADAS 的深入了解，将推动市场对 ADAS 需求的增长。ADAS 目前应用于豪华轿车，随着技术的成熟，将逐渐进入大众市场，应用到普通车辆中，同时销量的提高将大幅降低产品成本，有利于 ADAS 的推广。

结　束　语

随着汽车技术、信息技术、电子技术等的发展，未来车载导航系统将会集智能化、人性化于一体，在给人们带来高效、快捷的出行体验的同时，在保护地球资源、节约地球能源、推广绿色出行、提高驾驶安全性等方面起到积极作用。

国外地理信息技术应用调查

贾 丹*

摘 要：地理信息技术正改变着人类的生存和发展方式，广泛应用到社会发展的各个方面，并在其中发挥着不可替代的作用。本文对美国等发达国家地理信息技术应用的现状进行了深入调查，以期为我国发展地理信息技术提供借鉴。

关键词：地理信息技术　遥感　地理信息系统　全球定位系统　技术应用

前 言

当今时代，信息技术飞速发展，地理信息技术正在改变人类的生存和发展方式。地理信息技术是处理地理空间信息的专业技术，主要包括遥感技术（RS）、全球卫星定位系统（GPS）、地理信息系统（GIS）。地理信息技术对资源与环境可持续发展、国家经济建设与社会进步的巨大作用日益显著，其应用具体形式，大到地球村、数字国家，小到数字居民区、数字家庭，无处不在。随着工业化和信息化水平的进一步发展，城市实现了富足、繁荣，但也带来了人口拥挤、交通紧张、资源短缺、用地紧张等一系列问题，这也为地理信息技术提供了大显身手的机会。世界各国的城市，尤其在经济发达和发展水平较高的城市，数字城市研究日趋成熟，信息化管理成为热门研究领域，利用地理信息技术进行社会、经济、文化、基础设施、交通通信、城市规划等数字管理，将成为构筑新世纪人类生存环境的新模式。地理信息技术对政府部门获得资源与环境方面的信息，科学地执行可持续发展战略具有重要作用。

---

* 贾丹，博士，国家测绘局测绘发展研究中心。

地理信息技术在国外的研究和应用比较成熟。了解国外地理信息技术应用现状，具有十分重要的意义。

一　美国

美国在遥感卫星领域处于领先地位。近十余年来，美国遥感卫星应用产业迅速发展。其中卫星通信已实现产业化，成为商业遥感领域的领跑者。

美国1972年发射了第一颗陆地卫星，用它来监视自然变化和人类活动对地球表面的影响。它获取了大量的、不断更新的卫星图像资料，这些资料被广泛应用于科学研究和实践中。陆地卫星系列具有持续时间长、综合性能好及波段设置合理等特点，对全球的遥感技术与应用产生了重要而广泛的影响。美国已发射了5颗陆地卫星，目前2颗在轨。Landsat卫星数据的应用面非常广，在调查地下矿藏、海洋资源和地下水资源，调查国土资源、勘探地质、监测旱涝灾情、农作物估产、修测修编地图、林业资源调查、水利规划、城市规划和环境污染监测等众多领域发挥了积极作用，是目前利用最为广泛的地球观测数据。太空影像公司（Space Imaging）1999年发射的商用高分辨率观测卫星IKONOS不仅可提供高清晰度且分辨率达1米的卫星影像，而且开拓了一个新的更快捷、更经济获得最新基础地理信息的途径，更是创立了崭新的商业化卫星影像标准。目前IKONOS影像被广泛用于国防、地图更新、国土资源勘查、农作物估产与监测、环境监测与保护、城市规划、防灾减灾、科研教育等领域。此外，美国Digital Globe公司所拥有的Quick Bird（快鸟）卫星的商用高分辨率光学卫星，2001年顺利发射升空，它能提供目前世界上分辨率最高的遥感数据，可以为全球提供0.61米分辨率的商用卫星光学影像，该影像被广泛用于国防、地图更新、国土资源勘查、农作物估产与监测、环境监测与保护、城市规划、防灾减灾、科研教育等领域。

在GIS方面，美国是当今世界上应用地理信息技术最广泛、最普及的国家之一。GIS软件发展一直以美国的技术为主导，主要的软件有ARC/INFO、Intergraph和Mapinfo等。美国GIS的应用遍及政府管理、城市规划建设、环境保护、资源保护、灾害预测、投资评价、军事应用等众多领域。在美国电子政务的发展历程中，地理信息系统的开发与应用占据了非常重要的地位。现在，美国功能强大的地理信息系统可以快速地把多层数字地理空间数据制作成地图等数字产品，进行广泛的相关地理空间分析的准实时操作。地理信息系统技术与适当的地理信息数据集相结合，成为分析、处理和显示各种信息的重要工具，被广泛应用于从美国的国土安全直至老百姓的日常生活等各个领域。超过一半以上的政府部门直接运用地理信息系统资源改进工作方式，提高工作效率。政府将地理信息系统广泛用于为市民提供地理资讯查询服务，市民只需键入自己的家庭地址，即可在地图上清楚地了解到周围政府部门、医院、学校、公园、图书馆、博物馆等与市民生活相关的各种公共服务机构的资讯，也可方便地查询体育馆、剧院、餐馆、酒吧等休闲娱乐场所的信息。城市管网都建立了基于 GIS 的信息系统，提高了对这些设施的管理水平，同时还能极大地提高设计与施工、设备维护与故障排除、线路改造等方面的效率，从而产生巨大的经济效益和社会效益。

军事应用方面，海湾战争期间，美国国防制图局采用 GIS 实时服务，为战争需要，在工作站上建立了 GIS 与遥感的集成系统，它能用自动影像匹配和自动目标识别技术处理卫星和高低侦察机实时获得战场数字影像，及时地将反映战场现状的正射影像叠加到数字地图上，数据直接传送到海湾前线指挥部和五角大楼，为军事决策提供 24 小时的实时服务。目前国际上比较常用的一些 GIS 软件大部分来自美国，主要有 ESRI、Intergraph 和 MapInfo 等公司的软件产品。

美国全球定位系统 GPS 于 20 世纪 60 年代末开始研制，目前已被广泛应用。GPS 导航仪不仅是私人轿车的时尚配置，而且应用范围越来越广泛，在航天、交通、金融、农业、军事、应急救援等众多领域发挥着重要作用，广泛应用于精确制导、车辆调度、远洋航行、大气观测、地理勘察、野外探险等。金融机构利用 GPS 可使遍布世界的电脑网络保持同步；发电厂和供电站在发生停电事故时，工程师可迅速追查到断电的确切地点。GPS 已经成为现代灾难应急系统必不可少的一部分。纳入地震监测网络的 GPS 系统，能帮研究人员快速确定地震震中。飞机配置 GPS 和红外探测仪后，可以确认山火的边界和“热点”，数分钟之内火灾图就可传送到消防员驻地的手提电脑上，以帮助消防员更有效地灭火。福特汽车公司开发的“911 助手”软件，把碰撞传感器和 GPS 结合起来，一旦车主发生事故无法呼救，“911 助手”会自动报警，并报告车主的准确位置。

现代农业也用上了 GPS。美国约翰·迪尔公司研发出“星火”精准农业系统，农户驾驶装有该系统的拖拉机，能够沿着误差不到 10 厘米的路线运行，精确地决定播种数量和播种深度。用 GPS 指导施肥，可减少化肥施用总量，提高耕地的产量，经济效益显著。配备了 GPS 的空中喷洒机，可以在耕地上空准确地飞行，只在需要的区域喷洒化学药剂，减少了使用的化学药剂量，降低了扩散度，从而保护了环境。

二 欧洲

欧洲遥感卫星（ERS）系列及其后继的 EVISAT 卫星是欧空局发射和经营的遥感卫星。ERS－1 卫星于 1991 年 7 月发射，2000 年 8 月停止使用。第 2 颗 ERS－2 于 1995 年 4 月发射，到 2002 年 3 月失效。后继环境卫星 EVISAT－1 于 2002 年 3 月 28 日发射。该卫星搭载了九款地球观测装备，能利用各种不同的测量原则，收集地球上陆地、水、冰及环境的各种资讯。

法国是最能代表欧洲整个地区空间技术水平的国家之一，在航天遥感领域，是世界上技术领先的国家之一。1986 年，法国发射了世界上第一颗以商业模式运作的中等分辨率军民两用遥感成像卫星 SPOT－1，开创了民用航天测绘的新时代。SPOT 卫星系列尽管只有 10 米全色和 20 米多光谱的地面分辨率，但由于覆盖范围广，影像几何关系严密，非常适合中小比例尺地图制图，在全球广受欢迎。为满足市场需求，提高 SPOT 卫星的竞争力，2002 年，法国发射了分辨率为 2.5 米的 SPOT－5 卫星。SPOT 系列卫星的性能不断提高，提供的影像、数据可用于地学立体判读分析、测图、制图等方面，其产品广泛应用于土地利用调查与更新、陆地表面资源与环境监测、4D 产品制作和城市规划等研究领域。

欧洲 GIS 技术发展较早，特别是在自动制图方面，是世界的发源地之一。欧洲 GIS 的应用范围比较广泛，如土地管理、城市规划、环境管理等。但欧洲 GIS 应用最热门的领域是地籍管理和公用设施管理，几乎所有欧洲国家的大型 GIS 项目均与这两个方面有关。虽然欧洲大多数国家开发了自己的 GIS 软件，如英国的 VTRAK、GIMMS，德国的西门子，以及荷兰的小型软件 ILWIS 等在国际上均有一定的用户，但是北美软件产品仍在欧洲市场上占主导地位。

在导航定位领域，为了打破美国 GPS 的垄断地位，摆脱对 GPS 的依赖，欧盟实施了“伽利略”计划，以建立欧洲自主、独立的民用全球定位导航系统。该计划要实现完全非军方控制、管理，覆盖全球的导航和定位功能，可为用户提供误差不超过 1 米的高精度、高可靠性的定位服务。“伽利略”卫星定位系统作为未来交通管理和测量系统的核心部分，在公路导航系统应用方面将有效降低成本，产生可观的经济效益。目前，欧洲车载导航技术十分成熟。汽车音响型导航产品和便携式媒体占有的导航产品各自占有一定的市场份额，汽车音响型产品的新车前装率约25%，便携式媒体占有市场率略低，但增长快速。

三 加拿大

加拿大的遥感技术应用非常成熟，加拿大 Radarsat－1 号卫星是世界上第一颗投入商业运行的雷达遥感卫星，现已向全世界提供了雷达卫星遥感资料。它可广泛用于全球气候和环境监测、极区冰覆盖情况观测、多云的热带和温带雨林观测以及海洋观测等。2007 年，加拿大发射了 Radarsat－2 雷达卫星，该卫星集合了 Radarsat－1 的功能，并采用多极化工作模式，大大增加了可识别地物或目标的类别，可为用户提供 3～100m 分辨率、幅宽 10～500km 范围的雷达数据，用于全球环境和自然资源的监测、制图和管理，尤其是在海冰监测、制图、地质勘探、海事监测、救灾减灾、农林资源监测，以及地球上的一些脆弱环境的保护等方面。

加拿大是世界上最早建成地理信息应用系统的国家。加拿大 GIS 技术的发展和应用已进入相对成熟、稳定的时期，应用范围涉及政府管理、专业领域和社会公众等许多方面。从全球地理信息系统领域来看，加拿大以其自然资源开发、市政规划、农业、农业地理和商业地理方面的专业开发和应用在世界各国享有盛誉。在公众服务方面，GIS 技术与主流 IT 技术的融合，充分利用互联网、移动通信技术，发展 Web GIS 和 Mobile GIS，为社会公众提供在线的、移动的地理信息服务。

加拿大 GIS 的发展进程为 Map→GIS→Web GIS→Sensor Web GIS（表现形式 2D→3D→4D），发展方向为 Sensor Web GIS。传感器网络可使人们在任何时间、任何地点和任何环境条件下获取大量翔实可靠的信息。因此，这种网络系统可被广泛地应用于国防军事、国家安全、环境监测、交通管理、医疗卫生、制造业、反恐、抗灾等领域。传感器网络是信息感知和采集的一场革命，它为 GIS 研究提供了强大的技术支持。目前加拿大利用 Sensor Web 技术的领域有：精细农业（农业信息技术与农业生物技术）、智能化交通、环境监测、现代化作战技术等。

GPS 的应用在加拿大已十分广泛，涉及国民经济的各个领域，以 GPS 为代表的卫星导航应用产品，由于能比较方便地提供位置、速度和时间信息等，很快成为现代社会的信息来源，成为国家重要的基础设施。GPS 被广泛应用到精细农业、通信、交通等行业。加拿大几乎 100% 的汽车上都装有 GPS 导航产品；飞机的每个座位背后都安装了 GPS 导航器，可让乘客实时地了解飞机所在的位置及飞机的状态（高度、速度、经纬度等参数）；公交 GPS 电子牌可让乘客实时地了解下一班公交所处的位置等信息；通信 GPS 可解决固定电话的移动使用；几乎所有的 GPS 接收机都集成了北美、欧洲较精确的道路网图，可直接利用该数据进行导航。

四　日本

日本的遥感发展重视目的性和效果。初期主要是应用国外卫星的图像数据做应用研究。随着日本经济的发展，遥感技术也发展起来。1992 年发射的日本地球资源卫星一号用来观测地球的全部陆地，以资源探测为主要目标。它的图像数据不仅是资源考察的信息，还有环境保护、农林、渔业、国土利用等领域有价值的信息，该卫星 1998 年停用。2006 年发射 ALOS 卫星，其采用了先进的陆地观测技术，能够获取全球高分辨率陆地观测数据，其分辨率星下点为 2.5 米，单程通过即可测得地面“立体像对”数据，主要用于立体测绘、农业、森林管理、区域环境观测、灾害监测、资源调查等领域。

GIS 应用在日本已基本普及。农林水产省为其下属机构装备了 GIS，以保护环境，减轻灾害，推动日本农业的发展。日本主要的县一级地方政府都已将 GIS 用于城市和区域规划。环境部门采用 GIS 进行环境制图、环境规划和森林资源保护等。其他部门如运输省、警视厅和统计局等都引进了 GIS 技术。目前在日本越来越多的系统和产品涉及了 GIS 技术，但是日本的 GIS 学习环境比较落后，在软件方面，日本市场上主要引进的国外 GIS 系统以美国 ERSI 的 ARC/INFOO 为主，由 PASCO 公司代销。中国的超图软件 SuperMap 已经进入“日本市场 GIS 软件五强”。日本公司开发的 GIS 软件多是运行于大型计算机上，或运行于由软硬件一起组成的系统，为某些特定目的和特定项目服务。

在导航定位方面，日本导航技术的发展处于领先地位。日本最早从 1992 年开始大规模应用 GPS 导航系统，从 1996 年开始车辆导航系统进入快速发展期。

目前年销售量维持在几百万套，超过60%的新车出厂时就已安装了车辆导航系统。日本导航系统功能丰富，使用方便，在满足导航诱导的同时还能提供多种服务。导航技术的普及大大缓解了交通拥堵，提高了交通效率，环境也有所改善。

由于日本属于多山地区，大部分城市位于峡谷地带，GPS提供的定位服务难以满足城市车载用户的导航定位需求。为了提高空间卫星的几何分布，确保信号遮挡地区的导航定位需求，日本将在今年的8月2号发射“准天顶卫星”计划的首颗卫星——“指路”号卫星。“指路”号卫星将用于解决在部分城市地区和多山地区，卫星定位信号经常被摩天大楼和山脉阻挡，或是反射波导致信号错误等问题。由于总有至少一颗准天顶卫星处于日本上空，日本可以在无法获得足够GPS卫星无线电波进行定位的多山区域和城市区域，扩大并延长定位服务的范围和时间。未来“准天顶卫星系统”将采用日本三菱电机公司在美国GPS的基础上开发出的新定位技术，能使汽车、火车在速度100千米/小时的情况下，定位精度0.2米；日本海上保安厅甚至宣称，如果新系统与美国GPS的24颗卫星配合使用，定位精度可提高到0.1米。

参考文献

周胜利：《美国的遥感计划及政策：中国测绘》2005年第1期。

宫冠英：《美国城市地理信息系统建设应用现状及借鉴》，《成都行政学院学报》2009年第4期。

《GPS大显身手》，2010年1月5日《人民日报》。

白华：《国外导航卫星系统的最新发展》，《电子信息对抗技术》2009年第2期。

肖剑平：《加拿大3S技术发展动态》，《测绘信息与工程》2007年第5期。

罗名海：《加拿大GIS技术的应用与发展》，《地理空间信息》2007年第1期。

潘黎明：《日本国应用GPS、GIS和地图制图技术状况》，《现代测绘》2003年第5期。

石卫平：《国外卫星导航定位技术发展现状与趋势》，《航天控制》2004年第8期。

王杰华：《日本卫星导航系统》，《中国航天》2008年第1期。

Eissfeller B, Schueller T., “Das Europaeische Satelliten Navigations System GALILEO”. *DVW Schriftreihe Band* 2006, 49.

Higgins M., *Next Generation Global Navigation Satellite Systems*. Copenhagen: International Federation of Surveyors, 2006.

国产测绘仪器在国外的推广与应用

胡晓霞*

摘　要： 国产测绘仪器在国外的推广和应用经历了一个逐步发展的过程。本文简述了国产测绘仪器在国外应用的发展历史及现状，并展望了国产测绘仪器在国外的应用前景。

关键词： 国产测绘仪器　国外　推广与应用

在测绘行业的全球市场上，中国测绘仪器逐渐拥有越来越重要的地位。在经历了由光学到电子、由手工作业到数字作业的产品升级和更新换代之后，国产测绘仪器已经走到了国际市场的大舞台上，扮演着不可或缺的重要角色。国产测绘仪器在国外的推广和应用经历了一个逐步发展的过程，从练内功、钓鱼营销，到走出去、深度合作，再到本地化，国产测绘仪器在国际测绘领域发挥了不可取代的作用。中国测绘仪器在国外市场的推广过程是中国电子科技产品在国际舞台竞争的一个缩影，其产品的推广和应用已经在国际市场产生了深远的影响。

一　产业初期练内功

国产测绘仪器发展相对于国际知名企业的发展是滞后的，尤其是光学仪器的发展，国外企业具有上百年的历史，而国产光学测绘仪器的历史只有几十年。数字化产品的出现，为中国测绘仪器的发展和飞跃提供了良好的契机。WILD 在 20 世纪 70 年代生产出了第一台全站仪，经历了几十年的发展，南方测绘在 1995 年

* 胡晓霞，南方测绘集团外贸部副总经理。

生产出中国第一台全站仪，从此翻开了中国测绘仪器电子化数字化的新篇章，随着电子产品硬件的升级换代，电子测绘仪器的功能不断丰富。软件升级的强大作用，使得国产测绘仪器取得了不断掌握新技术、推出新产品的机会，从光学水准仪到电子水准仪，从普通全站仪到激光无棱镜技术，从 GPS 静态到实时动态的双频 RTK，再到网络 GPS CORS，中国几乎完全掌握了世界上最先进的测绘仪器生产技术，并因此而迅速缩短了国产测绘仪器与进口测绘仪器的差距。

中国是目前全球测绘市场上最大的市场，土地辽阔、人口众多、经济发展处于高速增长的繁荣时期，这为中国测绘仪器的发展提供了巨大的事业平台。测绘仪器市场在中国已经非常完善和成熟，国际知名的品牌在中国都投入了巨大的资本，并给予极大的关注，使得中国市场同国际市场具有很高的相似度。这也为国产测绘仪器参与到全球市场，在国际市场领域赢取胜利提供了机会和信心。

目前，中国的测绘仪器市场上，有来自瑞士的 LEICA，来自美国的 TRIMBLE，来自日本的 TOPCON、SOKKIA、PENTAX、NIKON。它们为中国带来了高端的产品和先进的技术，而作为中国测绘产品市场上主要竞争者和占有者的中国品牌，如南方测绘仪器公司、苏州光学仪器厂、北京光学仪器厂，以及科力达、三鼎、瑞得、欧波、赛特等，已经成为了市场上的佼佼者。国产测绘仪器的市场占有率已经高达 70% 以上。这在任何一个产品市场，都是一个惊人的业绩。在国内这个巨大的市场上，国产测绘仪器通过不断推陈出新，升级换代，已经把产品的质量做得相当到位，内功练好了，国产测绘仪器才会有十足的把握进军国际市场。

二　国际化第一步：钓鱼式营销

国产测绘仪器在国际上的推广和应用是从水准仪和附件开始的，国产水准仪在国际市场上的名气和口碑是相当不错的。中国的水准仪在近几年里大批出口，基本上占领了全球 90% 的市场。相当多的水准仪产品是以 OEM 的合作方式出口到国外的。在 2000 年以前，中国的厂商几乎很少出现在国际舞台上，因此，尽管国产测绘仪器在国际市场具有一定的市场占有率，但真正让国际市场的客户所认识和认同，还没有完全成功。这也是和我们当年出口采取的钓鱼式营销策略息息相关的。

最初的国产测绘产品出口大多采用的是投入少、成本低、见效快的钓鱼式营销策略。早期的测绘产品出口更多地依赖于出口外贸代理商的中介作用。他们通过网络和国内展会的渠道，找到测绘产品的目标客户，通过电话、传真、邮件的方式进行沟通，谈判价格，进而达成贸易合作。外贸公司通常具有良好的沟通能力，具备一定的市场营销渠道，但也有相应的弊病，它们不能够像专业的测绘仪器厂商一样，为国际市场客户提供及时、准确、优质的产品售后服务，因此，这样的出口策略比较适合我们国内的大量附件产品，但对于讲究技术能力和技术服务的测绘仪器产品，其劣势也是显而易见的。

自2000年以来，很多的中国生产厂商意识到要想在国际市场上赢取胜利，需要我们直接面对国际市场客户，需要我们通过专业的渠道，了解市场需求，掌握市场信息，提供产品服务。南方测绘就是走在这条国际化道路上的一个领军人物一样的公司，在确立了国际化这一目标后，南方测绘开始招兵买马，建立进出口部，并完全依靠自己的营销能力去开发挖掘市场，建立自己的营销渠道。通过在专业领域的市场调研和开发，不断收集客户信息，建立合作关系。因为国际市场的开发难度比较大，风险也相当高，所以在市场开发的初期，市场开发工作还是以钓鱼式营销为主：通过网络找到国外客户，通过电话、传真、邮件沟通联系和谈判，最后达成销售协议，并能为客户直接提供售后服务。经历了几年之后，南方测绘对国际市场的认识和了解有了很大的提高，为国产测绘产品亮相国际展会，为中国厂商从国际舞台的幕后转到台前，提供了良好的保障。

三　正式亮相国际展会

具备了走出去实力的中国测绘仪器厂商，在国产测绘仪器在国内市场取得重大胜利的同时，积蓄了多年的外贸合作经验，这也使得他们有信心高调地亮相国际舞台。2003年10月，作为国际市场开发的先头部队，南方测绘的马超总经理率领着外贸部的精英骨干率先到达了国际上最为知名的测绘仪器展会INTERGEO上。这给整个展会带来了极大的惊喜，所有前来参观的客户和展会的参展商都惊讶不已，中国人居然也能造全站仪、GPS，这对他们来说，似乎是个奇迹。为什么？这也难怪，就我们所熟悉的测绘领域而言，能够具备全站仪生产研发实力的国家并不多，可以说少之又少。而在国际测绘领域，一直以来，市场都被

LEICA、TOPCON、SOKKIA 等品牌所掌握和控制。谁也不曾料到，中国人不仅可以生产高端的测绘仪器，而且还有勇气和信心走到国际舞台的最前端，与大品牌、大公司一决高下。

2003 年的国际展会亮相只是个开始，自从有了这样一个先例之后，中国测绘仪器厂商都受到了极大的鼓舞，也纷纷加入到亮相国际展会的行列当中。现在的 INTERGEO 国际测绘展会，每年都在德国的不同城市召开，每年我们都会有一些新的惊喜，发现越来越多的中国测绘仪器厂商出现在这个全球测绘厂商欢聚的舞台上，他们带来了新的产品、新的技术，展台越来越大气，一年比一年更精美，而来参展的中国测绘仪器厂商所占的展商比重越来越大，前来参观的中国测绘人士，总能在这里找到我们熟悉的国内知名生产企业。除了在德国的 INTERGEO 展会，在其他很多国家的专业测绘展会上都可以看到我们中国测绘厂商的身影，比如美国的 ACSM 国际测绘展会、日本著名的 GEOINFORMATION、东欧的 INTERGEO EAST 测绘展会，还有在亚洲的 MAP ASIA，等等。

国际展会上中国测绘产品厂商的变化，标志着中国测绘仪器产品正在被越来越多的国际市场客户所认同和接受，也标志着中国测绘产品在国际市场的应用也越来越广泛。

四　深度开发

国产测绘仪器的出口，主要是通过各种市场渠道，在国际市场上寻找到国外的产品代理商，出口产品，并给予产品代理商优质的服务和技术支持。我们通常的做法就是参加国际测绘展会，在国际专业测绘杂志报纸上打广告，寻找机会找到各国的代理商，建立合作关系。这样的营销方式是非常有效的，能够为出口产品寻找到不少客户资源。

如何进行下一步的深度市场开发，把各个国家的产品代理商都挖掘出来，这是每个中国测绘产品厂商在国际化道路上面临的一个课题。深度开发市场，需要很大的决心，更需要投入大量资金，由于国外测绘市场具有不同的市场特点，经营方式和消费文化不同，我们需要做大量的市场调研，再根据市场情况制定营销策略，作出市场决策。南方测绘在深度开发国际市场的道路上，走在了前面，先后在美国、欧洲、日本、越南、印度开办了自己的分公司、办事处，并在一些市

场上取得了较好的成绩。不可否认，国际市场开发的风险是不可忽视的，经营风险、外汇风险、人员稳定性、管理成本都必须认真考虑到。

深度开发市场是一个长期的过程，需要在市场中不断地磨炼，需要时间的积累。尽管这是一个长期而艰巨的任务，但这是为了中国测绘产品能够在国际市场上走得更好更远而必须付出的努力，是每一个想要成为百年老字号、成为行业领头羊、成为国际知名企业、拥有伟大胸怀的企业必须做的一件事，其意义相当深远。

五　国际应用实例

今天，中国测绘仪器品牌已经逐渐深入人心，在全球一百多个国家，可以很容易地在当地找到中国品牌的测绘产品。

据不完全统计，中国测绘产品已经在国际市场上占有相当大的比重：水准仪市场，中国占有超过90%的全球市场份额；附件市场，中国产品占有超过60%的份额；电子经纬仪市场，中国仪器拥有超过80%的份额；全站仪市场，中国产品的产销量达到了全球的30%左右。GPS也在迅速崛起，估计中国的GPS占有超过全球10%的市场。这些数字还在随着中国的经济发展和产品市场的完善创新不断提高，我们可以非常骄傲地说，在国际测绘产品领域，中国产品、中国厂商作出了非常巨大的贡献！

随着中国测绘产品越来越多地出口到国际市场，中国测绘仪器和产品在国际测绘领域也扮演了越来越重要的角色。

在美国，中国测绘仪器广泛应用于各个建筑工程领域、教学领域，甚至应用到政府部门、警察局调研机构。美国人不光把中国测绘仪器用于常规的测量，还对测绘仪器的应用领域进行了扩展，他们通过全站仪和相关专业软件，可以实现交通事故的案例还原，使得测绘仪器的应用有了新的思路和方向。

在欧洲的波兰，中国测绘仪器产品广泛应用于测绘领域，中国的全站仪NTS325在波兰最大最著名的技术大学——AGH科技大学作为教具使用。波兰最好的测绘和地质领域（建筑、矿业、土地等）专家大多毕业于该校。他们评价，中国的产品质量好、操作简单、易学好用，价格十分公道。在波兰最大的矿业集团，中国南方品牌的测绘仪器被用于矿山测绘，受到客户的欢迎。

在塞尔维亚，贝尔格莱德区域建设航空管制中心应用中国的测绘仪器进行机场建设测绘工作，他们对产品也有非常好的认可度，评价中国的测绘仪器产品具备所需的所有应用程序，质量好，价格低。

在西欧南欧国家，测绘行业普遍采用高端的测绘仪器，传统的测绘仪器应用相对较少，中国的全站仪主要应用在工程建筑领域。西欧市场的GPS、3D扫描仪的应用非常广泛，中国的GPS在进行了相关的软件改造和升级之后，在南欧的一些国家也应用良好，赢得了客户的称赞。

在亚洲国家，中国测绘仪器产品得到了市场的高度认可。在菲律宾，中国的测绘仪器产品赢得了较高的市场满意度，在这个市场上中国全站仪，尤其是南方测绘品牌的全站仪和GPS赢得了市场超过50%的销量，产品被应用到专业测绘、基础建设、城市规划、国防建设、道路施工、科研教学等多个领域，在当地成为知名品牌。

在越南，越南测绘局下属的最大测绘单位采购了上百台中国测绘仪器，从GPS到全站仪，到电子经纬仪，再到水准仪，几乎用中国的产品全副武装了他们的测绘队伍。在对中国产品有极大信任和对产品服务满意的情况下，中国测绘产品深入到越南的各个测绘领域就成为一件水到渠成的事。

众所周知，中国有很多大型建筑公司的工程队在非洲各国帮助搞工程建设，它们不光提供产品和技术，也提供工程人员，中国的测绘产品在非洲的国家基础建设中，作出了重大的贡献。中国科学仪器设备采购中心长期与非洲合作，把中国的测绘产品用一个个集装箱运到非洲各国，对它们提供产品、资金和技术上的援助，中国测绘产品对于非洲国家测绘事业的发展发挥了重要的作用。

总而言之，中国测绘产品发展到今天，已经达到了世界先进的生产技术水平。中国的产品被应用到世界各国的测绘行业领域，扮演着不可或缺的重要角色！

SuperMap GIS 在日本的应用

林秋傅*

摘　要： 本文简述了 SuperMap GIS 在日本应用的发展历史及现状，并展望了未来 SuperMap GIS 在日本的应用前景。

关键词： SuperMap GIS　日本　应用

一　日本，SuperMap 的国际化前沿阵地

SuperMap，从它的诞生开始就面向世界，而国际化的第一站便选择了与中国一衣带水的邻邦——日本。成立于 2000 年 7 月的日本超图株式会社，位于日本首都东京中心地区，是中国科学院地理信息产业发展中心推动 SuperMap 国际化事业的雄健一步。日本超图以超图软件的技术力量为依托，根据日本市场的需求开拓业务。经历了十年的创业和拓展，正在进入一个新的发展阶段，已经成为日本 GIS 市场的一支新生力量。早在 2004 年，一个英国市场调查公司发布的调查报告就显示，SuperMap 已经进入“日本市场 GIS 软件五强”，“五强”中包括三个来自美国的软件和一个来自英国的软件，SuperMap 是“五强”中唯一的一个亚洲品牌。尤其令人关注的是，SuperMap 是在中国诞生并成长起来的亚洲一流软件。

经过十年的发展，SuperMap 在日本市场已从一个名不见经传的中国产品发展成为知名品牌。如今，在日本 GIS 市场上，包括日本国产产品在内，各种规模的 GIS 产品多达上百种，但人们讨论起 GIS 平台的选择时，总是忘不了 SuperMap。SuperMap 凭借技术、成本、服务优势，在各个领域稳步前进。

---

* 林秋傅，日本超图株式会社社长。

SuperMap 的用户，在地域上由北海道到九州、冲绳，遍布日本全国，在行业上分布更加广泛，涵盖了测绘、铁路、电力、煤炭、石油天然气、邮政、电子政务、海洋和环境等众多领域。从中央政府到地方政府，从大学到研究所，从大型企业到中小企业，乃至大众市场，都有一大批 SuperMap 用户。SuperMap 在日本拥有三菱、日立、NEC、东芝、NTT、JR、总务省、国土交通省、海上保安厅、环境省、东京大学、名古屋大学、庆应义塾大学、筑波大学、国立环境研究所等千余家企事业用户，其中包括 9 家全球 500 强企业，打破了长期以来由欧美软件占主导地位的局面。SuperMap 已在日本 GIS 市场拥有举足轻重的地位。

日本在各领域很少使用中国软件，SuperMap 顺利进入日本 GIS 市场，在于超图始终关注日本市场动向，注重带给用户“更稳、更快、更强”的感受和体验，依顾客的需求而动。目前，SuperMap 已经在日本顾客心目中建立了这样的品牌形象：SuperMap 具有非常丰富的功能；跟其他同类软件相比性价比高；服务周到而迅速。软件的功能、质量固然重要，但售前、售后的服务在日本更被重视。在日本政府推进地理空间数据 XML 化规格（JPGIS）之际，日本超图在第一时间提供了“JPGIS2SuperMap”工具。就这样，SuperMap 虽然诞生在中国，但对于日本用户的点滴要求总是满腔热情地解决，因此在日本极力推进采用国产软件的逆流中也得到了稳固的成长。仅这一点就已经赢得了日本顾客充分的尊敬。SuperMap 与日本用户之间已经建立起了充分的信赖。可以毫不夸张地说，顾客的需求意向就是 SuperMap 的灯塔；顾客的选择趋向就是 SuperMap 商业战略行动的坐标。超图人以其理性和技术承诺给每位顾客以最完美的服务。

SuperMap 走入日本，是以深远的商业眼光看中了日本较强的集团购买力。20 世纪后半叶，日本成长为一个高度发达的国家。始料未及的阪神大地震使日本人认识到城市数字化管理的重要性。日本政府把普及地理信息技术定为国策，为 GIS 提供了广阔的市场。日本在地理信息技术开发领域相对滞后，主要市场被价格昂贵的欧美软件所占据。因此，只要产品对路、价格适中，SuperMap GIS 产品在日本就拥有远大的发展空间。在这种历史机遇下，SuperMap 毅然走入日本市场，迈出了 SuperMap 国际化的重要一步。

日本用户素来有“最挑剔的顾客”之称，SuperMap 看到了这一点但并不畏惧。日本人以其严谨和理性成功塑造了诸多世界一流的产品，如电子产品、汽车等。SuperMap 就是要经过这样的千锤百炼成为世界一流的 GIS 软件。GIS 软件在日本的客源主要是企事业单位的集团购买者，他们不仅会对产品性能和价格百般挑剔，而且还要严格审查厂家的背景和销售业绩。一个无名的软件产品，即使质量再好，也是很难让他们解囊的。SuperMap 必须以一丝不苟的精神赢得用户满意。

2010 年，在日本超图成立十周年之际，SuperMap RealSpace GIS、Universal GIS、Service GIS 等新技术、新产品也投入了日本市场，满足了日本市场的更多需求，扩充了 SuperMap GIS 在整个国际市场上的竞争力。

近年来，日本政府极力推动安心、安全、自由共享信息化社会的建设，GIS 市场蕴藏着无限的可能性，SuperMap GIS 更是一马当先。2008 年在日本北海道召开的八国峰会期间，基于 SuperMap Objects 开发的大型防灾系统被隆重展示。此系统仅日本政府国土交通省就采购了百套。日本政府总务省的全国无线电波监测系统，标书指定采用 SuperMap IS. NET 开发。

在日本，一个由 SuperMap 爱好者自主发起成立的民间团体——SuperMap 俱乐部，2005 年 10 月起至今，使用 SuperMap Deskpro 每月一次举办 4 小时的讲习班，免费培训 GIS 新生力量。2007 年 11 月，日本地理信息系统学会 GIS 技术资格认定局认定 SuperMap 俱乐部为 GIS 教育主办单位，参加该讲习班可获取 GIS 技术资格认定的学分。2009 年 9 月，日本政府内阁府赋予 SuperMap 俱乐部为全国性 NPO（特定非营利活动法人）。

2003 年起，SuperMap GIS 进入了日本一些大学和职业培训中心的课堂。

2008 年起，日本国际协力机构（JICA）采用 SuperMap Deskpro 为发展中国家培训 GIS 人才。日本水路协会水路测量技术研修增加的 GIS 科目采用了 SuperMap。

2009 年 5 月，SuperMap Viewer 用户在日本超过 2 万人之际，日本地理专业出版社——古今书院出版了用户编写的《GIS 自习室——活学活用 SuperMap Viewer》，并一直畅销。

如今，SuperMap 已深深扎根日本。在日本顾客的心目中，SuperMap 已不是单纯的日文版中国软件，而是诞生在中国的亚洲 GIS 产品，因而也是日本的产品。让 SuperMap GIS 从亚洲走向世界，超图人任重而道远。

二 成功的应用案例，是市场发展的关键

一个 GIS 平台，能否进入市场，并在市场立足，成功的应用案例是关键，在日本也不例外。日本超图除本身承接一些项目外，更重视合作伙伴的发展。

特别值得一提的是，2003 年 5 月 1 日，日本超图与日本最大铁路旅客运输公司——JR 东日本集团（原国有铁道）的 JR 东日本工程咨询公司本着平等互利的原则，在地理信息产业技术和市场开拓方面展开战略性合作，签署了合作备忘录。双方将首先运用 SuperMap GIS 技术开发铁道 GIS。同时，组成以双方社长为首的联合企划委员会，充分发挥双方的优势，开拓并牵引日本地理信息产业的发展。此后，SuperMap GIS 平台逐步进入日本的各种 GIS 应用系统。

以下概要地介绍几个由日本超图开发的 SuperMap GIS 平台典型应用案例。

1. JR 东日本铁道 GIS

铁道 GIS 以 WebGIS——SuperMap IS 为平台，2003 年开始的第一期工程数据总量约为 170GB 左右，存储到 Oracle 数据库中以后，所占服务器硬盘空间为 14.2GB，矢栅数据的总体压缩率约为 92%。在公司内外多台客户机上进行测试，结果表明，任意比例尺下任意地区范围内，地图刷新时间一般在 2 秒以下，能够很好地满足 JR 东日本集团庞大铁路系统管理的业务需要。就当时的技术而言，该系统的最大难题是数据量大，同时要求浏览器在无插件的条件下能按指定角度让地图旋转，这些问题都在短时间内得到很好的解决。2003 年 10 月该系统投入后，至今仍正常运行，并与铁路地质勘探系统进行了结合。2004 年日本中越大地震，新干线高速铁路有史以来第一次脱轨，该系统通过随时更新灾区道路信息，为进入脱轨区施工车辆的路线安排提供了保障，加快了轨道的修复，受到了 JR 东日本的表彰。

日本超图同时还基于 SuperMap Objects，为 JR 东日本开发了铁路施工维护用的全线平面管理系统，为日本铁道综合技术研究所开发了计划建造中的低床型大巴列车并行线路选址系统，正在开发铁路客站稀疏地区公交巴士运行方案分析系统。

2. 国土交通省正射影像下载系统

日本国土交通省国土计划局为了把握日本全国的国土状况，在全国综合调

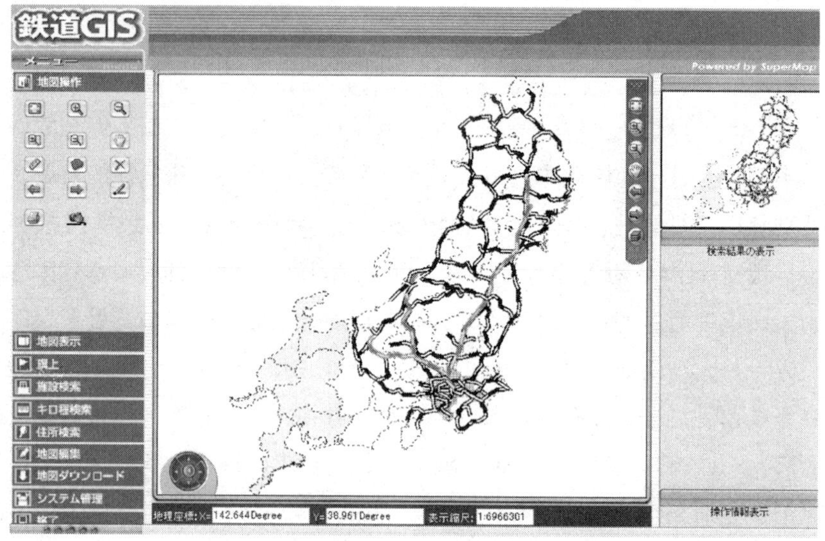

图 1　铁道 GIS 系统主界面简图

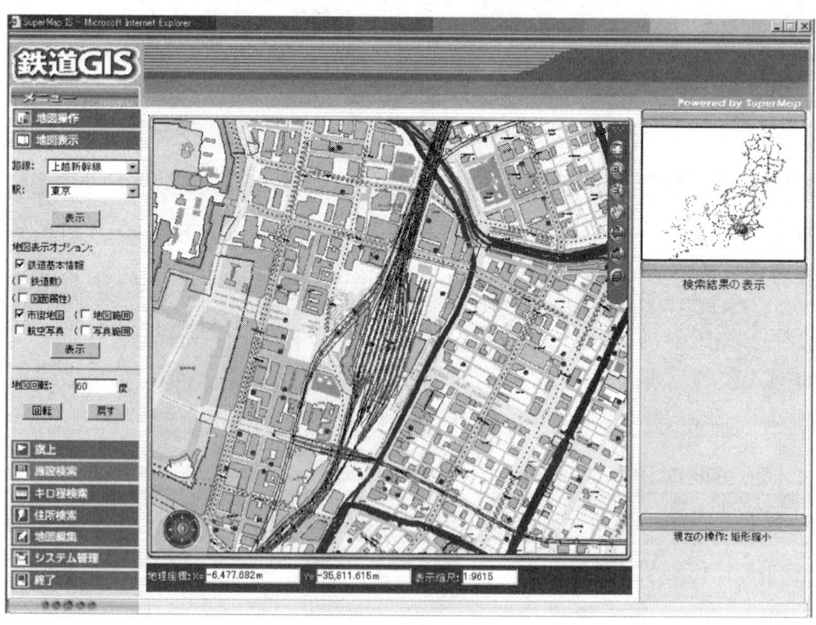

图 2　铁道 GIS 矢量地图的显示

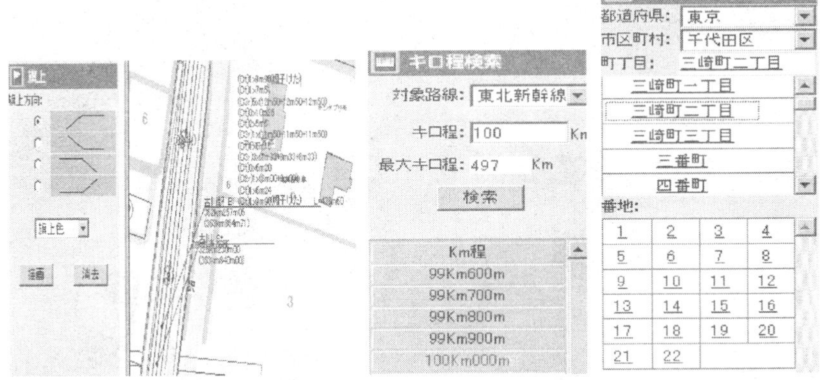

图 3　铁道 GIS 旗上标注显示、里程检索和住所检索功能的界面

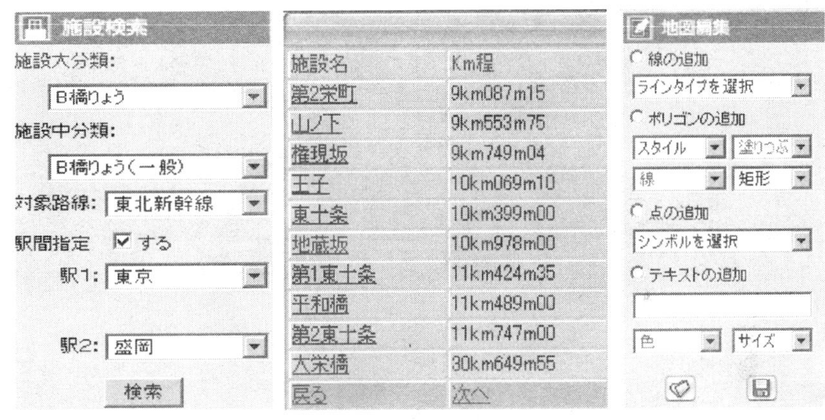

图 4　铁道 GIS 设施检索和地图编辑界面

查、国土利用计划等国土计划的制订及实施上进行支援，对国土信息进行了大规模的数据采集工作。其中，1971～1990 年，采集了日本全国高分辨率彩色航空影像，进行全面 DOM 处理后，并建立网上下载系统公开提供。系统要求划分为 5 个子系统，包括数据输入子系统、数据管理子系统、查询显示子系统、下载子系统、WMS 发布子系统。2005 年，日本超图株式会社承接了系统的总体设计及系统开发工作，采用了 SuperMap IS. NET 为平台。

系统的总体设计如图 6、图 7 所示，采用了典型的三层结构，既顾及了稳定性、安全性，又发挥了数据库以及 SuperMap Web 引擎的高效率。系统运行后取得了良好的效果。

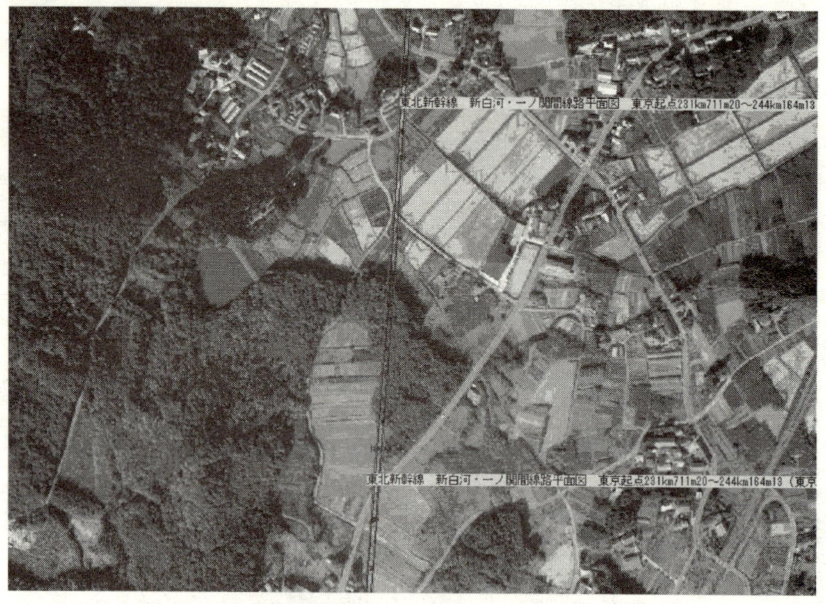

图5　铁道 GIS 新干线影像地图及其标注的显示

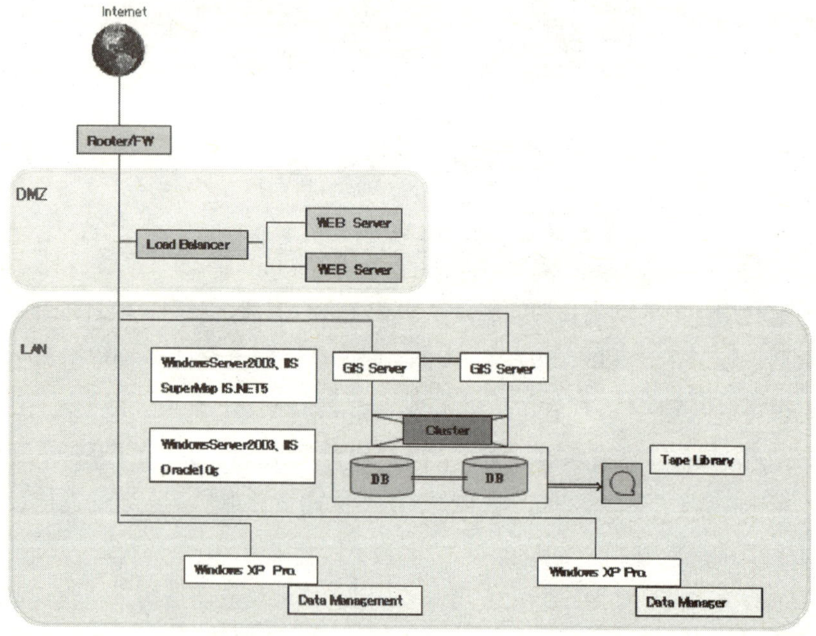

图6　国土交通省正射影像下载系统结构

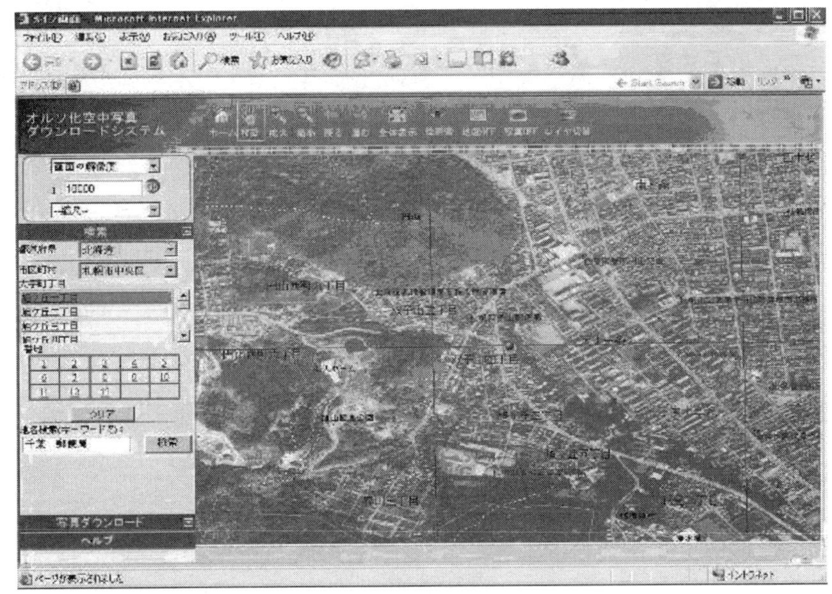

图 7　国土交通省正射影像下载系统影像下载界面

该系统主要有以下几个特点。

（1）数据量大，当时 DOM 处理后的 Geo－TIFF 影像总量已达 2.3TB，覆盖了一半以上的日本国土，并根据 DOM 制作情况加载数据。

（2）DOM 影像分散于 19 个不同的平面直角坐标系影像，用 SuperMap 处理后能把 2.3TB 影像集成在一张图上快速发布。

（3）已有影像区域可任意指定范围（有容量限制）下载平面直角坐标和经纬度两种类型的影像，需要动态转换坐标系。

（4）通过 Web Service 提供影像地图，方便客户进行系统集成。

（5）对日本全国可以通过街区地址检索，并定位地图；支持输入关键字和关键字组合紧缩，并定位地图。

3. e－Japan 统合 GIS

在日本政府推进的 e－Japan 战略中，GIS 被列为重要一环，各级政府为实现自身的电子化而纷纷引进 GIS。政府各部门如道路科、固定资产科、上下水道科、农地科等分别构建了自身的专用 GIS，但基础地图和通用功能的建设出现了费用重复发生的问题。引进 GIS 建立电子政府的目的在于信息共享、提高工作效率，但各部门各自为政的做法违背了这个初衷。部门专业 GIS 固然不能抛弃，但政府一体化的集成 GIS 更为重要。于是，日本政府就通过中央财政补贴的方式，鼓励各级政府制作统一的基础地图，然后在此基础上开发出一个基于用户和权限管理的集成 GIS 系统供各部门共同使用，这个系统就是所谓的“统合 GIS”。当然，日本各级政府通常为自治体，首长直接选举产生，要求全国建立同样的统合 GIS 很不容易，但基本上还是大同小异。

日本超图为适应日本市场的这一趋势，很早就基于 SuperMap IS. NET 开发了统合 GIS 应用平台，并提供给地方的合作伙伴，经过合作伙伴结合当地实际与基础地图，已进入许多自治体。SuperMap 统合 GIS 应用平台不仅可以供政府各部门共享，同时可以在高安全性的条件下将部分数据和功能发布到网上，提供便民服务，改变了其他 GIS 引擎内外系统分别构建的状况。

SuperMap 统合 GIS 应用平台的过程中，用户的权限体系别具一格。基于该体系，可以把用户的权限和空间数据进行统一管理，同时用户之间还可以相互授权，实现了 GIS 系统数据、功能和用户权限的有机结合。SuperMap 统合 GIS 应用平台的用户添加数据，不管多少用户，在数据库中只有点、线、面、文本 4 个数据集，而用户信息通过属性管理，减小了因数据集个数增加而产生的负载。

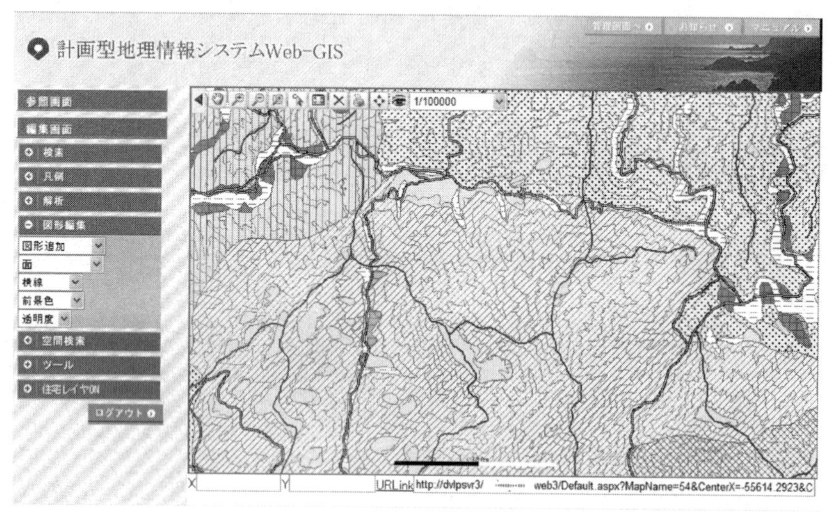

图 8　统合 GIS 界面之一

SuperMap 统合 GIS 应用平台的用户分为三大类，各类用户的权限如下。

（1）系统管理员：拥有系统的最高权限，可以对部门进行管理，如部门的

追加、更新和删除。

（2）部门管理员：对本部门所有用户进行管理，如用户的追加、更新和删除。

（3）一般用户：属于某个部门的个人。

对用户的权限定义如下。

（1）进入编辑界面时，通过 ID 和密码进行认证，判断其属于哪个部门。

（2）具有编辑权限的用户可以浏览基础地图和部门内用户的地图，同时可以编辑部门数据。

（3）没有编辑权限的用户，只能浏览基础地图和部门用户的地图。

4. 日立建机全球机械管理 GIS 系统

日立建机早期的机械管理 GIS 系统只覆盖日本，用某一世界著名 GIS 引擎开发。2006 年开发并投入使用的日立建机全球机械管理 GIS 系统，是日立建机大规模业务与客服系统的一部分，覆盖全球，应对不同通信环境、不同语言的用户，需要进行各种统计分析。经过比较和测试，改由日本超图用 SuperMap IS. NET 平台开发，全球地图自备，2009 年升级采用 SuperMap IS. NET 的 AJAX 客户端。2010 年计划采用 SuperMap iServer 聚合第三方计费全球通用地图服务，并引入云计算方式，新一代的全球机械管理 GIS 将成为日立建机业务与客服的前端系统。

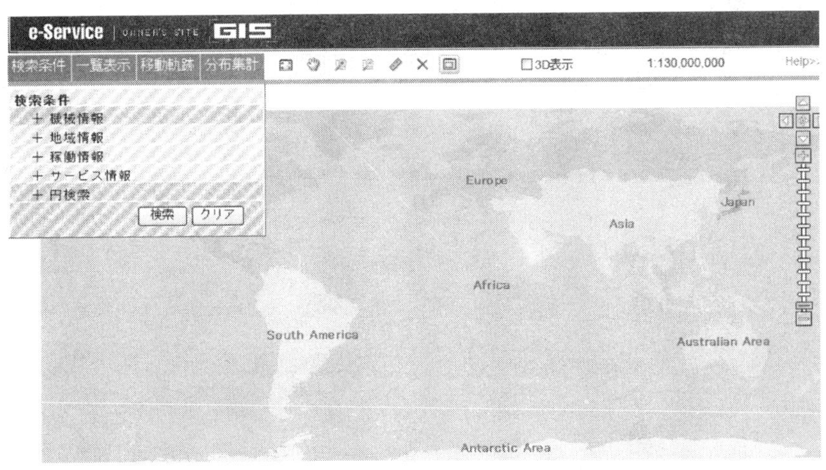

图 9　日立建机全球机械管理系统界面

目前系统的特点如下。

（1）地图全球覆盖。

（2）所管理的业务数据全球覆盖（建设机械），而且数量大，遍布全球50万台以上的机械。

（3）通过GPS实现对建设机械位置的动态管理，移动轨迹跟踪并显示。

（4）能够按照各种条件组合检索机械，便于机械维护和及时加油等各种附加服务，使技术支持人员实时掌握每台机械的工作情况。

（5）能够按区域等条件进行动态分布统计分析并进行专题图显示。

（6）根据各机械所在国家或地区法令法规限制的对应处。

（7）实现对不同等级用户的严格安全认证。

（8）各种网络带宽的对应，包括56kb调制解调器的流畅使用。

（9）和其他业务系统的集成。

图书在版编目（CIP）数据

中国地理信息应用报告 . 2010/徐德明主编. —北京：社会科学文献出版社，2010. 11
（测绘蓝皮书）
ISBN 978 - 7 - 5097 - 1857 - 5

Ⅰ. ①中… Ⅱ. ①徐… Ⅲ. ①地理信息系统 - 应用 - 研究报告 - 中国 - 2010 Ⅳ. ①P208

中国版本图书馆 CIP 数据核字（2010）第 199820 号

测绘蓝皮书

中国地理信息应用报告（2010）

主　　编 / 徐德明

出 版 人 / 谢寿光
总 编 辑 / 邹东涛
出 版 者 / 社会科学文献出版社
地　　址 / 北京市西城区北三环中路甲 29 号院 3 号楼华龙大厦
邮政编码 / 100029
网　　址 / http：//www. ssap. com. cn
网站支持 /（010）59367077
责任部门 / 社会科学图书事业部（010）59367156
电子信箱 / shekebu@ ssap. cn
项目经理 / 王　绯
责任编辑 / 李　响
责任校对 / 王洪强
责任印制 / 郭　妍　岳　阳　吴　波
品牌推广 / 蔡继辉

总 经 销 / 社会科学文献出版社发行部
（010）59367081　59367089
经　　销 / 各地书店
读者服务 / 读者服务中心（010）59367028
排　　版 / 北京中文天地文化艺术有限公司
印　　刷 / 北京画中画印刷有限公司

开　　本 / 787mm × 1092mm　1/16
印　　张 / 25. 25　字数 / 430 千字
版　　次 / 2010 年 11 月第 1 版　印次 / 2010 年 11 月第 1 次印刷

书　　号 / ISBN 978 - 7 - 5097 - 1857 - 5
定　　价 / 98. 00 元

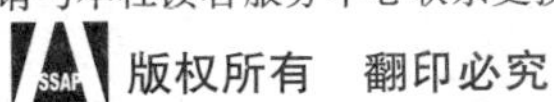

盘点年度资讯，预测时代前程

从“盘阅读”到全程在线，使用更方便
品牌创新又一启程

· 产品更多样

从纸书到电子书，再到全程在线网络阅读，皮书系列产品更加多样化。2010年开始，皮书系列随书附赠产品将从原先的电子光盘改为更具价值的皮书数据库阅读卡。纸书的购买者凭借附赠的阅读卡将获得皮书数据库高价值的免费阅读服务。

· 内容更丰富

皮书数据库以皮书系列为基础，整合国内外其他相关资讯构建而成，下设六个子库，内容包括建社以来的700余种皮书、近20000篇文章，并且每年以120种皮书、4000篇文章的数量增加。可以为读者提供更加广泛的资讯服务；皮书数据库开创便捷的检索系统，可以实现精确查找与模糊匹配，为读者提供更加准确的资讯服务。

· 流程更方便

登录皮书数据库网站www.i-ssdb.cn，注册、登录、充值后，即可实现下载阅读，购买本书赠送您100元充值卡。请按以下方法进行充值。

充值卡使用步骤：

第一步

· 刮开下面密码涂层

· 登录 www.i-ssdb.cn

点击“注册”进行用户注册

第二步

登录后点击“会员中心”进入会员中心。

第三步

· 点击“在线充值”的“充值卡充值”，

· 输入正确的“卡号”和“密码”，即可使用。

社会科学文献出版社 SOCIAL SCIENCES ACADEMIC PRESS (CHINA) 皮书系列

卡号：44954156885742

密码：

（本卡为图书内容的一部分，不购书刮卡，视为盗书）

如果您还有疑问，可以点击网站的“使用帮助”或电话垂询010-59367071。

广视角·全方位·多品种